化妆品
天然成分原料手册

HUAZHUANGPIN
TIANRAN CHENGFEN YUANLIAO SHOUCE

王建新　主　编
孙　婧　副主编

化学工业出版社

·北京·

本书收集了430多个化妆品天然成分原料，系统介绍了它们的名称、化学结构、理化性质、安全管理情况、与化妆品相关的药理作用以及在化妆品中的应用，可供从事化妆品研究、生产的技术人员参考。

图书在版编目（CIP）数据

化妆品天然成分原料手册/王建新主编. —北京：
化学工业出版社，2015.10（2022.9重印）
ISBN 978-7-122-25032-2

Ⅰ.①化… Ⅱ.①王… Ⅲ.①化妆品-化学分析-手册 Ⅳ.①TQ658-62

中国版本图书馆CIP数据核字（2015）第204698号

责任编辑：靳星瑞　张　艳　　　　文字编辑：颜克俭
责任校对：吴　静　　　　　　　　装帧设计：尹琳琳

出版发行：化学工业出版社（北京市东城区青年湖南街13号　邮政编码100011）
印　　装：北京捷迅佳彩印刷有限公司
710mm×1000mm　1/16　印张28½　字数551千字　2022年9月北京第1版第9次印刷

购书咨询：010-64518888　　　　　售后服务：010-64518899
网　　址：http://www.cip.com.cn
凡购买本书，如有缺损质量问题，本社销售中心负责调换。

定　　价：98.00元　　　　　　　　　　　　　　　版权所有　违者必究

前言

本书源自中国卫生部与国家食品药品监督管理总局 2014 年发布的《关于已使用化妆品原料名称目录的公告》和中国香料香精化妆品工业协会 2011 年公布的《国际化妆品原料标准中文名称目录》，并参考美国化妆品协会（CTFA）、欧盟和日本化妆品协会的相关资料。

本书介绍其中天然存在的 430 多个功能原料（油脂性和香原料除外），系统介绍它们的名称、化学结构、来源、物化性质、安全管理情况、与化妆品相关的药理作用和研究以及在化妆品中的应用。本书与化学工业出版社出版的拙作《化妆品植物原料手册》配套，供化妆品研究人员、皮肤病理治疗和研究人员、化妆品生产厂家、天然产品加工企业、中草药研究人员等相关专业人员参考。

有几点说明如下。

1. 这些原料以它们的英文关键词名排序，书后有其汉语拼音排序以便索引。所谓英文关键词名如（水解）大豆蛋白，不出现水解的英文，而以大豆蛋白的英文排序，这样有利于类似产品的归类介绍。

2. 书中选用的功能原料均可溯源其天然的存在。所谓来自天然，即植物、动物和原生生物中的成分。与拙作《化妆品植物原料手册》不同的是，这里是经过精制的单一类成分或单一化合物，因此作用更专一，效果更明显，但可能副作用也大。

但其中有些现在是以人工化学合成了，如甘氨酸；有些已经成为生化制品，如透明质酸。这些人工合成品与天然化合物的结构一致，称为天然等同，与纯的天然单离品不同的是所含的杂质。从这个意义上说，天然单离品比合成品优越。但人类的需求太大了，地球现有天然资源根本无法满足了。因此，只要有可能的话，就一定要用天然等同的产品来代替天然单离品，来减少对自然界的依赖，同时努力使所含的杂质少而无害。

3. 上述公告或目录中所列的有些天然成分的结构在化学上仍有模糊之处，如生育酚，其实有好几种构型，这里仅以一个条目出现；诸如大豆蛋白、类胡萝卜素、生物类黄酮等更是复杂的混合物，因此在使用这些原料的时候，要注意它们的加工方法、规格等。

4. 在安全性管理方面，书中仅仅简单地予以指明。若干原料的详情也可参见拙作《1999 化妆品成分评审概要》（中国轻工业出版社出版）。

5. 本书重点介绍天然成分功能原料的最新药理作用和研究，努力以检测分析数据来展现基础病理学、生物化学、分子生物学、分析化学等在化妆品科学方面的应用研究成果。数据均来自公开发表的文献。其中有些研究采用的方式可能尚未为行业所共认,因此仅作参考。为了节省篇幅,以最简化的方式摘引数据;并在此药理作用和研究的基础上,介绍它们在化妆品中的应用。

本书涉及专业面广,参考文献浩繁,遗漏不到之处,敬请读者指正,欢迎发送电子邮件至 agkist@sina.com。

江南大学　王建新
广东食品药品职业学院　孙　婧

目录

A

阿拉伯半乳聚糖（Galactoarabinan） ………………………………………… 1
阿魏酸（Ferulic acid） ……………………………………………………… 2
安格洛苷（Angoroside） …………………………………………………… 3
γ-氨基丁酸（γ-Aminobutyric acid） ……………………………………… 4
6-氨基嘌呤（Adenine） …………………………………………………… 5
氨基葡萄糖（Glucosamine） ……………………………………………… 5
氨基肽酶（Aminopeptidase） ……………………………………………… 6
胺肌肽（Anserine） ………………………………………………………… 7
薁（Azulene） ……………………………………………………………… 8

B

八肽（Octapeptide） ……………………………………………………… 10
巴西胡桃蛋白（Brazil nut protein） ……………………………………… 11
白池花内酯（Meadowfoam δ-lactone） …………………………………… 11
白桦酯醇（Betulin） ……………………………………………………… 12
白桦脂酸（Betulinic acid） ………………………………………………… 13
白藜芦醇（Resveratrol） …………………………………………………… 14
白杨素（Chrysin） ………………………………………………………… 15
半胱氨酸（Cystein） ……………………………………………………… 16
半日花素（Laudanosine） ………………………………………………… 18
半乳糖二酸（Galactaric acid） …………………………………………… 18
半乳糖基果糖（Galactosyl fructose） ……………………………………… 19
半乳糖醛酸（Galacturonic acid） ………………………………………… 20
半乳糖脱氢酶（β-Galactose dehydrogenase） …………………………… 21
胞苷（Cytidine） …………………………………………………………… 21
胞嘧啶（Cytosine） ………………………………………………………… 22
贝壳硬蛋白（Conchiolin protein） ………………………………………… 23
棓酸（Gallic acid） ………………………………………………………… 24

苯丙氨酸（Phenylalanine） ·· 25
吡啶硫酮锌（Zinc pyrithione） ······································ 26
吡多素（Pyridoxine） ··· 27
吡喃葡糖苷（Darutoside） ··· 27
荜茇明宁碱（Piperlonguminine） ··································· 28
表棓儿茶素棓酸葡糖苷（Epigallocatechin gallate glucoside） ····· 29
表棓儿茶素棓酸酯（Epigallocatechin gallate） ····················· 30
扁柏酚（Hinokitiol） ··· 31
扁桃酸（Mandelic acid） ··· 32
丙氨酸（Alanine） ·· 33
并没食子酸（Ellagic acid） ·· 34
菠萝蛋白酶（Bromelain） ·· 35
补骨脂酚（Bakuchiol） ··· 36

C

蚕丝胶蛋白（Sericin）和
水解丝胶蛋白（Hydrolyzed sericin） ································ 38
茶氨酸（Theanine） ·· 39
茶多酚（Camellia sinensis polyphenols） ··························· 40
茶儿茶素类（Camellia sinensis catechins） ························· 41
茶碱（Theophylline） ·· 42
茶碱乙酸（Acefylline） ·· 43
产碱杆菌多糖（Alcaligenes polysaccharides） ····················· 44
超氧歧化酶（Superoxide dismatases） ······························ 45
橙皮素（Hesperetin）和橙皮苷（Hesperidin） ····················· 46
六肽（Hexapeptide） ··· 48
赤藓醇（Erythritol） ··· 48
赤藓酮糖（Erythrulose） ··· 49
除虫菊酯（Bioresmethrin） ·· 50
穿心莲内酯（Andrographolide） ···································· 51
雌二醇（Estradiol） ·· 52
雌甾四烯醇（Estratetraenol） ······································· 53
枞酸（Abietic acid） ··· 53

D

大豆多肽［Glycine max (soybean) polypeptide］ ················· 55

大豆异黄酮（Isoflavones of soy） …………………………………………… 56

大麻籽蛋白（Hemp seed protien） …………………………………………… 57

大麦蛋白（Barley protein） …………………………………………………… 58

丹皮酚（Paeonol） ……………………………………………………………… 59

胆碱（Choline） ………………………………………………………………… 60

胆甾醇（Cholesterol）和
二氢胆甾醇（Dihydrocholesterol） ………………………………………… 61

蛋氨酸（Methionine） ………………………………………………………… 62

蛋白多糖（Proteoglycan） ……………………………………………………… 63

蛋白酶（Proteinase） …………………………………………………………… 64

蛋蛋白（Egg protein） ………………………………………………………… 66

蛋清（Albumen） ……………………………………………………………… 67

稻米蛋白（Rice protein） ……………………………………………………… 68

低聚果糖（Fructooligosaccharides） ………………………………………… 69

地奥亭（Diosmetin）和地奥司明（Diosmine） …………………………… 70

地衣酸（Usnic acid） …………………………………………………………… 71

地榆苷（Ziyuglycoside） ……………………………………………………… 73

靛红（Isatin） …………………………………………………………………… 73

丁香酚葡糖苷（Eugenyl glucoside） ………………………………………… 74

豆甾烷醇麦芽糖苷（Stigmastanol maltoside） ……………………………… 75

杜鹃花酸（Azelaic acid） ……………………………………………………… 76

E

鳄梨甾醇（Avocado sterols） ………………………………………………… 78

二氢（神经）鞘氨醇（Sphinganine） ……………………………………… 78

二十二碳六烯酸（Docosahexanoic acid） …………………………………… 79

二十碳五烯酸（Eicosapentaenoic acid） …………………………………… 80

二肽（Dipeptide） ……………………………………………………………… 81

F

番木鳖碱（Brucine） …………………………………………………………… 83

番茄红素（Lycopene） ………………………………………………………… 84

泛醇（Panthenol） ……………………………………………………………… 85

泛醌（Ubiquinone） …………………………………………………………… 86

泛硫乙胺（Pantethine） ………………………………………………………… 87

泛内酯（Pantolactone） ………………………………………………………… 88

泛酸（Pantothenic acid） ……………………………………………… 89
费洛蒙酮（Androstadienone） …………………………………………… 90
蜂花醇（Myricyl alcohol） ………………………………………………… 90
蜂蜡酸（Beeswax acid） …………………………………………………… 91
蜂蜜蛋白（Honey protein） ……………………………………………… 91
蜂王浆蛋白（Royal jelly protein） ……………………………………… 92
辅酶A（Coenzyme A） …………………………………………………… 93
辅酶泛醇（Ubiquinol） …………………………………………………… 94
覆盆子酮葡萄糖苷（Raspberryketone glucoside） …………………… 95

G

甘氨酸（Glycine） ………………………………………………………… 97
甘氨酰甘氨酸（Glycyl glycine） ………………………………………… 97
甘草类黄酮（Kanzou furabonoide） …………………………………… 98
甘草酸（Glycyrrhizic acid）和
甘草亭酸（Glycyrrhetinic acid） ………………………………………… 99
甘露聚糖（Mannan） ……………………………………………………… 101
甘露糖（Mannose） ………………………………………………………… 102
甘露糖醇（Mannitol） ……………………………………………………… 103
甘油葡萄糖苷（Glucosylglycerol） ……………………………………… 104
肝素（Heparin） …………………………………………………………… 104
肝糖（Glycongen） ………………………………………………………… 105
睾酮（Testosterone） ……………………………………………………… 107
葛根素（Puerarin） ………………………………………………………… 107
根皮素（Phloretin）和根皮苷（Phlorizin） …………………………… 109
谷氨酸（Glutamic acid） …………………………………………………… 110
谷胱甘肽（Glutathione） …………………………………………………… 111
谷维醇（Oryazanol） ……………………………………………………… 112
β-谷甾醇（β-Sitosterol） ……………………………………… 113
瓜氨酸（Citrulline） ……………………………………………………… 115
寡肽（Oligopeptide） ……………………………………………………… 115
果胶（Pectin） ……………………………………………………………… 116
果聚糖（Fructan，大分子） ……………………………………………… 117
果聚糖（Levan，小分子） ………………………………………………… 119
过氧化氢酶（Catalase） …………………………………………………… 120

H

海胆碱（Echinacin） …… 122

海参素（Holothurin） …… 123

海罂粟碱（Glaucine） …… 124

海藻糖（Trehalose） …… 125

汉防己碱（Tetrandrine） …… 126

和厚朴酚（Honokiol） …… 127

核糖（Ribose） …… 128

黑色素（Melanins） …… 128

红花葡萄糖苷（Safflower glucoside） …… 129

红桔素（Tangeritin） …… 130

红没药醇（Bisabolol） …… 131

厚朴酚（Magnolol） …… 132

胡萝卜素（Carotene） …… 133

槲皮素（Quercetin） …… 134

虎耳草素（Bergenin） …… 135

花色素苷（Anthocyanins） …… 137

花生四烯酸（Arachidic acid） …… 138

环庚三烯酚酮（Tropolone） …… 139

环磷酸腺苷（Adenosine cyclic phosphate） …… 140

环四葡萄糖（Cyclotetraglucose） …… 141

黄腐酚（Xanthohumol） …… 141

黄根醇（Xanthorrhizol） …… 142

黄嘌呤（Xanthine） …… 143

黄芩素（Baicalein） …… 144

黄芪皂苷（Astragalosides） …… 145

黄藤素（Palmatine） …… 146

黄体酮（Progesterone） …… 147

霍霍巴醇（Jojoba alcohol） …… 148

J

肌氨酸（Sarcosine） …… 149

肌醇（Inositol） …… 149

肌动蛋白（Actin） …… 150

肌苷（Inosine） …… 151

肌碱（Homarine） 152

肌酸（Creatine） 153

肌肽（Carnosine） 154

积雪草酸（Asiatic acid）和积雪草苷（Asiaticoside） 155

激动素（Kinetin） 156

激肽释放酶（Kallikrein） 157

脊髓蛋白（Spinal protein） 158

甲基橙皮苷（Methyl hesperidin） 158

N-甲基丝氨酸（N-Methylserine） 159

甲硫腺苷（Methylthioadenosine） 160

甲萘醌（Menadione） 161

甲瓦龙酸（Mevalonic acid） 162

碱性磷酸酯酶（Alkaline phosphatase） 163

姜黄素（Curcumin）和脱甲氧基姜黄素（Demethoxycurcumin） 163

胶原蛋白（Collagen） 165

鲛肝醇（Chimyl alcohol） 166

角叉胶（Carrageenan） 167

角蛋白（Keratin） 168

角鲨烷（Squalane） 169

角鲨烯（Squalene） 170

酵母蛋白（Yeast protein） 171

芥花油甾醇（Canola sterols） 171

芥酸（Erucic acid） 172

金鸡纳霜碱（Quinine） 173

金鸡纳酸（Quinic acid） 173

精氨酸（Arginine） 174

精胺（Gerotine） 175

眼晶体蛋白（Crystallins） 176

九肽（Nonapeptide） 177

菊粉（Inulin） 178

聚谷氨酸（Polyglutamic acid） 179

聚赖氨酸（Polylysine） 180

聚木糖（Polyxylose） 181

聚葡糖醛酸（Polyglucuronic acid） 181

聚天冬氨酸（Polyaspartic acid） 182

聚右旋糖（Polydextrose） 183

K

咖啡酸（Caffeic acid） 185
咖啡因（Caffeine） 186
开菲尔多糖（Kefiran） 187
莰非醇（Kaempferol） 188
莰非醇芸香糖苷（Nictoflorin） 189
莰烷二醇（Camphanediol） 190
壳多糖（Chitin）和脱乙酰壳多糖（Chitosan） 191
可可碱（Theobromine） 192
枯草菌脂肽（Surfactin） 193
苦木素（Quassin） 194
苦参碱（Matrine） 195

L

辣椒红素（Capsanthin）和辣椒玉红素（Capsorubin） 197
辣椒碱（Capsaicine） 198
赖氨酸（Lysine） 199
姥鲛烷（Pristane） 199
酪氨酸（Tyrosine） 200
酪氨酰组氨酸（Tyrosyl histidine） 201
酪蛋白（Casein） 201
酪蛋白酸（Caseinic acid） 202
类胡萝卜素（Carotenoids） 203
藜芦醇（Veratryl alcohol） 204
楝子素（Mangostin） 204
亮氨酸（Leucine） 205
裂裥菌素（Schizophyllan） 206
磷酸腺苷（Adenosine phosphate） 207
硫胺素（Thiamine） 208
硫羟乳酸（Thiolactic acid） 208
硫酸软骨素（Chondrotin sulfate） 209
硫辛酸（Thioctic acid） 210
芦丁（Rutin） 211
芦荟苦素（Aloesin） 212
鲁斯可皂苷（Ruscogenin） 214

卵磷脂（Lecithin） …… 214
螺旋藻氨基酸（Spirulina amino acid） …… 215
氯原酸（Chlorogenic acid） …… 216

M

马栗树皮苷（Esculin） …… 218
马铃薯蛋白（Potato protein） …… 219
马尿酸（Hippuric acid） …… 220
麦醇溶蛋白（Gliadins） …… 220
麦角硫因（Ergothioneine） …… 221
麦角甾醇（Ergosterol） …… 222
麦芽糖醇（Maltitol） …… 223
芒果苷（Mangiferin） …… 224
孟二醇（Menthanediol） …… 225
迷迭香酸（Rosmarinic acid） …… 225
米糠甾醇（Rice bran sterols） …… 227
蜜二糖（Melibiose） …… 227
棉籽蛋白（Cotton seed protein） …… 228
棉子糖（Raffinose） …… 229
母菊薁（Chamazulene） …… 230
牡蛎糖蛋白（Oyster glycoprotein） …… 231
牡蛎甾醇（Oyster sterols） …… 232
木二糖（Xylobiose） …… 233
木瓜蛋白酶（Papain） …… 233
木葡聚糖（Xyloglucan） …… 234
木糖（Xylose） …… 235
木糖醇（Xylitol） …… 236
木糖基葡糖苷（Xylitylglucoside） …… 237
木犀草素（Luteolin） …… 237

N

脑苷脂类（Cerebrosides） …… 239
脑磷脂（Cephalins） …… 240
鸟氨酸（Ornithine） …… 241
鸟苷（Guanosine） …… 242
鸟苷环磷酸（Guanosine cyclic phosphate） …… 243

鸟苷酸（Guanylic acid） …… 244

鸟嘌呤（Guanine） …… 245

尿苷（Uridine） …… 245

尿刊酸（Urocanic acid） …… 246

尿嘧啶（Uracil） …… 247

尿囊素（Allantoin） …… 248

尿酸（Uric acid） …… 249

苧酸（Thujic acid） …… 250

牛磺酸（Taurine） …… 250

P

脯氨酸（Proline） …… 252

葡甘露聚糖（Glucomannan） …… 253

葡聚糖（Glucan） …… 253

葡糖胺（Glucamine） …… 254

葡糖氨基葡聚糖（Glycosaminoglycans） …… 255

葡糖醛酸（Glucuronic acid） …… 256

葡糖氧化酶（Glucose oxidase） …… 257

葡萄糖二酸（Glucaric acid） …… 257

普拉睾酮（Prasterone） …… 258

普鲁兰多糖（Pullulan） …… 259

Q

七肽（Heptapeptide） …… 261

七叶皂苷（Escin） …… 261

漆酶（Laccase） …… 263

羟脯氨酸（Hydroxyl praline） …… 263

羟高铁血红素（Hematin） …… 264

羟基积雪草苷（Madecassoside）和
羟基积雪草酸（Madecassic acid） …… 265

羟基色氨酸（Hydroxytryptophan） …… 266

羟基乙酸（Glycolic acid） …… 267

鞘糖脂（Glycosphingolipids） …… 268

鞘脂（Sphingolipids） …… 269

芹菜（苷）配基（Apigenin） …… 270

青蒿素（Artemisinin） …… 271

琼脂糖（Agarose） 272
曲酸（Kojic acid） 272
去甲二氢愈创木酯酸（Nordihydroguairetic acid） 273

R

染料木黄酮（Genistein）和
染料木黄酮葡糖苷（Genistein glucoside） 275
人寡肽（Human oligopeptide） 276
人参皂苷（Ginsenoside） 278
人胎盘酶（Human placental enzymes） 279
溶菌酶（Lysozyme） 280
溶血磷脂酸（Lysophosphatidic acid） 281
溶血卵磷脂（Lysolecithin） 282
鞣酸（Tannic acid） 283
L-肉碱（L-Carnitine） 284
乳蛋白（Lactis proteinum） 285
乳果糖（Lactulose） 286
乳过氧化物酶（Lactoperoxidase） 287
乳黄素（Lactoflavin） 288
乳链菌肽（Nisin） 289
乳清蛋白（Lactalbumin） 290
乳清蛋白质（Whey protein） 290
乳清酸（Orotic acid） 291
乳球蛋白（Lactoglobulin） 292
乳酸脱氢酶（Lactate dehydrogenase） 293
乳糖酸（Lactobionic acid） 293
乳铁蛋白（Lactoferrin） 294

S

三磷酸腺苷（Adenosine triphosphate） 296
三七总皂苷（Panax notoginsenosides） 297
三肽（Tripeptide） 298
伞花烃醇（Cymen-5-ol） 299
色氨酸（Tryptophan） 300
鲨肝醇（Batyl alcohol） 301
芍药基葡糖苷（Paeoniflorin） 302

生物类黄酮（Bioflavonoids） …… 303
生物素（Biotin） …… 304
生物糖胶（Biosaccharide gum） …… 305
生育酚（Tocopherol） …… 306
十七碳二烯基呋喃（Heptadecadienyl furan） …… 307
十肽（Decapeptide） …… 308
十三肽（Tridecapeptide） …… 308
石竹素（Oleanolic acid） …… 309
视黄醇（Retinol） …… 310
伸展蛋白（Extensin） …… 311
神经鞘磷脂（Sphingomyelin） …… 312
神经酰胺（Ceramides） …… 313
舒替兰酶（Subtilisin） …… 314
鼠李糖（Rhamnose） …… 314
鼠尾草酸（Carnosic acid） …… 315
薯蓣皂苷元（Diosgenin） …… 316
水飞蓟素（Silymarin） …… 317
水黄皮籽素（Pongamol） …… 318
丝氨酸（Serine） …… 319
丝心蛋白（Fibroin） …… 320
四羟基芪（Piceatannol） …… 321
四氢甲基嘧啶羧酸（Ectoine） …… 322
四肽（Tetrapeptide） …… 323
苏氨酸（Threonine） …… 324
酸豆子多糖（Tamarindus indica seed polysaccharide） …… 325

T

弹性蛋白（Elastin） …… 326
糖蛋白（Glycoprotein） …… 327
糖基海藻糖（Glycosyl trehalose） …… 328
桃柁酚（Totarol） …… 329
天冬氨酸（L-Aspartic acid） …… 330
天冬酰胺（Asparagine） …… 331
甜菜根红（Beetroot red） …… 332
甜菜碱（Betaine） …… 333
甜叶菊苷（Stevioside） …… 333

透明质酸（Hyaluronic acid） ·················· 334

透明质酸酶（Hyaluronidase） ·················· 336

土曲霉酮（Terrein） ·················· 336

褪黑激素（Melatonin） ·················· 337

脱氢胆甾醇（7-Dehydrocholesterol） ·················· 338

脱氧核糖核酸（DNA） ·················· 339

托可醌（Tocoquinone） ·················· 340

唾液乳糖（Sialyllactose） ·················· 341

W

豌豆蛋白（Pea protein） ·················· 343

网膜类脂质（Omental lipids） ·················· 344

维甲酸（Retinoic acid） ·················· 345

维生素 K-1（Phytonadione） ·················· 346

维斯那定（Visnadine） ·················· 347

胃蛋白酶（Pepsin） ·················· 347

五氢角鲨烯（Pentahydrosqualene） ·················· 348

五肽（Pentapeptide） ·················· 348

无花果蛋白酶（Ficain） ·················· 349

X

西门木炔酸（Xymenic acid） ·················· 351

细胞色素 C（Cytochrome C） ·················· 351

细小裸藻多糖（Euglena gracilis polysaccharide） ·················· 352

虾青素（Astaxanthine） ·················· 353

腺苷（Adenosine） ·················· 354

纤连蛋白（Fibronectin） ·················· 355

纤精酮（Leptospermone） ·················· 356

香茅酸（Citronellic acid） ·················· 357

香紫苏内酯（Sclareolide） ·················· 358

小麦蛋白（Wheat protein） ·················· 359

缬氨酸（Valine） ·················· 360

泻根醇酸（Bryonolic acid） ·················· 361

新橙皮苷（Neohesperidin） ·················· 362

新橙皮苷二氢查尔酮（Neohesperidin dihydrochalcone） ·················· 363

新鲁斯可皂苷元（Neoruscogenin） ·················· 364

杏仁蛋白（Almond protein） ……………………………………… 365
胸苷（Thymidine） ………………………………………………… 366
胸腺嘧啶（Thymine） ……………………………………………… 366
熊果苷（Arbutin） ………………………………………………… 367
熊果酸（Ursolic acid） …………………………………………… 368
雪松醇（Cedrol） …………………………………………………… 369
鳕科鱼皮蛋白（Gadidae protien） ……………………………… 370
血红蛋白（Hemoglobin） ………………………………………… 371
血清蛋白（Serum protein） ……………………………………… 372

Y

亚精胺（Spermidine） ……………………………………………… 374
亚麻酸（Linolenic acid） ………………………………………… 375
亚油酸（Linoleic acid） …………………………………………… 376
烟酸（Nicotinic acid） …………………………………………… 377
烟酰胺（Niacinamide） …………………………………………… 378
岩藻糖（Fucose） ………………………………………………… 378
燕麦蛋白（Oat protein） ………………………………………… 379
叶黄素（Xanthophyll） …………………………………………… 380
叶绿酸（Chlorophyllin） ………………………………………… 381
叶酸（Folic Acid） ………………………………………………… 383
胰蛋白酶（Trypsin） ……………………………………………… 384
胰酶（Pancreatin） ………………………………………………… 384
异阿魏酸（Isoferulic acid） ……………………………………… 385
异栎素（Isoquercitrin） …………………………………………… 386
异亮氨酸（Isoleucine） …………………………………………… 387
异纤精酮（Isoleptospermone） …………………………………… 388
银杏双黄酮（Ginkgo biflavones） ………………………………… 389
银杏叶萜类（Ginkgo leaf terpenoids） …………………………… 390
吲哚乙酸（Indole acetic acid） …………………………………… 391
硬脂酮（Stearone） ………………………………………………… 391
右旋糖酐（Dextran） ……………………………………………… 392
柚皮苷（Naringin） ………………………………………………… 393
鱼精蛋白（Protamine） …………………………………………… 394
鱼血浆蛋白（Fish plasma protein） ……………………………… 395
羽扇豆蛋白（Lupine protein） …………………………………… 396

玉米醇溶蛋白（Zein）……397
玉米蛋白（Corn protein）……398
玉米素（Zeatin）……399
愈创木薁（Guaiazulene）……400
原花青素（Proanthocyanidin）……401
原薯蓣素（Protodioscin）……402

Z

藻酸（Alginic acid）……404
皂苷（Saponins）……405
真蛸胺（Octopamine）……406
榛子蛋白（Hazelnut protein）……406
脂肪酶（Lipase）……407
芝麻蛋白（Sesame protein）……408
植醇（Phytol）……409
植酸（Phytic acid）……410
植物鞘氨醇（Phytosphingosine）……411
植物甾醇（Phytosterol）……412
转谷氨酰酶（Transglutaminase）……413
紫花前胡醇（Decursinol）……414
紫胶色酸（Laccaic acid）……415
紫胶酮酸（Aleuritic acid）……415
紫苏醇（Perillyl alcohol）……416
组氨酸（Histidine）……417

附录

一、化妆品天然成分英文索引……419
二、化妆品天然成分分类功能索引（只以代表性的选入）……432
三、常见氨基酸英文缩写……438
四、常见单糖英文缩写……438

A

阿拉伯半乳聚糖（Galactoarabinan）

阿拉伯半乳聚糖也称半乳糖阿拉伯聚糖（Galactoarabinan），是一类高度支链化的多糖，在针叶松树的木质部中大量含有此糖，特别在美国落叶松中可达25%，中国大兴安岭落叶松中含量稍低，因此半乳糖阿拉伯聚糖也称为落叶松多糖。半乳糖阿拉伯聚糖主要含半乳糖和阿拉伯糖两种糖，半乳糖：阿拉伯糖＝6：1。半乳糖阿拉伯聚糖可用水从落叶松的木粉中提取。

化学结构

注: Galp=β-D-Galp
R=β-D-Galp-(1-或 α-L-Araf-(1-或β-L-Arap-(1-3)-L-Araf-(1-

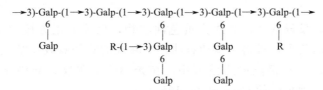

半乳糖阿拉伯聚糖的结构

理化性质

半乳糖阿拉伯聚糖为白色至微黄色粉末，熔点＞200℃，相对分子质量20000左右，可溶于水，在水中的溶解度约为5%，不溶于乙醇。半乳糖阿拉伯聚糖的CAS号为9036-66-2。

安全管理情况

国家食品药品监督管理总局2014年发布的《关于已使用化妆品原料名称目录的公告》、CTFA、欧盟和中国香化协会2010年版的《国际化妆品原料标准中文名称目录》都将半乳糖阿拉伯聚糖作为化妆品原料，未见它外用不安全的报道。

药理作用

半乳糖阿拉伯聚糖与化妆品相关的药理研究见下表。

试验项目	浓度	效果说明
对经表皮水分散失的抑制	2.0mg/cm^2	抑制率：13.8%
对角质层含水量提高的促进	1%	促进率：10.5%

注：本书浓度未注明的为质量分数。

化妆品中应用

半乳糖阿拉伯聚糖具有优良的乳化、分散能力，可使 O/W 乳状液颗粒的粒径减少、小粒径乳状液颗粒的比例提高；半乳糖阿拉伯聚糖还可用作保湿剂、增稠剂、稳定剂、胶凝剂、成膜剂等，应用于个人护理用品领域。

阿魏酸（Ferulic acid）

阿魏酸（Ferulic acid）存在于阿魏（*Ferula assafoetida*）的树脂、单穗升麻（*Cimicifuga simplex*）、米糠等。现阿魏酸已可合成制取，人工合成的阿魏酸是顺反异构体的混合物，从植物中提取的阿魏酸为顺式结构。

化学结构

阿魏酸的结构

理化性质

阿魏酸有顺反异构体，顺式为黄色油状物，反式为正方棱形结晶，能溶于醇、热水和乙酸乙酯，难溶于苯和石油醚。顺式的紫外吸收特征波长为 322nm，反式的为 317nm。在微酸的水溶液中，在光影响下顺反式异构体能互相转化，达到一个平衡。阿魏酸的 CAS 号为 1135-24-6。

安全管理情况

国家食品药品监督管理总局 2014 年发布的《关于已使用化妆品原料名称目录的公告》、CTFA、欧盟和中国香化协会 2010 年版的《国际化妆品原料标准中文名称目录》都将阿魏酸作为化妆品原料，未见它外用不安全的报道。

药理作用

阿魏酸与化妆品相关的药理研究见下表。

试验项目	浓度	效果说明
对自由基 DPPH 的消除		半消除量 EC_{50}：0.226mg/mL
对超氧自由基的消除		半消除量 EC_{50}：0.530μmol/L
对羟基自由基的消除		半消除量 EC_{50}：0.283μmol/L
对脂质过氧化的抑制	12.5mmol/L	抑制率：67.8%
人真皮纤维芽细胞培养对胶原蛋白生成的促进	0.08%	促进率：716.7（空白 100）
细胞培养对角质细胞增殖的促进	10μg/mL	促进率：234（空白 100）
对酪氨酸酶活性的抑制	0.5 mmol/L	抑制率：53.9%
对环氧合酶-2 活性的抑制		半抑制量 IC_{50}：10μmol/L
对白介素 IL-4 生成的抑制	4μmol/L	抑制率：18.2%
对肥满细胞活性的抑制	4μmol/L	抑制率：14.5%
对脂肪细胞中脂肪水解的促进	0.2%	促进率：24%

化妆品中应用

阿魏酸含有一高度共轭体系，对 290～350nm 的紫外线有强吸收，在 0.7%

浓度时，可有效地防止由 UVB 引起的皮肤红斑，是有效的光稳定剂，有抗光毒性作用，广泛用于防晒用品；阿魏酸有广谱的抗氧性；阿魏酸还有活肤、增白、抗炎、抑制过敏的作用。

安格洛苷（Angoroside）

安格洛苷（Angoroside）是玄参科植物玄参（*Scrophularia ningpoensis*）中的苯丙素苷类成分。安格洛苷有 A～G 的 7 个结构类似的异构体，其中以安格洛苷 C 的含量最大，约 1.2%，对它的应用研究也最多。安格洛苷可从玄参中提取。

化学结构

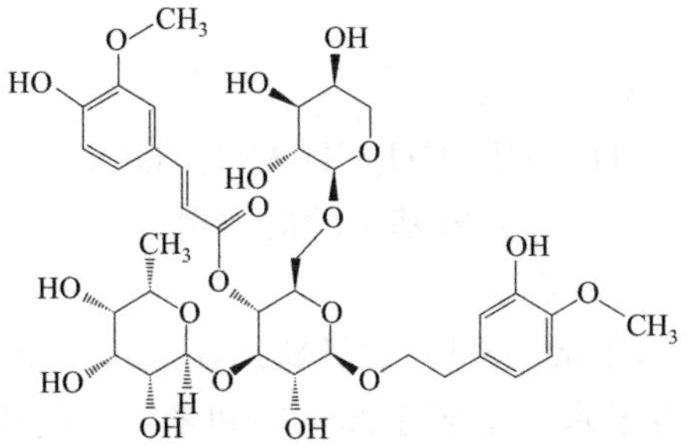

安格洛苷C的化学结构

物化性质

安格洛苷 C 为类白色无定形粉末，可溶于酒精，难溶于水，熔点 128～131℃。安格洛苷 C 的 CAS 号为 115909-22-3。

安全管理情况

CTFA 将安格洛苷作为化妆品原料。中国香化协会 2010 年版的《国际化妆品原料标准中文名称目录》中列入，中国卫生部的《化妆品成分名单》2003 年版中尚未列入，未见它外用不安全的报道。

药理作用

安格洛苷具抗菌性，对常见菌如金黄色葡萄球菌、绿脓杆菌、表皮葡萄球菌、白色念珠菌都有很强的抑制作用。

安格洛苷与化妆品相关的药理研究见下表。

试验项目	浓度	效果说明
对 DPPH 自由基的消除		半消除量 IC_{50}：15.2 $\mu mol/L$
对 MMP-2 活性的抑制	15mg/kg	抑制率：20%
对 MMP-9 活性的抑制	15mg/kg	抑制率：26.2%
对 PGE_2 释放的抑制（COX-1）	25$\mu mol/kg$	抑制率：84.70%

化妆品中应用

　　安格洛苷具广谱的抑菌作用；兼之具有抗炎性和抗氧性，对自由基损伤的DNA碱基有修复作用，可用于与此相关的产品如粉刺的防治。

γ-氨基丁酸（γ-Aminobutyric acid）

　　γ-氨基丁酸（γ-Aminobutyric acid）存在于多种中草药中，如半夏（*Pinellia ternata*）、蔓荆子（*Vitrx trifolia*）等，γ-氨基丁酸也存在于动物体内，是人体生化反应的中间体，在动物体内，GABA几乎只存在于神经组织中，其中脑组织中的含量大约为0.1～0.6mg/g组织，免疫学研究表明，其浓度最高的区域为大脑中黑质。由于不存在光学异构，γ-氨基丁酸现都采用化学合成法或生物合成法生产。

化学结构

$$H_2NCH_2CH_2CH_2CH_2COOH$$

γ-氨基丁酸的结构

理化性质

　　γ-氨基丁酸为片状（甲醇-乙醚）或针状结晶（水-乙醇），熔点202℃（在快速加热下分解）。极易溶于水，不溶于醇、醚和苯。γ-氨基丁酸的CAS号为56-12-2。

安全管理情况

　　国家食品药品监督管理总局2014年发布的《关于已使用化妆品原料名称目录的公告》、CTFA和中国香化协会2010年版的《国际化妆品原料标准中文名称目录》都将γ-氨基丁酸作为化妆品原料，未见它外用不安全的报道。

药理作用

　　γ-氨基丁酸与化妆品相关的药理研究见下表。

试验项目	浓度	效果说明
对B-16黑色素细胞活性的抑制	1.0%	抑制率：90%
涂覆后对皮肤末梢血流量增加的促进	0.5%	促进率：42%（与空白比较）
人纤维芽细胞培养对胶原蛋白生成的促进	2mmol/L	促进率：225（空白100）
涂覆对小鼠毛发生长的促进	0.5%	促进率：23.3%（与空白比较）

化妆品中应用

　　γ-氨基丁酸在临床上用以降低血氨，有临时的降压作用。生化研究认为γ-氨基丁酸对中枢神经元有普遍性的抑制作用，是一重要的抑制性神经递质，对在肤用品中应用是否能抑制某些化学成分带来的刺激，尚在进一步的研究中；化妆品中主要用其细胞赋活作用，可与多种活性物配伍并提高它们的药效，如与亚麻酸配伍可作护肤调理剂；与维生素E配伍有协同抗老效应；能有效增强生发助剂的功能，用于生发水。也有抑制酪氨酸酶作用，可与抗氧及紫外吸收剂共用于增白型化妆品。

6-氨基嘌呤（Adenine）

6-氨基嘌呤也称腺嘌呤（Adenine），在所有的生命体内存在，是核酸的组成成分，在蛋白质生物合成过程里作为 DNA 与 RNA 的组成物。现多以生化法制取。

化学结构

腺嘌呤的结构

理化性质

腺嘌呤为白色细粉末结晶，具有强烈的咸味。难溶于冷水，溶于沸水、酸及碱，微溶于乙醇，不溶于乙醚及氯仿。CAS 号为 73-24-5。

安全管理情况

国家食品药品监督管理总局 2014 年发布的《关于已使用化妆品原料名称目录的公告》、CTFA 和中国香化协会 2010 年版的《国际化妆品原料标准中文名称目录》都将腺嘌呤作为化妆品原料，未见它外用不安全的报道。

药理作用

腺嘌呤与化妆品相关的药理研究见下表。

试验项目	浓度	效果说明
成纤维细胞培养对胶原蛋白生成的促进	0.1%	促进率：140（空白 100）
对胶原蛋白酶活性的抑制	0.1%	抑制率：24%
对 B-16 黑色素细胞活性的抑制	20μmol/L	抑制率：61%
对脂质过氧化的抑制	500μmol	抑制率：25.8%

化妆品中应用

腺嘌呤是一营养性助剂，在护肤品中使用可改善皮肤屏障功能，或防止角质层组成，有抗皱和防老作用。腺嘌呤有很好的协同性，可提高其他活性物质的作用。

氨基葡萄糖（Glucosamine）

氨基葡萄糖（Glucosamine）一般存在于动物体内。在生物体内，氨基葡萄糖大多数被乙酰化，是结构复杂的糖脂、糖蛋白和多糖的组成成分。商品常以其盐酸盐的形式出现，有 α、β 两种构型，以 β 型应用而更广。

化学结构

α-氨基葡糖的结构　　β-氨基葡糖的结构

理化性质

β-氨基葡糖为白色晶体，易溶于水，有甜味和鲜味，比旋光度 [α]：+32.6°～+72.6°（20℃，14％水溶液）。氨基葡萄糖的 CAS 号为 3416-24-8。

安全管理情况

国家食品药品监督管理总局 2014 年发布的《关于已使用化妆品原料名称目录的公告》、CTFA 和中国香化协会 2010 年版的《国际化妆品原料标准中文名称目录》都将氨基葡萄糖作为化妆品原料，未见它外用不安全的报道。

药理作用

氨基葡萄糖的盐酸盐有很好抗菌性，浓度在 1mg/mL 时对枯草杆菌、荧光假单胞菌的抑菌圈的直径分别为 (22±0.88)mm 和 (25±0.44)mm。

氨基葡萄糖与化妆品相关的药理研究见下表。

试验项目	浓度	效果说明
细胞培养对胶原蛋白生成的促进	5μmol/L	促进率：125.9（空白 100）
成纤维细胞培养对 DNA 生成的促进	34μmol/L	促进率：121.9（空白 100）
对胶原蛋白酶活性的抑制	10×10^{-6}	抑制率：11％
对金属蛋白酶 MMP-3 活性的抑制	2％	抑制率：27.7％
对酯酶活性的抑制	1.0％	抑制率：32％

化妆品中应用

氨基葡萄糖对金属蛋白酶活性有抑制，为非甾族类抗炎剂，可与抗菌剂（如水杨酸）和抗过敏剂（如氧化锌）以 1:1:1 的比例配制外用药膏治疗粉刺，对干性皮肤、皮屑增多、皮癣、皮肤炎症等都有疗效作用，并无任何副作用；氨基葡萄糖能提高成纤维细胞的活性，有助于伤口的愈合；氨基葡萄糖可抑制酯酶活性，有防止身体异味形成的作用。

氨基肽酶（Aminopeptidase）

氨基肽酶（Aminopeptidase）是一类水解酶，可水解蛋白质或多肽的末端氨基酸，或切除去一小分子肽。有的氨基肽酶专一性很好，如只水解亮氨酸，称为亮氨酸氨基肽酶；只水解丙氨酸的，称为丙氨酸氨基肽酶。氨基肽酶广泛分布于动物和植物组织中，在人的血清、皮肤等中都有存在，在各种生物过程中起重要作用。生物来源不同，氨基肽酶的结构也不同。现常用的氨基肽酶可以乳酸乳球菌生化法制取。

理化性质

氨基肽酶为类白色冻干状粉末，可溶于水，不溶于乙醇。氨基肽酶的 CAS 号为 9031-94-1。

安全管理情况

CTFA 将其作为化妆品原料，中国香化协会 2010 年版的《国际化妆品原料标准中文名称目录》中列入，国家食品药品监督管理总局 2014 年发布的《关于已使用化妆品原料名称目录的公告》尚未列入。氨基肽酶对眼睛和伤损皮肤有刺激，按规定施用未见它外用不安全的报道。

化妆品中应用

氨基肽酶可作为皮肤调理剂等，应用于个人护理用品领域。氨基肽酶主要的作用是预防和治疗由于自身免疫性疾病而引发的皮肤病（除痤疮、牛皮癣）或皮肤过敏。

胺肌肽（Anserine）

胺肌肽也称鹅肌肽（Anserine），是一种含有 β-丙氨酸和组氨酸的二肽，可以在哺乳动物的骨骼肌和鸟类的大脑中发现，常与肌肽（Carnosine）伴存。鹅肌肽可从禽肉中提取。

化学结构

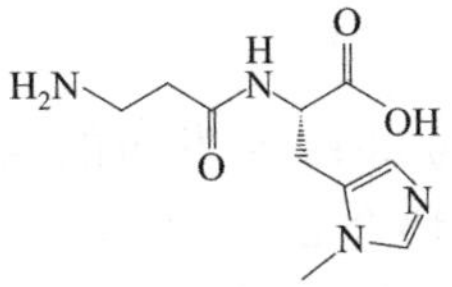

鹅肌肽的结构

物化性质

鹅肌肽为白色粉状固体，相对分子质量 240.3，可溶于水，不溶于酒精，水溶液的 pH 为 7.04。鹅肌肽的 CAS 号为 584-85-0。

安全管理情况

CTFA 将鹅肌肽作为化妆品原料，中国香化协会 2010 年版的《国际化妆品原料标准中文名称目录》中列入，国家食品药品监督管理总局 2014 年发布的《关于已使用化妆品原料名称目录的公告》尚未列入，未见它外用不安全的报道。

药理作用

鹅肌肽与化妆品相关的药理研究见下表。

试验项目	浓度	效果说明
对透明质酸水解的抑制	200μmol/L	抑制率：42.3%
对 DPPH 自由基的消除	3mmol/L	消除率：17.9%
在 50Gy 剂量 X 射线下对 DNA 的保护	1mmol/L	保护率：51.9%

化妆品中应用

鹅肌肽作为药品在抗疲劳、避免神经组织退化、增强免疫机能、加速愈伤等方面有广泛的应用，例如人体皮层的成纤维细胞在鹅肌肽的水溶液中存活时间明显增长，说明鹅肌肽不但是营养剂，还能促进细胞的新陈代谢，在护肤品中使用可用于抗氧化、清除有害游离基、调理皮肤等产品。

薁（Azulene）

薁（Azulene）又称甘菊环烃，是单萜类成分，来源于菊科母菊（*Matricaria chamomilla*）的全草和花，在春黄菊油中含量为 5.8%，在千叶蓍草、樟树叶等中都有存在。薁可从樟油中提取分离。

化学结构

薁的结构

理化性质

薁为深蓝色叶状或单斜片状结晶，熔点 90℃，沸点 242℃，有萘样气味，可溶于醇、醚和酮，在浓酸中会分解。紫外吸收特征波长（吸光系数）为 273nm（47900）。薁的 CAS 号为 275-51-4。

安全管理情况

国家食品药品监督管理总局 2014 年发布的《关于已使用化妆品原料名称目录的公告》、CTFA 和中国香化协会 2010 年版的《国际化妆品原料标准中文名称目录》都将作为化妆品原料，未见它外用不安全的报道。不过有研究发现，在紫外线 UVA 的照射下，薁可能会引起细胞突变，因此最好不要长时间地驻留在皮肤上。

药理作用

薁对白色念珠菌和大肠杆菌有显著的抑制作用，对革兰阳性菌、阴性菌、酵母菌也有抑制。

薁与化妆品相关的药理研究见下表。

试验项目	浓度	效果说明
对 B-16 黑色素细胞活性的抑制	20μmol/L	抑制率：80%
对皮肤诱发炎症的抑制	0.03%	抑制率：10.8%

化妆品中应用

可用作化妆品中的着色剂。薁有强烈的抗菌性和抗炎性,可用于面部美容品用以防止和治疗多态性痤疮,有愈伤和修复功能;薁与皮肤有良好的匹配性,有抗变态反应和抗过敏作用,也可用作皮肤刺激的抑制剂,效果可与苯海拉明(Diphenhydramine)等相似,在止痒产品中用入不产生副作用,用量可高达10%。薁具有抗氧化和抗炎作用;薁在 230~320nm 的紫外区域内有强烈的吸收,在防晒增白化妆品中可预防阳光灼晒伤或治疗由于阳光暴晒所引起的伤害,用量 0.02%~0.05%。

B

八肽（Octapeptide）

八肽（Octapeptide）是由八个氨基酸组成的寡肽。有游离存在的八肽，但更多的八肽组成蛋白质的片段广泛存在于各生物体内。八肽可通过蛋白质的水解提取、酶解提取、也可用化学合成法合成。

部分八肽的氨基酸结构

抑皱素八肽：Glu-Glu-Met-Gln-Arg-Arg-Ala-Asp-$CONH_2$。

血管紧张素Ⅱ八肽：Asp-Arg-Val-Tyr-Ile-His-Pro-Phe。

鱼血浆蛋白八肽：Pro-Ser-Lys-Tyr-Glu-Pro-Phe-Val。

胆囊收缩素八肽：Gly-His-Gly-Lys-His-Lys-Asn-Lys。

鲨鱼蛋白八肽：Ala-Glu-Ala-Gln-Lys-Gln-Leu-Arg。

安全管理情况

CTFA 将八肽作为化妆品原料，中国香化协会 2010 年版的《国际化妆品原料标准中文名称目录》中列入，国家食品药品监督管理总局 2014 年发布的《关于已使用化妆品原料名称目录的公告》尚未列入上述八肽。未见它们外用不安全的报道。

药理作用

八肽与化妆品相关的药理研究见下表。

试验项目	浓度	效果说明
鱼血浆蛋白八肽对羟基自由基的消除		半消除量 EC_{50}：2.86mg/mL
鲨鱼蛋白八肽对脂质过氧化的抑制	0.2mmol/L	抑制率：32.13%
胆囊收缩素八肽对 B-16 黑色素细胞活性的抑制	0.1mmol/L	抑制率：13.42%
血管紧张素Ⅱ八肽对成纤维细胞增殖的促进	0.1nmol/L	促进率：170.7(空白 100)
血管紧张素Ⅱ八肽对脂质积累的促进	0.1nmol/L	促进率：119.3(空白 100)
血管紧张素Ⅱ八肽对甘油磷酸脱氢酶活性的促进	0.1nmol/L	促进率：108.6(空白 100)
胆囊收缩素八肽对 LPS 诱导白介素 IL-1β 生成的抑制	0.01nmol/L	抑制率：50.7%
胆囊收缩素八肽对 LPS 诱导白介素 IL-6 生成的抑制	0.01nmol/L	抑制率：38.5%
胆囊收缩素八肽对 LPS 诱导白介素 IL-10 生成的促进	0.01nmol/L	促进率：82.5%

化妆品中应用

上述八肽的生物活性非常显著，使用要非常小心，并且有各自的作用范围，请参考它们的药理作用。

巴西胡桃蛋白（Brazil nut protein）

巴西胡桃树（*Bertholletia excelsa*）为是亚马逊雨林里最大的树木之一，为玉蕊科巴西坚果属的植物，仅产于南美洲。巴西胡桃是该树的果实，可食用，巴西胡桃蛋白水解物（Hydrolyzed brazil nut protein）是该果实蛋白质的酶解水解物。

氨基酸组成

巴西胡桃蛋白水解物的氨基酸组成见下表。

单位：%

氨基酸名	摩尔分数	氨基酸名	摩尔分数
半胱氨酸	8.0	天冬酰胺	3.0
丝氨酸	6.5	谷酰胺	27.5
脯氨酸	6.0	甘氨酸	6.0
丙氨酸	1.0	蛋氨酸	20.0
亮氨酸	5.0	酪氨酸	1.0
精氨酸	15.0	组氨酸	2.0

理化性质

巴西胡桃蛋白水解物经干燥后为淡黄色粉末，可溶于水。

安全管理情况

CTFA将巴西胡桃蛋白水解物作为化妆品原料，中国香化协会2010年版《国际化妆品原料标准中文名称目录》中列入，国家食品药品监督管理总局2014年发布的《关于已使用化妆品原料名称目录的公告》尚未列入，未见它外用不安全的报道。

化妆品中应用

巴西胡桃蛋白中含硫键和二硫键的氨基酸优于其他植物蛋白，除此之外，有丰富的硒代胱氨酸存在，巴西胡桃蛋白中含 153×10^{-6} 的硒。巴西胡桃蛋白水解物能迅速被皮肤和毛发吸收，无油腻感，适合用作化妆品的护理性原料。

白池花内酯（Meadowfoam δ-lactone）

白池花内酯（Meadowfoam δ-lactone）属脂肪酸的衍生物，是5-羟基二十碳酸的失水产物。白池花内酯提取自白池花（*Limnanthes alba*）籽油。

化学结构

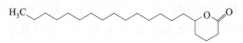

δ-白池花内酯的结构

理化性质

白池花内酯为无色油状物，不溶于水和乙醇，可与脂肪混溶。

安全管理情况

国家食品药品监督管理总局 2014 年发布的《关于已使用化妆品原料名称目录的公告》、CTFA 和中国香化协会 2010 年版的《国际化妆品原料标准中文名称目录》都将白池花内酯作为化妆品原料，未见它外用不安全的报道。

药理作用

白池花内酯与化妆品相关的药理研究见下表。

试验项目	浓度	效果说明
护发素施用对毛发拉伸强度的促进	0.5%	促进率:120.9(空白 100)

化妆品中应用

白池花内酯可作为化妆品基础油性原料，有良好的肤感；白池花内酯是头发生长的活化剂，可提高毛发的质量。

白桦酯醇（Betulin）

白桦酯醇又称桦木脑（Betulin）、桦木醇，属五环三萜类化合物。来源于桦木科植物白桦（*Betula platyphylla*）的树皮，桦树皮中含量在 20% 以上。桦木脑从桦树皮提取物中分离。

化学结构

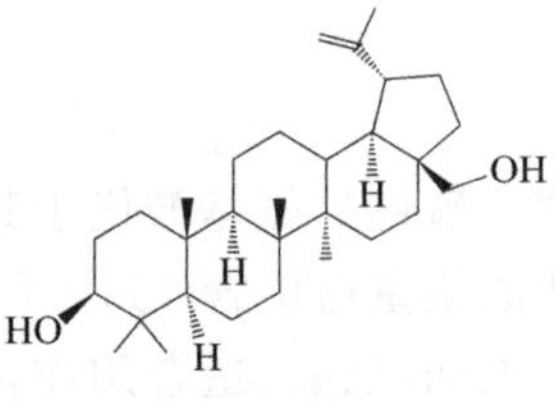

桦木脑的结构

理化性质

桦木脑为白色结晶粉末，熔点 248~251℃（甲醇-氯仿），溶于乙醇、乙醚、氯仿和苯，微溶于冷水、石油醚等有机溶剂。$[\alpha]_D^{15}$：+20°（$c=2$，吡啶）。桦木脑的 CAS 号为 473-98-3。

安全管理情况

国家食品药品监督管理总局 2014 年发布的《关于已使用化妆品原料名称目录的公告》、CTFA 和中国香化协会 2010 年版的《国际化妆品原料标准中文名称目录》都将桦木脑作为化妆品原料，未见它外用不安全的报道。

药理作用

桦木脑与化妆品相关的药理研究见下表。

试验项目	浓度	效果说明
对胶原蛋白酶活性的抑制	10μg/mL	抑制率:62.8%
细胞培养对成纤维细胞增殖的促进	5μg/mL	促进率:121.02(空白100)
对 B-16 黑色素细胞活性的抑制	6×10^{-6}	抑制率:30%
对活性物经皮渗透的促进	0.4%	促进率:34%
对角叉菜致小鼠脚趾肿胀的抑制	10mg/kg	抑制率:19.0%

化妆品中应用

桦木脑用在发用制品中,可减少头发纤维中蛋白质溶解、改善受损头发光泽,并促进头发生长;桦木脑对胶原蛋白酶活性的抑制以及对皮肤细胞的增殖作用表明,它抗衰的作用较强,可用于调理皮肤、柔滑皮肤、预防皲裂。桦木脑也是很好的外用助渗剂。

白桦脂酸 (Betulinic acid)

白桦脂酸(Betulinic acid)也称桦木酸,广泛存在于植物界中,有五加科(刺五加根皮)、桦木科(白桦外皮,垂枝桦树皮,美加甜桦树皮)、迷迭香、云南甘草、酸枣等都含有一定数量的白桦脂酸。现白桦脂酸主要从桦树皮中提取。

化学结构

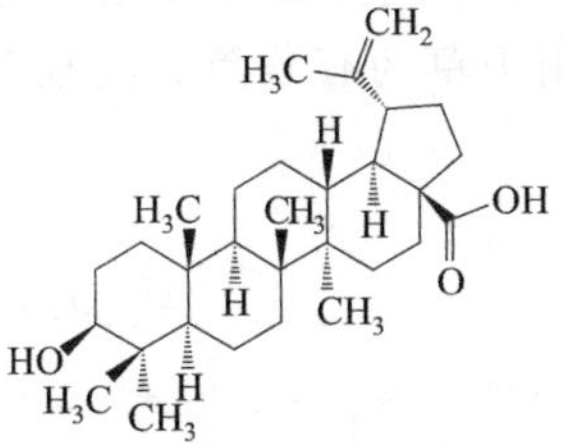

白桦脂酸的结构

理化性质

白桦脂酸为白色针晶(氯仿-甲醇),熔点 316~318℃,$[\alpha]_D^{25}$:+5.86°。($c=0.87$,吡啶);$[\alpha]_D^{25}$:+6.11°。($c=0.44$,二氧六环)。易溶于氯仿、丙酮、乙酸乙酯,难溶于水。白桦脂酸的 CAS 号为 472-15-1。

安全管理情况

CTFA 将白桦脂酸作为化妆品原料,中国香化协会 2010 年版的《国际化妆品原料标准中文名称目录》中列入,国家食品药品监督管理总局 2014 年发布的《关于已使用化妆品原料名称目录的公告》尚未列入,未见它外用不安全的报道。

药理作用

白桦脂酸对金黄色葡萄球菌、表皮葡萄球菌、藤黄微球菌、枯草杆菌均有抑制，浓度在 1μg/mL，4h 后的抑菌圈直径分别为 51.6mm、52.7mm、91.3mm 和 102.3mm。

白桦脂酸与化妆品相关的药理研究见下表。

试验项目	浓度	效果说明
对黑色素细胞活性的抑制	10×10^{-6}	抑制率:67%
对自由基 DMBA 的消除	5μg/mL	消除率:71%
纤维芽细胞培养对胶原蛋白生成的促进	0.55μmol/L	促进率:199(空白 100)
对胶原蛋白酶活性的抑制		半抑制量 IC_{50}:80.1μg/mL
对环氧合酶-2 活性的抑制		半抑制量 IC_{50}:1.8μg/mL
体外对前列腺素 PGE_2 生成的抑制		半抑制量 IC_{50}:101μmol/L

化妆品中应用

白桦脂酸有美白皮肤的作用；低浓度白桦脂酸可作为肤用调理助剂，与抗坏血酸配合看促进有皮层胶原蛋白的生成；在发用品中用入可促进生发；对自由基 DMBA 消除等数据表示，白桦脂酸有抗炎和抑制皮肤过敏的作用，在高 SPF 防晒乳液中使用可减轻对皮肤的刺激。

白藜芦醇（Resveratrol）

白藜芦醇（Resveratrol）属于芪型多酚类化合物，在植物中广泛存在，食物有花生、葡萄和凤梨等，药用中草药有藜芦、虎杖等。白藜芦醇可从葡萄果皮中提取，也可化学合成。

化学结构

白藜芦醇的结构

理化性质

白藜芦醇是无色针状结晶，熔点 256～257℃，易溶于乙醇、甲醇、氯仿、丙酮等，难溶于水，在碱性条件下（pH>10）不稳定，要变化为粉红色或红色。在 366nm 处有最大紫外吸收并有荧光。溶解度：0.03g/L（水）、50g/L（乙醇）。白藜芦醇的 CAS 号为 501-36-0。

安全管理情况

国家食品药品监督管理总局 2014 年发布的《关于已使用化妆品原料名称目

录的公告》、CTFA 和中国香化协会 2010 年版的《国际化妆品原料标准中文名称目录》都将白藜芦醇作为化妆品原料，未见它外用不安全的报道。

药理作用

白藜芦醇对金黄色葡萄球菌、大肠杆菌、绿脓杆菌等有抑制作用，对金黄色葡萄球菌的 MIC 为 0.512mg/mL。对红色毛癣菌、石膏样毛癣菌和絮状表皮癣菌的 MIC_{90} 分别为 0.322g/L、0.064g/L 和 0.128g/L。

白藜芦醇与化妆品相关的药理研究见下表。

试验项目	浓度	效果说明
对自由基 DPPH 的消除		半消除量 EC_{50}：$(39.5\pm2.8)\mu g/mL$
对 B-16 黑色素细胞活性的抑制	0.02%	抑制率 53.17%
对酪氨酸酶活性的抑制		半抑制量 IC_{50}：$2.0\mu g/mL$
细胞培养对胶原蛋白生成的促进	$1.25\mu mol/L$	促进率：121（空白 100）
细胞培养对成纤维细胞的增殖促进	$5\mu mol/L$	促进率：141（空白 100）
细胞培养对表皮角质细胞增殖的促进	$10\mu mol/L$	促进率：126（空白 100）
防晒作用 SPF 值的测定	1.5%	SPF 值：30（空白 7）
对脂肪氧合酶-1 活性的抑制		半抑制量 IC_{50}：$1.02\mu g/mL$
对核因子 NF-κB 细胞活性的抑制	$5\mu mol/L$	抑制率：33.9%
对过氧化物酶激活受体（PPAR）的活化促进	$50\mu mol/L$	促进率：139（空白 100）

化妆品中应用

白藜芦醇可用作化妆品抗氧剂、抗菌剂、皮肤美白剂、防晒剂和抗衰抗老剂。从对脂肪氧合酶-1 活性的抑制、核因子 NF-κB 细胞活性的抑制等显示白藜芦醇可提高皮肤免疫细胞的功能，有抗炎作用。

白杨素（Chrysin）

白杨素又称 5,7-二羟基黄酮（Chrysin）、柯因。白杨素及其苷存在于黄芩、蜂胶等传统药食同源的原料中，是其中的主要活性成分。5,7-二羟基黄酮可从黄芩根提取。

化学结构

5,7-二羟基黄酮的结构

理化性质

5,7-二羟基黄酮为浅黄色棱柱形结晶（甲醇），熔点 285℃，不溶于水，但可溶于碱液呈黄棕色,略溶于冷的乙醇、氯仿和乙醚。5,7-二羟基黄酮的 CAS 号为 480-40-0。

安全管理情况

CTFA 将 5,7-二羟基黄酮作为化妆品原料,中国香化协会 2010 年版的《国际化妆品原料标准中文名称目录》中列入,国家食品药品监督管理总局 2014 年发布的《关于已使用化妆品原料名称目录的公告》尚未列入,未见它外用不安全的报道。

药理作用

5,7-二羟基黄酮与化妆品相关的药理研究见下表。

试验项目	浓度	效果说明
对自由基 DPPH 的消除	100×10^{-6}	消除率:90.51%±1.03%
对脂质过氧化的抑制	$10\mu g/mL$	抑制率:64.4%
细胞培养对脑酰胺生成的促进	$2\mu mol/L$	促进率:124(空白为 100)
细胞培养对原胶原蛋白生成的促进	1.5%	促进率:116%(空白为 100)
对毛发根鞘细胞增殖的促进作用	100×10^{-6}	促进率:125(空白为 100)
对酪氨酸激酶活性的抑制	$14.8\mu mol/L$	抑制率:89.1%
小鼠试验对小鼠脚趾肿胀的抑制	2.5%	抑制率:34.2%
对由 LPS 引起的 PGE_2 形成的抑制	$20\mu mol/L$	抑制率:97.2%
对 IL-4 生成的抑制		半抑制浓度 IC_{50}:>$30\mu mol/L$
对 TNF-α 生成的抑制	$10\mu mol/L$	抑制率:15.6%
对细胞间接着的抑制	0.001%	抑制率:75%
在 $5J/cm^2$ 的 UVA 照射下对光毒性的抑制		半抑制浓度 IC_{50}:0.05%

化妆品中应用

5,7-二羟基黄酮抗氧性能强,对各种含氧自由基有良好的俘获能力,可防止油脂的氧化降解,尤其对不饱和酸的保护作用很强;对酪氨酸激酶活性的抑制显示有增白性,可在美白化妆品中使用;对 A 区和 B 区的紫外线有吸收,是有效的光防护剂;在护发剂中使用,可促进生发;对脑酰胺、原胶原蛋白生成的促进显示能调理皮肤、抗衰抗皱;细胞间接着的活化是水泡症、角化症、角化不全等皮肤疾患的表示,对它的抑制以及一系列的数据显示,5,7-二羟基黄酮是一肤用抗炎剂。

半胱氨酸 (Cystein)

半胱氨酸(Cystein)、胱氨酸(Cystine)是最简单的含硫氨基酸,胱氨酸为人体必需氨基酸之一,在干头发中,胱氨酸占 17% 左右。分子中的硫基比较活泼，半胱氨酸的单体或者在蛋白质的肽键中都易于脱氢，生成二硫化物胱氨酸。胱氨酸可从头发的水解液中分离，也可发酵制取。

化学结构

半胱氨酸（左：还原型）和胱氨酸（右：氧化型）

理化性质

半胱氨酸是白色粉状结晶，能溶于水，微溶于酒精，熔点240℃（分解），$[\alpha]_D^{15}：+9.4°（c=1.3，水）$。胱氨酸是白色片状结晶，能溶于水、稀酸和稀碱，不溶于醇、醚、苯和氯仿，$[\alpha]_D^{20}：-223.4°（1\%，1mol/L 盐酸）$。半胱氨酸和胱氨酸的 CAS 号分别为 52-90-4 和 56-89-3。

安全管理情况

国家食品药品监督管理总局 2014 年发布的《关于已使用化妆品原料名称目录的公告》、CTFA、欧盟和中国香化协会 2010 年版的《国际化妆品原料标准中文名称目录》都将半胱氨酸和胱氨酸作为化妆品原料，未见它们外用不安全的报道。

药理作用

半胱氨酸和胱氨酸与化妆品相关的药理研究见下表。

试 验 项 目	浓度	效果说明
半胱氨酸对胡萝卜素氧化的抑制	10mmol/L	消除率:49.5%
半胱氨酸对 DPPH 自由基的消除	0.03%	消除率:93.6%
半胱氨酸对成纤维细胞增殖的促进作用	0.1μmol/L	促进率:114.1(空白 100)
半胱氨酸对毛发根鞘细胞增殖的促进作用	1×10^{-6}	促进率:118(空白 100)
胱氨酸对毛发根鞘细胞增殖的促进作用	1×10^{-6}	促进率:119(空白 100)
脂肪组织培养半胱氨酸对 cAMP 生成的促进	1mmol/L	促进率:145.4(空白 100)
半胱氨酸对胶原蛋白酶活性的抑制	0.056%	抑制率:14%
在 UV 照射下胱氨酸对纤连蛋白的保护	40mg/3mL	活性残存率是空白的 2.46 倍
半胱氨酸对酪氨酸酶活性的抑制		半抑制量 IC_{50}:12.89μmol/L
半胱氨酸对透明质酸降价的抑制率	1%	抑制率:80.1%
半胱氨酸对 NF-κB 活性的抑制	0.2mmol/L	抑制率:78.3%
半胱氨酸对白介素 IL-6 释放的抑制	0.2mmol/L	抑制率:56.2%

化妆品中应用

从生化角度来看，巯基（SH）是酶中的主要活性点，半胱氨酸可使生物酶中的—S—S—键还原成—SH基团，从而恢复或提高该酶的活性，如微量的添加半胱氨酸，可有效地提高酪氨酸酶的活性，适用于灰发防止的发乳；对角朊二硫键的还原和切断作用过程，适用于冷烫液；半胱氨酸比巯基乙酸作用温和，对发丝还有营养护理作用，问题是自身易被氧化；胱氨酸有防止皮肤过敏、治疗伤口、防治湿疹等作用，可用作营养添加剂和抗炎剂。

半日花素（Laudanosine）

半日花素又名劳丹素（Laudanosine），属生物碱类成分。是罂粟属植物黄鼠狼罂粟（*Papaver macrostomum*）的主要有效成分。劳丹素从此类植物中提取。

化学结构

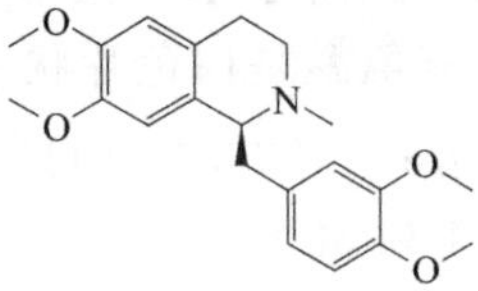

劳丹素的结构

理化性质

劳丹素为无色结晶粉末，熔点89℃，不溶于水，可溶于酸性水溶液，可溶于乙醚、氯仿和丙酮。劳丹素的CAS号为1699-51-0。

安全管理情况

CTFA将劳丹素作为化妆品原料，中国香化协会2010年版的《国际化妆品原料标准中文名称目录》中列入，国家食品药品监督管理总局2014年发布的《关于已使用化妆品原料名称目录的公告》尚未列入，未见它外用不安全的报道。

药理作用

劳丹素有抗菌性，对金黄色葡萄球菌、表皮葡萄球菌、大肠杆菌和绿脓杆菌的MIC分别为8.06mg/mL、4.03mg/mL、2.01mg/mL和8.06mg/mL。

化妆品中应用

劳丹素低浓度外用可减轻皮肤和肌肉的紧张程度，可促进其他药效成分的功能。在发水中用入，可使头皮皮肤处于松弛状态，减少头屑的生成；在护肤品中用入则有抗皱抗衰作用。

半乳糖二酸（Galactaric acid）

半乳糖二酸（Galactaric acid）也名黏酸，是果胶中的主要成分，在草莓果实中游离存在。天然出现的半乳糖二酸为D型。现用半乳糖为原料化学法合成。

化学结构

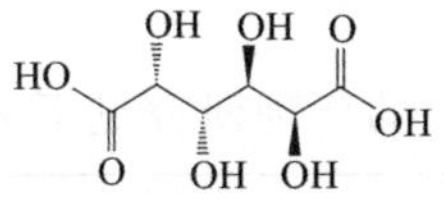

D-半乳糖二酸的结构

理化性质

半乳糖二酸为白色结晶粉末,熔点215℃(dec.),有吸湿性,微溶于冷水,溶于热水,不溶于乙醇,可溶于稀碱溶液。半乳糖二酸的CAS号为526-99-8。

安全管理情况

国家食品药品监督管理总局2014年发布的《关于已使用化妆品原料名称目录的公告》、CTFA和中国香化协会2010年版的《国际化妆品原料标准中文名称目录》都将半乳糖二酸作为化妆品原料,未见它外用不安全的报道。

化妆品中应用

半乳糖二酸有α-羟基酸(果酸)样的性质,可加速皮肤角质层的代谢,有抗皱作用;半乳糖二酸可用作保湿剂。

半乳糖基果糖(Galactosyl fructose)

半乳糖基果糖(Galactosyl fructose)是由半乳糖和果糖结合的二糖化合物。二者之间连接方式有不同,因此半乳糖基果糖有若干异构体,其中以乳果糖(Lactulose)那样的结构最为普遍和重要。半乳糖基果糖存在于牛奶加工加热处理后的牛奶中。

化学结构

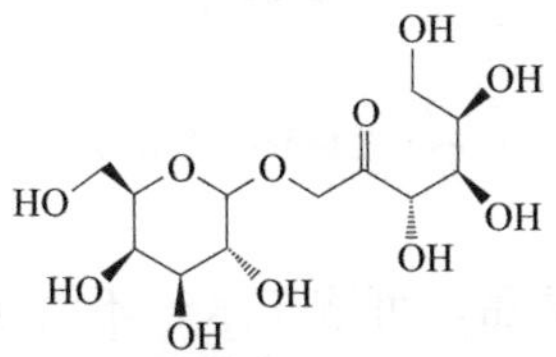

半乳糖基果糖的结构

理化性质

半乳糖基果糖为白色粉末,熔点173~178℃,有清凉甜味,甜度为蔗糖的48%~62%,可溶于水,在水中的溶解度为70%(25℃)。不溶于乙醇。半乳糖基果糖的CAS号为4618-18-2。

安全管理情况

CTFA将半乳糖基果糖作为化妆品原料,中国香化协会2010年版的《国际化妆品原料标准中文名称目录》中列入,国家食品药品监督管理总局2014年发布的《关于已使用化妆品原料名称目录的公告》尚未列入,未见它外用不安全的报道。
药理作用
半乳糖基果糖与化妆品相关的药理研究见下表。

试验项目	浓度	效果说明
对脂质过氧化的抑制	0.1%	抑制率：23.1%
对 B-16 黑色素细胞活性的抑制	25mmol/L	抑制率 8.2%
对二甲苯致大鼠足趾肿胀的抑制	30mg/kg	抑制率：30.6%
对白介素 IL-8 生成的抑制	5%	抑制率 9.9%
对前列腺素 PGE_2 生成的抑制	30mg/kg	抑制率：68.1%

化妆品中应用
半乳糖基果糖为食品添加剂，也可用作化妆品的营养剂，易为皮肤吸收；在抗氧、美白、抗炎等方面对皮肤有护理和辅助的作用。

半乳糖醛酸（Galacturonic acid）

半乳糖醛酸（Galacturonic acid）属单糖类成分，有 α、β 两种构型，广泛存在于植物的黏液、树胶和细菌多糖中，是果胶、果汁发酵物如果醋中的主要成分。可以果胶多糖水解制取。

化学结构

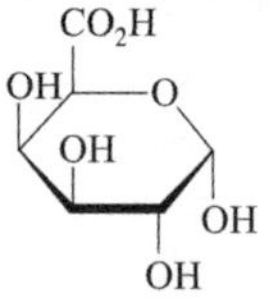

α-半乳糖醛酸的结构

理化性质
半乳糖醛酸为白色针状结晶，可溶于水，不溶于有机溶剂。α-半乳糖醛酸的熔点为 156～159℃（分解），β-半乳糖醛酸的熔点为 159℃（分解），$[\alpha]_D^{20}$：+55.0°～+60.0°（$c=1.0$，H_2O）。半乳糖醛酸的 CAS 号为 685-73-4。

安全管理情况
CTFA 将半乳糖醛酸作为化妆品原料，中国香化协会 2010 年版的《国际化妆品原料标准中文名称目录》中列入，国家食品药品监督管理总局 2014 年发布的《关于已使用化妆品原料名称目录的公告》尚未列入，未见它外用不安全的报道。

药理作用
半乳糖醛酸与化妆品相关的药理研究见下表。

试 验 项 目	浓度	效果说明
对自由基 DPPH 的消除	0.5mmol/L	消除率：8.6%
对羟基自由基的消除	0.5mmol/L	消除率：21.0%

化妆品中应用

富含半乳糖醛酸的提取物可增加皮肤表皮的新陈代谢，有抗皱作用；可调理皮脂的分泌；细胞培养中对白介素的生成有抑制，有抗炎性。

半乳糖脱氢酶（β-Galactose dehydrogenase）

半乳糖脱氢酶（β-Galactose dehydrogenase）属氧化还原酶，在生物体内广泛存在。半乳糖脱氢酶参与糖的代谢，作用于 D-阿拉伯糖、6-脱氧-D-半乳糖以及 2-脱氧-D-半乳糖等。半乳糖脱氢酶可用微生物法生产。

理化性质

半乳糖脱氢酶为白色冻干状粉末，需在 2~8℃保存，可溶于水，不溶于乙醇等有机溶剂。半乳糖脱氢酶的 CAS 号为 9028-54-0。

安全管理情况

CTFA 将半乳糖脱氢酶作为化妆品原料，中国香化协会 2010 年版的《国际化妆品原料标准中文名称目录》中列入，国家食品药品监督管理总局 2014 年发布的《关于已使用化妆品原料名称目录的公告》尚未列入，未见它外用不安全的报道。

化妆品中应用

半乳糖脱氢酶是生物体内非常重要的酶，它参与了抗坏血酸的再生和循环。在护肤品中用入半乳糖脱氢酶即相当于添加了维生素 C，有抗氧抗衰作用。

胞苷（Cytidine）

胞苷（Cytidine）分布在所有的生物体中，是组成细胞的重要成分，并参与其代谢。现在胞苷主要由发酵法制取。

化学结构

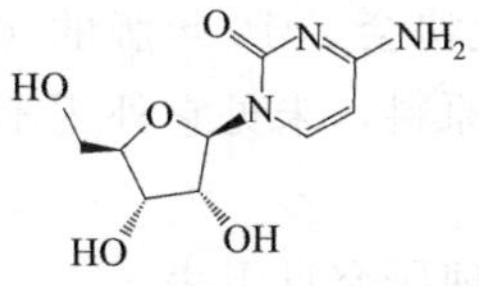

胞苷的结构

理化性质

胞苷为白色或类白色结晶性或粉末，熔点 215~216℃，可溶于水，溶于酸和碱，微溶于乙醇，不溶于有机溶剂，$[\alpha]_D^{20}$：$+33°$ （$c=2$，H_2O）。胞苷的 CAS 号为 65-46-3。

安全管理情况

CTFA 将胞苷作为化妆品原料，中国香化协会 2010 年版的《国际化妆品原料标准中文名称目录》中列入，国家食品药品监督管理总局 2014 年发布的《关于已使用化妆品原料名称目录的公告》尚未列入，未见它外用不安全的报道。

药理作用

胞苷与化妆品相关的药理研究见下表。

试 验 项 目	浓度	效果说明
涂覆对小鼠毛发生长的促进	每只 16.7μg	促进率：107.3（空白 100）

化妆品中应用

胞苷是营养性物质，护肤品中用入可减少皱纹的深度，能改善皮肤的质地，可用作生发剂。

胞嘧啶（Cytosine）

胞嘧啶（Cytosine）分布在所有的生物体中，为构成核酸的嘧啶碱基之一，是核酸的组成部分。可由核酸水解而成，现在胞苷主要由化学法合成。

化学结构

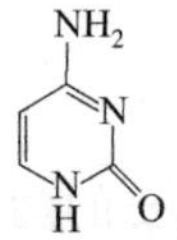

胞嘧啶的结构

理化性质

胞嘧啶为白色片状结晶，熔点 320～325℃（分解）。100mL 水 20℃时溶解 0.77g。微溶于乙醇，不溶于乙醚。显示特有的紫外线吸收（最大约为 274nm）。胞嘧啶的 CAS 号为 71-30-7。

安全管理情况

国家食品药品监督管理总局 2014 年发布的《关于已使用化妆品原料名称目录的公告》、CTFA 和中国香化协会 2010 年版的《国际化妆品原料标准中文名称目录》都将胞嘧啶作为化妆品原料，未见它外用不安全的报道。

药理作用

胞嘧啶与化妆品相关的药理研究见下表。

试 验 项 目	浓度	效果说明
在 290～320nm UVB 下照射用皮肤红斑法测定防晒因子	4.27%	防晒因子值：2.85（空白 1.41）

化妆品中应用

胞嘧啶是核酸的组成部分,参与人体的生化活动,可用作营养剂,对皮肤有调理作用,用于发制品可促进生发;可代替无机碱来调节膏霜的 pH 值,有助于缓解此方面导致的皮肤过敏;胞嘧啶有防晒作用,在皮肤上施用有凉感。

贝壳硬蛋白(Conchiolin protein)

贝壳硬蛋白(Conchiolin protein)是一类水产物中特有的硬蛋白,它们经常与贝壳中的钙紧紧联结在一起,形成一有光泽的珍珠层。将这珍珠层进行水解,即为水解贝壳硬蛋白(Hydrolyzed conchiolin protein)。水解贝壳硬蛋白也经常以其具体的材料命名,如水解珍珠蛋白、水解牡蛎蛋白等。

氨基酸组成

贝壳硬蛋白的成分随水产品的来源不同有很大的变化,水解贝壳硬蛋白也因此不同,如珍珠中的贝壳硬蛋白中含 3%~9% 氨基酸,其中以甘氨酸、丙氨酸、天冬氨酸和丝氨酸为主;牡蛎中的贝壳硬蛋白的氨基酸含量和种类与珍珠中的大致相仿。与其他贝壳类水产品如蜗牛壳的贝壳硬蛋白成分相差就很大。

皱纹盘鲍贝壳珍珠层贝壳硬蛋白的氨基酸组成见下表。

单位:%

氨基酸名	摩尔分数	氨基酸名	摩尔分数
天冬氨酸	0.27	谷氨酸	0.54
丝氨酸	0.27	甘氨酸	29.0
组氨酸	4.6	丙氨酸	1.1
酪氨酸	4.6	缬氨酸	24.0
半胱氨酸	1.1	蛋氨酸	0.27
亮氨酸	8.3	苯丙氨酸	0.81
赖氨酸	21.0	精氨酸	4.3

理化性质

水解贝壳硬蛋白制品一般处理成水溶液形式,淡黄色,一般有特殊的气味。

安全管理情况

国家食品药品监督管理总局 2014 年发布的《关于已使用化妆品原料名称目录的公告》、CTFA 和中国香化协会 2010 年版的《国际化妆品原料标准中文名称目录》都将贝壳硬蛋白粉和水解贝壳硬蛋白作为化妆品原料,未见它们外用不安全的报道。

药理作用

水解贝壳硬蛋白与化妆品相关的药理研究见下表。

试 验 项 目	浓度	效果说明
对超氧自由基的消除	0.24%	消除率:54.6%
对油脂的过氧化的抑制	0.5%	抑制率:34.2%
细胞培养对纤维芽细胞增殖的促进	10μg/mL	促进率:187(空白 100)
对皮肤角质层羰基化的抑制	0.01%	抑制率:77.9%±11.6%
对游离组胺释放的抑制	2.5%	抑制率:55.1%

化妆品中应用

贝壳硬蛋白的水解物主要用作化妆品中的营养性助剂，有增湿和润肤效能，在皮肤上渗透性好，常与其他活性成分共用以增强药效如抗氧和抗衰；有抗炎性，来自海洋的贝壳硬蛋白水解物可较明显的抑制由组胺而引起的皮肤过敏。

棓酸（Gallic acid）

棓酸（Gallic acid）又名没食子酸，为水解鞣质的基本单元之一，广泛存在于植物界中，如蓼科植物掌叶大黄（*Rheum palmatum*）、刺云实（*Caesalpinia spinosa*）等均含大量没食子酸。刺云实中没食子酸占28%～30%，为工业提取的原料。

化学结构

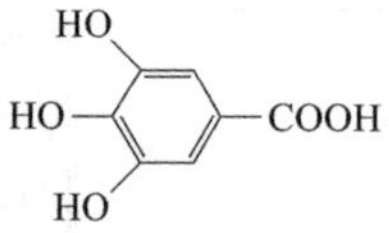

棓酸的结构

理化性质

没食子酸易溶于乙醇、甲醇和沸水，在冷水中溶解度较小，几乎不溶于苯、氯仿和石油醚。水结晶为针状结晶，紫外吸收特征波长（吸光系数）为：216nm（25700）和271nm（8320）。棓酸的CAS号为149-91-7。

安全管理情况

国家食品药品监督管理总局2014年发布的《关于已使用化妆品原料名称目录的公告》、CTFA和中国香化协会2010年版的《国际化妆品原料标准中文名称目录》都将棓酸作为化妆品原料，未见它外用不安全的报道。

药理作用

棓酸有抗菌性，实验浓度在2.5mg/paper disc时对痤疮丙酸杆菌和表皮葡萄球菌的抑菌圈直径为20.25mm和21.0mm。

棓酸与化妆品相关的药理研究见下表。

试 验 项 目	浓度	效果说明
对 DPPH 自由基的消除	125μg/mL	消除率:61.5%
对羟基自由基的消除	125μg/mL	消除率:54.5%
对脂质过氧化的抑制	30μg/mL	抑制率:84.8%
对 ABTS 自由基的消除	125μg/mL	消除率:65.4%
对酪氨酸酶活性的抑制	250μg/mL	抑制率:88.1%
细胞培养对成纤维细胞增殖的促进	15μg/mL	促进率:118.5(空白 100)
对过氧化物酶激活受体(PPAR-α)的活化促进	10μmol/L	促进率:130(空白 100)

化妆品中应用

桉酸是芳香族有机酸,可作酸性剂代替柠檬酸用于化妆品和药品;有抗菌性,在体外对金黄色葡萄球菌、八叠球菌等的抑菌浓度为 5mg/mL,在 3% 的浓度下对 17 种真菌也有抑制作用;有凝血作用,牙膏中用入可抑制牙出血;可用作发用染料的助色剂或与铜、银、铁等离子制成金属盐发用染料;桉酸在波长很宽的范围内能强烈吸收紫外线,体外试验可抑制酪氨酸酶活性,可用于防晒增白型乳液;桉酸还有活肤和抗炎功能。

苯丙氨酸 (Phenylalanine)

L-苯丙氨酸(Phenylalanine)是人体必需氨基酸之一,在自然界广泛存在于卵、乳和动物蛋白中,含量约 5%~6%,在植物蛋白中约含 1%。苯丙氨酸可通过微生物发酵、蛋白质水解以及有机合成的方法制备。

化学结构

L-苯丙氨酸的结构

理化性质

L-苯丙氨酸为无色至白色片状晶体或白色结晶性粉末,熔点:270~275℃,可溶于水,在 25℃ 时 100mL 水可溶解 5g,难溶于甲醇、乙醇、乙醚。$[\alpha]_D^{25}$:-35°($c=2\%$,水)。L-苯丙氨酸的 CAS 号为 63-91-2。

安全管理情况

国家食品药品监督管理总局 2014 年发布的《关于已使用化妆品原料名称目录的公告》、CTFA、欧盟和中国香化协会 2010 年版的《国际化妆品原料标准中文名称目录》都将苯丙氨酸作为化妆品原料,未见它外用不安全的报道。

药理作用

苯丙氨酸与化妆品相关的药理研究见下表。

试 验 项 目	浓度	效果说明
对胡萝卜素氧化的抑制	10mmol/L	抑制率:34.7%
对黑色素 B-16 细胞活性的抑制	5mmol/L	抑制率:51.7%

化妆品中应用

苯丙氨酸用作营养强化剂,易为皮肤吸收,可改善皮肤的色泽;苯丙氨酸有抗氧作用,并有美白皮肤的功能。

吡啶硫酮锌 (Zinc pyrithione)

吡啶硫酮锌 (Zinc pyrithione) 又名吡硫鎓锌,见于番荔枝科植物陵水暗罗 (*Polyalthia nemoralis*) 的根。吡啶硫酮锌现在全部由化学法合成。

化学结构

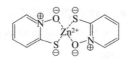

吡啶硫酮锌的结构

理化性质

吡啶硫酮锌为白色粉末,工业品熔点 240℃以上,重结晶产品为无色针状晶体,熔点 257~259℃,微溶于水,略溶于氯仿,不溶于乙醇。吡啶硫酮锌的 CAS 号为 13463-41-7。

安全管理情况

国家食品药品监督管理总局 2014 年发布的《关于已使用化妆品原料名称目录的公告》、CTFA、欧盟、日本和中国香化协会 2010 年版的《国际化妆品原料标准中文名称目录》都将吡啶硫酮锌作为化妆品原料。吡啶硫酮锌与皮肤长时间接触会引发过敏性皮炎,可在汰洗类产品中使用,在发水中的用量控制在 2% 以下。

药理作用

吡啶硫酮锌有强烈和较广谱的抗菌性。对金黄色葡萄球菌、粪肠杆菌、枯草杆菌、大肠杆菌、普通变形杆菌、弗状菌类、白色念珠菌类的 MIC 为 10×10^{-6}。对绿脓杆菌的 MIC 为 13×10^{-6}。对糠秕孢子菌抑制的 MIC 为 8×10^{-6}。

化妆品中应用

吡啶硫酮锌杀菌机理与许多杀菌剂并不相同,它作用于细菌细胞上,并且在不同 pH 下杀菌机理稍有不同。在中性或酸性条件下,吡啶硫酮锌将钾离子带出细菌细胞,将氢离子带入细菌细胞;在碱性条件下,将钾离子或镁离子带出细菌细胞,将钠离子带入细菌细胞。通过消除细菌获得营养的离子梯度,使细胞最终饿死,它在杀死细菌的同时本身并不被消耗。吡啶硫酮锌具有较强的抗菌和抗真菌的作用。可用于治疗皮脂溢、头皮屑等症；可配伍其他杀菌剂效果更好，如聚赖氨酸、聚季铵盐系列。

吡多素（Pyridoxine）

吡多素（Pyridoxine）即维生素 B_6（VB_6），在生物体内普遍存在，在玉米的胚芽、甘蔗的茎内含量较丰富，但也无提取意义。吡多素现以化学合成。

化学结构

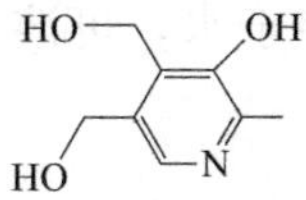

维生素 B_6 的结构

理化性质

维生素 B_6 为白色或微黄色结晶形粉末或棒状结晶（乙醇），熔点 205～212℃（分解），易溶于水，1g 可溶于 4.5mL 水，可溶于丙二醇和丙酮，略溶于乙醇，不溶于乙醚和氯仿，10%水溶液的 pH 为 3.2。其盐酸盐在紫外吸收的波长为 291nm（pH＝2，0.01mol/L HCl）。吡多素的 CAS 号为 65-23-6。

安全管理情况

国家食品药品监督管理总局 2014 年发布的《关于已使用化妆品原料名称目录的公告》、CTFA 和中国香化协会 2010 年版的《国际化妆品原料标准中文名称目录》都将维生素 B_6 作为化妆品原料，未见它外用不安全的报道。

化妆品中应用

维生素 B_6 与人体氨基酸代谢有密切关系，可促进氨基酸的吸收和蛋白质的合成，为细胞生长所必需，可用作化妆品营养性助剂。协助用于活肤抗衰、治疗脂溢性皮炎、抑制皮脂过多分泌、粉刺、斑秃等皮肤炎症；也有促进生发作用。

吡喃葡糖苷（Darutoside）

吡喃葡糖苷（Darutoside）的常用名是豨莶苷，是豨莶苦味三醇（darutigenol）的 β-D-葡萄糖糖苷，属于二萜类化合物。吡喃葡糖苷来源于菊科植物豨莶（*Siegesbeckia orientalis*）的干燥地上部分，豨莶是我国传统中药，吡喃葡糖苷只能从中提取。

化学结构

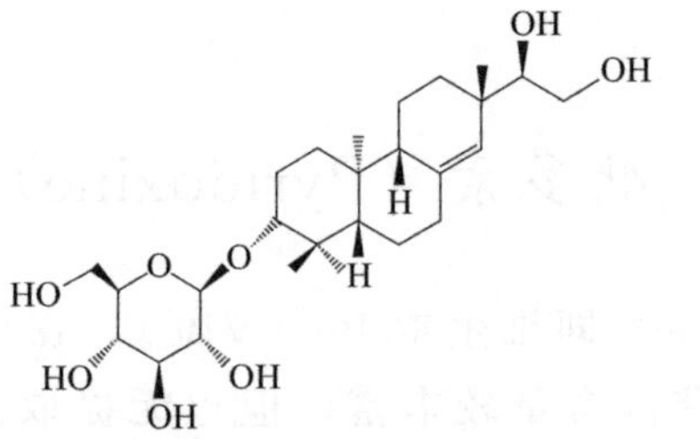

吡喃葡糖苷(猕芝苷)的结构

理化性质

吡喃葡糖苷为白色粉末,微溶于水,可溶于酒精。吡喃葡糖苷的CAS号为59219-65-7。

安全管理情况

CTFA将吡喃葡糖苷作为化妆品原料,中国香化协会2010年版的《国际化妆品原料标准中文名称目录》中列入,国家食品药品监督管理总局2014年发布的《关于已使用化妆品原料名称目录的公告》尚未列入,未见它外用不安全的报道。

药理作用

吡喃葡糖苷与化妆品相关的药理研究见下表。

试 验 项 目	浓度	效果说明
细胞培养对还原型谷胱甘肽生成的促进	10×10^{-6}	促进率:3%
对皮肤细胞糖化反应的抑制	15×10^{-6}	抑制率:4%

化妆品中应用

对人成纤维细胞培养,吡喃葡糖苷有协助促进胶原蛋白生成的作用,也可协助抑制金属蛋白酶MMP-1、MMP-2的活性,有活肤和抗炎作用;对皮肤细胞糖化反应的抑制,显示可抑制皮肤色素沉着。

荜茇明宁碱(Piperlonguminine)

荜茇明宁碱(Piperlonguminine)属于酰胺类结构,多见于胡椒科胡椒属荜茇(*Piper longum*)类植物,在干燥或近成熟或成熟的荜拨果实中,含量约2%。荜茇明宁碱可从荜茇籽中提取。

化学结构

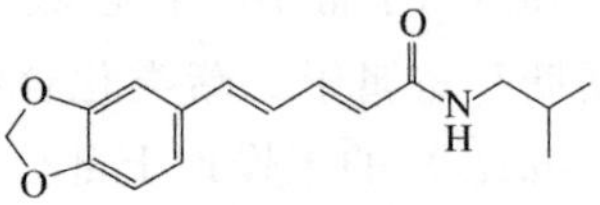

荜茇明宁碱的结构

理化性质

莘芰明宁碱为无色粉末，可溶于乙醇、甲醇，微溶于水。莘芰明宁碱的 CAS 号为 5950-12-9。

安全管理情况

CTFA 将莘芰明宁碱作为化妆品原料，中国香化协会 2010 年版的《国际化妆品原料标准中文名称目录》中列入，国家食品药品监督管理总局 2014 年发布的《关于已使用化妆品原料名称目录的公告》尚未列入，未见它外用不安全的报道。

药理作用

莘芰明宁碱与化妆品相关的药理研究见下表。

试 验 项 目	浓度	效果说明
细胞培养对细胞增殖的促进	$10\mu mol/L$	促进率;134.6(空白 100)
对白介素 IL-6 生成的抑制	$10\mu mol/L$	抑制率;23.9%
在 UVB 照射下对细胞凋亡的抑制	$5\mu mol/L$	抑制率;17.2%
对小鼠耳朵肿胀的抑制	$0.615mg/kg$	抑制率;35%

化妆品中应用

莘芰明宁碱对紫外线有吸收，有防晒和美白皮肤作用；莘芰明宁碱还可用作抗炎剂。

表棓儿茶素棓酸葡糖苷（Epigallocatechin gallate glucoside）

表棓儿茶素棓酸葡糖苷（Epigallocatechin gallate glucoside）属黄酮糖苷类化合物，微量存在于发酵茶中。表棓儿茶素棓酸葡糖苷有若干个异构体，糖苷可出现在不同的位置。现可以表棓儿茶素棓酸酯为原料经生化法制取表棓儿茶素棓酸葡糖苷。

化学结构

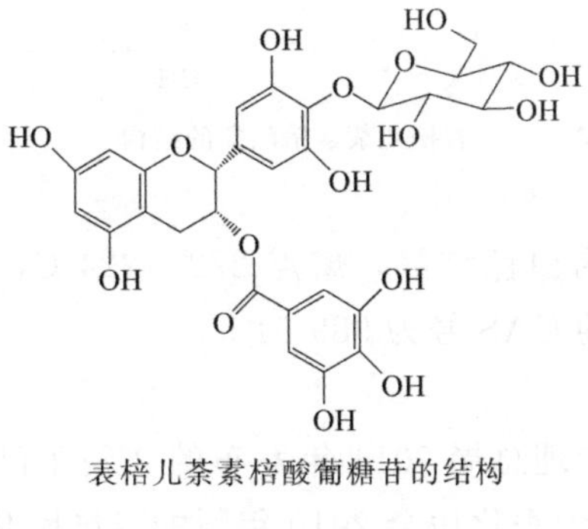

表棓儿茶素棓酸葡糖苷的结构

理化性质

表棓儿茶素棓酸葡糖苷为白色粉末，易溶于水，溶解度是表棓儿茶素棓酸酯的数倍,在紫外 280nm 处有强烈吸收。

安全管理情况

国家食品药品监督管理总局 2014 年发布的《关于已使用化妆品原料名称目录的公告》将表棓儿茶素棓酸葡糖苷作为化妆品原料,CTFA 和中国香化协会 2010 年版的《国际化妆品原料标准中文名称目录》中尚未列入,未见它外用不安全的报道。

药理作用

表棓儿茶素棓酸葡糖苷与化妆品相关的药理研究见下表。

试 验 项 目	浓度	效果说明
对自由基 DPPH 的消除	$50\mu mol/L$	消除率:61%

化妆品中应用

表棓儿茶素棓酸葡糖苷有抗氧性,对 UVB 有吸收作用,可保护皮肤免受光伤害。

表棓儿茶素棓酸酯(Epigallocatechin gallate)

表棓儿茶素棓酸酯(Epigallocatechin gallate)属黄烷醇类化合物,在茶叶(*The asinensis*)、毛杨梅叶(*Myrica esculenta*)等中存在,也是茶多酚中的成分之一。表棓儿茶素棓酸酯可从茶叶的提取物中分离提取。

化学结构

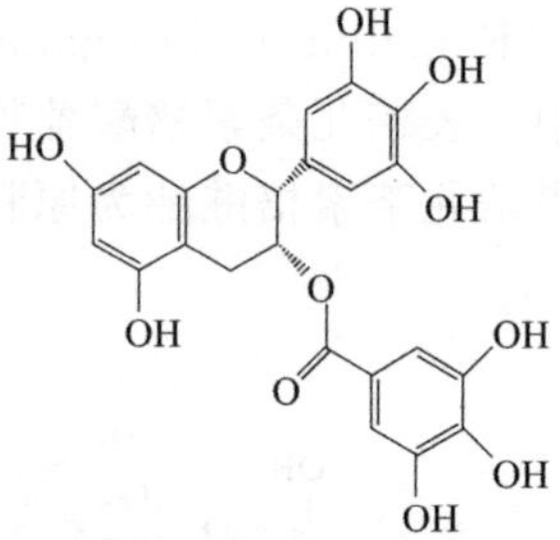

表棓儿茶素棓酸酯的结构

理化性质

表棓儿茶素棓酸酯为白色结晶,熔点 222~224℃,可溶于水,也可溶于乙醇。表棓儿茶素棓酸酯的 CAS 号为 989-51-5。

安全管理情况

国家食品药品监督管理总局 2014 年发布的《关于已使用化妆品原料名称目录的公告》、CTFA 和中国香化协会 2010 年版的《国际化妆品原料标准中文名称目录》都将表棓儿茶素棓酸酯作为化妆品原料,未见它外用不安全的报道。

药理作用

表棓儿茶素棓酸酯与化妆品相关的药理研究见下表。

试 验 项 目	浓度	效果说明
对自由基 DPPH 的消除	50μmol/L	消除率:64.2%
纤维芽细胞培养对胶原蛋白生成的促进	10×10^{-6}	促进率:129(空白 100)
在 60mJ/cm² UVB 照射下对成纤维细胞存活率的促进	10μmol/L	促进率:116.3(空白 100)
对酪氨酸酶活性的抑制	0.5mg/mL	抑制率:79.5%
涂覆对皮脂分泌抑制	10μmol/L	抑制率:13.8%
涂覆对皮肤毛孔直径的收敛作用	2%	缩小率:11.24%
对白介素 IL-4 生成的抑制	100μmol/L	抑制率:55.1%
涂覆对经表皮水分蒸发量(TEWL)的抑制	1%	抑制率:42.0%
细胞培养对人毛乳头细胞增殖的促进	7.8μg/mL	促进率:107.4(空白 100)

化妆品中应用

表棓儿茶素棓酸酯对纤维芽细胞的活性有很好的促进,有活肤作用,可用于抗衰化妆品;表棓儿茶素棓酸酯对 UVB 有吸收作用,可保护皮肤免受光伤害,并有美白皮肤的作用;可抑制皮脂的过度分泌,并减少皱纹;经涂覆可明显降低水分的蒸发,有保湿、抗炎和促进生发功能。

扁柏酚 (Hinokitiol)

扁柏酚 (Hinokitiol) 也称日柏醇、日柏酚,是环庚三烯酮醇的衍生物,存在于柏科植物,如干柏杉 (*Cupressus dupreziana*) 心材的挥发油中,在许多植物的精油如百里香油、八角茴香油中都可发现。扁柏酚现由柏木油中提取。

化学结构

扁柏酚的结构

理化性质

扁柏酚为无色或淡黄色结晶,熔点 50~52℃,的性质与酚相似,能溶于碱性水溶液和常见的有机溶剂,稍溶于水,其水溶液遇铁、铜离子易起颜色反应,紫外吸收的特征波长为 247nm。扁柏酚的 CAS 号为 499-44-5。

安全管理情况

国家食品药品监督管理总局 2014 年发布的《关于已使用化妆品原料名称目录的公告》、CTFA、欧盟和中国香化协会 2010 年版的《国际化妆品原料标准中

文名称目录》都将扁柏酚作为化妆品原料,未见它外用不安全的报道。
药理作用
扁柏酚有广谱的抗菌性,对表皮葡萄球菌、金黄色葡萄球菌、丙酸痤疮杆菌、绿脓杆菌、大肠杆菌、白色念珠菌和糠秕孢子菌的 MIC 分别为 50×10^{-6}、50×10^{-6}、$>1000\times10^{-6}$、500×10^{-6}、50×10^{-6}、25×10^{-6} 和 20×10^{-6}。

扁柏酚与化妆品相关的药理研究见下表。

试验项目	浓度	效果说明
对 DPPH 自由基的消除	1mmol/L	消除率:6.6%
对酪氨酸酶活性的抑制	10mmol/L	抑制率:94.4%
小鼠试验对毛发生长的促进	0.1%	促进率:20.7%
对脂肪酶活性的抑制	25μg/mL	抑制率:80.0%

化妆品中应用
扁柏酚可用作食品防腐剂,广谱性强,有很强的抗菌和抗真菌作用,牙膏中用量 0.1% 可控制牙龈炎症和口臭,适当提高比例还可消除黄色烟斑,对其他药效成分如泛醌等有增进疗效功能;可取代奥马丁锌(ZPT)在去头屑水中使用,产品不似加入 ZPT 的珠光样乳液,可制成透明去屑水,无浑浊和沉淀现象,也可用于浴皂、洗手液中;扁柏酚可抑制黑色素形成,因价格比较低廉,适合用于增白型香皂的添加剂;扁柏酚还可用作生发剂和减肥剂。

扁桃酸(Mandelic acid)

扁桃酸(Mandelic acid)属于 α-羟基脂肪酸,发现于扁桃(*Prunus maximowiczii*)等植物。现在可化学法合成,但与天然提取物比较,没有旋光性。
化学结构

扁桃酸的结构

理化性质
扁桃酸为白色结晶,熔点 119℃,溶于水,100mL 水可溶解 15.87g,也溶于乙醚、乙醇和丙酮。扁桃酸的 CAS 号为 90-64-2。
安全管理情况
国家食品药品监督管理总局 2014 年发布的《关于已使用化妆品原料名称目录的公告》、CTFA 和中国香化协会 2010 年版的《国际化妆品原料标准中文名称目录》都将扁桃酸作为化妆品原料,未见它外用不安全的报道。

药理作用

扁桃酸有抗菌性，浓度 2.5% 的扁桃酸在 1min 内可杀灭 100 万个大肠杆菌；在 4min 内可杀灭 100 万个金黄色葡萄球菌；在半分钟内可杀灭 10 万个表皮葡萄球菌；在 16min 内可杀灭约 800 个白色念珠菌。

化妆品中应用

扁桃酸是为数不多的具有芳环的 α-羟基酸，有 α-羟基酸类似的功能，可用作换皮剂，但不同的是扁桃酸没有 α-羟基酸（果酸）那样明显的刺激性，反而是一种能抑制刺激的添加剂，赋予皮肤新鲜的感觉，有调理作用；由于安全性较好，可以高浓度用入，也有抑制皮肤色素沉着作用。扁桃酸还可用作抗菌剂。

丙氨酸（Alanine）

L-丙氨酸（Alanine）是构成蛋白质的基本单位，是组成人体蛋白质的 21 种氨基酸之一。现多从发酵法和天然产物中提取。

化学结构

$$H_3C-CH(NH_2)-COOH$$

丙氨酸的结构

理化性质

L-丙氨酸为白色结晶状粉末，易溶于水、热的稀乙醇和酸、碱溶液，难溶于乙醇，几乎不溶于醚，熔点 200℃。比旋光度 $[\alpha]_D^{23}$：+14.5（$c=1.0$mol/L，6mol/L 盐酸中）。CAS 号为 56-41-7。

安全管理情况

国家食品药品监督管理总局 2014 年发布的《关于已使用化妆品原料名称目录的公告》、CTFA、欧盟和中国香化协会 2010 年版的《国际化妆品原料标准中文名称目录》都将丙氨酸作为化妆品原料，未见它外用不安全的报道。

药理作用

L-丙氨酸与化妆品相关的药理研究见下表。

试验项目	浓度	效果说明
对胡萝卜素氧化的抑制	10mmol/L	抑制率：58.5%
在 UV 照射下对纤连蛋白的保护	40mg/3mL	活性残存率是空白的 2.46 倍
小鼠试验对毛发生长的促进	0.05μmol/mL	促进率：105.9（空白 100）
新生儿包皮表皮角化细胞培养对 β-防御素生成的促进	0.1%	促进率：200（空白 100）
对核因子 κB 受体(NF-κB)细胞的活化的抑制	2mmol/L	抑制率：11.3%
HCAECs 细胞培养对 IL-6 释放的抑制	2mmol/L	抑制率：18.0%

化妆品中应用

L-丙氨酸在化妆品中常用作营养添加剂，有一定的抗氧性，但 L-丙氨酸在细胞新陈代谢、促进胶原蛋白的生长、抗炎等方面的作用不容忽视，可用作皮肤的抗皱和防老助剂。

并没食子酸（Ellagic acid）

并没食子酸又名鞣花酸（Ellagic acid），在石榴果皮、中药柯子、千屈菜（*Lythrum salicaria*）等多种植物中均有存在。现主要从石榴果皮中提取。

化学结构

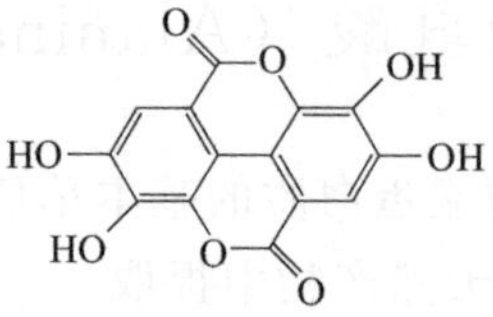

鞣花酸的结构

理化性质

鞣花酸为乳白色针状结晶（吡啶），熔点在 360℃ 以上，略微溶于水或醇，溶于碱、吡啶，几乎不溶于乙醚，紫外吸收特征波长为 255nm、352nm、366nm。鞣花酸的 CAS 号为 476-66-4。

安全管理情况

国家食品药品监督管理总局 2014 年发布的《关于已使用化妆品原料名称目录的公告》、CTFA 和中国香化协会 2010 年版的《国际化妆品原料标准中文名称目录》都将鞣花酸作为化妆品原料，未见它外用不安全的报道。

药理作用

鞣花酸具抗菌性，浓度 2mg/mL 时，对表皮葡萄球菌的抑制的抑菌圈直径为 18mm；对蜡状芽孢杆菌的抑菌圈直径为 17mm。

鞣花酸与化妆品相关的药理研究见下表。

试验项目	浓度	效果说明
对自由基 DPPH 的消除	4μg/mL	消除：86%
对超氧自由基的消除	4μg/mL	相当于 32U/mg 的 SOD
对脂质的过氧化的抑制	10μg/mL	抑制率：67%
对黄嘌呤氧化酶活性的抑制		半抑制量 IC_{50}：50μmol/L
对蛋白酶体活性的促进	1μmol/L	促进率：174（空白 100）
对 β-半乳糖苷酶活性的抑制	1μmol/L	抑制率：83.3%
对酪氨酸酶活性的抑制	10mg/mL	抑制率：40.21%

续表

试验项目	浓度	效果说明
对金属蛋白酶 MMP-1 活性的抑制	10mg/mL	抑制率：11.9%
用角质层剥离法测定皮肤的防止角质层化	0.5%	促进率：150（空白 100）
涂敷使皮肤的毛孔直径缩小	2%	缩小率：18.7%（与空白比较）

化妆品中应用

鞣花酸在整个紫外线区域均有强烈吸收，结合其的抗氧性和对酪氨酸酶活性的抑制，动物试验表明，与槲皮素、曲酸等相比，皮肤增白效果更好，也可预防皮肤色变型患疾如黄褐斑等；鞣花酸对蛋白酶体的活性有促进，对 β-半乳糖苷酶的活性有抑制，这些显示鞣花酸可增强细胞的代谢活性，因此以鞣花酸为主要增白剂的护肤品中均需同时加入营养性成分，如泛酸、氨基酸、尿囊素、CAMP或其衍生物等；鞣花酸有抗炎和止血作用，外用有助于伤口愈合；与高价金属离子也可组成金属盐型发用染料。

菠萝蛋白酶（Bromelain）

菠萝蛋白酶（Bromelain）简称菠萝酶，亦称为凤梨酶或凤梨酵素，是从菠萝果茎、叶、皮提取出来，经精制、提纯、浓缩、酶固定化、冷冻干燥而得到的一种纯天然植物蛋白酶。产品已被广泛应用于食品、医药等行业。

理化性质

菠萝蛋白酶为白色至浅棕黄色、浅灰色无定形粉末，有的带菠萝水果的香气，相对分子质量约为 33000，等电点为 9.55。溶于水，水溶液无色至淡黄色，有时有乳白光，不溶于乙醇、氯仿和乙醚。菠萝蛋白酶的 CAS 号为 9001-00-7。

安全管理情况

CTFA 将菠萝蛋白酶作为化妆品原料，中国香化协会 2010 年版的《国际化妆品原料标准中文名称目录》中列入，国家食品药品监督管理总局 2014 年发布的《关于已使用化妆品原料名称目录的公告》尚未列入。菠萝蛋白酶的急性毒性：腹腔-大鼠 LD_{50}：85mg/kg；腹腔-小鼠 LD_{50}：37mg/kg。菠萝蛋白酶虽已被广泛应用于食品，但属高毒，应在适合的浓度下使用。未见它外用严重不安全的报道，从理论上讲，菠萝蛋白酶可以增加出血的风险，因此不要用于伤损性皮肤。

药理作用

菠萝蛋白酶有抗炎性，能减少 PGE_2 的生成，10mg/kg 剂量的菠萝蛋白酶对角叉菜引起小鼠脚趾肿胀的抑制与 0.3mg/kg 的地塞米松一样。

化妆品中应用

菠萝蛋白酶主要作用原理是水解蛋白质中酰胺基键和酯键。因此菠萝蛋白酶可作用于人体皮肤上的老化角质层,促使其退化、分解、去除,促进皮肤新陈代谢,减少因日晒引起的皮肤色深现象,使皮肤保养呈现良好白嫩状态。

补骨脂酚 (Bakuchiol)

补骨脂酚(Bakuchiol)存在于豆科植物补骨脂(Psoralea corylifolia)的果实,补骨脂分布在我国河南、安徽、广东、陕西、山西、江西、四川、云南、贵州等地。种子中含补骨脂素和异补骨脂素共约1.1%。补骨脂酚只可从补骨脂中提取。

化学结构

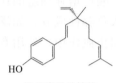

补骨脂酚的结构

理化性质

补骨脂酚浅黄色油状液体,沸点145~147℃/0.7mm,不溶于水,可溶于乙醚,$[\alpha]_D: +37.2°$。补骨脂酚的CAS号为10309-37-2。

安全管理情况

CTFA将补骨脂酚作为化妆品原料,中国香化协会2010年版的《国际化妆品原料标准中文名称目录》中列入,国家食品药品监督管理总局2014年发布的《关于已使用化妆品原料名称目录的公告》尚未列入。补骨脂酚对小鼠灌胃的LD_{50}为(2.3±0.18)mL/kg,小鼠分别灌服补骨脂酚可引起肾脏病变,但未见它外用不安全的报道。

药理作用

补骨脂酚对金黄色葡萄球菌、表皮葡萄球菌、痤疮丙酸杆菌的生长均有明显的抑制作用,对须毛癣菌、红色毛癣菌、宛氏拟青霉等皮肤真菌也具抑菌活性,对许多口腔微生物如变异链球菌、唾液链球菌等的最小抑菌浓度为1~4μg/mL。

补骨脂酚与化妆品相关的药理研究见下表。

试验项目	浓度	效果说明
对酪氨酸酶活性的抑制		半抑制量IC_{50}:12.1μg/mL
对胶原蛋白酶活性的抑制		半抑制量IC_{50}:约0.1%
对髓过氧物酶活性的抑制		半抑制量IC_{50}:0.1μmol/L
对前列腺素PGE_2生成的抑制	0.1μmol/L	抑制率:33.8%
小鼠试验对耳朵肿胀的抑制	1%	抑制率:5.74%
SPF法测定皮肤色斑生成的抑制	1%	抑制率:2.86%

化妆品中应用

　　补骨脂酚有广谱的抗菌性，结合其抗炎性，可用于口腔的卫生、粉刺的防治。无法测定补骨脂酚对弹性蛋白酶的抑制，而弹性蛋白酶是由髓过氧物酶释放的，因此该数据也间接反映了对弹性蛋白酶的强烈抑制，补骨脂酚可用作皮肤的抗衰剂。

蚕丝胶蛋白（Sericin）和水解丝胶蛋白（Hydrolyzed sericin）

蚕丝胶蛋白（Sericin）也名丝蛋白，是蚕（*Escherichia coli*）茧丝中蛋白质的主要成分。丝胶蛋白中的氨基酸主要为甘氨酸、丝氨酸和丙氨酸，占总氨基酸的87%，肽键由多个六肽重复连接而成，这六肽的基础顺序为Gly-Ser-Gly-Ala-Gly-Ala。将丝胶蛋白用酶水解后为水解丝胶蛋白（Hydrolyzed sericin），水解物中以相对分子质量300~3000的小分子肽组成。

化学结构

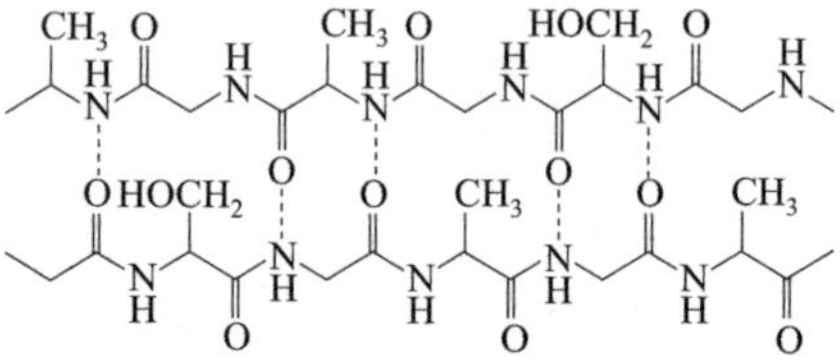

丝胶蛋白的构型

理化性质

水解丝胶蛋白有水剂和粉剂两种。粉剂水解丝胶蛋白可溶于水，不溶于乙醇。丝胶蛋白为白色粉状物，不溶于水。蚕丝胶蛋白的CAS号为60650-89-7。

安全管理情况

国家食品药品监督管理总局2014年发布的《关于已使用化妆品原料名称目录的公告》、CTFA、欧盟和中国香化协会2010年版的《国际化妆品原料标准中文名称目录》都将丝胶蛋白和水解丝胶蛋白作为化妆品原料，未见它们外用不安全的报道。

药理作用

水解丝胶蛋白有抗菌性，浓度2mg/mL时对大肠杆菌的抑制率约为30%，对金黄色葡萄球菌的抑制率约为18%。

水解丝胶蛋白与化妆品相关的药理研究见下表

试验项目	浓度	效果说明
对自由基DPPH的消除		半消除量EC_{50}：1.2mg/mL
细胞培养对成纤维细胞增殖的促进	0.01%	促进率：177.8(空白100)

续表

试验项目	浓度	效果说明
对酪氨酸酶活性的抑制	0.2mg/mL	抑制率:9.0%
涂敷对经皮水分挥发的抑制		好于同等质量的甘油
对白介素 IL-6 形成的抑制	0.015μg/mL	抑制率:27.0%(与空白比较)
对白介素 IL-8 形成的抑制	0.015μg/mL	抑制率:12.7%(与空白比较)

化妆品中应用

丝胶蛋白与人肤匹配性好,将其粉碎加工成微细粉末称为丝素,可用于粉蜜及香粉类制品,此粉粒刚性适中柔和,覆盖力较强。水解丝胶蛋白配伍性强,化学性质稳定,是常用的保湿剂、调理剂、营养剂和抗炎剂。

茶氨酸(Theanine)

茶氨酸(Theanine)属植物氨基酸类化合物,仅在茶(*Camellin sinensis*)、覃(*Xeecomus badins*)和茶梅(*Camellia sasanqua*)中检出,在茶中含量最高,是茶中的主要活性成分之一。茶氨酸可从嫩茶中提取。

化学结构

茶氨酸的结构

理化性质

自然界存在的茶氨酸均为 L 型,纯品为白色针状晶体,熔点 217~218℃(分解),比旋光度 $[\alpha]_D^{20}=0.7$,茶氨酸无荧光特性,紫外吸收较弱,极易溶于水(1:2.6),不溶于乙醇、乙醚。茶氨酸的 CAS 号为 3081-61-6。

安全管理情况

国家食品药品监督管理总局 2014 年发布的《关于已使用化妆品原料名称目录的公告》、CTFA 和中国香化协会 2010 年版的《国际化妆品原料标准中文名称目录》都将茶氨酸作为化妆品原料,未见它外用不安全的报道。

药理作用

茶氨酸有抗菌性,浓度在 0.05% 时对金黄色葡萄球菌的抑制率仅为 2%,但对痤疮丙酸杆菌的抑制率为 50%。

茶氨酸与化妆品相关的药理研究见下表。

试验项目	浓度	效果说明
对自由基 DPPH 的消除	1mmol/L	消除率:43%
细胞培养对纤维芽细胞增殖的促进	100μg/mL	促进率:125.2(空白 100)

续表

试验项目	浓度	效果说明
成纤维细胞培养对原胶原蛋白生成的促进	100μg/mL	促进率:168.8(100)
成纤维细胞培养对胶原蛋白生成的促进	100μg/mL	促进率:150.2(100)
细胞培养对角质层细胞增殖的促进	100μg/mL	促进率:118.5(空白 100)
在恒温恒湿箱中进行称重法吸湿测定	0.5%	是同等浓度甘油的3.44倍
对过氧化物酶激活受体(PPAR-α)的活化促进	10μmol/L	促进率:180(空白 100)
对金属蛋白酶 MMP-1 活性的抑制	10×10^{-6}	抑制率:60%

化妆品中应用

茶氨酸用于化妆品中作保湿剂和营养剂,可增强皮肤层细胞的活性,对胶原蛋白的生成有促进作用,维持皮肤弹性,可用作抗皱剂;茶氨酸有抗炎性,对(PPAR-α)的活化显示其有抗细胞凋亡作用,可促进皮肤损伤的愈合。

茶多酚 (Camellia sinensis polyphenols)

茶多酚(Camellia sinensis polyphenols)是茶叶中所含的一种多羟基酚类化合物的总称。茶多酚取自茶叶提取物,其主要成分为儿茶素类(黄烷醇类)、黄酮、黄酮醇类、花青素类、酚酸、缩合酚酸类和聚合酚类等,其中儿茶素类化合物是茶多酚的主要成分,约占茶多酚总量的65%~80%,儿茶素类化合物主要是表儿茶素、桔酸儿茶素、表儿茶素桔酸酯等。

化学结构

茶多酚中表儿茶素的结构

理化性质

茶多酚为淡黄色至褐色粉末,具吸湿性,易溶于水、乙醇、乙酸乙酯等极性较强的溶剂,微溶于油脂,水溶液的 pH 值为3~4。耐热性和耐酸性较好,在 pH 大于8或光照下易聚合。

安全管理情况

国家食品药品监督管理总局 2014 年发布的《关于已使用化妆品原料名称目录的公告》中将茶多酚作为化妆品原料,CTFA 和中国香化协会 2010 年版的《国际化妆品原料标准中文名称目录》中没有列入。未见它外用不安全的报道。

药理作用

茶多酚有抗菌性,对口腔致病菌如牙龈卟啉单胞细菌、黏放线菌、卟啉单胞细菌、内氏放线菌、牙龈二氧化碳嗜纤维细菌、具核梭杆菌、荧光假单胞菌和伴放线杆菌的 MIC 分别为 5.0mg/mL、2.5mg/mL、5.0mg/mL、2.5mg/mL、1.0mg/mL、1.0mg/mL、0.1mg/mL 和 2.5 mg/mL。

茶多酚与化妆品相关的药理研究见下表。

试验项目	浓度	效果说明
对超氧自由基的消除	0.5μg/mL	消除率：32.2%
对自由基 DPPH 的消除	2μg/mL	消除率：19.3%
对脂质过氧化的抑制	2μg/mL	消除率：33.1%
细胞培养对成纤维细胞增殖的促进	0.1%	促进率：107.0（空白 100）
细胞培育对角朊细胞增殖的促进	0.1%	促进率：105.3（空白 100）
在 UVB 照射下对黑色素细胞活性的抑制	1%	抑制率：41.6%
在 UVB 照射下对白介素 IL-1β 分泌的抑制	0.1mg/mL	抑制率：54.8%
对白介素 IL-4 分泌的抑制	100μg/mL	抑制率：98.8%
对角叉菜致大鼠足趾肿胀的抑制	90mg/kg	抑制率：20.5%（与空白比较）
对游离组胺释放的抑制	1μg/mL	抑制率：40.6%
对过氧化物酶激活受体（PPAR-α）活化的促进	5μg/mL	促进率：120（空白 100）

化妆品中应用

茶多酚不仅是良好的油脂抗氧化剂，还具有抗菌、活肤、保湿、抗炎、愈合伤口、增进毛细血管韧性等功效，同时还是较好的紫外线过滤器，可减少皮肤黑色素的形成，能去除雀斑与老年斑，达到护肤的目的；茶多酚对游离组胺的释放有抑制作用，可抗皮肤过敏和抗干扰。

茶儿茶素类（Camellia sinensis catechins）

茶儿茶素类（Camellia sinensis catechins）属于黄烷醇类化合物，来源于茶叶，占干茶叶重量的 12%～24%。儿茶素类化合物主要由儿茶素、表儿茶素、棓酸儿茶素、表儿茶素棓酸酯等组成。茶儿茶素类是茶多酚的一部分，可由茶多酚精制而成。

化学结构

茶儿茶素类中儿茶素的结构

理化性质

茶儿茶精类产品为白色粉末，略溶于冷水或乙醚，可溶于热水、乙醇、冰醋酸和丙酮，几乎不溶于苯、氯仿和石油醚，茶儿茶精类需暗处保存。

安全管理情况

国家食品药品监督管理总局 2014 年发布的《关于已使用化妆品原料名称目录的公告》中将茶儿茶素类作为化妆品原料，CTFA 和中国香化协会 2010 年版的《国际化妆品原料标准中文名称目录》中没有列入。未见它外用不安全的报道。

药理作用

茶儿茶素类有抗菌性，浓度 0.25% 对链球菌、金黄色葡萄球菌、绿脓杆菌、拟杆菌等与牙龈疾病有关微生物有良好的抑制作用。

茶儿茶素类与化妆品相关的药理研究见下表。

试验项目	浓度	效果说明
对黄嘌呤氧化酶活性的消除	60μg/mL	抑制率：17.7%
对脂质过氧化的抑制	1μg/mL	消除率：93.1%
对胶原蛋白酶活性的抑制	100μg/mL	抑制率：98.0%
对皮脂分泌的抑制	1μg/mL	抑制率：72%
对过氧化物酶激活受体（PPAR-α）活化的促进	5μg/mL	促进率：150（空白 100）

化妆品中应用

茶儿茶素类可用作食品和化妆品的抗氧剂，能有效抑制脂肪的酸败；可用作护肤品的抗衰剂和抗皱剂，并有收敛作用；茶儿茶素类有维生素 P 样作用，可降低毛细管的通透性和脆性，在唇膏中使用，可预防唇的干裂和干燥感，同时改善口唇的柔软度；茶儿茶素类遇微量的重金属离子可生成复杂的有色络合物，如与铁盐组合可制备染色液；茶儿茶素类有抗菌性，可用于口腔卫生制品预防蛀牙。

茶碱（Theophylline）

茶碱（Theophylline）属黄嘌呤类化合物，是山茶科植物茶（*Camellia sinensis*）中的主要有效成分。茶碱可从茶叶中提取，也可用合成法制得。

化学结构

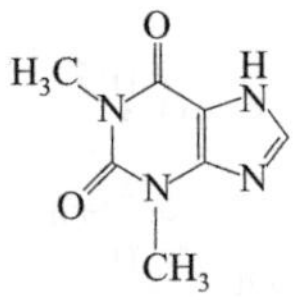

茶碱的结构

理化性质

茶碱的一水合物为单斜平片状结晶（水），市售品为白色结晶性粉末，1g 可溶于 120mL 水、80mL 乙醇和 110mL 氯仿；溶于热水、氢氧化碱、氨、稀盐酸或硝酸；微溶于乙醚。紫外吸收特征波长（摩尔吸光系数）为 270nm（9840）。茶碱的 CAS 号为 58-55-9。

安全管理情况

国家食品药品监督管理总局 2014 年发布的《关于已使用化妆品原料名称目录的公告》、CTFA 和中国香化协会 2010 年版的《国际化妆品原料标准中文名称目录》都将茶碱作为化妆品原料，未见它外用不安全的报道。

药理作用

茶碱与化妆品相关的药理研究见下表。

试验项目	浓度	效果说明
对过氧化物酶激活受体（PPAR-α）的活化促进	$10\mu mol/L$	促进率：140（空白 100）
细胞培养对毛发毛母细胞增殖的促进	$10\mu mol/L$	促进率：119（空白 100）
脂肪组织培养对脂肪分解的促进	0.5%	促进率 130.2（空白 100）
对白介素 IL-1β 释放的抑制	$25\mu g/mL$	抑制率：26%
对金属蛋白酶 MMP-1 活性的抑制	10×10^{-6}	抑制率：32%

化妆品中应用

茶碱在紫外 UVB 区域有强烈吸收，可用作皮肤和头发的防晒剂；茶碱有抗炎性，可加速皮肤损伤的愈合，可用于治疗蜂窝组织炎症；茶碱用于发水可促进生发和防止脱发；茶碱可加速脂肪组织培养对脂肪的分解，可用作减肥剂。

茶碱乙酸（Acefylline）

茶碱乙酸（Acefylline）又名咖啡因羧酸（Caffeine carboxylic acid）属黄嘌呤类化合物，存在于广藿香（*Pogostemon cablin patchouli*）的精油中。咖啡因羧酸现可用化学法合成。

化学结构

咖啡因羧酸的结构

理化性质

咖啡因羧酸为白色晶体，熔点 270～272℃，可溶于水。咖啡因羧酸的 CAS 号为 652-37-9。

安全管理情况

国家食品药品监督管理总局 2014 年发布的《关于已使用化妆品原料名称目

录的公告》、CTFA 和中国香化协会 2010 年版的《国际化妆品原料标准中文名称目录》都将咖啡因羧酸作为化妆品原料，未见它外用不安全的报道。

药理作用

咖啡因羧酸与化妆品相关的药理研究见下表。

试验项目	浓度	效果说明
对Ⅰ型肽基-精氨酸脱亚胺酶（PAD1）活性的促进	50μmol/L	促进率：150（空白 100）
对Ⅲ型肽基-精氨酸脱亚胺酶（PAD3）活性的促进	200μmol/L	促进率：225（空白 100）

化妆品中应用

咖啡因羧酸与咖啡因、可可碱均为黄嘌呤类化合物，也有减肥、抗炎作用；肽基-精氨酸脱亚胺酶活性的下降会引起脱亚胺蛋白质的减少，而过敏性皮炎与脱亚胺蛋白质的减少直接相关，咖啡因羧酸对该酶的活性有促进作用，可调理皮肤角质层，防止干性皮肤。

产碱杆菌多糖（Alcaligenes polysaccharides）

产碱杆菌多糖（Alcaligenes polysaccharides）是一种胞外杂多糖，由产碱杆菌或产碱菌生成。产碱杆菌有多种变种，有的所产多糖由葡萄糖、鼠李糖、葡萄糖醛酸、岩藻糖单糖等组成，有的所产多糖由葡萄糖、鼠李糖、甘露糖、葡萄糖醛酸单糖等组成，甘露糖：葡萄糖：鼠李糖的百分比含量为 1：1.35：2.11，葡萄糖醛酸的含量为 15.98%。

化学结构

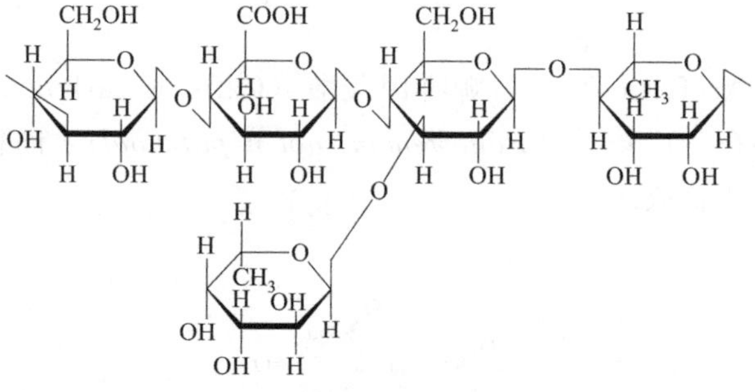

产碱杆菌多糖的结构

理化性质

产碱杆菌多糖为类白色冻干粉末，可溶于水，不溶于乙醇。水溶液为黏稠状液体。

安全管理情况

国家食品药品监督管理总局 2014 年发布的《关于已使用化妆品原料名称目录的公告》、CTFA 和中国香化协会 2010 年版的《国际化妆品原料标准中文名称

目录》都将产碱杆菌多糖作为化妆品原料,未见它外用不安全的报道。
药理作用
在恒温(20℃)恒湿33%箱中进行称重法吸湿测定,12h后,较空白增加吸湿15.1%。
化妆品中应用
产碱杆菌多糖具有良好的流变性,几乎具备黄原胶的一切优点,热稳定性优于黄原胶;产碱杆菌多糖的水溶液的黏度随剪切速率的增大而降低,当速度降低时黏度又回升,呈现典型的非牛顿假塑流体特征,0.8%产碱杆菌多糖的水溶液在转速在1r/s时,黏度为1000cP(1cP=0.001Pa·s);钠钾离子对水溶液的黏度有促进作用,而钙镁离子则相反;产碱杆菌多糖可用作保湿剂、增稠剂、助乳化剂和悬浮剂。

超氧歧化酶(Superoxide dismatases)

超氧歧化酶(Superoxide dismatase,SOD)在植物(藻类)、动物的血液和微生物(真菌)中都有存在,对动物体而言,超氧歧化酶是生化系统和免疫系统不可或缺的酶种。超氧歧化酶随来源的不同而有变化,其绝对结构尚未正式确定,大致为一含铜和锌元素的相对分子质量约为3.5万的蛋白质,是一种酸性的大分子金属酶。工业上以动物血液为原料提取超氧歧化酶。

化学结构

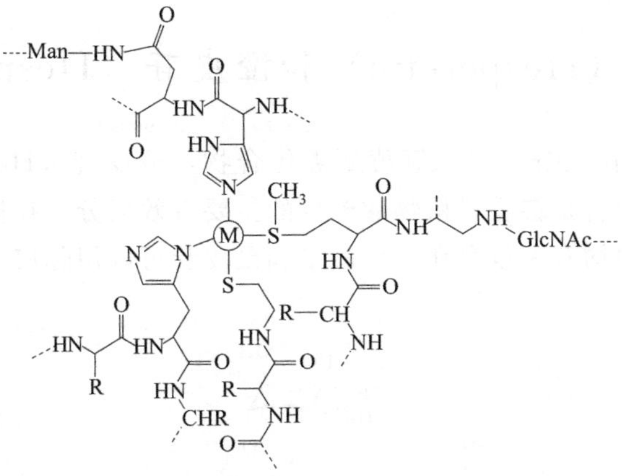

超氧歧化酶核心部位的结构

理化性质

超氧歧化酶为白色粉末,可溶于水,在pH为7.6~9.0时稳定,在pH为6以下或pH为12以上不稳定,微溶于30%的乙醇和丙酮,不溶于纯乙醇和丙酮,受热和日晒易变质,化妆品级的超氧歧化酶比活≥3000 IU/mg。超氧歧化酶的CAS号为9054-89-1。

安全管理情况

国家食品药品监督管理总局 2014 年发布的《关于已使用化妆品原料名称目录的公告》、CTFA、欧盟和中国香化协会 2010 年版的《国际化妆品原料标准中文名称目录》都将超氧歧化酶作为化妆品原料,未见它外用不安全的报道。

药理作用

超氧歧化酶（SOD：3.57U/mg）与化妆品相关的药理研究见下表。

试验项目	浓度	效果说明
对超氧自由基的消除	0.02μg/mL	消除率:43.4%
对黄嘌呤氧化酶活性的抑制		半抑制量 IC_{50}:(0.55±0.003)U/mL
对油脂过氧化的抑制	0.02%	抑制率:95.9%
小鼠试验对白介素 IL-1β 生成的抑制	每耳 2.0μg	抑制率:19.0%
小鼠试验对白介素 IL-6 生成的抑制	每耳 2.0μg	抑制率:11.7%
小鼠试验对环氧合酶 COX-2 活性的抑制	每耳 2.0μg	抑制率:14.8%

化妆品中应用

在组成超氧歧化酶的氨基酸中,极性氨基酸占 30% 以上,加上排列紧密,因此体积很小,有很强的穿透进入细胞的能力（渗透性）,外源性的超氧歧化酶对细胞膜的穿透作用已得到证实。超氧歧化酶有抗氧性,可用作化妆品的添加剂,可使色斑淡白,有增白效果,同时具抗炎性,对皮肤瘙痒、痤疮、日光性皮炎等都有治疗作用。

橙皮素（Hesperetin）和橙皮苷（Hesperidin）

橙皮素（Hesperetin）属二氢黄酮类化合物,橙皮苷（Hesperidin）是橙皮素的芸香糖苷,两者是芸香科植物酸橙皮的主要有效成分,在橘皮、柠檬皮、枳壳、橘实、佛手中均有大量存在。橙皮素和橙皮苷可以川陈皮为原料制取。

化学结构

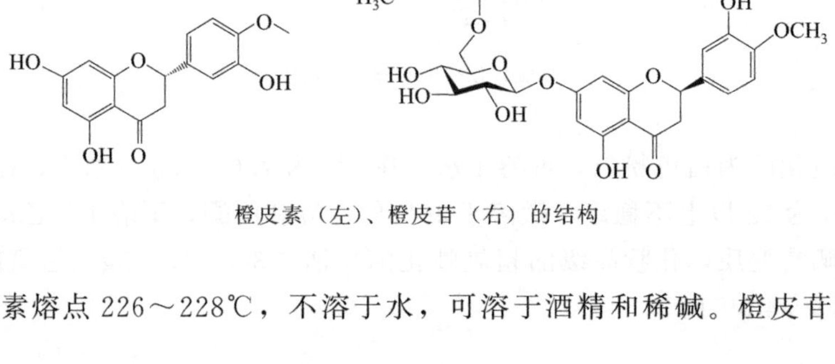

橙皮素（左）、橙皮苷（右）的结构

理化性质

橙皮素熔点 226～228℃,不溶于水,可溶于酒精和稀碱。橙皮苷为细树枝状针状结晶（pH 为 6~7 沉淀所得），1g 可溶于 50L 水，易溶于稀碱，几乎不溶于石油醚、苯和氯仿，比旋光度 $[\alpha]_D^{20}$：$-76°$（$c=2$，吡啶），由于在 A 环和 B 环之间完全没有共轭，所以只在 260~290nm 之间有强烈的紫外吸收峰。橙皮素和橙皮苷的 CAS 号分别为 520-33-2 和 520-26-3。

安全管理情况

CTFA 将橙皮素和橙皮苷作为化妆品原料，中国香化协会 2010 年版的《国际化妆品原料标准中文名称目录》中列入，国家食品药品监督管理总局 2014 年发布的《关于已使用化妆品原料名称目录的公告》和欧盟仅列入了橙皮苷。未见它们外用不安全的报道。

药理作用

橙皮素和橙皮苷与化妆品相关的药理研究见下表。

试验项目	浓度	效果说明
橙皮苷对脂质过氧化的抑制	13.3μg/mL	抑制率：45.7%
人纤维芽细胞培养橙皮素对胶原蛋白生成的促进	5μmol/L	促进率：580（空白 100）
人纤维芽细胞培养橙皮苷对胶原蛋白生成的促进	5μmol/L	促进率：500（空白 100）
橙皮素对表皮角化细胞的增殖作用	10μg/mL	促进率：206.1（空白 100）
细胞培养橙皮苷对脑酰胺生成的促进	2μg/mL	促进率：214（空白 100）
橙皮素对 B-16 黑色素细胞增殖的促进	50μmol/L	促进率：141（空白 100）
橙皮苷对光毒性的抑制	0.03%	抑制率：50%
橙皮素对皮下毛细血管微循环的促进	0.5%	促进率：111.1（空白 100）
橙皮苷对白介素Ⅱ-4 生成的抑制	200μmol/L	抑制率：46.7%
橙皮苷对细胞间接着的抑制	0.001%	抑制率：50%
橙皮苷对小鼠足趾肿胀的抑制	50mg/kg	抑制率：47%
橙皮苷对脂肪酶活性的抑制	100μg/mL	抑制率：96%
橙皮素对脂肪酶活性的抑制	100μg/mL	抑制率：78%

化妆品中应用

橙皮苷和橙皮素因具有维生素 P 样效能，可增强维生素 C 的作用，可用作食品、药品和化妆品的抗氧化剂，防止脂肪氧化和酸败，体外施用也有同样效果；橙皮苷和橙皮素可改善皮下毛细血管的血流量，可促进头发的生长，也有利于黑眼圈的改善，冬季护肤品中用入可预防冻伤；橙皮素有较强的抗菌作用，牙膏中用入可抑制齿斑的生成，用量在 0.1%~0.01% 之间，同时消除口臭；橙皮苷具抗炎性，对细胞间接着的抑制显示其对水泡症、角化症、角化不全等皮肤疾患有防止作用；橙皮苷和橙皮素也可用作减肥剂。

六肽（Hexapeptide）

六肽（Hexapeptide）是由六个氨基酸组成的肽。化妆品中使用的六肽化合物基本是一蛋白质的功能性片断。虽然各种六肽组成的片段广泛存在于各生物体内，但迄今为止只有极少数的单离的六肽可以在化妆品中使用。六肽可通过蛋白质的水解提取、也可用化学合成法合成。

化学结构

六肽-1 的氨基酸序列为：Tyr-Ala-Gly-Phe-Leu-Arg。
六肽-2 的氨基酸序列为：His-Trp-Ala-Trp-Tyr-Lys。
六肽-3 的氨基酸序列为：Glu-Glu-Met-Gln-Arg-Arg。
鱼血浆蛋白六肽的氨基酸序列为：Leu-Pro-His-Ser-Gly-Tyr。
酪蛋白六肽的氨基酸序列为：Tyr-Phe-Tyr-Pro-Glu-Leu。
溶菌酶六肽的氨基酸序列为：Arg-Arg-Tyr-Tyr-Cys-Arg。

理化性质

六肽化合物都为无色结晶，易溶于水，在酒精中不溶。

安全管理情况

CTFA 将六肽作为化妆品原料，中国香化协会 2010 年版的《国际化妆品原料标准中文名称目录》中列入，国家食品药品监督管理总局 2014 年发布的《关于已使用化妆品原料名称目录的公告》列入六肽-1、六肽-2、六肽-3 等，未见它们外用不安全的报道。

药理作用

六肽与化妆品相关的药理研究见下表。

试验项目	浓度	效果说明
成纤维细胞培养六肽-2 对胶原蛋白生成的促进	1μmol/L	促进率：116.4（空白 100）
六肽-3 对自由基 DPPH 的消除	0.1%	消除率：11.3%
鱼血浆蛋白六肽对羟基自由基的消除	53.6μmol/L	消除率：53.6%
酪蛋白六肽对自由基 DPPH 的消除		半消除量 EC_{50}：79.2μmol/L
溶菌酶六肽对大肠杆菌的 MIC		<5μg/mL

化妆品中应用

六肽可用作化妆品的高效抗皱剂和抗衰剂，并有抗氧作用。

赤藓醇（Erythritol）

赤藓醇（Erythritol）存在于苔藓、藻类等低等植物，为最简单的直链糖醇。

现以短梗霉属（*Aureobasidium*）等微生物发酵制取。

化学结构

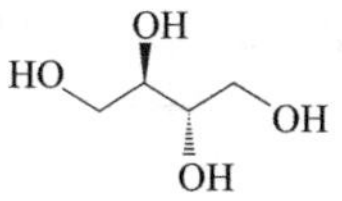

赤藓醇的结构

理化性质

赤藓醇为无色晶体，熔点121℃，可溶于水，25℃时在水中的溶解度为37%，溶于吡啶，微溶于醇，基本不溶于醚、苯等有机溶剂。赤藓醇的CAS号为149-32-6。

安全管理情况

国家食品药品监督管理总局2014年发布的《关于已使用化妆品原料名称目录的公告》、CTFA和中国香化协会2010年版的《国际化妆品原料标准中文名称目录》都将赤藓醇作为化妆品原料，未见它外用不安全的报道。

药理作用

赤藓醇与化妆品相关的药理研究见下表。

试验项目	浓度	效果说明
对经皮水分散失的抑制	5%的水溶液	抑制率：<20%（与空白比较）
保湿能力的促进		比相同浓度试验的甘油提高到130.6（甘油100）
涂覆降低体表温度	4%	体表温度下降1.2℃

化妆品中应用

赤藓醇不能为口腔细菌代谢，并有甜味，在牙用软膏中用入，对牙周炎有预防作用；赤藓醇有强烈的保湿和吸湿性，与甘油一样可用作化妆品的保湿剂，但没有甘油似的腻黏感；赤藓醇溶于水时吸热，以赤藓醇为主要活性成分的粉状化妆品，在敷用前以水混合，在皮肤上有强烈凉感，适宜夏季使用，同时便于保存。

赤藓酮糖（Erythrulose）

赤藓酮糖（Erythrulose）与赤藓糖伴存于地衣类植物中，在覆盆子、红莓等果实中存在，是结构最简单的酮糖，现可用发酵法制取。

化学结构

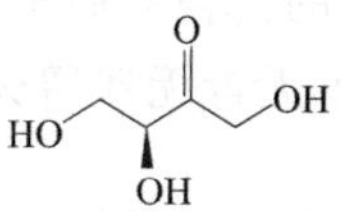

赤藓酮糖的结构

理化性质

市售赤藓酮糖为可糖浆状物，黄色高黏稠液体，含量在 78%～82%，可溶于水和无水乙醇，对碱十分敏感，$[\alpha]_D^{18}$：+11.4°（c=2.4，水）。赤藓酮糖的 CAS 号为 40031-31-0。

安全管理情况

国家食品药品监督管理总局 2014 年发布的《关于已使用化妆品原料名称目录的公告》、CTFA、欧盟和中国香化协会 2010 年版的《国际化妆品原料标准中文名称目录》都将赤藓酮糖作为化妆品原料，未见它外用不安全的报道。

化妆品中应用

赤藓酮糖可用作皮肤晒黑剂。涂抹于皮肤上后，经日晒可迅速地赋予皮肤以天然日晒色泽，其着色机理说法不一，有研究认为赤藓酮糖有激活黑色素细胞的活性，另一研究认为是基于赤藓酮糖与氨基酸之间的麦拉德反应。赤藓酮糖也可用于头发的染色。

除虫菊酯（Bioresmethrin）

除虫菊酯（Bioresmethrin）来自除虫菊属（Pyrethrum）植物如红花除虫菊（Tanacetum coccineum）等。除虫菊酯有若干结构相近的异构体，一般除虫菊花中含此类物质仅 1% 左右，可从红花除虫菊、白花除虫菊中提取。

化学结构

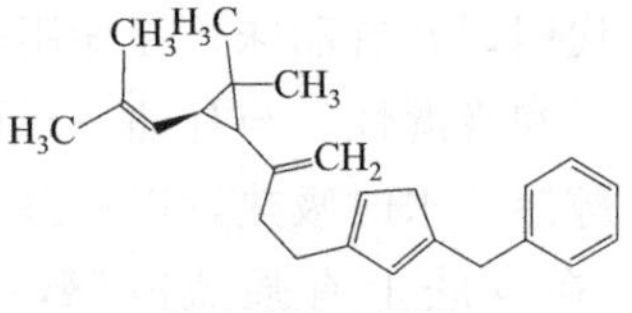

除虫菊酯的结构

理化性质

除虫菊酯为黄色油状液体，难溶于水，易溶于多种有机溶剂。对光、热及酸性物质较稳定，遇碱易分解。除虫菊酯的 CAS 号为 28434-01-7。

安全管理情况

CTFA 将除虫菊酯作为化妆品原料，中国香化协会 2010 年版的《国际化妆品原料标准中文名称目录》中列入，国家食品药品监督管理总局 2014 年发布的《关于已使用化妆品原料名称目录的公告》尚未列入，未见它外用不安全的报道。除虫菊酯对人畜毒性极低，属基本无毒无残留天然农药。

化妆品中应用

除虫菊酯可用作除虫剂、驱蚊剂和除螨剂。

穿心莲内酯（Andrographolide）

穿心莲内酯（Andrographolide）为二萜类内酯化合物，存在于爵床科植物穿心莲 *Andrographis paniculata*，是穿心莲叶的主要药效成分，产品仅依赖于植物提取。

化学结构

穿心莲内酯的结构

理化性质

穿心莲内酯为白色方棱形或片状结晶（乙醇或甲醇），无臭，味苦。在沸乙醇中溶解，在甲醇或乙醇中略溶，极微溶于氯仿，在水或乙醚中几乎不溶。熔点 $230\sim231℃$，$[\alpha]_D^{17}$：$-126.6°\pm2°$（冰醋酸），$[\alpha]_D^{17}$：-112.7（$c=0.53$，MeOH），纯度要求为 98%。穿心莲内酯的 CAS 号为 5508-58-7。

安全管理情况

国家食品药品监督管理总局 2014 年发布的《关于已使用化妆品原料名称目录的公告》、CTFA 和中国香化协会 2010 年版的《国际化妆品原料标准中文名称目录》都将穿心莲内酯作为化妆品原料，穿心莲内酯毒副作用小，以穿心莲内酯计算，小鼠灌服的半数致死量为 13.19g/kg，未见它外用不安全的报道。

药理作用

穿心莲内酯是穿心莲的主要抗菌成分之一，对金黄色葡萄球菌、枯草杆菌、大肠杆菌和绿脓杆菌的 MIC 分别为 $100\mu g/mL$、$100\mu g/mL$、$50\mu g/mL$ 和 $200\mu g/mL$，但对白色念珠菌无作用。

穿心莲内酯与化妆品相关的药理研究见下表。

试验项目	浓度	效果说明
对自由基 DPPH 的消除	$20\mu g/mL$	消除率：11%
对 B-16 黑色素细胞活性的抑制	0.1mg/mL 5.0mg/mL	抑制率：50% 71%
细胞培养对组胺释放的抑制		IC_{50}：$(2.3\pm0.8)\times10^{-4}$ mol/L
对环氧合酶 COX-2 的抑制		IC_{50}：$4\ \mu mol/L$

化妆品中应用

穿心莲内酯能抑制黑色素细胞活性，可用作皮肤美白剂，但最重要的是其抗菌抗炎抗过敏的综合作用，并相应提高组织的免疫功能，以此来达到皮肤抗老抗衰的目的。

雌二醇（Estradiol）

雌二醇（Estradiol）为类固醇类激素，广泛存在于生物体内，是一类重要的生命物质。雌二醇有几种异构体，以 17α、β-雌二醇应用最为普遍。17α、β-雌二醇存在于人尿、动物卵巢、胎盘等中，可从中提取。

化学结构

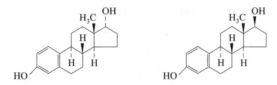

17α（左）、β（右）-雌二醇的结构

理化性质

17β-雌二醇为棱柱结晶（80%乙醇），空气中稳定，几乎不溶于水，可溶于乙醇、丙酮及其他有机溶剂，比旋光度 $[\alpha]_D^{25}$：+76°～83°（溶剂为二氧六环）。雌二醇的 CAS 号为 50-28-2。

安全管理情况

CTFA 将雌二醇作为化妆品原料，中国香化协会 2010 年版的《国际化妆品原料标准中文名称目录》中列入，国家食品药品监督管理总局 2014 年发布的《关于已使用化妆品原料名称目录的公告》尚未列入。在低浓度下外用未见不安全的报道。

药理作用

雌二醇与化妆品相关的药理研究见下表。

试验项目	浓度	效果说明
对超氧歧化酶活性的促进	0.5μmol/L	促进率：8.5%
对乳腺成纤维细胞增殖的促进	1μmol/L	促进率：173.9（空白100）
小鼠涂覆实验对皮肤弹性增加的促进	0.1%	皮肤弹性增加1倍
17β-雌二醇对角质层含水量增加的促进	0.005%	增加率：20.2%
17α-雌二醇对角质层含水量增加的促进	0.005%	增加率：10.2%
小鼠涂覆试验在 UVA 下 17β-雌二醇对皮肤损伤修复的促进	0.01%	修复率：31.0%
对芳香化酶活性的促进	1μmol/L	促进率：57%
小鼠涂覆实验对其毛发生长的促进	0.001%	促进率：23.4%

化妆品中应用

雌激素的主要功能是增加生殖器官的有丝分裂并促进其生长和发育，但对非性器官也有重要作用。雌激素易被皮肤吸收，可软化组织，增加弹性，降低毛细血管脆性。一般与营养物质如蛋白类、磷脂类原料配用，可增加其他活性物质的药效；与果酸配合，可促进换皮的效果；对皮肤过敏有抑制作用；在发用品中使用，可增加其他活性物功效，能抑制头屑并刺激生发。

雌甾四烯醇（Estratetraenol）

雌甾四烯醇（Estratetraenol）又名雌四烯醇，为性激素雌二醇的衍生物，是一种成年女性分泌的化学物质，在皮肤表面和普通细菌相互作用而生成的。女性尿液中也含有的雌甾四烯醇。雌甾四烯醇在人体中含量很低。已可化学合成。

化学结构

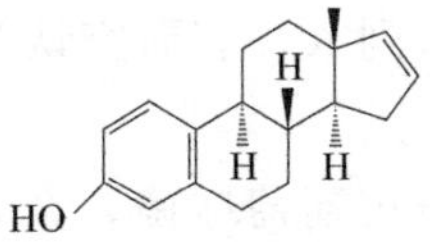

雌甾四烯醇的结构

理化性质

雌甾四烯醇为无色液体，沸点400.2℃（常压），不溶于水，可溶于乙醇和乙醚。雌甾四烯醇的CAS号为1150-90-9。

安全管理情况

CTFA将作为化妆品原料，中国香化协会2010年版的《国际化妆品原料标准中文名称目录》中列入，国家食品药品监督管理总局2014年发布的《关于已使用化妆品原料名称目录的公告》尚未列入，未见它外用不安全的报道。

化妆品中应用

雌甾四烯醇一般在香水中使用，以增加异性的吸引力。但雌甾四烯醇在浓度250μmol/L以下时是没有气味的，并且目前也没有表现出任何已知的雌激素活化或确定的吸引作用。雌甾四烯醇通过对自身脑部神经的作用，调节内分泌，在体味、肤色等方面得到改善。

枞酸（Abietic acid）

枞酸（Abietic acid）又名松香酸，广泛存在于松科植物的松脂中，是松香的主要成分，含量为45%～54%。枞酸可从松脂中提取。

化学结构

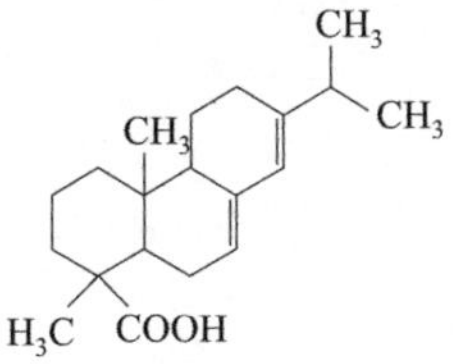

枞酸的结构

理化性质

枞酸为单斜形片状结晶,在空气中会慢慢变为黄色,不溶于水,可溶于常见的有机溶剂和氢氧化钠溶液,转为钠盐有肥皂样性质,对热稳定。紫外吸收特征波长为241nm,比旋光度 $[\alpha]_D^{20}$:$-116°$(乙醇)。枞酸的 CAS 号为17817-95-7。

安全管理情况

美国化妆品协会(CTFA)和欧盟将枞酸作为化妆品原料,中国香料香精化妆品工业协会(下简称中国香化协会)2010年版的《国际化妆品原料标准中文名称目录》中列入,国家食品药品监督管理总局2014年发布的《关于已使用化妆品原料名称目录的公告》尚未列入。有研究认为枞酸是一接触性变应原。

药理作用

枞酸有很强的抗菌性,对表皮葡萄球菌、金黄色葡萄球菌、丙酸痤疮杆菌、绿脓杆菌、大肠杆菌和白色念珠菌的 MIC(最小抑菌浓度)分别是 100×10^{-6}、100×10^{-6}、50×10^{-6}、$>1000\times10^{-6}$、$>1000\times10^{-6}$ 和 $>1000\times10^{-6}$。对变异链球菌的 MIC 是 20×10^{-6}。

枞酸与化妆品相关的药理研究见下表。

试验项目	浓度	效果说明
对胶原蛋白酶的抑制		半抑制量 IC_{50}:$52.5\mu g/mL$
对角叉菜小鼠脚趾肿胀的抑制	剂量 25mg/kg	抑制率:59.0%(3h测定)
对 TPA 诱发的小鼠耳朵肿胀的抑制	每耳剂量 0.25mg	抑制率:46.4%
对前列腺素 PGE_2 生成的抑制	$10\mu mol/L$	抑制率:55.9%
对 TNF-α 生成的抑制	$10\mu mol/L$	抑制率:1.9%
对白介素 IL-1β 生成的抑制	$10\mu mol/L$	抑制率:15.0%

化妆品中应用

枞酸有很强的抗菌性,$3\mu g/g$ 的浓度即能有效抑制链球菌属细菌的活性,牙膏中用量1%,可防止齿龈炎和牙周炎的生成;枞酸有表面活性,对皮肤和毛发黏着力强,铺展性能好,对头发也有调理作用,在染发和烫发剂中用入可防止发丝受到伤害;枞酸具抗炎性,也可用于预防粉刺的乳液;枞酸可作为大豆 5-脂肪氧酶的抑制剂,有抑制人的 5-脂肪氧酶的作用,由于脂肪氧酶能导致白血球的生物合成,因此枞酸能够用于治疗某些过敏反应,但对部分人群则是致敏原。

D

大豆多肽 [Glycine max (soybean) polypeptide]

　　大豆多肽是大豆蛋白质经蛋白酶作用，再经特殊处理而得到的蛋白质部分水解的产物。水解大豆蛋白（Hydrolyzed Soybean protein）是大豆蛋白质经蛋白酶作用水解作用的产物。两者不同处是大豆多肽以小分子肽为主；水解大豆蛋白以小分子肽为主，还含有大分子肽、游离氨基酸、糖类和无机盐等成分。上述两产品的变化很大，与大豆的品种、蛋白酶的种类、加工工艺、后处理方法有关。

大豆蛋白氨基酸组成

　　大豆蛋白质的氨基酸组成见下表。

单位：%

氨基酸名	摩尔分数	氨基酸名	摩尔分数
丙氨酸	3.8	精氨酸	6.6
天冬氨酸	10.1	胱氨酸	1.1
谷氨酸	16.7	甘氨酸	3.7
组氨酸	2.3	异亮氨酸	4.3
亮氨酸	7.1	赖氨酸	5.5
蛋氨酸	1.2	苯丙氨酸	4.6
脯氨酸	4.5	丝氨酸	4.6
苏氨酸	3.3	色氨酸	1.1
酪氨酸	3.3	缬氨酸	4.4

理化性质

　　大豆多肽和水解大豆蛋白为淡黄色粉剂，可溶于水。大豆多肽的蛋白质含量在80%以上，肽链平均长度5~6，游离氨基酸在2%以下。水解大豆蛋白的CAS号为68607-88-5。

安全管理情况

　　国家食品药品监督管理总局2014年发布的《关于已使用化妆品原料名称目录的公告》、CTFA和中国香化协会2010年版的《国际化妆品原料标准中文名称目录》都将水解大豆蛋白和大豆多肽作为化妆品原料，未见它们外用不安全的报道。

药理作用

　　大豆多肽和水解大豆蛋白与化妆品相关的药理研究见下表。

试验项目	浓度	效果说明
大豆蛋白水解物的抗氧性		每克(含62.1%可溶性蛋白质)相当于607.9mmol的Trolox
大豆多肽对自由基DPPH的消除		半消除量 EC_{50}:2.6mg/mL
大豆多肽对羟基自由基的消除		半消除量 EC_{50}:3.1mg/mL
大豆多肽对脂质过氧化的抑制		半抑制量 IC_{50}:2.68mg/mL
大豆蛋白水解物对皮肤角质层含水量的促进	0.1%	促进率:256.9(空白100)
大豆蛋白水解物对皮肤角质层含水量的促进	0.1%	促进率:375.0(空白100)
大豆蛋白水解物对前列腺素 PGE_2 生成的抑制	15μg/mL	抑制率:64.0%
大豆蛋白水解物对环氧合酶COX-2活性的抑制	15μg/mL	抑制率:36.2%
大豆多肽对血管紧张素转化酶活性的抑制	2.5mg/L	抑制率:76.0%
表皮角化细胞培养大豆蛋白水解物对β-防卫素生成的促进	1%	促进率:900(空白100)

化妆品中应用

水解大豆蛋白有起泡性,一般可提高50%,对乳化体系有稳定作用;大豆多肽和水解大豆蛋白均有保湿作用,可用作护肤品的保湿剂、营养剂和调理剂,对皮肤的抗老抗衰都有协助作用。

大豆异黄酮 (Isoflavones of soy)

大豆异黄酮 (Isoflavones of soy) 是一个异黄酮的混合物,取自大豆的提取物。大豆异黄酮中主要有三类结构,即大豆苷类、染料木苷类和黄豆黄苷类。大豆异黄酮中苷元为2%~3%,其余为糖苷,占总量的97%~98%。大豆苷类的成分如大豆黄苷(Daidzin)、大豆黄素(Daidzein)等,黄豆黄苷类有黄豆黄苷(Glycitin)等,染料木苷类有另条专门介绍。

化学结构

大豆黄苷(左)、黄豆黄苷(右)的结构

理化性质

大豆异黄酮的苷元一般不溶于水,可溶于甲醇、乙醇、乙酸乙酯、乙醚等有机溶剂及稀碱中,大豆异黄酮的结合苷易溶于甲醇、乙醇、吡啶、乙酸乙酯及稀碱液中,难溶于苯、乙醚、氯仿、石油醚等有机溶剂,对水的溶解度增加,可溶于热水。

安全管理情况

CTFA 将大豆异黄酮作为化妆品原料，中国香化协会 2010 年版的《国际化妆品原料标准中文名称目录》中列入，国家食品药品监督管理总局 2014 年发布的《关于已使用化妆品原料名称目录的公告》尚未列入，未见它外用不安全的报道。

药理作用

大豆异黄酮及其单体与化妆品相关的药理研究见下表。

试验项目	浓度	效果说明
大豆异黄酮对自由基 DPPH 的消除		半消除量 $EC_{50}:22.3\mu g/mL$
大豆黄素对酪氨酸酶活性的抑制	0.261mg/mL	抑制率:61.5%
大豆黄素对胰蛋白酶活性的抑制	$1\mu mol/L$	抑制率:19%
大豆异黄酮对皮脂分泌的抑制	20mg/mL	抑制率:34.2%
大豆黄素对皮脂分泌的抑制	20mg/mL	抑制率:12.2%
UV 下大豆黄素对老鼠耳朵肿胀的抑制	$0.1\mu mol/cm^2$	抑制率:29.2%

化妆品中应用

大豆异黄酮有弱的雌激素样作用，如大豆黄素与雌酮比较，其相对强度为 0.75∶6900，因此无论是在口服还是外用，并不会产生任何副作用，对皮脂分泌的抑制也与此作用相关；大豆异黄酮可阻缓皮肤黑色素的生成，用于皮肤的增白；大豆异黄酮是优良的 UVB 区紫外吸收剂，在此类产品中与常用的防晒剂如巴松 1789、对甲氧基肉桂酸辛酯等配合，可提高制品的防晒能力。

大麻籽蛋白（Hemp seed protien）

大麻籽蛋白（Hemp seed protien）来自大麻（*Cannabissativa*）的籽。大麻籽蛋白占大麻籽的 25%～35%，大麻籽蛋白中球蛋白为 43.4%，清蛋白为 28.7%、谷蛋白为 9.28%，醇溶蛋白为 3.30%，大麻籽蛋白是一优良蛋白质。以蛋白酶水解大麻籽蛋白得水解大麻籽蛋白（Hydrolyzed hemp seed protien），是一小分子肽的混合物。

化学结构

中国云南产大麻籽蛋白质的氨基酸组成见下表。

单位：%

氨基酸名	摩尔分数	氨基酸名	摩尔分数
苏氨酸	2.57	缬氨酸	3.99
蛋氨酸	1.42	半胱氨酸	1.19
苯丙氨酸	3.74	酪氨酸	2.79

续表

氨基酸名	摩尔百分比	氨基酸名	摩尔百分比
异亮氨酸	3.52	亮氨酸	5.55
赖氨酸	3.00	组氨酸	2.84
色氨酸	0.20	天冬氨酸	8.38
谷酰胺	16.15	丝氨酸	4.08
甘氨酸	3.59	精氨酸	10.96
丙氨酸	3.49	脯氨酸	3.15

理化性质

水解大麻籽蛋白为淡黄色粉剂，可溶于水。

安全管理情况

CTFA 将水解大麻籽蛋白作为化妆品原料，中国香化协会 2010 年版的《国际化妆品原料标准中文名称目录》中列入，国家食品药品监督管理总局 2014 年发布的《关于已使用化妆品原料名称目录的公告》尚未列入，未见它外用不安全的报道。

化妆品中应用

水解大麻籽蛋白富含精氨酸、天冬氨酸等，这在其他水解蛋白质原料中是少见的，可用作护肤品的保湿剂、营养剂和调理剂。

大麦蛋白（Barley protein）

水解大麦蛋白（Hydrolyzed barley protein）是大麦（Hordeum vulgare）和二棱大麦（H. distichon）中蛋白质的水解物。二棱大麦籽粒蛋白质含量为 6%，籽皮中含量更高。水解大麦蛋白是将大麦的谷蛋白类提取物经酸碱或酶部分水解、浓缩后得到的产物。

大麦的氨基酸组成

见下表。

单位：%

氨基酸名	摩尔分数	氨基酸名	摩尔分数
赖氨酸	3.5	组氨酸	2.1
精氨酸	4.4	天冬氨酸	6.1
苏氨酸	3.5	丝氨酸	4.2
谷氨酸	24.6	脯氨酸	10.9
甘氨酸	4.2	丙氨酸	4.1
半胱氨酸	2.5	缬氨酸	5.4
异亮氨酸	3.8	亮氨酸	6.9
酪氨酸	2.5	苯丙氨酸	5.1
色氨酸	1.4		

理化性质

大麦蛋白水解物可溶于水，不溶于酒精。

安全管理情况

国家食品药品监督管理总局 2014 年发布的《关于已使用化妆品原料名称目录的公告》、CTFA 和中国香化协会 2010 年版的《国际化妆品原料标准中文名称目录》都将水解大麦蛋白作为化妆品原料，未见它外用不安全的报道。

药理作用

2h 水解的水解大麦蛋白与化妆品相关的药理研究见下表。

试验项目	浓度	效果说明
对羟基自由基的消除	1mg/mL	消除率：51.1%
对自由基 DPPH 的消除	1mg/mL	消除率：31.5%
对超氧自由基的消除	1mg/mL	消除率：18.7%

化妆品中应用

水解大麦蛋白具乳化能力，有抗氧性能，适合用作化妆品的护肤原料。

丹皮酚（Paeonol）

丹皮酚（Paeonol）又名牡丹酚、芍药醇，为一酚类成分，存在于毛茛科植物牡丹（*Paeonia moutan*）的皮和中药萝藦科植物徐长卿（*Pycnostelma paniculatum*）的全草。丹皮酚现在已不需从天然物中提取，可以化学法合成。

化学结构

丹皮酚的结构

理化性质

丹皮酚为无色针状结晶，气味特殊，熔点 49~51℃，稍溶于水，能随水蒸气挥发，溶于乙醇、乙醚等有机溶剂，紫外吸收特征波长和吸光系数为 274nm（14700）、291nm（10230）和 316nm（6920）。丹皮酚的 CAS 号为 552-41-0。

安全管理情况

国家食品药品监督管理总局 2014 年发布的《关于已使用化妆品原料名称目录的公告》、CTFA 和中国香化协会 2010 年版的《国际化妆品原料标准中文名称目录》都将丹皮酚作为化妆品原料，未见它外用不安全的报道。

药理作用

丹皮酚有抗菌性，对金黄色葡萄球菌、绿脓杆菌、大肠杆菌、蜡状芽孢杆菌的 MIC 分别为 640μg/mL、640μg/mL、320μg/mL 和 640μg/mL，250μg/mL 可抑制趾间发癣菌。

丹皮酚与化妆品相关的药理研究见下表。

试验项目	浓度	效果说明
对超氧自由基的消除	0.56mmol/L	消除率:29.81%
对羟基自由基的消除	0.56mmol/L	消除率:20.04%
对自由基 DPPH 的消除	2mol/L	消除率:14.3%
对角叉胶致大鼠足趾肿胀的抑制	8mg/kg	抑制率:39.5%（与空白比较）
对二甲苯致鼠耳肿胀的抑制	50mg/kg	抑制率:20.87%（与空白比较）
对 ICAM-1(细胞间黏附分子-1)发现的抑制	2.5mg/kg	抑制率:35.6%（与空白比较）

化妆品中应用

丹皮酚能显著吸收 UVB 紫外线，覆盖面广，可用作化妆品的防晒剂；丹皮酚对 ICAM-1（细胞间黏附分子-1）发现的抑制显示，它具抗炎作用，ICAM-1 水平可作为评价牙周炎症状的一项较为敏感的指标，结合其抗菌性，可用于护齿制品；丹皮酚的抗炎性对多种皮肤疾患如湿症等都有防治作用。

胆碱（Choline）

胆碱（Choline）广泛存在于植物界及人和动物体液内，是生物体代谢的中间产物。富含胆碱的食物有蛋类、动物的脑、动物心脏与肝脏、绿叶蔬菜、啤酒酵母、麦芽、大豆卵磷脂等。胆碱属 B 族维生素，是目前世界公认的 14 种维生素品种之一。胆碱现以化学法合成。

化学结构

$$HOCH_2CH_2-\overset{+}{N}(CH_3)_3\ Cl^-$$

胆碱的结构

理化性质

胆碱为强碱性的黏稠液体或晶体，溶于水和醇，不溶于二硫化碳、四氯化碳、石油醚、苯及甲苯。减压下 40℃ 既分离。但其水溶液 70℃ 时仍稳定，若煮沸或室温有碱作用时也可分解为三甲胺、乙二醇等。置于空气中极易吸水和二氧化碳。胆碱的 CAS 号为 67-48-1。

安全管理情况

CTFA 将胆碱作为化妆品原料，中国香化协会 2010 年版的《国际化妆品原料标准中文名称目录》中列入，国家食品药品监督管理总局 2014 年发布的《关于已使用化妆品原料名称目录的公告》尚未列入，未见它外用不安全的报道。
药理作用
胆碱与化妆品相关的药理研究见下表。

试验项目	浓度	效果说明
对超氧歧化酶活性的促进	5mmol/L	促进率:135.9(空白100)
对过氧化物酶活性的促进	5mmol/L	促进率:122.8(空白100)
对过氧化氢酶活性的促进	5mmol/L	促进率:129.8(空白100)
细胞培养对毛发根鞘细胞的促进作用	10×10^{-6}	促进率:103.0(空白100)

化妆品中应用
胆碱是化妆品中常用的营养性原料，在护肤品中用入能增加皮肤的保湿能力；胆碱的渗透性好，营养作用明显，可预防皮肤失调，有抗衰效用；在发用品中用入，能协助育发和生发。

胆甾醇（Cholesterol）和
二氢胆甾醇（Dihydrocholesterol）

胆甾醇（Cholesterol）也叫胆固醇，存在于动物体的各种组织如胆汁、卵黄、脑、神经组织和血液。二氢胆甾醇（Dihydrocholesterol）又称胆甾烷醇，在脊椎动物细胞中，微量伴随胆固醇而存在，在神经组织和肾上腺中较丰富。这两种胆甾醇类产品基本从动物油脂中提取。

化学结构

胆甾醇(左),二氢胆甾醇(右)的结构

理化性质
胆甾醇为白色或淡黄色有珠光的片状晶体，微溶于醇（20℃，1.29g/100g醇），热乙醇中可溶28g，几乎不溶于水（约0.2mg/100g水），可溶于石油醚、油脂。二氢胆甾醇为白色结晶状粉末，熔点140～142℃，$[\alpha]_D^{21}$：+23.8°（c=1.3，氯仿），在10mL氯仿中溶解1g，溶液无色透明。胆甾醇和二氢胆甾醇的CAS号分别为57-88-5和80-97-7。

安全管理情况
国家食品药品监督管理总局2014年发布的《关于已使用化妆品原料名称目录的公告》、CTFA、欧盟和中国香化协会2010年版的《国际化妆品原料标准中文名称目录》都将胆甾醇和二氢胆甾醇作为化妆品原料，未见它们外用不安全的报道。

药理作用

胆甾醇与化妆品相关的药理研究见下表。

试验项目	浓度	效果说明
细胞培养胆甾醇对角质细胞增殖的促进	0.4%	促进率：195（空白 100）
胆甾醇对经皮水分蒸发量的抑制	0.4%	抑制率：44.4%
胆甾醇对皮肤刺激敏感度的抑制	2.0%	抑制率：40.0%
胆甾醇对白介素 IL-1α 释放的抑制	1.0%	抑制率：11.1%
胆甾醇对药剂经皮渗透的促进	0.5%	透过促进率：2580（空白 100）

化妆品中应用

人皮肤的分泌物中含有一定数量的胆甾醇及其衍生物，有柔滑和保湿作用，因此足够的胆甾醇是必不可少的。胆甾醇对皮肤无刺激，也不光敏化，润肤型化妆品中一般含有 1.4%，并有增强其他活性剂功能。在唇膏、眉笔中用入有利于色素的附着；同样可用于染发剂，可增强着色牢度，并有营养头发，刺激生发，保护头发的作用。胆甾醇有表面活性，有稳定泡沫作用；胆甾醇是一种非常必要的抗炎剂，也有助渗作用。

蛋氨酸（Methionine）

L-蛋氨酸（Methionine）又名甲硫氨酸，是人体必需氨基酸之一。蛋氨酸的硫原子含有二个未共用电子对，能以配位键与其他原子结合，在形成蛋白质的三级结构中，有着十分重要的作用。蛋氨酸可以化学法合成，也可从蛋白质水解液中提取，前者是消旋化合物。

化学结构

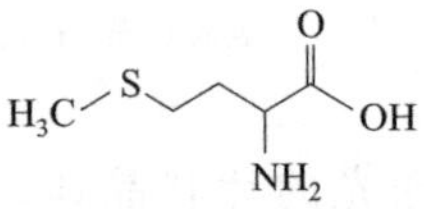

蛋氨酸的结构

理化性质

蛋氨酸为白色结晶状粉末，易溶于水、热的稀乙醇和酸、碱溶液，难溶于乙醇，几乎不溶于醚。蛋氨酸在强酸介质中不稳定，可导致脱甲基作用。比旋光度 $[\alpha]_D^{23}：+24.3°$（$c=8.6mol/L$ 盐酸中）。蛋氨酸的 CAS 号为 59-51-8。

安全管理情况

国家食品药品监督管理总局 2014 年发布的《关于已使用化妆品原料名称目

录的公告》、CTFA 和中国香化协会 2010 年版的《国际化妆品原料标准中文名称目录》都将蛋氨酸作为化妆品原料，未见它外用不安全的报道。

药理作用

蛋氨酸与化妆品相关的药理研究见下表。

试验项目	浓度	效果说明
对胡萝卜素氧化的抑制	10mmol/L	抑制率:28.4%
毛发根鞘细胞培养 L-蛋氨酸对其增殖的促进	10×10^{-6}	促进率:111(空白 100)
新生儿表皮角化细胞培养 L-蛋氨酸对 β-防卫素生成的促进	0.1%	促进率:400(空白 100)

化妆品中应用

蛋氨酸在化妆品中常用作营养添加剂，能增强组织的新陈代谢和抗炎症的能力，可用于调理和抗老化或痤疮防治等的护肤品。

蛋白多糖（Proteoglycan）

蛋白多糖（Proteoglycan）又称黏多糖，为基质的主要成分，是多糖分子与蛋白质结合而成的复合物。蛋白多糖普遍存在于生物界，但在某些植物的特定部位，蛋白多糖相对集中，可从枸杞子、山药的根茎、桑叶、菌类的子实体等中提取。植物原料不同、提取方法不同、精制方法不同等都会影响蛋白多糖的结构和分子量，性能也有很大变化。如山药蛋白多糖中蛋白质的质量比例约 14%，而香菇蛋白多糖中蛋白质的比例可达 50%～60%。可溶性蛋白多糖（Soluble proteoglycan）是指能溶于水的蛋白多糖。

化学结构

桑叶蛋白多糖中的多糖部分由 D-鼠李糖、L-阿拉伯糖、D-果糖、D-葡萄糖和 D-半乳糖组成，它们之间的摩尔比为 8.91∶2.71∶1.00∶3.75∶6.04。

桑叶蛋白多糖中的蛋白质部分中氨基酸及其在蛋白质中的百分比见下表。

单位：%

氨基酸名	质量分数	氨基酸名	质量分数
天冬氨酸	11.5	谷氨酸	18.7
丝氨酸	6.8	组氨酸	1.8
甘氨酸	6.9	苏氨酸	7.4
精氨酸	3.1	丙氨酸	11.8
酪氨酸	2.8	半胱氨酸	7.1
缬氨酸	4.0	蛋氨酸	1.7
苯丙氨酸	5.1	异亮氨酸	2.4
亮氨酸	2.9	赖氨酸	1.6
脯氨酸	4.6		

安全管理情况

国家食品药品监督管理总局 2014 年发布的《关于已使用化妆品原料名称目录的公告》、CTFA 和中国香化协会 2010 年版的《国际化妆品原料标准中文名称目录》都将可溶性蛋白多糖作为化妆品原料，未见它外用不安全的报道。

药理作用

可溶性蛋白多糖与化妆品相关的药理研究见下表。

试验项目	浓度	效果说明
山药蛋白多糖对过氧化氢的消除	20mg/mL	消除率:64.0%
山药蛋白多糖对超氧自由基的消除	10mg/mL	消除率:95.2%
山药蛋白多糖对羟基自由基的消除	2mg/mL	消除率:30.3%
涂覆香菇蛋白多糖对皮肤角质层水分含量的促进	0.1%	促进率:150(空白 100)
涂覆香菇蛋白多糖对皱纹面积的缩小作用	0.1%	缩小率:61.5%
枸杞蛋白多糖对 CCl_4 引发 IL-6 生成的抑制	50mg/kg	抑制率:37.6%
枸杞蛋白多糖对 CCl_4 引发 IL-8 生成的抑制	50mg/kg	抑制率:38.7%
五味子蛋白多糖对小鼠被动皮肤过敏的抑制	150mg/mL	抑制率:31.89%
五味子蛋白多糖对大鼠主动腹腔肥大细胞脱颗粒的抑制	150mg/mL	抑制率:97.72%

化妆品中应用

可溶性蛋白多糖随原料的不同，分别有抗氧、抗炎、抗过敏、保湿等作用。

蛋白酶（Proteinase）

蛋白酶（Proteinase）属于水解酶，是作用于蛋白质或多肽、催化肽键水解的酶。在动植物的一切组织、细胞乃至细菌中都存在着各种特有的蛋白酶，已知的就有 100 多种，各自有着不同的功能。有许多蛋白酶应用面很广，如胃蛋白酶、胰蛋白酶、木瓜蛋白酶等另有专项介绍，在这里介绍一些比较小的蛋白酶品种，如糜蛋白酶（Chymotrypsin）、角蛋白酶（Keratinase）、天门冬蛋白酶（Aspartic proteinase）、弹性蛋白酶（Elastase）和胶原蛋白酶（Collagenase）。

各蛋白酶及其理化性质

糜蛋白酶（Chymotrypsin）是从牛胰脏提取出来的一种白色或类白色粉末，能溶于水，其水溶液的 pH 为 5.5～6.5，在 pH 为 3～5 时最稳定，pH 为 7 时活性最强，等电点 pH 为 8.3。

角蛋白酶（Keratinase）存在于人体和哺乳动物皮肤上真菌类发癣菌，角蛋白酶可溶于水，不溶于有机溶剂，最适宜的 pH 为 8.5～9.5，在常温下稳定，在 100℃时 5min 后失活，其活性与共存的金属离子有关。现采用发酵法生产。

天门冬蛋白酶（Aspartic proteinase）在动植物中均有存在，动物体内主要集中于乳汁中，在土豆和黑麦的叶中均有提取价值。土豆叶天门冬蛋白酶的相对分子质量约 4 万，在 pH 为 3 时活性最好。

弹性蛋白酶（Elastase）是从胰腺中分泌的一种酶。弹性蛋白酶为白色或类白色结晶性粉末，有吸湿性，等电点 9.5±0.5，适用的 pH 范围为 8.6～9.2，易溶于水和稀盐酸溶液，在 pH 为 4～10.5 的范围内，溶解度可达 50mg/mL。弹性蛋白酶可从鸡的胰腺中提取。

胶原蛋白酶（Collagenase）在所有的生物体内都有存在，相对而言，在皮肤组织内较集中。胶原蛋白酶相对分子质量为 95000，pH 为 8.6。胶原蛋白酶现由溶组织梭状菌发酵制取。

安全管理情况

国家食品药品监督管理总局 2014 年发布的《关于已使用化妆品原料名称目录的公告》、CTFA 和中国香化协会 2010 年版的《国际化妆品原料标准中文名称目录》都将蛋白酶作为化妆品原料，未见它外用不安全的报道。

药理作用

蛋白酶与化妆品相关的药理研究见下表。

试验项目	浓度	效果说明
小鼠试验糜蛋白酶对毛发生长的抑制	1%	抑制率：29.1%
角蛋白酶对皮肤角质层剥离程度的促进	10μg/mL	促进率：1011（空白 100）

化妆品中应用

糜蛋白酶优先水解蛋白质中疏水氨基酸如芳香族氨基酸苯丙氨酸、酪氨酸、色氨酸和亮氨酸等羧基所形成的肽键，形成芳香族氨基酸和亮氨酸作为末端的肽。在化妆品中用入，对皮肤有抗炎、清疮和去屑作用，与果酸配合，将有利于换皮，可防止粉刺的生成。

角蛋白酶分解蛋白质中的二硫键。可抑制毛发的生长，可用作为脱毛剂；在洗发香波中用入，可修饰和调整头发表面的角蛋白，增加光泽和柔软性；在护肤类用品中使用时需注意，角蛋白酶的经皮渗透性好，须与营养性成分与卵磷脂、维生素等配合，可调理皮肤，并有抑制酪氨酸酶的作用；也可在护齿品中协助祛除齿斑。

天门冬蛋白酶能水解蛋白质中苯丙氨酸-脯氨酸和酪氨酸-脯氨酸之间的肽键，哺乳动物体内的蛋白酶很难水解这两类肽键。天门冬蛋白酶有清除蛋白类污垢的性能，即所谓的深度洗净。

弹性蛋白酶能水解弹性蛋白，还可水解脂肪族氨基酸如亮氨酸、丙氨酸、丝氨酸等残基的羧基所组成的肽键。弹性蛋白酶在皮肤上施用，可防止皮肤的过度角质化，可用于消除皱纹和防止粉刺的生成。弹性蛋白酶如与胰蛋白酶配合，可增加弹性蛋白酶的活性。

胶原蛋白酶能将胶原蛋白分子水解为若干条肽链，但不作用于其他蛋白质纤维，基于此，临床上采用胶原蛋白酶于溃疡、坏死组织及创口的清理；也可用于制成防止疤痕生成的愈伤制品或消除原有疤痕。

蛋蛋白（Egg protein）

蛋蛋白（Egg protein）是常见的蛋白质，但是也是一十分复杂的体系。就蛋白质的组成而言，蛋白的蛋白质比较单纯，也容易制取。水解蛋蛋白（Hydrolyzed egg protein）是白蛋白用酶水解后得到的产物，以八肽及以下寡肽为主的水解液。

白蛋白的氨基酸组成

见下表。

单位：%

氨基酸名	摩尔分数	氨基酸名	摩尔分数
天冬氨酸	9.6	苏氨酸	5.0
丝氨酸	8.6	谷氨酸	12.3
甘氨酸	3.1	丙氨酸	5.5
胱氨酸	1.9	缬氨酸	6.2
蛋氨酸	2.8	异亮氨酸	5.5
亮氨酸	9.3	酪氨酸	4.6
苯丙氨酸	4.6	赖氨酸	7.8
组氨酸	1.9	精氨酸	8.0
脯氨酸	3.4		

理化性质

水解蛋蛋白为易溶于水的类白色粉末。其中肽的相对分子质量主要集中在100～1000之间。

安全管理情况

CTFA将水解蛋蛋白作为化妆品原料，中国香化协会2010年版的《国际化妆品原料标准中文名称目录》中列入，国家食品药品监督管理总局2014年发布的《关于已使用化妆品原料名称目录的公告》尚未列入，未见它外用不安全的报道。

药理作用

水解蛋蛋白与化妆品相关的药理研究见下表。

试验项目	浓度	效果说明
水解鸵鸟蛋蛋白对自由基DPPH的消除	200μg/mL	消除率：81%
水解鸵鸟蛋蛋白对自由基ABTS的消除	90.9μg/mL	消除率：37.6%
水解鸵鸟蛋蛋白对不饱和脂肪酸过氧化的抑制	20μg/mL	抑制率：86.4%

续表

试验项目	浓度	效果说明
水解鸵鸟蛋蛋白对不饱和脂肪酸过氧化的抑制	$20\mu g/mL$	抑制率：86.4%
水解鸡蛋黄蛋白对不饱和脂肪酸过氧化的抑制	0.0125%	抑制率：68.4%

化妆品中应用

水解蛋蛋白有表面活性，有起泡和助乳化作用，可用作泡沫稳定剂；水解蛋蛋白是皮肤能够吸收的功能性蛋白，经常与其他活性物质共用，提高它们的功效，适用敷施于枯泽、干皱型皮肤，有营养和抗衰作用。

蛋清（Albumen）

蛋清（Albumen）来自鸡蛋的白蛋白，属动物性蛋白。化妆品一般使用干燥化了的鸡蛋蛋清，也称蛋清粉。另一个产品为水解蛋清粉（Hydrolyzed albumen），为蛋清经酶部分水解为小分子肽而后干燥化了的制品。

化学组成

蛋清中氨基酸的组成见下表。

单位：%

氨基酸名	摩尔分数	氨基酸名	摩尔分数
天冬氨酸	9.33	异亮氨酸	1.41
苏氨酸	4.93	亮氨酸	10.74
丝氨酸	4.23	酪氨酸	3.17
谷氨酸	14.44	苯丙氨酸	5.46
甘氨酸	2.11	赖氨酸	10.39
丙氨酸	10.92	精氨酸	4.23
缬氨酸	7.22	胱氨酸	6.16
蛋氨酸	1.06	脯氨酸	4.23

理化性质

蛋清粉和水解蛋清粉均为吸湿性白色粉末，蛋清粉微溶于水，水解蛋清粉在水中的溶解度大于蛋清粉，溶解度与其水解程度有关。两者均不溶于酒精。蛋清的 CAS 号为 9006-50-2。

安全管理情况

国家食品药品监督管理总局 2014 年发布的《关于已使用化妆品原料名称目录的公告》将蛋清作为化妆品原料，而 CTFA、欧盟和中国香化协会 2010 年版的《国际化妆品原料标准中文名称目录》都将蛋清和水解蛋清作为化妆品原料，未见它们外用不安全的报道。

药理作用

与化妆品相关的药理研究见下表。

试验项目	浓度	效果说明
水解蛋清粉对伤损人发的维护,提高毛发的弹性	0.5%	弹性提高率:115.8(空白值100)
水解蛋清粉增加毛发吸附性,提高毛发的强度	0.5%	强度提高率:126.9(空白值100)
水解蛋清粉对上皮细胞增殖的促进	0.1mg/mL	促进率:147(空白值100)
水解蛋清粉对游离组胺释放的抑制	10mg/mL	抑制率:40%
蛋清粉对经表皮失水率的迟缓作用	0.7%	经表皮失水率:4.83%(对比样0.7%甘油的失水率为11.57%)

化妆品中应用

蛋清和水解蛋清是皮肤能够吸收的功能性蛋白,可用作营养剂,经常与其他活性物质共用,以提高它们的功效,特别适用敷施于枯泽、干皱型皮肤。蛋清有表面活性,可用作乳化剂、凝胶化剂和泡沫稳定剂。

稻米蛋白 (Rice protein)

稻米蛋白(Rice protein)取自禾本科植物稻(*Oryza sativa*)的种子。稻米中蛋白质的含量与品种有关,一般粳米中蛋白质含量在7%左右。稻米蛋白经酶水解得稻米氨基酸(Rice amino acids)。

组成

稻米蛋白(粳米)中各重要氨基酸的含量见下表。

单位:%

氨基酸名	摩尔分数	氨基酸名	摩尔分数
天冬氨酸	11.2	谷氨酸	18.6
丝氨酸	6.5	胱氨酸	1.7
缬氨酸	4.8	蛋氨酸	1.1
组氨酸	3.7	苯丙氨酸	9.1
甘氨酸	4.8	异亮氨酸	3.3
苏氨酸	3.3	亮氨酸	6.1
丙氨酸	5.2	赖氨酸	7.1
精氨酸	7.2	脯氨酸	3.9
酪氨酸	2.3		

理化性质

稻米蛋白水解物和稻米蛋白氨基酸均溶于水。

安全管理情况

国家食品药品监督管理总局2014年发布的《关于已使用化妆品原料名称目录的公告》、CTFA和中国香化协会2010年版的《国际化妆品原料标准中文名称目录》都将稻米蛋白和稻米蛋白氨基酸作为化妆品原料,未见它们外用不安全的报道。

药理作用

稻米蛋白水解物与化妆品相关的药理研究见下表。

试验项目	浓度	效果说明
对自由基 DPPH 的消除		半消除量 EC_{50}：$144\mu g/mL$
对含氧自由基的消除	$81\mu g/mL$	消除率：47.5%

化妆品中应用

稻米蛋白和稻米蛋白氨基酸易被皮肤吸收，涂覆施用后肤感优异，可用作调理剂。

低聚果糖（Fructooligosaccharides）

低聚果糖（Fructooligosaccharides）属于寡糖类，也有称为三聚蔗糖、四聚蔗糖、五聚蔗糖等的，在许多蔬菜、水果的提取物中和菌类中存在，如甘蓝（*Asparagus officinalis*）的根、洋葱（*Allium cepa*）球茎等。与果聚糖不同的是，低聚果糖的聚合度小。现可用发酵法生产低聚果糖。

化学结构

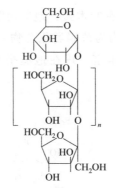

$n=1\sim 8$　　低聚果糖的结构

理化性质

低聚果糖的许多理化性质与蔗糖相似，为无色结晶，味甜，甜度是 10% 蔗糖水溶液的 16%～31%，果聚寡糖的水溶液有一定黏度，黏度比相应浓度的蔗糖溶液高，在 pH 为 4～7 中稳定，水溶液的热稳定性好，$[\alpha]_D^{20}$：+28.5（水溶液）。在 pH 为 3～4 的酸性条件下，加热易发生分解。

安全管理情况

国家食品药品监督管理总局 2014 年发布的《关于已使用化妆品原料名称目录的公告》、CTFA 和中国香化协会 2010 年版的《国际化妆品原料标准中文名称目录》都将低聚果糖作为化妆品原料，未见它外用不安全的报道。

药理作用

低聚果糖与化妆品相关的药理研究见下表。

试 验 项 目	浓度	效果说明
对超氧自由基的消除	20mg/mL	消除率:13.24%
对羟基自由基的消除	10mg/mL	消除率:34.8%
在湿度43%下的吸湿性		6h后的吸湿率:12.3%
对白介素IL-6生成的抑制	0.6μmol/L	抑制率:52.9%
对环氧合酶-2活性的抑制	0.2μmol/L	抑制率:36.1%

化妆品中应用

低聚果糖可用作口腔用品中的甜味剂，化妆品中常用其脂肪酸的酯，有很好的乳化性能，特别在硅油为油基的乳状液内；低聚果糖不易被人体吸收，不被口腔中的突变链球菌发酵，结合它的抗炎性，可防蛀牙；55%低聚果糖的保湿性接近山梨醇，可用作保湿剂。

地奥亭（Diosmetin）和地奥司明（Diosmine）

地奥亭（Diosmetin）又名香叶木素，地奥司明（Diosmine）也名香叶木苷，是香叶木素的芸香糖苷。两者均为黄酮类化合物，在芸香科植物如柠檬（*Citrus limon*）、佛手、两面针中含量丰富。现在地奥亭和地奥司明可从柠檬果皮中提取，也可从橙皮素经氧化而得。

化学结构

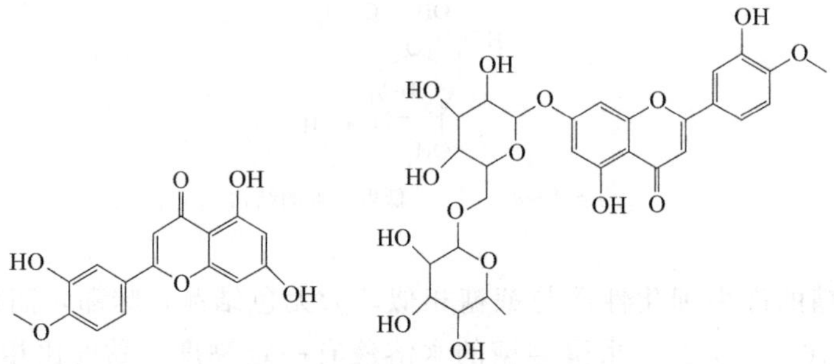

地奥亭(左)和地奥司明(右)的结构

理化性质

地奥亭为黄色粉末，熔点256～258℃，不溶于水，可溶于乙醇，一般含量在98%；地奥司明为淡黄色粉末，熔点275～277℃，在水中不溶，微溶于乙醇，可溶于二甲亚砜，一般含量在95%。地奥亭和地奥司明的CAS号分别为520-34-3和520-27-4。

安全管理情况

国家食品药品监督管理总局 2014 年发布的《关于已使用化妆品原料名称目录的公告》、CTFA 和中国香化协会 2010 年版的《国际化妆品原料标准中文名称目录》都将地奥亭和地奥司明作为化妆品原料,未见它们外用不安全的报道。

药理作用

地奥亭有抗菌性,对枯草杆菌的 MIC 为 $25\mu g/mL$;对红色毛发癣菌的 MIC 为 $50\mu g/mL$。

地奥亭和地奥司明与化妆品相关的药理研究见下表。

试 验 项 目	浓度	效果说明
地奥亭对自由基 DPPH 的消除		半消除量 EC_{50}:465.13$\mu mol/L$
地奥司明对自由基 DPPH 的消除		半消除量 EC_{50}:442.26$\mu mol/L$
地奥亭对脂质过氧化的抑制	$50\mu mol/L$	抑制率:34.3%±6.9%
地奥亭对 NO 生成的抑制	$25\mu mol/L$	抑制率:48.4%
地奥亭对黑色素细胞活性的促进	$10\mu mol/L$	促进率:1130(空白 100)
地奥亭对 17-β 羟基类固醇脱氢酶活性的抑制	$6\mu mol/L$	抑制率:70%
地奥亭对金属蛋白酶 MMP-1 酶活性的抑制	$10\mu mol/L$	抑制率:48.4%
地奥司明对白介素 IL-1β 生成的抑制	$80mg/kg$	抑制率:5.7%

化妆品中应用

地奥亭有抗菌性和抗氧性;对 17-β 羟基类固醇脱氢酶有良好的抑制,以及若干对炎症控制的数据,显示对痤疮、脂溢性皮炎有防治作用;地奥亭也是晒黑型护肤品的理想添加剂。地奥司明具有维生素 P 作用,能降低血管脆性,提高通透性,也有抗炎作用。

地衣酸(Usnic acid)

地衣酸(Usnic acid)又名松萝酸,是地衣类植物中的酚类物质,含量相当高,在松萝科(Usneaceae)、梅衣科(Parmeliaceae)和石蕊科(Cladoniaceae)地衣中含量一般为干地衣重的 0.1%~4%,在金黄树发(*Alectoria ochrolenca*)中含量为 8%。地衣酸以氢氧化钠中和得地衣酸钠。地衣酸以干地衣为原料提取分离。

化学结构

地衣酸的结构

理化性质

地衣酸为黄色斜方形棱柱状结晶（丙酮），25℃在各溶剂中的溶解度（g/100mL）：水<0.01，丙酮0.77，乙酸乙酯0.88，乙醇0.02。它的钠盐水溶性大，易和胺类化合物结合。紫外吸收特征播出及吸光系数为282nm（22800）和233nm（30200），比旋光度 $[\alpha]_D^{16}$：+509.4°（c=0.697，氯仿）。地衣酸的CAS号为125-46-2。

安全管理情况

国家食品药品监督管理总局2014年发布的《关于已使用化妆品原料名称目录的公告》、CTFA、欧盟和中国香化协会2010年版的《国际化妆品原料标准中文名称目录》都将作为化妆品原料，未见它外用不安全的报道。

药理作用

地衣酸有抗菌性。在培养皿中，250μg/mL的浓度100μL的用量对马拉色菌（Malassezia fuefue）的抑菌圈直径达20.0mm；地衣酸在培养皿中，1μg/mL的浓度50μL的用量对痤疮丙酸杆菌的抑菌圈直径达42.0mm。地衣酸钠对马拉色菌的MIC为0.4μg/mL；对金黄色葡萄球菌、大肠杆菌、枯草杆菌和青霉的MIC分别为1.624μg/mL、2.436μg/mL、2.436μg/mL和0.406μg/mL。

地衣酸与化妆品相关的药理研究见下表。

试验项目	浓度	效果说明
对羟基自由基的消除	20μg/mL	消除率：34%
对B-16黑色素细胞活性的抑制	5μg/mL	抑制率：23%
在UVA照射下对金属蛋白酶MMP-1活性的抑制	0.1%	抑制率：35.6%
在UVB照射下对前列腺素PGE$_2$生成的抑制	0.03%	抑制率：83.0%
对白介素IL-6生成的抑制	1μg/mL	抑制率：69.4%
对脲酶活性的抑制		半抑制量IC$_{50}$：25μg/mL

化妆品中应用

地衣酸是广谱的抗菌素，对多数革兰氏阳性菌都有显著的抑制作用，浓度50μg/mL可完全抑制细菌生长，在化妆品中用作高效防腐剂；对马拉色菌的抑制显示地衣酸有去除头屑的作用；地衣酸对引起口腔疾病、龋齿的主要菌落链球菌有选择性抑制作用，与其他抗炎剂共同使用效果更好，用量为0.1%~0.01%；地衣酸对脲酶的活性有抑制，兼之具有很强的结合低分子胺的能力，因此祛臭效果比常用的季铵盐类化合物（如十六烷基三甲基溴化安）为好，浓度在0.05%~0.2%有完全祛臭作用，可用于棒状、粉状、液体等类型；地衣酸有抗炎性，可用于多种皮肤疾病如化脓性创伤、灼伤、皮肤感染、银屑病等的治疗；地衣酸对原虫、阴道滴虫等有抑制作用，尤其是在香粉、软膏类制品中代替菌螨酚所显示出的效果更引人注意。

地榆苷（Ziyuglycoside）

地榆苷（Ziyuglycoside）也名苦丁冬青苷，属于三萜皂苷类化合物，主要存在于地榆（*Sanguisorba officinalis*）的根部。地榆苷有若干个异构体，以Ⅰ型含量高，也最重要。地榆苷Ⅰ可从地榆根提取分离。

化学结构

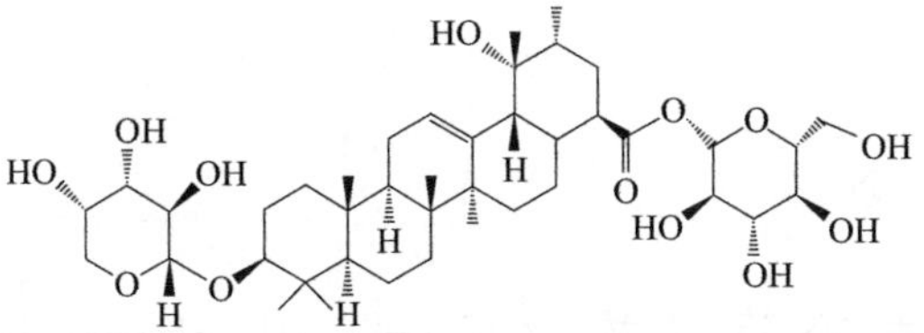

地榆苷Ⅰ的结构

理化性质

地榆苷Ⅰ为白色结晶体，可溶于水和乙醇。地榆苷Ⅰ的CAS号为35286-58-9。

安全管理情况

CTFA将地榆苷作为化妆品原料，中国香化协会2010年版的《国际化妆品原料标准中文名称目录》中列入，国家食品药品监督管理总局2014年发布的《关于已使用化妆品原料名称目录的公告》尚未列入，未见它外用不安全的报道。

药理作用

地榆苷Ⅰ与化妆品相关的药理研究见下表。

试验项目	浓度	效果说明
成纤维细胞培养对Ⅰ型胶原蛋白生成的促进	50μmol/L	促进率：171.3（空白100）

化妆品中应用

地榆苷Ⅰ对胶原蛋白的生成有促进作用，可维持皮肤的弹性，有抗皱作用。

靛红（Isatin）

靛红（Isatin）属吲哚类化合物，在许多植物中都有存在，如板蓝根（*Isatis tinctoria*）、虾脊兰（*Calanthe discolor*）等，现可用化学法合成。

化学结构

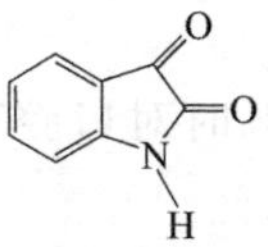

靛红的结构

理化性质

靛红为黄红色结晶或橙红色单斜棱晶，熔点 201～204℃，难溶于水，20℃时每升水溶解 1.9g，可溶于乙醇、乙醚和浓碱溶液。靛红的 CAS 号为 91-56-5。

安全管理情况

CTFA 将靛红作为化妆品原料，中国香化协会 2010 年版的《国际化妆品原料标准中文名称目录》中列入，国家食品药品监督管理总局 2014 年发布的《关于已使用化妆品原料名称目录的公告》尚未列入，未见它外用不安全的报道。

化妆品中应用

靛红可用作染发剂。

丁香酚葡糖苷（Eugenyl glucoside）

丁香酚葡糖苷（Eugenyl glucoside）又名柑橘素 C（Citrusin C），在植物中广泛存在，可见于菊科阔苞菊（*Pluchea indica*）的地上部分、柏科日本扁柏（*Chamaecyporis obtusa*）的叶、龙蒿（*Artemisia dracunculus*）、鸡冠花（*Celosia argenteal*）和柠檬的果皮中。现可从龙蒿中提取，为 β 构型；也可化学合成，但化学合成品是 α、β 构型的混合体。

化学结构

β-丁香酚葡糖苷的结构

理化性质

β-丁香酚葡糖苷为白色粉末，熔点：130～131℃，$[\alpha]_D^{21}$：$-45.85°$（$c=1.03$，乙醇）。UVλ_{max}（MeOH）nm（lgε）：267（3.37），225（3.88）。丁香酚葡糖苷的 CAS 号为 18604-50-7。

安全管理情况

CTFA 将丁香酚葡糖苷作为化妆品原料，中国香化协会 2010 年版的《国际化妆品原料标准中文名称目录》中列入，中国卫生部的《化妆品成分名单》2003 年版中尚未列入，未见它外用不安全的报道。

药理作用

β-丁香酚葡萄糖苷浓度在 0.1% 时对口腔有害菌如牙龈卟啉单胞菌有抑制作用，对变异链球菌的抑制率为 11.6%。

β-丁香酚葡萄糖苷与化妆品相关的药理研究见下表。

试 验 项 目	浓度	效果说明
小鼠 SPF 试验对 UVB 照射的防护	1.0%	色差抑制率:28.2%
对 5α-还原酶活性的抑制	0.1mmol/L	抑制率:35.2%
小鼠试验对毛发生长的促进	0.1%	促进率:122.5(空白 100)

化妆品中应用

丁香酚葡萄糖苷的抗菌性能与丁香酚类似,对多数口腔致病菌均有强烈的抑制作用,在牙膏中用入可预防龋牙,同时可提供柠檬样新鲜的味觉;对酪氨酸酶有抑制,机理与熊果苷一样,有吸收 UVB 作用,可用于防晒美白型护肤品;可抑制 5α-还原酶,对刺激生发和减少头屑有效。

豆甾烷醇麦芽糖苷 (Stigmastanol maltoside)

豆甾烷醇麦芽糖苷 (Stigmastanol maltoside) 为甾醇的糖苷,在大豆油、菜籽油和棉籽油中都有存在。现可以豆甾烷醇为原料合成。

化学结构

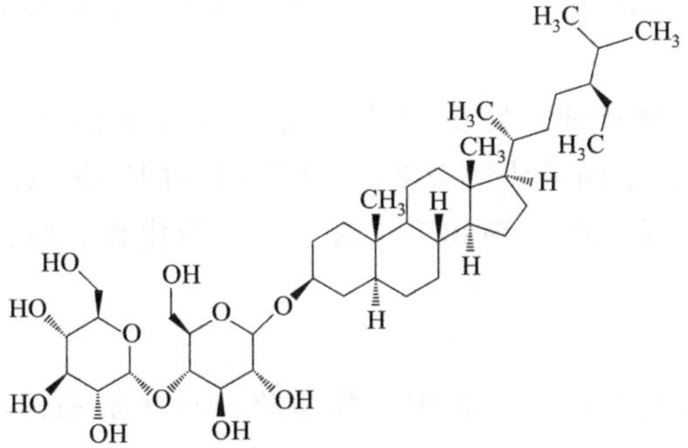

豆甾烷醇麦芽糖苷的结构

理化性质

豆甾烷醇麦芽糖苷固体粉末,微溶于水。

安全管理情况

CTFA 将豆甾烷醇麦芽糖苷作为化妆品原料,中国香化协会 2010 年版的《国际化妆品原料标准中文名称目录》中列入,国家食品药品监督管理总局 2014 年发布的《关于已使用化妆品原料名称目录的公告》尚未列入,未见它外用不安全的报道。

药理作用

豆甾烷醇麦芽糖苷与化妆品相关的药理研究见下表。

试 验 项 目	浓度	效果说明
小鼠涂覆对毛发生长的促进	10mg/cm²	促进率:126.5(空白 100)

化妆品中应用

豆甾烷醇麦芽糖苷为非离子型糖苷型表面活性剂，有优秀的乳化、分散性，并有助渗透作用；豆甾烷醇麦芽糖苷可用作调理剂，有刺激生发功能。

杜鹃花酸（Azelaic acid）

杜鹃花酸又名壬二酸（Azelaic acid），在杜鹃花、除虫菊和可可豆脂中存在，现均用硝酸氧化油酸来制取。壬二酸二钾和壬二酸二钠是壬二酸的中和产物。

化学结构

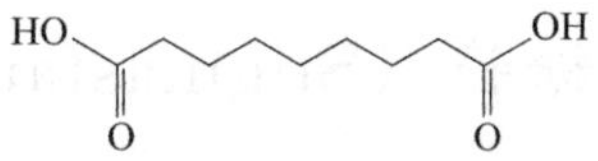

壬二酸的结构

理化性质

壬二酸为微黄色粉末，熔点109~111℃，易醇和热苯，微溶于水，在1L水中可溶解2.14g，该时的pH为4.5。壬二酸的CAS号为123-99-9。

安全管理情况

国家食品药品监督管理总局2014年发布的《关于已使用化妆品原料名称目录的公告》、CTFA和中国香化协会2010年版的《国际化妆品原料标准中文名称目录》都将壬二酸、壬二酸二钾和壬二酸二钠作为化妆品原料，未见它外用不安全的报道。

药理作用

壬二酸有广泛的抗菌性，对表皮葡萄球菌、头状葡萄球菌、卵白丙酸杆菌、颗粒丙酸杆菌、皮屑芽孢菌的MIC分别为0.125mmol/L、0.125mmol/L、0.031mmol/L和0.25mmol/L，对、丙酸痤疮杆菌的IC_{50}为0.313mmol/L。

壬二酸与化妆品相关的药理研究见下表。

对5α-还原酶活性的抑制	浓度	效果说明
壬二酸	0.015mol/L	抑制率：1%
壬二酸二钠	0.015mol/L	抑制率：35%

化妆品中应用

壬二酸是乳状液体系的很好的稳定剂，壬二酸的盐类有自乳化功能，在香皂中用入可避免皂体表面的开裂。壬二酸有抗菌性，既可用作食品和化妆品的防腐剂，又可用于口腔卫生用品防治龋牙；在皮肤表层有显著的渗透性，渗透效率是二甲亚砜的数倍，如果在化妆品常采用的乳状液体系中，杜鹃花酸携带活性成分进入皮层的效率比二甲亚砜更高,有 43%～64%的药物可渗入皮层,而采用二甲亚砜的仅 1%～2%(在美容品中二甲亚砜不适宜作渗透剂),可用作乳液和油膏的渗透剂来治疗较为严重的皮肤疾患,如粉刺和皮肤失调;壬二酸可平衡男性激素可防治因男性内分泌旺盛而导致的男性荷尔蒙型脱发症,同时可刺激毛发生长,用量为 0.01%～1%。壬二酸对酪氨酸酶的活性有抑制作用,效果相当于 1/10 的氢醌。

E

鳄梨甾醇（Avocado sterols）

鳄梨甾醇（Avocado sterols）是一甾醇类化合物的混合物。鳄梨甾醇取自鳄梨（*Persea gratissima*）提取物，鳄梨是一种原产中美洲著名的热带水果。鳄梨甾醇中含植物甾醇、麦角甾醇等多种甾醇。

化学结构

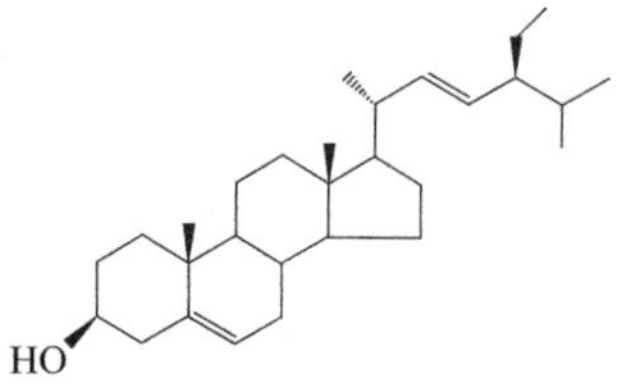

鳄梨中一植物甾醇的结构，比麦角甾醇多二个氢原子

理化性质

鳄梨甾醇为一淡黄色油状物，不溶于水，可溶于乙醇。

安全管理情况

国家食品药品监督管理总局 2014 年发布的《关于已使用化妆品原料名称目录的公告》中将鳄梨甾醇作为化妆品原料，CTFA 和中国香化协会 2010 年版的《国际化妆品原料标准中文名称目录》中没有列入。未见它外用不安全的报道。

化妆品中应用

鳄梨甾醇在化妆品中的作用可参考植物甾醇、麦角甾醇条。

二氢（神经）鞘氨醇（Sphinganine）

二氢（神经）鞘氨醇（Sphinganine）属于高碳醇胺类化合物，低浓度存在于人的血液和尿中，是神经鞘氨醇的体内代谢产物。可从动物的神经组织中分离提取。

化学结构

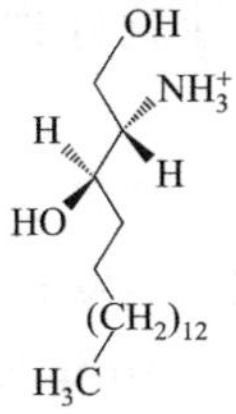

质子化的二氢(神经)鞘氨醇的结构

理化性质

二氢（神经）鞘氨醇为淡黄色膏状物，不溶于水，在氯仿中的溶解度约2%。二氢（神经）鞘氨醇的CAS号为764-22-7。

安全管理情况

国家食品药品监督管理总局2014年发布的《关于已使用化妆品原料名称目录的公告》、CTFA和中国香化协会2010年版的《国际化妆品原料标准中文名称目录》都将二氢（神经）鞘氨醇作为化妆品原料，未见它外用不安全的报道。

药理作用

二氢（神经）鞘氨醇对口腔致病菌如变异链球菌、远缘链球菌有抑制，浓度在120ppm时有效。

二氢（神经）鞘氨醇与化妆品相关的药理研究见下表。

试验项目	浓度	效果说明
对头部皮肤油脂分泌的抑制	0.1%	抑制率:23.9%（与空白比较）

化妆品中应用

二氢（神经）鞘氨醇有神经酰胺样类似的作用，可抑制皮脂的分泌，有护肤功能；对口腔致病菌有抑制，可预防齿斑和蛀牙。

二十二碳六烯酸（Docosahexanoic acid）

二十二碳六烯酸（Docosahexanoic acid，简称DHA）多见于深海鱼油中，与其他多不饱和长链脂肪酸伴存，在蚕蛹油中也有存在。早期这类产品多以富含DHA的金枪鱼油为原料通过分子蒸馏工艺制得。

化学结构

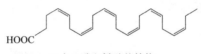

二十二碳六烯酸的结构

理化性质

二十二碳六烯酸为透明的颜色极淡的油状物，熔点为-44℃，沸点447℃，折射率 1.521。对光、热和氧气都不稳定，易氧化和降解。二十二碳六烯酸的低碳醇如甲醇酯、乙醇酯的化学稳定性就好许多。二十二碳六烯酸的 CAS 号为 25167-62-8。

安全管理情况

国家食品药品监督管理总局 2014 年发布的《关于已使用化妆品原料名称目录的公告》、CTFA 和中国香化协会 2010 年版的《国际化妆品原料标准中文名称目录》都将二十二碳六烯酸作为化妆品原料，未见它外用不安全的报道。

药理作用

二十二碳六烯酸有一定的抗菌性，对金黄色葡萄球菌、痤疮丙酸杆菌、白色念珠菌的 MIC 为 128μg/mL、128μg/mL 和 1250μg/mL；对口腔微生物变异链球菌、牙龈卟啉单胞菌、具核梭杆菌、中间普氏菌的 MIC 为 625μg/mL、9.76μg/mL、39.06μg/mL 和 78.12μg/mL。

二十二碳六烯酸与化妆品相关的药理研究见下表。

试 验 项 目	浓度	效果说明
在双氧水存在下对角质层细胞增殖的促进	5μmol/L	促进率：203.3(100)
对有效成分经皮渗透的促进	0.1%	促进率：301.1(空白 100)
细胞培养对前驱脂肪细胞活力的抑制	160μmol/L	抑制率：13.5%
对前列腺素 PGE_2 释放的抑制	1μmol/L	抑制率：31.2%

化妆品中应用

二十二碳六烯酸可提高乳状液的稳定性和黏度；用作可为皮肤高度吸收的营养物质，并可渗透到真皮层显著扩张毛细血管和增加血通量，并有助渗作用；二十二碳六烯酸配伍性好，可与其他活性物质如透明质酸、氨基酸、胎盘提取液、维生素等组合，用于保湿、调理型肤用品，能提高皮肤抵御病菌的能力；用于发水可营养头发并刺激毛发生长。

二十碳五烯酸（Eicosapentaenoic acid）

二十碳五烯酸（Eicosapentaenoic acid，简称 EPA），属 ω-3 不饱和脂肪酸，在大多数鱼类的油脂中均有存在，与其他多不饱和长链脂肪酸伴存，现由沙丁鱼和青鱼油来获得二十碳五烯酸。

化学结构

二十碳五烯酸的结构

理化性质

二十碳五烯酸为透明的颜色极淡的油状物，熔点为－53℃，沸点468.9℃，不溶于水，易溶于有机溶剂，在低温下仍然保持较高的流动性，对光、热和氧气都不稳定，易氧化和降解。二十碳五烯酸甲醇酯的化学稳定性就好许多。二十碳五烯酸的CAS号为1553-41-9。

安全管理情况

国家食品药品监督管理总局2014年发布的《关于已使用化妆品原料名称目录的公告》、CTFA和中国香化协会2010年版的《国际化妆品原料标准中文名称目录》都将二十碳五烯酸作为化妆品原料，未见它外用不安全的报道。

药理作用

二十碳五烯酸有较广泛的抗菌性，对常见菌的MIC分别为金黄色葡萄球菌128μg/mL、痤疮丙酸杆菌128μg/mL、白色念珠菌625μg/mL、枯草杆菌500μg/mL和绿脓杆菌500μg/mL。对口腔致病菌变异链球菌、牙龈卟啉单胞菌、具核梭杆菌、中间普氏菌的MIC为625μg/mL、9.76μg/mL、9.76μg/mL和39.06μg/mL。

二十碳五烯酸与化妆品相关的药理研究见下表。

试验项目	浓度	效果说明
成纤维细胞培养对胶原蛋白生成的促进	60μmol/L	促进率:110.9(空白100)
对B-16黑色素细胞活性的抑制	60μmol/L	抑制率:37.7%
对白介素IL-6生成的抑制	50μmol/L	抑制率:38.1%
对金属蛋白酶MMP-9活性的抑制	20μmol/L	抑制率:69.4%
对前列腺素PGE$_2$生成的抑制	60μmol/L	抑制率:77.6%

化妆品中应用

二十碳五烯酸可提高乳状液的稳定性和黏度；用作可为皮肤高度吸收的营养物质，并可渗透到真皮层显著扩张毛细血管和增加血通量，并有活肤和助渗作用；二十碳五烯酸有抗炎性，可与其他活性物质配合，用于调理型肤用品，能提高皮肤抵御病菌的能力。

二肽（Dipeptide）

二肽（Dipeptide）二肽是最简单的肽，由一分子氨基酸的α-羧基和另一分子氨基酸的α-氨基脱水缩合形成酰胺键（即—CO—NH—）的化合物。除构成氨基酸种类可不同外，结构也可不同，因此二肽的种类很多。虽然各种二肽组成的蛋白质片段广泛存在于各生物体内，但迄今为止只有极少数的单离的二肽可以在化妆品中使用。二肽可通过蛋白质的水解提取、也可用化学合成法合成。

化学结构

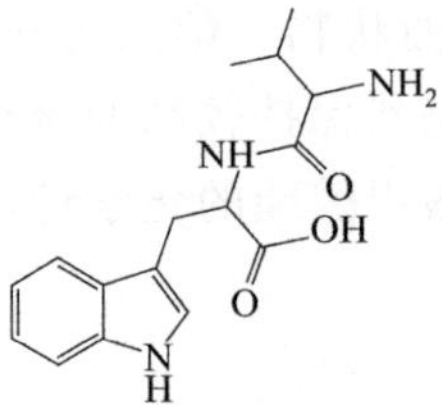

二肽-2 的结构 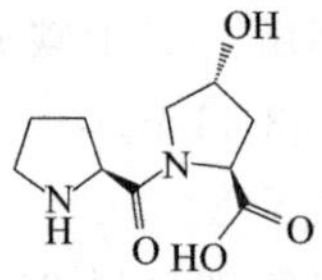　　　二肽-6 的结构

理化性质

二肽为无色结晶，易溶于水，在酒精中不溶。二肽-2 和二肽-6 的 CAS 号分别为 24587-37-9 和 18684-24-7。

安全管理情况

CTFA 将二肽-2 和二肽-6 作为化妆品原料，中国香化协会 2010 年版的《国际化妆品原料标准中文名称目录》中列入，国家食品药品监督管理总局 2014 年发布的《关于已使用化妆品原料名称目录的公告》仅列入二肽-2，未见它们外用不安全的报道。

药理作用

上述二肽与化妆品相关的药理研究见下表。

试验项目	浓度	效果说明
细胞培养二肽-6 对胶原蛋白生成的促进	$20\mu g/mL$	促进率:172.6 空白 100
二肽-2 对血管紧张素转换酶活性的抑制	10×10^{-6}	抑制率:27.3%

化妆品中应用

二肽-6 对胶原蛋白生成有促进作用，可用于皮肤调理剂和抗衰剂；二肽-2 对血管紧张素转换酶活性有抑制，可减少血管紧张素的生成，可增强活血和防止红血丝。上述二肽的生物活性非常显著，使用要小心。

F

番木鳖碱（Brucine）

番木鳖碱（Brucine）又名马钱子碱，主要来源于马钱子科植物马钱（*Strychnos nux-vomica*）的根皮、叶及种子。产品一般制成其硫酸盐的形式，从上述植物中提取。

化学结构

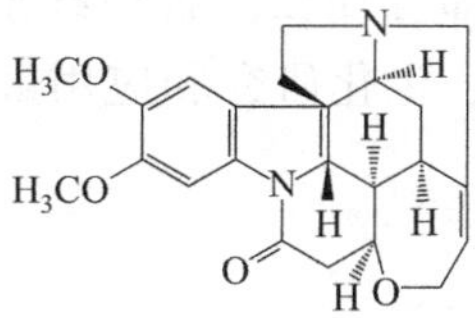

番木鳖碱的结构

理化性质

番木鳖碱为针状结晶（丙酮-水），熔点178℃，可溶于乙醇和氯仿，不溶于水，其硫酸盐可溶于水，并有强烈苦味，比旋光度 $[\alpha]_D$：$-127°$（氯仿）。番木鳖碱硫酸盐的 CAS 号为 4845-99-2。

安全管理情况

CTFA、欧盟将番木鳖碱硫酸盐作为化妆品原料，中国香化协会 2010 年版的《国际化妆品原料标准中文名称目录》中列入，国家食品药品监督管理总局 2014 年发布的《关于已使用化妆品原料名称目录的公告》尚未列入。番木鳖碱的 LD_{50}（大鼠，口服）为 1mg/kg；LD_{50}（兔，口服）为 4mg/kg，为口服低毒品，虽未见它外用严重不安全的报道，应避免直接用于损伤性皮肤。

药理作用

番木鳖碱有强烈的抗菌性，对链球菌系列微生物的 MIC 为 0.1%。

番木鳖碱与化妆品相关的药理研究见下表。

试验项目	浓度	效果说明
对二甲苯致小鼠耳壳肿胀的抑制	每耳 6μg	抑制率：42.7%
对角叉菜致小鼠脚趾肿胀的抑制	15mg/kg	抑制率：32.4%（2h 测定）
小鼠试验对 PGE_2 生成的抑制	15mg/kg	抑制率：28.6%

化妆品中应用

番木鳖碱为中枢神经兴奋剂,用于治疗偏瘫和局部止痛,外用对敏感皮肤及抵抗力较弱的皮肤有护理作用;在透明皂中用入可提高透明度,如 0.001~0.01 份的番木鳖碱与 20 份糖这一比例制成的透明皂,可将原来的光透过度从 40%~60% 提高至 73%。番木鳖碱对因日晒、洗涤或整烫引起的头发破损有修补作用,与酪蛋白配伍用入可增加效果;虽然番木鳖碱有一定口服毒性,但可用于漱口水等日用品,以防止儿童使用漱口水时发生吞服情况。

番茄红素(Lycopene)

番茄红素(Lycopene)为一直链型碳氢化合物,一般含有 11 个共轭和 2 个非共轭碳碳双键,是分布很广的四萜类化合物。在番茄的果实、胡萝卜的根茎、番红花的花等许多蔬菜水果中都有存在。番茄红素大约有 72 种顺反异构体,其中全顺式番茄红素是含量最高、生化研究和应用最广。目前番茄红素的制备全依赖于植物的提取。

化学结构

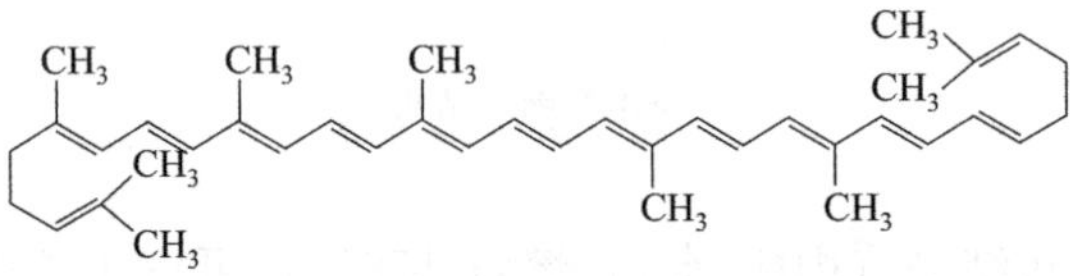

番茄红素的结构

理化性质

番茄红素是一种脂溶性不饱和碳氢化合物,通常为深红色粉末或油状液体,纯品为针状深红色晶体(从二硫化碳和乙醇混合溶剂中析出)。番茄红素不易溶于水,难溶于甲醇等极性有机溶剂,可溶于乙醚、石油醚、己烷、丙酮,易溶于氯仿、二硫化碳、苯、油脂等。番茄红素在 472nm 处有一强吸收峰,在光照下,番茄红素易发生异构、降解。番茄红素的 CAS 号为 502-65-8。

安全管理情况

国家食品药品监督管理总局 2014 年发布的《关于已使用化妆品原料名称目录的公告》、CTFA 和中国香化协会 2010 年版的《国际化妆品原料标准中文名称目录》都将番茄红素作为化妆品原料,未见它外用不安全的报道。

药理作用

番茄红素与化妆品相关的药理研究见下表。

试验项目	浓度	效果说明
对总氧自由基的消除能力		在相同浓度下是 Trolex 的 1.5 倍
对羟基自由基的消除		半消除量 EC_{50}:2.1μg/mL

续表

试 验 项 目	浓度	效果说明
对超氧自由基的消除	0.4mmol/L	消除率:65.4%
对脂质过氧化的抑制		半抑制量 $IC_{50}:0.18\mu g/mL$
对 B-16 黑色素细胞活性的抑制	100×10^{-6}	抑制率:25.9%
细胞培养对胶原蛋白生成的促进作用	0.2%	促进率:105(空白 100)
对胶原蛋白酶活性的抑制	0.001%	抑制率:40%
对 5α-还原酶活性的抑制	0.1mmol/L	抑制率:46%

化妆品中应用

番茄红素具有强大和广谱的抗氧化作用,它的抗氧化能力是维生素 E 的 100 倍。番茄红素能接受不同电子激发的能量,这个作用可以使单线态氧的能量转移到番茄红素,生成基态氧分子和三重态番茄红素分子。三重态的番茄红素通过与溶剂的一系列旋光和振动反应得到再生。由此,一个番茄红素分子可以清除数千个单线态氧。所以番茄红素可以通过淬灭单线态氧预防脂类氧化,保护生物膜免受自由基的伤害,达到保护容颜,维持人体免疫功能,延缓衰老的作用。番茄红素可促进胶原蛋白的生成和抑制胶原蛋白酶对胶原蛋白的分解,可用作皮肤抗衰抗皱剂;番茄红素有抑制睾丸激素样作用,可用于痤疮、脱发等防治的相关产品。

泛醇 (Panthenol)

泛醇 (Panthenol) 也称维生素原 B_5,在生物体内与泛酸伴存,并会迅速的被氧化为泛酸。泛醇有 D 和消旋两种产品,但只有 D-泛醇有生物活性。现可用化学法合成出消旋品,然后拆分。

化学结构

D-泛醇化学结构式

理化性质

D-泛醇为黄色无色透明黏稠液体,沸点 118~120℃ (2.7mmHg),略带特异臭。易溶于水、乙醇、甲醇和丙二醇。D-泛醇的 $[\alpha]_D^{20}:+30.5°$ ($c=5$, 水)。D-泛醇的 CAS 号为 81-13-0。

安全管理情况

国家食品药品监督管理总局 2014 年发布的《关于已使用化妆品原料名称目录的公告》、CTFA、欧盟和中国香化协会 2010 年版的《国际化妆品原料标准中

文名称目录》都将泛醇作为化妆品原料，未见它外用不安全的报道。

药理作用

D-泛醇与化妆品相关的药理研究见下表。

试验项目	浓度	效果说明
涂覆对皮下毛细血管血流量的促进	0.2%	促进率:145(空白 100)
涂覆对小鼠毛发生长的促进	0.2%	促进率:123.7(空白 100)
在相对湿度 33%时的吸湿作用	10%	吸湿率增加:2.1%
对由 SDS 引发白介素 IL-1α 形成的抑制	2.5%	抑制率:34.7%

化妆品中应用

D-泛醇可作为维生素 B_5 的同效物，在生物体内参与相同的代谢过程，可用作营养增补剂和强化剂。虽然只有 D-泛醇有生物活性，但对于皮肤护理的保湿而言，D-泛醇和消旋泛醇的作用是一样的，有持久的保湿功能，可防止头发开叉、受损、增加头发的密度、刺激毛发生长、提高发质的光泽；指甲的护理上表现为改善指甲的水合性，赋予指甲柔韧性；D-泛醇的经皮渗透力强，可活血，有抗炎性，可刺激上皮细胞的生长，促进伤口愈合，起消炎作用。

泛醌（Ubiquinone）

泛醌（Ubiquinone）也称辅酶 Q，是一系列取代醌同系物的总称。泛醌广泛存在于自然界包括微生物、高等植物和动物体，属于生物醌的一种。自然界中存在泛醌-6～泛醌-10，以泛醌-10 最常见，也最重要（人体中只含有泛醌-10）。泛醌-10 可从牛的心肌中提取，现可以细菌培养制备（Acetobacter methanolicus），或生物半合成。

化学结构

泛醌-10 的结构

理化性质

泛醌-10 为黄色或橙色结晶状粉末，熔点 48～52℃，不溶于水和甲醇，可溶于油脂。泛醌-10 遇光易分解，如波长为 360nm 的紫外线或透经玻璃的光，使颜色变深；也易被碱破坏，焦性没食子酸可抑制碱对泛醌-10 的伤害。泛醌-10 的 CAS 号为 303-98-0。

安全管理情况

国家食品药品监督管理总局 2014 年发布的《关于已使用化妆品原料名称目

录的公告》、CTFA 和中国香化协会 2010 年版的《国际化妆品原料标准中文名称目录》都将泛醌-10 作为化妆品原料，未见它外用不安全的报道。

药理作用

泛醌-10 与化妆品相关的药理研究见下表。

试 验 项 目	浓度	效果说明
对羟基自由基的消除	100 μg/mL	消除率：100%
对 AAPH 型自由基的消除	10 μmol/L	消除率：41%
人成纤维细胞细胞培养对氨基葡聚糖生成的促进	50 μmol/L	促进率：1309（空白 100）
斑贴试验对角质层代谢速度的促进	0.011%	促进率：4.7%（与空白比较）

化妆品中应用

泛醌-10 参与细胞的基本生化反应，主要作用于氧化磷酰化反应中的电子传导，其分子中的苯醌结构能可逆地加氢还原而形成对苯二酚的衍生物，故属于递氢体，是生物氧化反应中的一种辅酶，作为生化制品有极广泛的应用面。泛醌-10 可用作抗氧剂和抗衰剂，主要能提高皮肤的生物利用率，调理皮肤，抑制皮肤老化，对粉刺、褥疮等皮肤炎症都有治疗作用。

泛硫乙胺（Pantethine）

泛硫乙胺（Pantethine）又名潘特生，属维生素类。巯基乙胺分布于动物、植物和某些微生物体内，是构成辅酶 A 的重要成分，而辅酶 A 是脂质代谢和糖代谢的中心环节。巯基乙胺现有化学法合成。

化学结构

泛硫乙胺的结构

理化性质

泛硫乙胺为无色或亮黄色黏性物，无臭或有轻微异臭，易溶于水，微溶于乙醇，不溶于乙醚、丙酮和氯仿。泛硫乙胺的 CAS 号为 16816-67-4。

安全管理情况

国家食品药品监督管理总局 2014 年发布的《关于已使用化妆品原料名称目录的公告》、CTFA 和中国香化协会 2010 年版的《国际化妆品原料标准中文名称目录》都将泛硫乙胺作为化妆品原料，未见它外用不安全的报道。

药理作用

泛硫乙胺与化妆品相关的药理研究见下表。

试 验 项 目	浓度	效果说明
对酪氨酸酶活性的抑制	50μmol/L	抑制率:50%
对SLS斑贴引起皮肤红斑化的抑制	1%	抑制率:66.7%

化妆品中应用

泛硫乙胺广泛用作化妆品营养性助剂,有调理皮肤的作用;在护发素中使用,可刺激头发生长,改善毛发的质地;泛硫乙胺同时有美白皮肤和抑制皮炎的作用。

泛内酯(Pantolactone)

泛内酯(Pantolactone)是生物体内的一个重要代谢中间产物,参与生物体合成氨基酸、激素等相关成分。泛内酯在体内的存在浓度不大,无提取意义,现可用化学法合成出消旋体,然后拆分出 D、L 构型。

化学结构

D-泛内酯的结构　　L-泛内酯的结构

理化性质

D-泛内酯为无色晶体,熔点 91℃,$[\alpha]_D^{25}$:$-49.8°$($c=2$,水);L-泛内酯的熔点 90~91℃,$[\alpha]_D^{20}$:$+53°$($c=2.4$,水)。DL-消旋体的熔点为 74~78℃。它们都可溶于水和乙醇。D-泛内酯的 CAS 号为 599-04-2。

安全管理情况

CTFA 将泛内酯作为化妆品原料,中国香化协会 2010 年版的《国际化妆品原料标准中文名称目录》中列入,国家食品药品监督管理总局 2014 年发布的《关于已使用化妆品原料名称目录的公告》尚未列入,未见它外用不安全的报道。

药理作用

泛内酯与化妆品相关的药理研究见下表。

试 验 项 目	浓度	效果说明
D-泛内酯对纤维芽细胞的增殖促进	0.001%	促进率:149(空白 100)
DL-泛内酯对纤维芽细胞的增殖促进	0.001%	促进率:130(空白 100)
DL-泛内酯对毛发毛囊细胞的增殖促进	0.1%	促进率:122.9(空白 100)
DL-泛内酯对黑色素细胞活性的抑制		半抑制量 IC_{50}:50μg/mL
DL-泛内酯在恒温 30℃恒湿 40%箱中进行称重法吸湿测定		吸湿能力同质量的山梨糖醇的 11 倍

续表

试 验 项 目	浓度	效果说明
DL-泛内酯在恒温30℃恒湿70%箱中进行称重法吸湿测定		吸湿能力同质量的山梨糖醇的113.8%
涂覆D-泛内酯对小鼠毛发生长的促进	2%	促进率:127.5(空白100)

化妆品中应用

泛内酯可用作营养剂，能调理皮肤，柔润保湿，并有美白皮肤功能，对过敏性皮肤也有抚慰作用；泛内酯易为头发吸收，并能刺激毛发毛囊细胞的增殖，促进生发，改变毛发的质地。

泛酸（Pantothenic acid）

泛酸（Pantothenic acid）也称维生素 B_5，在动植物中广泛分布，故名泛酸。对动物而言，泛酸是一基本营养素，但含量并不高，泛酸现在可用化学法合成。

化学结构

泛酸的结构

理化性质

泛酸为浅黄色黏稠油状物，易溶于水，在中性溶液中稳定，在热酸或碱中分解。泛酸更常以其钠盐和钙盐的形式出现。泛酸的 CAS 号为 79-83-4。

安全管理情况

国家食品药品监督管理总局 2014 年发布的《关于已使用化妆品原料名称目录的公告》、CTFA、欧盟和中国香化协会 2010 年版的《国际化妆品原料标准中文名称目录》都将泛酸和泛酸钠作为化妆品原料，未见它外用不安全的报道。

药理作用

泛酸及其盐与化妆品相关的药理研究见下表。

试 验 项 目	浓度	效果说明
泛酸钠对脂质过氧化的抑制	1.0mmol/L	抑制率:42.1%
在 $50J/m^2$ 的 UVB 照射下泛酸对细胞凋亡的抑制	1.0mmol/L	抑制率:66.7%
涂敷泛酸对小鼠毛发生长的促进	0.5%	促进率:2.4%(与空白比较)

化妆品中应用

泛酸作为辅酶 A 的组成部分存在于活细胞中，泛酸缺乏时，会影响辅酶 A 的合成，进而导致代谢过程中的多方面紊乱，有关皮肤的有皮肤干燥、皮屑增多、易生皮炎、毛发脱落等，因此泛酸及其盐可用作营养添加剂，并有抗氧和防晒作用。

费洛蒙酮（Androstadienone）

费洛蒙酮（Androstadienone）也名雄二烯酮，是一种19碳的甾体激素，是雄性荷尔蒙睾固酮的代谢物。费洛蒙酮在雄性动物体内普遍存在，可从雄性动物的性腺或睾丸中提取。

化学结构

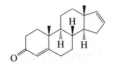

费洛蒙酮的结构

理化性质

费洛蒙酮为无色无味的液体，常压沸点为390.3℃，不溶于水，可溶于乙醇、甲醇、丙酮等有机溶剂。费洛蒙酮的CAS号为4075-07-4。

安全管理情况

CTFA将费洛蒙酮作为化妆品原料，中国香化协会2010年版的《国际化妆品原料标准中文名称目录》中列入，国家食品药品监督管理总局2014年发布的《关于已使用化妆品原料名称目录的公告》尚未列入，未见它外用不安全的报道。

化妆品中应用

费洛蒙酮一般在香水中使用，以增加异性的吸引力。但费洛蒙酮并无香气，并不是简单的气息吸引。费洛蒙酮而是通过对自身脑部神经的作用，调节内分泌，在体味、肤色等方面得到改善。

蜂花醇（Myricyl alcohol）

蜂花醇（Myricyl alcohol）又名三十烷醇，也称蜂蜡醇，在蜂蜡中较多量的存在。蜂花醇也存在于苜蓿、山扁豆、仙茅、石斛、烟叶等植物的叶中。蜂花醇一般从蜂蜡、糠蜡或蔗蜡中提取。

化学结构

蜂花醇的结构

理化性质

三十烷醇为白色鳞片状晶体，熔点为85～86℃。几乎不溶于水（室温下水中溶解度约为10mg/L），难溶于冷酒精和苯，可溶于乙醚、氯仿、二氯甲烷及热苯中，在碱性介质中稳定，不受光、热和空气的影响。蜂花醇的CAS号为

544-86-5。

安全管理情况

CTFA 将蜂花醇作为化妆品原料，中国香化协会 2010 年版的《国际化妆品原料标准中文名称目录》中列入，国家食品药品监督管理总局 2014 年发布的《关于已使用化妆品原料名称目录的公告》尚未列入，未见它外用不安全的报道。

化妆品中应用

三十烷醇是一种内源植物生长调节剂，在极低浓度下可影响植物的生长、分化和发育，能增强酶的活性，但对人皮肤的生理功能，尚在研究中。三十烷醇可用作化妆品油性原料，有助乳化作用，特别与植物甾醇、皂苷等配合时。

蜂蜡酸（Beeswax acid）

蜂蜡酸（Beeswax acid）又名蜂花酸、三十烷酸，为一长链脂肪酸，存在于多种植物蜡（如小烛树腊）中，现主要由化学合成。

化学结构

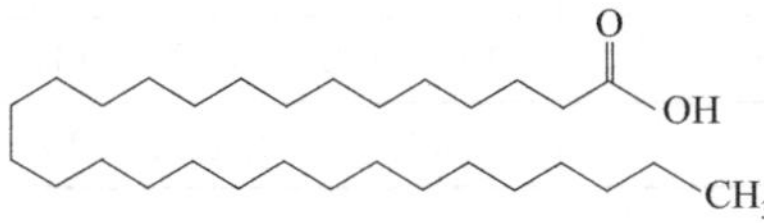

蜂蜡酸的结构

理化性质

蜂蜡酸味针状结晶，熔点 93.6℃，沸点 299℃（0.5kPa），酸价 123，不溶于水，易溶于热乙醇，微溶于乙醚，溶于乙醇和丙酮，易溶于苯、二硫化碳或三氯甲烷。蜂蜡酸的 CAS 号为 506-50-3。

安全管理情况

国家食品药品监督管理总局 2014 年发布的《关于已使用化妆品原料名称目录的公告》、CTFA 和中国香化协会 2010 年版的《国际化妆品原料标准中文名称目录》都将蜂蜡酸作为化妆品原料，未见它外用不安全的报道。

化妆品中应用

蜂蜡酸具有优秀的去污、乳化和分散能力，可作为去污剂、乳化剂和稳定剂，应用于个人护理用品。

蜂蜜蛋白（Honey protein）

蜂蜜蛋白（Honey protein）来自蜂蜜。蜂蜜中都含有蛋白质，含量在 0.1%～1.0%，如椴树蜂蜜中蛋白质含量为 0.42%，紫云英蜂蜜蛋白质的含量为 0.11%。这蛋白质主要来自于蜜蜂以及蜜源植物的花粉或花蜜，因此蜂蜜蛋白质与蜜蜂的种群、花蜜的种类有关。一般研究认为，蜂蜜蛋白中，脯氨酸最为主要，占氨基酸总量的50%～85%，是氨基酸的主要贡献者，其余稍多的是赖氨酸、组氨酸、精氨酸、苏氨酸、谷氨酸和酪氨酸等。水解蜂蜜蛋白（Hydrolyzed honey protein）是用酶或酸碱将蜂蜜蛋白水解的产物。

理化性质

水解蜂蜜蛋白有粉剂和水剂两种形式，其粉剂可溶于水，不溶于乙醇。

安全管理情况

国家食品药品监督管理总局2014年发布的《关于已使用化妆品原料名称目录的公告》、CTFA和中国香化协会2010年版的《国际化妆品原料标准中文名称目录》都将水解蜂蜜蛋白作为化妆品原料，未见它外用不安全的报道。

药理作用

水解蜂蜜蛋白与化妆品相关的药理研究见下表。

试验项目	浓度	效果说明
细胞培养对胶原蛋白生成的促进	100×10^{-6}	促进率126（空白100）
对人纤维芽细胞增殖的促进	100×10^{-6}	促进率110（空白100）
涂覆对皮肤角质层含水量的促进	10mg/mL	促进率：163.6（空白100）
对B-16黑色素细胞活性的抑制	0.1%	与100×10^{-6}的曲酸的抑制率相同

化妆品中应用

水解蜂蜜蛋白是良好的皮肤营养剂，能迅速被皮肤吸收，适合用作化妆品的抗皱剂、保湿剂和美白剂。

蜂王浆蛋白（Royal jelly protein）

蜂王浆蛋白（Royal jelly protein）来自蜜蜂的蜂王浆，是蜂王浆中的主要部分。蜂王浆蛋白由水溶性蛋白和非水溶性蛋白组成，水溶性蛋白占总蛋白质的46%～89%，是蜂王浆蛋白中的主要部分，而起主要作用的蜂王浆蛋白为一弱酸性的糖蛋白，相对分子质量在5～50之间。水解蜂王浆蛋白（Hydrolyzed royal jelly protein）是利用蛋白酶将蜂王浆蛋白水解为较小分子量的产物。

氨基酸组成

蜂王浆蛋白各重要氨基酸的含量见下表。

单位：%

氨基酸名	摩尔分数	氨基酸名	摩尔分数
天冬氨酸	7.19	谷氨酸	5.21
丝氨酸	7.89	半胱氨酸	1.65
缬氨酸	7.63	蛋氨酸	2.80

续表

氨基酸名	摩尔分数	氨基酸名	摩尔分数
组氨酸	2.13	苯丙氨酸	3.59
甘氨酸	5.95	异亮氨酸	5.76
苏氨酸	4.93	亮氨酸	9.60
丙氨酸	5.41	赖氨酸	5.31
精氨酸	3.34	脯氨酸	3.24
酪氨酸	3.69	谷酰胺	3.75
天冬酰胺	2.80	色氨酸	1.49

理化性质

水解蜂王浆蛋白可制成一定浓度的水溶液或冻干粉两种类型，相对分子质量一般在 5000 以下，可溶于水。

安全管理情况

国家食品药品监督管理总局 2014 年发布的《关于已使用化妆品原料名称目录的公告》、CTFA 和中国香化协会 2010 年版的《国际化妆品原料标准中文名称目录》都将水解蜂王浆蛋白作为化妆品原料，未见它外用不安全的报道。

药理作用

水解蜂王浆蛋白与化妆品相关的药理研究见下表。

试验项目	浓度	效果说明
对自由基 DPPH 的消除	0.8%	消除率：52.43%
对脂质过氧化的抑制	0.1%	抑制率：13.19%
表皮细胞培养对神经酰胺生成的促进	100μg/mL	促进率：126.7(空白 100)
纤维芽细胞培养对透明质酸生成的促进	100μg/mL	促进率 131(空白 100)
皮肤涂覆对角质层含水量的促进	0.5%	促进率 182.8(空白 100)

化妆品中应用

水解蜂王浆蛋白是一能被皮肤吸收的高营养物质，可促进表皮细胞的增殖，有活肤抗衰作用，同时有显著的保湿功能。

辅酶 A（Coenzyme A）

辅酶 A（Coenzyme A）是有机体的正常成分，广泛存在于动物体内各种组织和细胞内，在甘蔗、甜菜等嫩体中也有发现。辅酶 A 由泛酸、半胱氨酸和二磷酸腺苷组成，是调节糖、脂肪及蛋白质代谢的重要因子，具有重要的生理生化功能。该品现从鲜酵母中提取。

化学结构

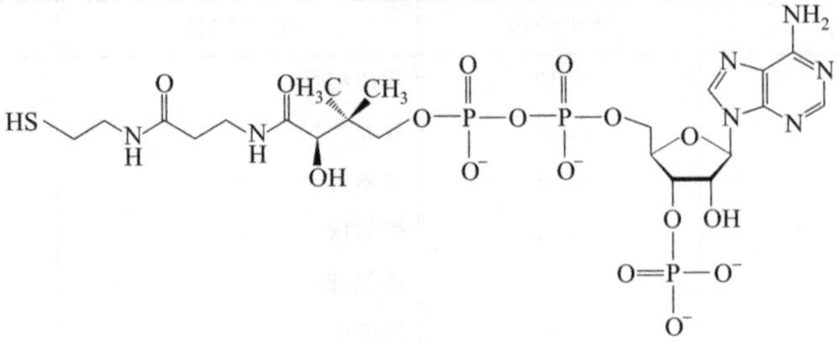

辅酶 A 的结构

理化性质

辅酶 A 为白色或微黄色粉末，有吸湿性，熔点 300℃，有类似蒜的臭气，能溶于酸、碱溶液中，微溶于水，在乙醇、乙醚或丙酮中不溶。辅酶 A 兼有核苷酸和硫醇的通性，是一种强酸。辅酶 A 的 CAS 号为 85-61-0。

安全管理情况

国家食品药品监督管理总局 2014 年发布的《关于已使用化妆品原料名称目录的公告》、CTFA 和中国香化协会 2010 年版的《国际化妆品原料标准中文名称目录》都将辅酶 A 作为化妆品原料，未见它外用不安全的报道。

药理作用

辅酶 A 与化妆品相关的药理研究见下表。

试验项目	浓度	效果说明
对脂质过氧化的抑制	11.6μmol/L	抑制率：25.3%
对超氧歧化酶活性的促进	11.6μmol/L	促进率：123.5（空白 100）
对谷胱甘肽过氧化物酶活性的促进	11.6μmol/L	促进率：125.0（空白 100）
在 $0.72J/cm^2$ UVA 下对成纤维细胞凋亡的抑制	11.6μmol/L	抑制率：22.4%
对皮肤角质层化的抑制	0.1%	抑制率：55%

化妆品中应用

辅酶 A 能供给能量以改善皮肤的新陈代谢，提高皮肤屏障功能，能提高肌体的抗氧能力，在抗衰、抗老、抗炎、保湿等方面都起支持和活化作用。

辅酶泛醇（Ubiquinol）

辅酶泛醇（Ubiquinol）也称为泛醇，为避免与另一个泛醇混淆，前面另加辅酶两字。辅酶泛醇是泛醌（辅酶 Q10）的还原态，几乎在所有的细胞中都存在，如在牛肝中辅酶泛醇的量是泛醌的 100 倍，但在牛肉中仅为泛醌的 1/5。辅酶泛醇可用化学法合成。

化学结构

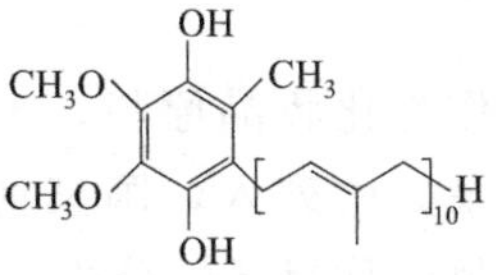

辅酶泛醇的结构

理化性质

辅酶泛醇为类白色晶体，熔点 45.6℃，极微溶于水，可溶于油脂。

安全管理情况

CTFA 将辅酶泛醇作为化妆品原料，中国香化协会 2010 年版的《国际化妆品原料标准中文名称目录》中列入，国家食品药品监督管理总局 2014 年发布的《关于已使用化妆品原料名称目录的公告》尚未列入，未见它外用不安全的报道。

药理作用

辅酶泛醇与化妆品相关的药理研究见下表。

试验项目	浓度	效果说明
对脂质过氧化的抑制		半抑制量 IC_{50}：0.41mmol/L
对白介素 IL-6 生成的抑制	$10\mu mol/L$	抑制率：59.2%

化妆品中应用

辅酶泛醇与泛醌-10 一起参与细胞的基本生化反应，在氧化磷酰化反应的电子传导中，两者相互转化，是生物氧化反应中的一种辅酶。辅酶泛醇可用作抗氧剂，在光照下其抗氧作用更明显；辅酶泛醇有抗炎性，对粉刺、褥疮等皮肤炎症都有治疗作用。

覆盆子酮葡萄糖苷（Raspberryketone glucoside）

覆盆子酮葡萄糖苷（Raspberryketone glucoside）也名树莓苷，属于糖苷类化合物，存在于覆盆子的果实、中药大黄的根茎等。覆盆子酮葡糖苷在植物中的含量并不高，无提取价值，现可用化学法合成。

化学结构

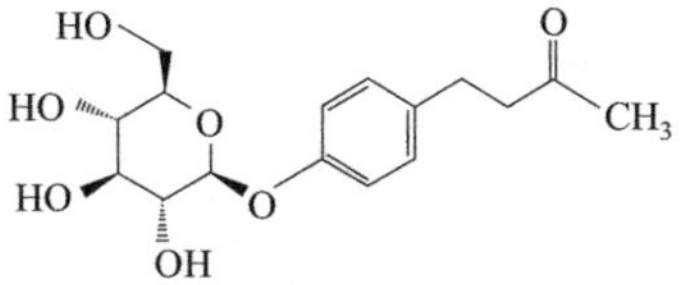

覆盆子酮葡糖苷的结构

理化性质

覆盆子酮葡糖苷为无色粉末，可溶于乙醇，略溶于水，25℃时在 1L 水中溶解 13g。覆盆子酮葡糖苷的 CAS 号为 38963-94-9。

安全管理情况

CTFA 将覆盆子酮葡糖苷作为化妆品原料，中国香化协会 2010 年版的《国际化妆品原料标准中文名称目录》中列入，国家食品药品监督管理总局 2014 年发布的《关于已使用化妆品原料名称目录的公告》尚未列入，未见它外用不安全的报道。

药理作用

覆盆子酮葡糖苷与化妆品相关的药理研究见下表。

试验项目	浓度	效果说明
对含氧自由基的消除	10mg/mL	消除率:37.2%
对脂质过氧化的抑制	10mg/mL	消除率:29.7%
对 B-16 黑色素细胞活性的抑制	10mg/mL	抑制率:39.5%

化妆品中应用

覆盆子酮葡糖苷可用作抗氧剂和皮肤美白剂。

G

甘氨酸（Glycine）

甘氨酸（Glycine）是结构最为简单的氨基酸，在生物体内普遍存在，是人体非必需的一种氨基酸。现已用化学法生产。

化学结构

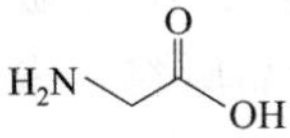

甘氨酸的结构

理化性质

甘氨酸为白色结晶或结晶性粉末，熔点：230℃，味甜，易溶于水，微溶于吡啶，不溶于乙醚、乙醇。甘氨酸的 CAS 号为 56-40-6。

安全管理情况

国家食品药品监督管理总局 2014 年发布的《关于已使用化妆品原料名称目录的公告》、CTFA、欧盟和中国香化协会 2010 年版的《国际化妆品原料标准中文名称目录》都将甘氨酸作为化妆品原料，未见它外用不安全的报道。

药理作用

甘氨酸与化妆品相关的药理研究见下表。

试验项目	浓度	效果说明
细胞培养对皮质神经细胞增殖的促进	10μmol/L	促进率：186.4（空白 100）
对黑色素生成的抑制	1mmol/L	抑制率：34%
细胞培养对 β-防卫素生成的促进	5%	促进率：460（空白 100）
对 NF-κB 细胞活性的抑制	2mmol/L	抑制率：17.9%
毛发根鞘细胞培养对头发质地的促进	0.1mg/mL	促进率：125%（空白 100）

化妆品中应用

甘氨酸常与其他活性成分配合用于抗老、调理、生发、护发等制品。

甘氨酰甘氨酸（Glycyl glycine）

甘氨酰甘氨酸（Glycyl glycine）为二肽类化合物，也是最简单的二肽，以片断形式普遍存在于硬蛋白如胶原蛋白中，游离态存在于它们的水解液中。甘氨酰甘氨酸可用化学法合成。

化学结构

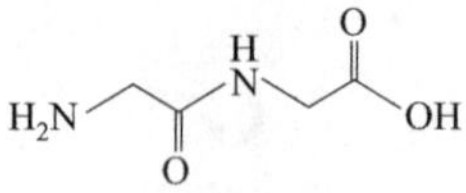

甘氨酰甘氨酸的结构

理化性质

甘氨酰甘氨酸为白色叶状结晶，熔点 260～262℃，可溶于水，25℃时水中溶解度为 13.4g/100mL，易溶于热水，难溶于醇。甘氨酰甘氨酸的 CAS 号为 556-50-3。

安全管理情况

国家食品药品监督管理总局 2014 年发布的《关于已使用化妆品原料名称目录的公告》、CTFA 和中国香化协会 2010 年版的《国际化妆品原料标准中文名称目录》都将甘氨酰甘氨酸作为化妆品原料，未见它外用不安全的报道。

药理作用

甘氨酰甘氨酸与化妆品相关的药理研究见下表。

试验项目	浓度	效果说明
细胞培养对毛发根鞘细胞增殖的促进	10×10^{-6}	促进率:113(空白 100)

化妆品中应用

甘氨酰甘氨酸易被皮肤和毛发吸收，可用作营养剂，有促进毛发生长的作用；甘氨酰甘氨酸有果酸样性质，可加速老化角质层的去除。

甘草类黄酮（Kanzou furabonoide）

黄酮类化合物是常用中药甘草（Glycyrrhiza uralensis）和光甘草（*Glycyrrhiza glabra*）根茎中的主要药效成分，称为甘草类黄酮（Kanzou furabonoide），含量约占药材的 3%。甘草类黄酮中内含甘草素、甘草苷、异甘草素、光甘草定、光甘草素、甘草查尔酮等几十个成分，其中以甘草苷的含量最高。甘草类黄酮从甘草干燥的根茎中提取。

化学结构

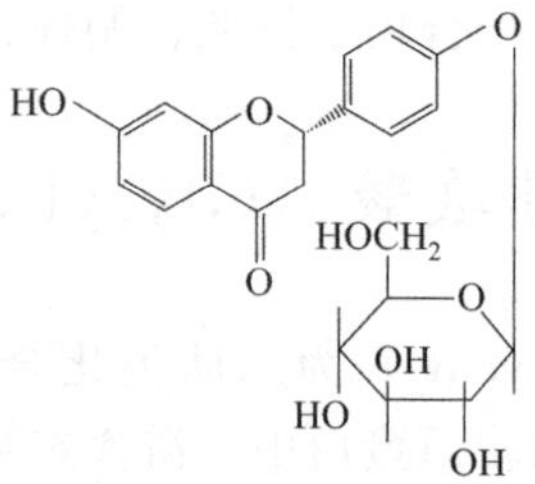

甘草苷的结构

光甘草素的结构

理化性质

甘草类黄酮为黄色或淡黄色膏状物，有特殊气味，可溶于酒精。

安全管理情况

国家食品药品监督管理总局2014年发布的《关于已使用化妆品原料名称目录的公告》、CTFA和中国香化协会2010年版的《国际化妆品原料标准中文名称目录》都将甘草类黄酮作为化妆品原料，未见它外用不安全的报道。

药理作用

甘草类黄酮有抗菌性，如光甘草素对金黄色葡萄球菌和白色念球菌的最低抑菌浓度分别为 $6.25\mu g/mL$ 和 $25\mu g/mL$；甘草查尔酮对枯草杆菌的MIC为 $3.91\mu g/mL$。

甘草类黄酮及其主要成分与化妆品相关的药理研究见下表。

试验项目	浓度	效果说明
甘草类黄酮对超氧自由基的消除	$30\mu g/mL$	消除率:78%
甘草类黄酮对脂质过氧化的抑制	$25\mu g/mL$	抑制率:86.3%
甘草类黄酮对羟自由基的消除	$258\mu g/mL$	消除率:24.8%
甘草苷对酪氨酸酶活性的抑制	$20\mu g/mL$	抑制率:75%
光甘草素对5α-还原酶活性的抑制	$100\mu g/mL$	抑制率:84.1%
光甘草定对血纤维蛋白溶酶活性抑制	$0.5mg/mL$	抑制率:53%

化妆品中应用

甘草类黄酮有抗菌性，用于牙膏或漱口水则可防止牙溃疡；对血纤维蛋白溶酶的活性有抑制，血纤维蛋白溶酶活性的升高与日灼伤、热伤、湿疹、接触性皮炎等相关，因此甘草类黄酮有抗炎性，并有抗过敏性反应的作用；甘草类黄酮有雌激素样作用，可用于与雄性激素分泌亢进抑制的有关化妆品中，如脱发和痤疮的防治；甘草类黄酮还可抑制皮肤增白剂和调理剂。

甘草酸（Glycyrrhizic acid）和
甘草亭酸（Glycyrrhetinic acid）

甘草酸（Glycyrrhizic acid）为三萜皂苷类化合物。甘草亭酸（Glycyrrhetinic acid）也名甘草次酸，与甘草酸的区别是少了两个糖苷，亦游离存在于甘草根。它们为豆科植物甘草（*Glycyrrhiza uralensis*）根和根茎中的主要有效成分，含量约在10%，以我国东北、内蒙古等地的甘草含量最高。从化学构型角度来说，这两者还都是一混合物的统称。甘草酸和甘草亭酸从甘草根茎中提取。

化学结构

甘草酸(左)、甘草亭酸(右)的结构

理化性质

甘草酸有强甜味，易溶于热水及乙醇，几乎不溶于乙醚，比旋光度 $[\alpha]_D^{17}$：$+46.2°(c=1.5,乙醇)$。甘草次酸为针状结晶，熔点291~294℃，也可溶于水，无甜味，比旋光度 $[\alpha]_D$：$+36°$（氯仿）。甘草酸和甘草亭酸的CAS号分别为1405-86-3和471-53-4。

安全管理情况

国家食品药品监督管理总局2014年发布的《关于已使用化妆品原料名称目录的公告》、CTFA、欧盟和中国香化协会2010年版的《国际化妆品原料标准中文名称目录》都将甘草酸和甘草亭酸作为化妆品原料，未见它外用不安全的报道。

药理作用

甘草酸和甘草亭酸都具抗菌性，甘草酸对表皮葡萄球菌、枯草杆菌的MIC为 $400\mu g/mL$ 和 $12\mu g/mL$，甘草亭酸对表皮葡萄球菌、枯草杆菌的MIC为 $380\mu g/mL$ 和 $16\mu g/mL$。

甘草酸和甘草亭酸与化妆品相关的药理研究见下表。

试验项目	浓度	效果说明
甘草亭酸对超氧自由基的消除	0.01%	消除率：19.2%
甘草亭酸对成纤维细胞增殖的促进	$2\mu g/mL$	促进率：110.1(空白100)
涂覆施用甘草酸对皮肤皱纹的减少	0.1%	实验值：-0.18(空白-0.10)
大鼠试验甘草酸对足趾肿胀的抑制	300mg/kg	抑制率：29.3%
甘草酸对透明质酸酶活性的抑制		半抑制量 $IC_{50}:(136.8\pm2.3)\mu mol/L$
大鼠试验甘草酸对5α-还原酶活性的抑制	300mg/kg	抑制率：75%
甘草亭酸对11β-HSD2细胞活性的抑制	$0.2\mu g/mL$	抑制率：31.6%±15.3%

| 甘草酸对熊果苷经皮渗透的促进 | 0.1% | 促进率:254(空白100) |

化妆品中应用

甘草酸和甘草亭酸有较强的抗炎和抗菌作用,能抑制毛细血管的通透性,在唇膏中用入可防止脆性嘴唇的破裂。也常用于治疗黏膜方面的疾病,在口腔卫生品中用入可防止龋齿和口角溃疡。与其他杀菌剂组合可增加疗效;甘草酸无溶血作用,有表面活性剂样作用,其水溶液有微弱的起泡性,以甘草酸为主成分的洗面用品去脂性温和,对皮脂的去除效率高,不对皮肤产生刺激,在洁肤的同时,有舒解和活肤调理功能;11β-HSD 即 11β-羟甾类脱氢酶,其活性提高预示着皮肤疾患,甘草亭酸对它有抑制,显示有抗炎和抗过敏作用,可用于治疗过敏性或职业性皮炎、皮下肉芽囊性炎症等,也可用入脱毛剂和剃须膏,有助于消除腋下炎症病灶及剃胡子时的创伤;甘草酸有广泛的配伍性,常与其他活性剂共用,可加速皮肤对它们的吸收而增效,可用于防晒、增白、止痒和生发护发等。

甘露聚糖(Mannan)

甘露聚糖(Mannan)是甘露糖高度分支的多聚体,广泛存在与多种生命形式中,含量较高的有酵母、魔芋、白芨、海藻、椰子等。市售的甘露聚糖多见于以魔芋和酵母为原料提取。魔芋甘露聚糖的相对分子质量约110万,酵母甘露聚糖的相对分子质量约22万。甘露聚糖的来源不同,其性能也有变化。

化学结构

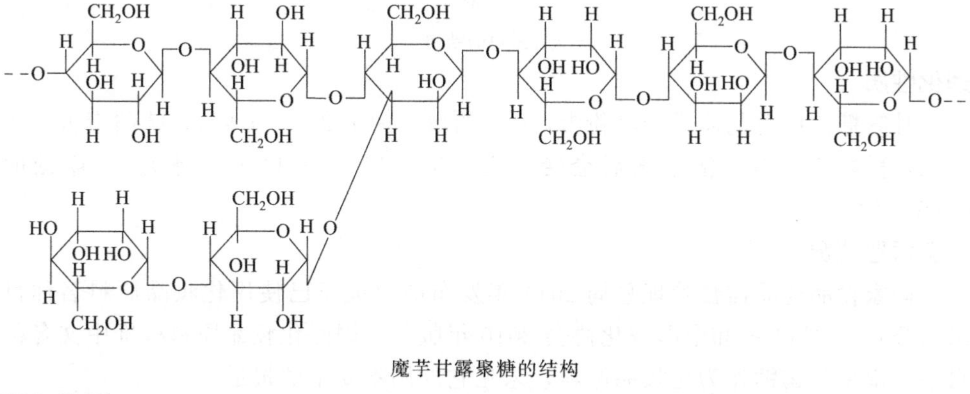

魔芋甘露聚糖的结构

理化性质

魔芋甘露聚糖为白色粉末,加水可溶胀,可溶于水,不溶于丙酮、氯仿等有机溶剂,$[\alpha]_D^{20}$:$-27.5°$(1.27mg/mL,H_2O)。甘露聚糖的 CAS 号为 9036-88-8。

安全管理情况

国家食品药品监督管理总局 2014 年发布的《关于已使用化妆品原料名称目

录的公告》、CTFA 和中国香化协会 2010 年版的《国际化妆品原料标准中文名称目录》都将甘露聚糖作为化妆品原料，未见它外用不安全的报道。

药理作用

甘露聚糖与化妆品相关的药理研究见下表。

试验项目	浓度	效果说明
毕赤酵母甘露聚糖对角质形成细胞增殖的促进	0.3%	促进率：133（空白 100）
白芨甘露聚糖对小鼠耳朵肿胀的抑制	1mg/只	抑制率：35.1%

化妆品中应用

甘露聚糖可增加水溶液的黏度，可稳定乳状液；与其他多糖类成分相似，有保湿作用；有些甘露聚糖则有活肤、抗炎的性能。

甘露糖（Mannose）

甘露糖（Mannose）是一种单糖。常以游离状态存在于某些植物果皮中，如柑橘皮中，桃、苹果等水果中有少量游离的甘露糖，它也是多种多糖的组成成分。甘露糖可用酵母发酵制取。

化学结构

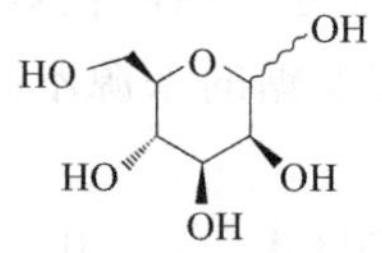

甘露糖的结构

理化性质

甘露糖为白色晶体或结晶粉末，β 型的熔点为 132℃（分解），味甜带苦。溶于水，微溶于乙醇。溶于水后会变旋光，从 $-17°\rightarrow+14.6°$（水）。甘露糖的 CAS 号为 3458-28-4。

安全管理情况

国家食品药品监督管理总局 2014 年发布的《关于已使用化妆品原料名称目录的公告》、CTFA 和中国香化协会 2010 年版的《国际化妆品原料标准中文名称目录》都将甘露糖作为化妆品原料，未见它外用不安全的报道。

药理作用

甘露糖与化妆品相关的药理研究见下表。

试验项目	浓度	效果说明
角蛋白细胞培养对其增殖的促进	500μmol/L	促进率：129.2（空白 100）
在低湿度下对水分的保持	5%	水分残留增加：33.0%（与空白比较）

化妆品中应用

甘露糖有良好的保湿性，在治疗由于皮肤干燥而引起的皮屑增多、燥热、角质硬化等中有效；甘露糖在化妆品中常用作营养添加剂，能增强组织的新陈代谢，可用于调理和抗老化等的护肤品。

甘露糖醇（Mannitol）

甘露糖醇（Mannitol）为非还原性单糖，存在于许多种动植物体中，在海藻和蘑菇中含量较多。现在多从甘露糖经化学还原法制取。

化学结构

甘露糖醇的结构

理化性质

甘露糖醇为白色针状结晶。具有清凉甜味。甜度约为蔗糖的 57%～72%。1g 该品可溶于约 5.5mL 水（约 18%，25℃）、83mL 醇，在热水和热乙醇中溶解度增大，水溶液呈酸性，20% 水溶液的 pH 为 5.5～6.5。几乎不溶于大多数其他常用有机溶剂。甘露糖醇的 CAS 号为 87-78-5。

安全管理情况

国家食品药品监督管理总局 2014 年发布的《关于已使用化妆品原料名称目录的公告》、CTFA、欧盟和中国香化协会 2010 年版的《国际化妆品原料标准中文名称目录》都将甘露糖醇作为化妆品原料，未见它外用不安全的报道。

药理作用

甘露糖醇与化妆品相关的药理研究见下表。

试验项目	浓度	效果说明
对羟基自由基的消除		半消除量 EC_{50}：$(13\pm3.0)\mu mol/L$
对过氧亚硝基阴离子的消除	0.1mmol/L	消除率：97.1%
UVA 照射下对黑色素细胞凋亡的抑制	2mmol/L	抑制率：68.5%
UVA 照射下对蛋白质伤害的抑制	1mmol/L	抑制率：98.0%
外加刺激的细胞培养中对黏液细胞的保护	5.4%	生存提高率：27.6%（与空白比较）

化妆品中应用

过氧亚硝基阴离子是超氧自由基和亚硝基离子的结合，也是一种体内常见的自由基，此自由基与色素沉着相关，甘露糖醇对它的消除有利于皮肤的调理和抗衰，对皮肤过敏也有一定程度的抑制作用；甘露糖醇可抑制对皮肤的光伤害和光老化，并有保湿功能。

甘油葡萄糖苷（Glucosylglycerol）

甘油葡萄糖苷（Glucosylglycerol）是一类由甘油与葡萄糖分子以糖 α 苷键结合的物质，在蓝藻（*Cyanobacteria*）中发现，也存在于若干发酵食品中。现可用生化法制取。

化学结构

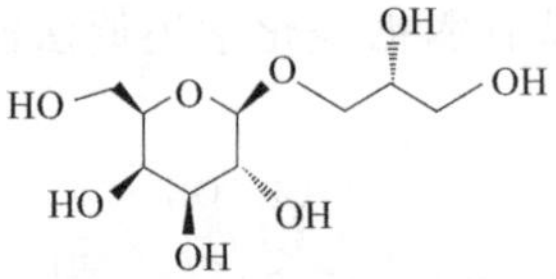

α-甘油葡萄糖苷的结构

理化性质

甘油葡萄糖苷为白色粉末，熔点 140.5～141.5℃，可溶于水，有吸湿性。甘油葡萄糖苷的 CAS 号为 16232-91-0。

安全管理情况

国家食品药品监督管理总局 2014 年发布的《关于已使用化妆品原料名称目录的公告》、CTFA 和中国香化协会 2010 年版的《国际化妆品原料标准中文名称目录》都将甘油葡萄糖苷作为化妆品原料，未见它外用不安全的报道。

药理作用

甘油葡萄糖苷与化妆品相关的药理研究见下表。

试验项目	浓度	效果说明
细胞培养对水通道蛋白 3 生成的促进	3%	促进率：255.8(空白 100)
涂敷对经皮水分蒸发的抑制	5%	蒸发量减少 0.423g/(m^2·h)

化妆品中应用

甘油葡萄糖苷可提高表皮层中水通道蛋白的含量，增强皮肤的屏障功能，减少经皮水分的蒸发，对皮肤有保湿作用。

肝素（Heparin）

肝素（Heparin）是由 2-硫酸艾杜糖醛酸与二硫酸氨基葡糖通过 $β$-1,4 和 $α$-1,4 糖苷键反复交替连接而成的多聚二糖，相对分子质量在 15000～30000。肝素在哺乳动物中普遍存在。肝素取自猪十二指肠的黏膜，产品常采用其钠盐的形式。

化学结构

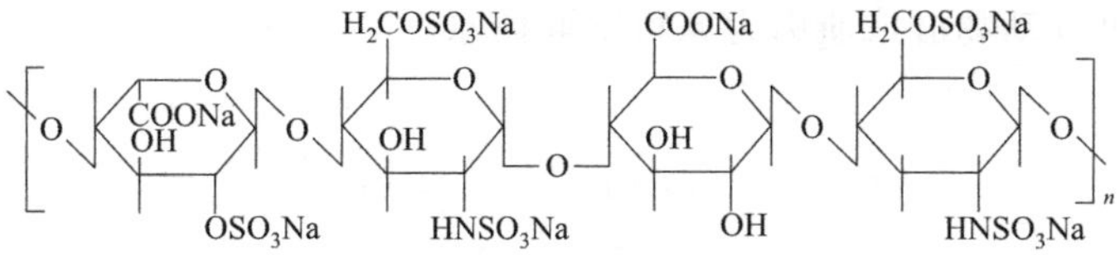

肝素钠的结构

理化性质

肝素为白色或类白色粉末,有吸湿性,在水中易溶,水溶液的 pH 值为 5.0~7.0,不溶于乙醇、丙酮等有机溶剂,比旋光 $[\alpha]_D^{20}：>+35°$($c=40$mg/mL,水中)。肝素钠的 CAS 号为 9041-08-1。

安全管理情况

国家食品药品监督管理总局 2014 年发布的《关于已使用化妆品原料名称目录的公告》、CTFA 和中国香化协会 2010 年版的《国际化妆品原料标准中文名称目录》都将作为化妆品原料。肝素一般对无过敏史的人无毒副作用,但出血性外伤的场合建议慎重使用含有肝素的制品。

药理作用

肝素有抗菌性。对金黄色葡萄球菌、表皮葡萄球菌、大肠杆菌、绿脓杆菌和白色念珠菌的 MIC 分别为 125~500U/mL、125~500U/mL、<500U/mL、<500U/mL和<500U/mL。

肝素与化妆品相关的药理研究见下表

试验项目	浓度	效果说明
细胞培养对角质细胞增殖的促进	10μg/mL	促进率:173.3(空白 100)
对对细胞间接着的抑制		半抑制量 IC_{50}:0.5μg/mL
涂覆对角质层含水量提高的促进	0.3%	促进率:154.7(空白 100)

化妆品中应用

肝素是常用的抗凝血药,在外用中,肝素对疤痕有修复作用,可有效地促进伤口局部血管内皮细胞的增生,同时使损伤处内皮细胞被活化,又可释放内源性 WTW,更增强了内皮细胞的增生、新血管的生成、成纤维细胞的增生、肉芽组织的生成、胶原以及基质的形成,从而加速伤口的愈合过程,也可防止皮肤的粗糙化;可改善微循环,恢复或增加局部血液循环,在面用品中用入可消除黑眼圈和调节皮肤的色泽;肝素有抗炎和保湿作用。

肝糖(Glycongen)

肝糖又称糖原(Glycongen),主要存在动物的肝和肌肉内,是营养储存物质，在植物中也有多量存在。糖原是由许多葡萄糖组成的带分支的多糖，其糖苷链为 α 型。可以动物肝或肌肉为原料制取糖原。

化学结构

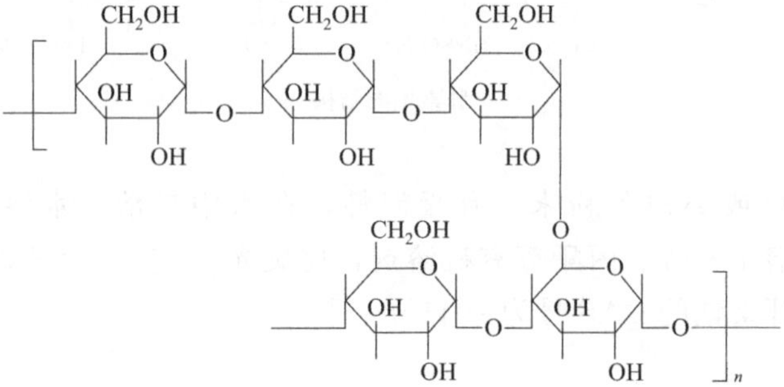

糖原的结构

理化性质

糖原为白色无定形粉末，无气味，能溶于水呈乳白色胶体溶液，能溶于热醇，不溶于冷醇和醚，对费林溶液无还原反应，对碘呈棕至紫色，比旋光度 $[\alpha]_D^{25}$：$+196°$，常用的糖原相对分子质量为 $2.7\times10^5 \sim 3.5\times10^6$。糖原的 CAS 号为 9005-79-2。

安全管理情况

国家食品药品监督管理总局 2014 年发布的《关于已使用化妆品原料名称目录的公告》、CTFA、欧盟和中国香化协会 2010 年版的《国际化妆品原料标准中文名称目录》都将糖原作为化妆品原料，未见它外用不安全的报道。

药理作用

糖原与化妆品相关的药理研究见下表。

试验项目	浓度	效果说明
对人纤维芽细胞增殖的促进作用	0.01%	促进率：113（空白 100）
细胞培养对胶原蛋白生成的促进	0.01%	促进率：129（空白 100）
在 UVA 下对细胞凋亡的抑制	0.01%	抑制率：15%
在日化制品中对蛋白酶活性的稳定作用	2%	蛋白酶活性的残存率：45%
涂覆对角质层含水量的促进	0.5%	促进率：267（空白 100）

化妆品中应用

糖原可用作化妆品中的营养剂和保湿剂，用以防止皮肤老化，皮肤感觉柔滑，可有效增加其他活性物功能，与肝素配合对皮肤的增湿有叠加效果。

睾酮 (Testosterone)

睾酮（Testosterone）又称睾丸素，属类固醇类化合物，由男性的睾丸或女性的卵巢分泌，人体肾上腺亦可分泌少量睾酮。睾酮可从动物睾丸（如牛）中提取。

化学结构

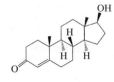

睾酮的结构

理化性质

睾酮为白色结晶性粉末，熔点 153～157℃，无气味，能溶于醇、醚及有机溶剂，不溶于水，$[\alpha]^{24}$：+109°（4%在乙醇中）。睾酮的 CAS 号为 58-22-0。

安全管理情况

CTFA 将睾酮作为化妆品原料，中国香化协会 2010 年版的《国际化妆品原料标准中文名称目录》中列入，国家食品药品监督管理总局 2014 年发布的《关于已使用化妆品原料名称目录的公告》尚未列入。外用应保持极低浓度（300μg/d），并注意涂覆处不得与未成年人皮肤接触。

药理作用

睾酮与化妆品相关的药理研究见下表。

试验项目	浓度	效果说明
小鼠试验对超氧歧化酶活性的促进	14mg/kg	促进率：10.6%
对过氧化氢致细胞凋亡的抑制	2.5nmol/mL	抑制率：30.8%

化妆品中应用

睾酮除有促进男性副性器官的发育，促进和维持副性特征外，对全身代谢具有明显促进作用。外用可对皮下血管起扩张作用，增加血流量，增强皮肤的抗病能力；可增加皮肤的弹性。

葛根素 (Puerarin)

葛根素（Puerarin）是黄酮类化合物，结构特点是葡萄糖与 7,4'-二羟基异黄酮以碳-碳相接的糖苷。葛根素是中药豆科植物葛根（*Pueraria lobata*）根中的主要药效成分，含量大约占 2.3%，在野葛（*Pueraria thunbergiana*）根中也有多量存在。葛根素从葛根的根中提取。
化学结构

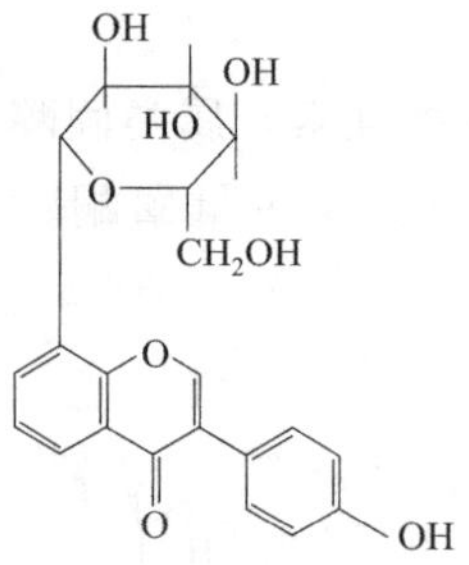

葛根素的结构

理化性质

葛根素为白色针状结晶（甲醇-醋酸），微溶于水，可溶于热乙醇和乙酸乙酯，在碱性溶液中不会引起糖苷的水解，比旋光度 $[\alpha]_D^{21}$：$+18.14°$（$c=1$，甲醇），紫外吸收特征峰波长（nm）为 255 和 400。葛根素的 CAS 号为 3681-99-0。

安全管理情况

CTFA 将葛根素作为化妆品原料，中国香化协会 2010 年版的《国际化妆品原料标准中文名称目录》中列入，国家食品药品监督管理总局 2014 年发布的《关于已使用化妆品原料名称目录的公告》尚未列入，未见它外用不安全的报道。

药理作用

葛根素与化妆品相关的药理研究见下表。

试验项目	浓度	效果说明
对超氧自由基的消除	1.0mmol/L	消除率：93.9%
对羟基自由基的消除	0.075mmol/L	消除率：85.0%
对脂质过氧化的抑制	2.0mmol/L	抑制率：75%
对酪氨酸酶活性的抑制	0.75%	抑制率：51.8%
电导的测定对皮肤角质层含水量升高的促进	3%	促进率：114.0（空白 100）
对白介素 IL-6 生成的抑制	8mg/kg	抑制率：39.4%

化妆品中应用

葛根素的药用主要对心血管作用，能扩张冠状动脉，增加冠脉流量，刺激血液循环，外用也有活血作用；葛根素有较强的酪氨酸酶抑制作用，它是通过对酪氨酸动力酶的抑制而起作用，在增白型化妆品中用量 0.1%～0.2%；葛根素对 UVA～UVB 均有吸收，可预防由于日光照射而引起的肝斑和其他色斑；葛根素易被皮肤吸收，有增强其他营养成分功效的作用，也有相当的刺激毛发生长的效果，同时可调理皮肤、增加保湿能力。

根皮素（Phloretin）和根皮苷（Phlorizin）

根皮素（Phloretin）是一种分布很广泛的二氢查尔酮化合物。在苹果、花红等水果树的根皮中发现而得名，在苹果等的果皮中有多量存在。根皮苷（Phlorizin）是根皮素的葡萄糖苷，与根皮素伴存。苹果皮是提取根皮苷和根皮素的主要原料。

化学结构

根皮素(左)和根皮苷(右)的结构

理化性质

根皮素为浅黄色至纯白色粉末，熔点260~262℃，几乎不溶于水，溶于甲醇、乙醇和丙酮。根皮苷为微黄色针状结晶体，熔点109℃，能溶于热水、乙醇、甲醇、戊醇、丙酮、乙酸乙酯、吡啶、冰乙酸等，不溶于醚、氯仿和苯，比旋光度 $[\alpha]_D^{25}$：$-52°$（3.2%，96%乙醇）。根皮素和根皮苷的CAS号为60-82-2和60-81-1。

安全管理情况

CTFA将根皮素和根皮苷都作为化妆品原料，中国香化协会2010年版的《国际化妆品原料标准中文名称目录》中列入，国家食品药品监督管理总局2014年发布的《关于已使用化妆品原料名称目录的公告》仅列入了根皮素，未见它外用不安全的报道。

药理作用

根皮素和根皮苷与化妆品相关的药理研究见下表。

试验项目	浓度	效果说明
根皮素对自由基DPPH的消除	32μmol/L	消除率：74.6%
根皮素对脂质过氧化的抑制	13μmol/L	抑制率：53%
细胞培养根皮苷对胶原蛋白生成的促进	50μg/mL	促进率：139.0(空白100)
细胞培养根皮素对4型胶原蛋白生成的促进	25μg/mL	促进率：201.6±20.6(空白100)
根皮苷对胶原蛋白酶活性的抑制	50μg/mL	抑制率：69.3%
1.0J/cm² UVB照射下根皮素对角质层细胞凋亡的防护	400μg/mL	防护率：51.3%±9.6%
细胞培养根皮素对脑酰胺生成的促进	2μmol/L	促进率：164(空白100)

续表

试验项目	浓度	效果说明
根皮苷对酪氨酸酶活性的抑制	0.05%	抑制率:89.5%
根皮素对酪氨酸酶活性的抑制	0.05%	抑制率:82.2%
根皮苷对透明质酸酶活性的抑制	400μg/mL	抑制率:17.9%
根皮素对透明质酸酶活性的抑制	100μg/mL	抑制率:93.5%
根皮苷对5α-还原酶活性的抑制		半抑制量 IC_{50}:2.122mg/mL
根皮素对5α-还原酶活性的抑制		半抑制量 IC_{50}:84.3μg/mL
根皮苷对毛发乳头细胞增殖的促进	400μg/mL	促进率:113.6%±2.7%
根皮素对金属蛋白酶 MMP-1 活性的抑制	5μmol/L	抑制率:78%
根皮素对白介素 IL-4 生成的抑制		半抑制量 IC_{50}:>30μmol/L
根皮苷对白介素 IL-4 生成的抑制		半抑制量 IC_{50}:>30μmol/L
根皮苷对β-氨基己糖苷酶活性的抑制	400μg/mL	抑制率:34.3%
根皮素对β-氨基己糖苷酶活性的抑制	100μg/mL	抑制率:93.5%
涂覆根皮素对经表皮水分蒸发量的抑制	50μmol/L	抑制率:25%(与空白比较)

化妆品中应用

根皮素和根皮苷对5α-还原酶有抑制，显示有雌激素样作用，可用于治疗皮脂分泌过多和因此而引起的痤疮；根皮素和根皮苷对酪氨酸酶的活性有强烈的抑制作用，可用于美白类护肤品；根皮素和根皮苷有明显的抗氧性，并有活肤和保湿功能，适合用于抗衰抗皱类制品；根皮素有防晒作用，在肤用品中用入可减少光敏；根皮素对β-氨基己糖苷酶活性的抑制说明能抑制组胺的释放，有抗过敏作用。

谷氨酸 (Glutamic acid)

谷氨酸 (Glutamic acid) 是一种酸性氨基酸，在自然界普遍存在的是 L-谷氨酸。是蛋白质的主要构成成分，在生物体内的蛋白质代谢过程中占重要地位，参与动物、植物和微生物中的许多重要化学反应。现用微生物发酵法来进行大规模生产。

化学结构

L-谷氨酸的结构

理化性质

L-谷氨酸是一种鳞片状或粉末状晶体，呈微酸性，无毒。微溶于冷水，易溶于热水，几乎不溶于乙醚、丙酮及冷醋酸中，也不溶于乙醇和甲醇。在 200℃ 时升华，247~249℃ 分解，$[\alpha]_D^{25}$：+37°~+38.9°。L-谷氨酸的 CAS 号为 56-86-0。

安全管理情况

国家食品药品监督管理总局 2014 年发布的《关于已使用化妆品原料名称目录的公告》、CTFA 和中国香化协会 2010 年版的《国际化妆品原料标准中文名称目录》都将谷氨酸作为化妆品原料，未见它外用不安全的报道。

药理作用

谷氨酸与化妆品相关的药理研究见下表。

试验项目	浓度	效果说明
在 1J/cm² UVA 下对成纤维细胞的增殖作用	0.1μmol/L	促进率：146.0（空白 100）
脂肪组织培养对 cAMP 生成的促进	1mmol/L	促进率：132.0（空白 100）
对小鼠毛发生长的促进	50μmol/L	促进率：11.4%
对超氧歧化酶 SOD 相对活性的提高	0.3mol/L	促进率：102.1（空白 100）

化妆品中应用

在脂肪组织培养中，谷氨酸对 cAMP 的生成有促进，显示脂肪组织活性和代谢的增强，有促进减肥的作用；谷氨酸一般看用作化妆品的 pH 调节剂和营养性助剂。

谷胱甘肽（Glutathione）

谷胱甘肽（Glutathione）是所有生命细胞中都含有的三肽化合物，是谷氨酸、胱氨酸和甘氨酸的组合。谷胱甘肽是生物新陈代谢的重要中间物质，主要防卫 DNA 的损伤，尤以小麦胚和酵母中含量最高。谷胱甘肽有还原型和氧化型两种形式，氧化型是其还原型的二硫醚键的链接。谷胱甘肽可由酵母菌如酿酒酵母发酵制取。

化学结构

谷胱甘肽的还原型结构

理化性质

谷胱甘肽为白色结晶状粉末，熔点 195℃，能溶于水和稀醇，不溶于醇、醚和丙酮。其固体形态能稳定存在，而它的水溶液易被空气氧化成它的氧化型。其还原型的比旋光度 $[\alpha]_D^{27}$：-21°（$c=2.74\%$，H_2O）。谷胱甘肽的 CAS 号为

70-18-8。

安全管理情况

国家食品药品监督管理总局 2014 年发布的《关于已使用化妆品原料名称目录的公告》、CTFA、欧盟和中国香化协会 2010 年版的《国际化妆品原料标准中文名称目录》都将谷胱甘肽作为化妆品原料，未见它外用不安全的报道。

药理作用

谷胱甘肽与化妆品相关的药理研究见下表。

试验项目	浓度	效果说明
对自由基 DPPH 的消除	0.1%	消除率:65%
对超氧自由基的消除率	1.0%	消除率:23.1%
对脂质过氧化的抑制	0.1%	抑制率:40%
在 UVA 下对蛋白质伤害的抑制	1mmol/L	抑制率:79.7%
对透明质酸降价的抑制	1%	抑制率:57.4%
对 B-16 黑色素细胞活性的抑制	0.1mg/mL	抑制率:57.1%
对酪氨酸酶活性的抑制	0.1mg/mL	抑制率:83.5%
毛发根鞘细胞培养对角蛋白生成的促进	10×10^{-6}	促进率:115(空白 100)

化妆品中应用

谷胱甘肽的巯基（—SH）能被氧化成—S—S—键，从而在蛋白质分子中生成交联的二硫键，—S—S—健也易经还原又转化为巯基，表现了巯基键氧化和还原的可逆性，这一性质对生物体的许多酶，尤其是一些与蛋白转化有关的酶的活性，产生重大的影响。两种构型中以还原形的作用更大，还原型的谷胱甘肽可使生物酶中的—S—S—键还原成—SH 基，从而恢复或提高它们的活性。谷胱甘肽有广谱的抗氧能力，可在抗衰护肤品中使用；有增白皮肤的作用，能抑制皮肤褐变，并能有效调理皮肤和保湿；谷胱甘肽的巯基与头发中的半胱氨酸巯基能形成交联键，常与阳离子聚合物如 JR400 共用于烫发剂，毛发组织受到的破坏少。

谷维醇（Oryazanol）

谷维醇（Oryazanol）又名谷维素、米谷醇，是阿魏酸和三萜植物甾醇、菜有甾醇等结合的酯类物质，以 γ 型最重要。米谷醇在米糠油、玉米油等植物油脂中含量较多，现主要从米糠油中提取。

化学结构

谷维醇的结构

理化性质

谷维醇为白色或淡黄色无定形固体粉末，无统一熔点，熔点在100℃或以上者为好，不溶于水，可溶于甲醇、乙醇、丙酮、乙醚、氯仿、苯，能溶于油脂性原料如植物油，微溶于碱水。紫外吸收特征波长为231nm、291nm、315nm。谷维醇的CAS号为11042-64-1。

安全管理情况

国家食品药品监督管理总局2014年发布的《关于已使用化妆品原料名称目录的公告》、CTFA、日本和中国香化协会2010年版的《国际化妆品原料标准中文名称目录》都将谷维醇作为化妆品原料，未见它外用不安全的报道。

药理作用

谷维醇与化妆品相关的药理研究见下表。

试验项目	浓度	效果说明
对超氧自由基的消除		半消除浓度 EC_{50}: $0.778\mu mol/L$
对羟基自由基的消除		半消除浓度 EC_{50}: $0.277\mu mol/L$
涂板法测定对UVB的吸收	0.1%	吸收率:99%
涂覆SPF值的测定	$0.6mg/cm^2$	实验值:68.50±2.11(空白:45.87±8.43)
对伤口外渗的抑制	$6.0\mu g/mL$	抑制率:95.3%(与空白比较)
对由SLS诱发白介素IL-1生成的抑制	0.1%	抑制率:18.5%
对由DNCB诱发白介素IL-6生成的抑制	0.1%	抑制率:32.3%
对由DNCB诱发白介素IL-8生成的抑制	0.1%	抑制率:23.4%
对前列腺素IgE_2生成的抑制	$6.0\mu g/mL$	抑制率:43.9%

化妆品中应用

谷维醇可用作化妆品营养性助剂，对其他活性成分均有增效作用；有一定的助乳化能力，可用作香波的珠光稳定剂，尤其适合HLB 10~18非离子表面活性剂所形成的珠光，用量1:4左右；可增加一些难溶物质在水中的溶解度，提高溶解度大约20%；在指甲油中用入少许有助于保持指甲的原有光泽；谷维醇在290~360nm的范围内有强烈吸收，可用作防晒剂；谷维醇有抗氧性，可加速肌肤的血液循环和新陈代谢，增加皮脂的分泌，从而可调理干性皮肤，并有保湿作用，对干皮病有治疗作用，并有抗炎和抑制过敏的功能。

β-谷甾醇（β-Sitosterol）

β-谷甾醇（β-Sitosterol）属于谷甾醇类化合物，在植物界广泛存在，也最重要。在如豆油、棉籽油、玉米油及多种中药如天门冬（*Asparagus lucidus*）、黄柏、蒲黄都有存在。β-谷甾醇可从植物油脂的综合利用中提取。

化学结构

β-谷甾醇的结构

理化性质

β-谷甾醇为白色片状结晶（乙醇），熔点 140℃，难溶于水，微溶于冷醇，可溶于热甲醇、乙醇和乙醚，易溶于苯和氯仿，可与洋地黄苷产生沉淀。紫外吸收特征波长（吸光系数）为 206nm（4169），比旋光度 $[\alpha]_D^{25}$：$-37°$（$c=2$，氯仿）。β-谷甾醇的 CAS 号为 83-46-5。

安全管理情况

国家食品药品监督管理总局 2014 年发布的《关于已使用化妆品原料名称目录的公告》、CTFA 和中国香化协会 2010 年版的《国际化妆品原料标准中文名称目录》都将 β-谷甾醇作为化妆品原料，未见它外用不安全的报道。

药理作用

β-谷甾醇与化妆品相关的药理研究见下表。

试验项目	浓度	效果说明
对羟基自由基的消除	120μg/mL	消除率：69.1%
对黄嘌呤氧化酶活性的抑制	120μg/mL	抑制率：86.8%
细胞培养对纤维芽细胞增殖的促进	10μg/mL	促进率：122(空白 100)
对黑色素细胞 B-16 细胞活性的抑制	5μg/mL	抑制率：56%
涂覆对经皮水分逸去的抑制	5μg/mL	抑制率：32.5%
对金属蛋白酶 MMP-1 活性的抑制	0.005%	抑制率：28%
对金属蛋白酶 MMP-3 活性的抑制	0.005%	抑制率：13%
对脂肪细胞活性的抑制	1mmol/L	抑制率：16%

化妆品中应用

β-谷甾醇对金属蛋白酶活性有抑制，显示有明显的抗炎性，可用于治疗皮肤溃疡和皮肤肿瘤；β-谷甾醇有抗氧性等性能，与维生素营养物质配伍用入护肤品中，有调理效能，可延缓和治疗皮肤的角质化，保持皮肤的柔滑和湿润；可在唇膏中用入，不但能提高唇膏的均匀度，施用有丝绢样柔润的感觉；β-谷甾醇易与卵磷脂等复配形成脂质体，将有利于 β-谷甾醇的经皮渗透；β-谷甾醇还可用作皮肤增白剂、减肥剂。

瓜氨酸（Citrulline）

瓜氨酸（Citrulline）是一种氨基酸，可见于西瓜的汁液中，也是人体中生化反应的中间体。现采用微生物如一种短杆菌（*Brevibacterium lactofermentum*）发酵制取。

化学结构

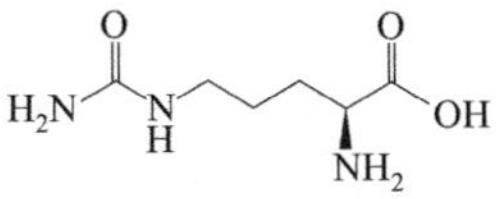

瓜氨酸的结构

理化性质

瓜氨酸为无色柱状结晶，熔点222℃，能溶于水，不溶于甲醇和乙醇，比旋光度 $[\alpha]_D^{20}$：+3.7°（2%，水中）。瓜氨酸的 CAS 号为 372-75-8。

安全管理情况

国家食品药品监督管理总局 2014 年发布的《关于已使用化妆品原料名称目录的公告》、CTFA 和中国香化协会 2010 年版的《国际化妆品原料标准中文名称目录》都将瓜氨酸作为化妆品原料，未见它外用不安全的报道。

药理作用

瓜氨酸与化妆品相关的药理研究见下表。

试验项目	浓度	效果说明
对羟基自由基的消除		半消除量 IC_{50}：$(6.6±1.2)$mmol/L
细胞培养对β-防御素生成的促进	0.1%	促进率：200（空白 100）
细胞培养对毛发根鞘细胞的促进作用	$100×10^{-6}$	促进率：103（空白 100）

化妆品中应用

研究发现，人体内瓜氨酸的减少与皮肤和毛发的老化与干燥有关，因此在肤用品中用入可治疗皮肤干燥和皮屑过多，一般与有强保湿功能的多糖类成分共用以增加疗效；与叶酸或其衍生物类维生素配伍可治疗和防治瘙痒性化妆品皮炎，抑制神经性虫爬和针刺感，瓜氨酸为营养性调理剂。

寡肽（Oligopeptide）

由十个或以下氨基酸组成的简单肽类化合物称为寡肽（Oligopeptide）。这里介绍的是若干寡肽的混合物。如果是单纯的一种寡肽，可见以数字命名的如二肽、三肽介绍；如果其中混杂有氨基酸或多肽，则见某蛋白的水解物介绍。寡肽均来自某种蛋白的水解，最后滤去氨基酸和多肽而成，因此除了蛋白本身的种类外，蛋白水解的方法对寡肽的组成和性质的影响极大。

理化性质

蛋白水解寡肽一般做成水溶液的形式，可溶于水。

安全管理情况

CTFA 将蛋白水解寡肽作为化妆品原料，中国香化协会 2010 年版的《国际化妆品原料标准中文名称目录》中列入，国家食品药品监督管理总局 2014 年发布的《关于已使用化妆品原料名称目录的公告》尚未列入下述蛋白水解寡肽，未见它们外用不安全的报道。

药理作用

寡肽与化妆品相关的药理研究见下表。

试验项目	浓度	效果说明
乳清寡肽对羟基自由基的消除	5mg/mL	消除率：96%
乳清寡肽对超氧自由基的消除	6mg/mL	消除率：97.3%
乳清寡肽对自由基 DPPH 的消除	5mg/mL	消除率：79.2%
菲律宾蛤仔酶解寡肽对自由基 ABTS 的消除		半消除量 EC_{50}：204mg/L
菲律宾蛤仔酶解寡肽对超氧自由基的消除		半消除量 EC_{50}：66mg/L
菲律宾蛤仔酶解寡肽对羟基自由基的消除	2.0g/L	消除率：74.3%
细胞培养大豆蛋白寡肽对原胶原蛋白生成的促进	0.01%	促进率：130（空白 100）
牛乳蛋白寡肽对 B-16 细胞活性的抑制	0.1mmol/L	抑制率：67.9%
细胞培养胶原蛋白水解寡肽对透明质酸生成的促进	0.1%	促进率：160.9（空白 100）
丝胶蛋白水解寡肽对皮肤角质层水分含量的促进	0.5%	促进率：122（空白 100）
大豆蛋白寡肽对金属蛋白酶 MMP-1 活性的抑制	0.5%	抑制率：28.4%

化妆品中应用

寡肽有多种功能，主要为抗氧、抗衰、抗皱、增白、保湿和护理。

果胶（Pectin）

果胶（Pectin）是植物中的一种酸性多糖物质，作为细胞壁成分之一存在，在柑橘、柠檬、柚子等果皮中约含 30% 果胶，胡萝卜中约含 1.5%。果胶的结构相近于聚半乳糖醛酸，之中夹杂数量不等的半乳糖、阿拉伯糖、木糖和芹菜糖等，随原料不同而不同。果胶常用柑橘、柠檬、柚子皮为原料提取。

化学结构

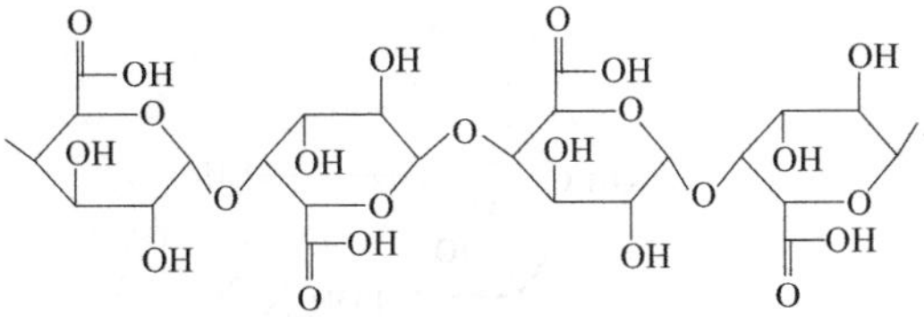

果胶的结构

理化性质

果胶通常为白色、淡黄色或淡棕色粉末，稍带酸味，具有水溶性，可溶于20份水中，形成黏稠的无味溶液，相对分子质量约5万～30万。果胶的CAS号为9000-69-5。

安全管理情况

CTFA、欧盟、日本将作为化妆品原料，中国香化协会2010年版的《国际化妆品原料标准中文名称目录》、中国卫生部的《化妆品成分名单》2003年版中列入，但国家食品药品监督管理总局2014年发布的《关于已使用化妆品原料名称目录的公告》尚未列入，未见它外用不安全的报道。

药理作用

适度水解的柚子皮果胶有抗菌性，对大肠杆菌、枯草杆菌和金黄色葡萄球菌的MIC分别为3.75g/L、7.50g/L和3.75g/L。

果胶与化妆品相关的药理研究见下表。

试验项目	浓度	效果说明
罗望子果胶对自由基DPPH的消除	0.3mg/mL	消除率:20.8%
柑橘皮果胶对超氧自由基的消除	0.8mg/mL	消除率:56.6%
柑橘皮果胶对羟基自由基的消除	0.8mg/mL	消除率:27.8%
大分子量柑橘皮果胶对经皮水分散失的抑制	0.1%	抑制率:20.8%（与空白比较）

化妆品中应用

果胶在食品上看用作胶凝剂、增稠剂、稳定剂、悬浮剂、乳化剂和增香增效剂，并可用于化妆品，并有皮肤保湿作用。

果聚糖（Fructan，大分子）

果聚糖（Fructan）是一范围很广的多糖，存在于很多植物的根、茎、叶及种子中，如芦笋、大蒜、洋葱等，因植物来源不同，结构上略有差异。自然界中主要存在两种结构类型的果聚糖，一种是菊粉（inulin），来源于菊芋（Jerusalem artichoke），果糖基主要以β-2,1-连接，将有另条专门介绍；另一种是莱范（levan），果糖基主要以β-2,6-连接，普遍存在支链结构。高分子量的莱范在此介绍，低分子量的见 levan 条。高分子量的莱范现由蔗糖为原料，经莱范蔗糖酶发酵制取。

化学结构

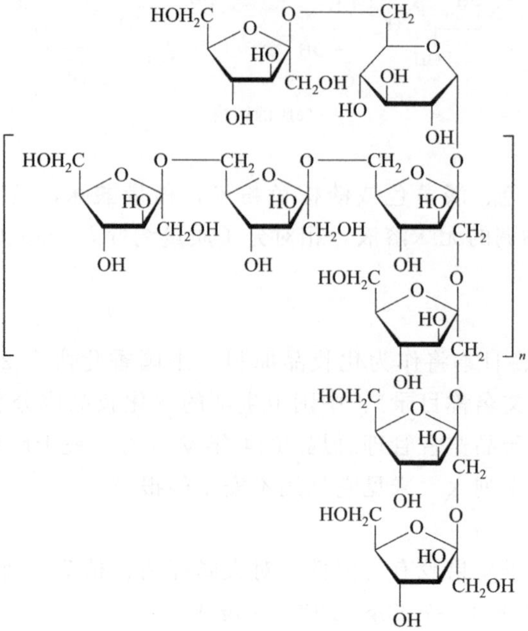

果聚糖的结构，$n=9\sim13$

理化性质

果聚糖为白色粉末，易溶于水，水溶液黏度较低，与阿拉伯胶的性质相似，如相对分子质量 5000 的莱范浓度在 2% 时的黏度为 3.69mPa·s；果聚糖不溶于 65% 以上乙醇中，并具右旋性。

安全管理情况

CTFA 将果聚糖作为化妆品原料，中国香化协会 2010 年版的《国际化妆品原料标准中文名称目录》中列入，国家食品药品监督管理总局 2014 年发布的《关于已使用化妆品原料名称目录的公告》尚未列入，未见它外用不安全的报道。

药理作用

果聚糖与化妆品相关的药理研究见下表。

试验项目	浓度	效果说明
对羟基自由基的消除	2.5mg/mL	消除率:99.2%
对自由基 ABTS 的消除	5mg/mL	消除率:72.5%
对超氧自由基的消除	10μg/mL	消除率:88%
细胞培养对人体成纤维细胞增殖的促进	10μg/mL	促进率:71%
细胞培养对角质细胞增殖的促进	10μg/mL	促进率:43%

试验项目	浓度	效果说明
细胞培养对胶原蛋白生成的促进	10μg/mL	促进率:61%
电导法测定角质层的含水量的保持		具有与透明质酸一样的保湿作用
发水中使用对头屑生成的抑制	0.01%	抑制率:82%(与空白比较)
角化细胞培养对 β-防卫素生成的促进	0.01%	促进率:600(空白 100)

化妆品中应用

果聚糖可用作增稠剂、乳化稳定剂、泡沫稳定剂、胶凝剂、黏结剂等。鉴于它优秀的保湿能力和对皮肤的活化作用,可在抗皱、抗衰的护肤品中使用。

果聚糖（Levan，小分子）

果聚糖（Levan）也称莱范,是一种寡糖,本质上是若干果糖分子的链接,最后以葡萄糖为终端。莱范存在于芦笋、菊苣等天然食物中。现以蔗糖或其他糖源为培养基,经沙雷氏菌或其他菌发酵培养而成。要注意的是,菌种不同,产物的性能也略有变化。

化学结构

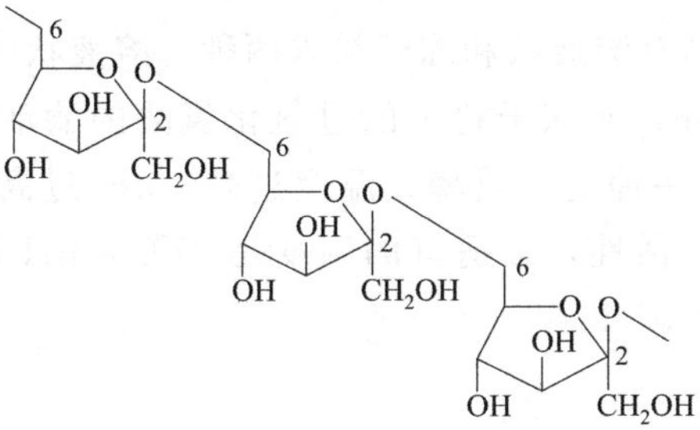

莱范的结构

理化性质

莱范为白色粉末,易溶于水,水溶液黏度很低,与阿拉伯胶的性质相似。不溶于 65% 以上乙醇中。莱范的 CAS 号为 9013-95-0。

安全管理情况

莱范是一食品添加剂。国家食品药品监督管理总局 2014 年发布的《关于已使用化妆品原料名称目录的公告》、CTFA 和中国香化协会 2010 年版的《国际化妆品原料标准中文名称目录》都将莱范作为化妆品原料,未见它外用不安全的报道。

药理作用

莱范与化妆品相关的药理研究见下表。

试验项目	浓度	效果说明
对黄嘌呤氧化酶活性的抑制	100μg/mL	抑制率：73％
对人纤维芽细胞增殖的促进	10μg/mL	促进率：105(空白 100)
对人角质层细胞增殖的促进	20μg/mL	促进率：108(空白 100)
对 B-16 黑色素细胞活性的抑制	50μg/mL	抑制率：27.6％
经表皮失水率的测定	1％	TEWL 的数据与透明质酸(1％)相同
对白介素 IL-1α 生成的抑制	50μg/mL	抑制率：12％

化妆品中应用

上列数据表明，莱范对人体皮肤的保湿、防皱、抗衰老、抗炎、增白等有作用，可用作抗衰剂和保湿剂。

过氧化氢酶（Catalase）

过氧化氢酶（Catalase）是一种蛋白质酶，存在于所有已知的动物的各个组织中，特别在肝脏中以高浓度存在。过氧化氢酶将催化过氧化氢分解成氧和水。过氧化氢酶可从牛肝中提取，也可用发酵法制取

理化性质

过氧化氢酶的产品有溶液状和冻干粉末两种。溶液状的过氧化氢酶的酶活力大于 3000U 蛋白质/mg，而冻干粉末的过氧化氢酶的酶活力大于 65000 蛋白质 U/mg。过氧化氢酶是一种蛋白质酶，温度过高、pH 过高或过低以及有重金属离子存在时，都易失去活性，最适宜的温度是 37℃，pH 范围在 4～5。过氧化氢酶的 CAS 号为 9001-05-2。

安全管理情况

CTFA 将过氧化氢酶作为化妆品原料，中国香化协会 2010 年版的《国际化妆品原料标准中文名称目录》中列入，国家食品药品监督管理总局 2014 年发布的《关于已使用化妆品原料名称目录的公告》尚未列入。须注意的是，该酶对人体无害，但含有此物质的化妆品不应用于伤损的皮肤。

药理作用

过氧化氢酶有抗菌性，酶活 2900U/mg 过氧化氢酶在浓度为 130μg/mL 时对大肠杆菌的消除率为 11.5％；酶活 65000U/mg 过氧化氢酶在浓度为 130μg/mL 时对大肠杆菌的消除率为 51.5％。

过氧化氢酶（酶活力大于 2000U/mg）与化妆品相关的药理研究见下表。

试验项目	浓度	效果说明
对自由基 DPPH 的消除	0.1％	消除率：23％

续表

试验项目	浓度	效果说明
对羟基自由基的消除		半消除量 EC_{50}：$0.591\mu g/mL$
对脂质过氧化的抑制	0.1%	消除率：56%

化妆品中应用

  过氧化氢酶在染发水或漂白水中使用，可分解剩余的双氧水，避免对发丝的伤害；过氧化氢也能诱发酪氨酸酶的活性，过氧化氢酶则表现为对酪氨酸酶的抑制，对老年斑的产生有预防作用。

H

海胆碱（Echinacin）

海胆碱（Echinacin）又名紫锥花素，为黄酮类化合物，在紫锥菊（*Echinacea purpurea*）、特钠草（*Turnera diffusa*）等植物中存在，是紫锥菊的主要有效成分。海胆碱可从紫锥菊花中提取。

化学结构

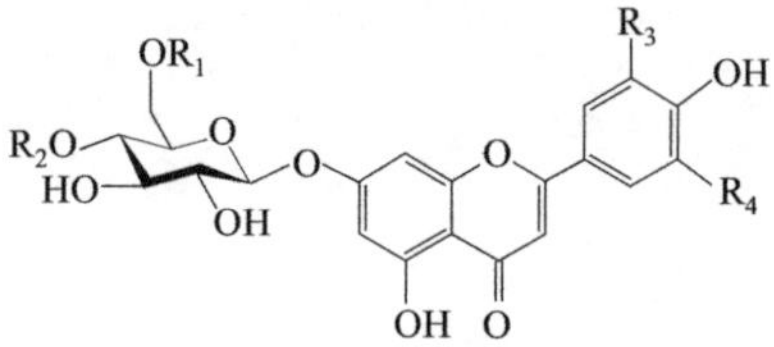

海胆碱的结构：$R_2=R_3=R_4=H$

R_1 为香豆酸酰基

理化性质

海胆碱为淡红色结晶，不溶于水，可溶于甲醇、乙醇。海胆碱的CAS号为8001-18-1。

安全管理情况

国家食品药品监督管理总局2014年发布的《关于已使用化妆品原料名称目录的公告》、CTFA和中国香化协会2010年版的《国际化妆品原料标准中文名称目录》都将海胆碱作为化妆品原料，未见它外用不安全的报道。

药理作用

海胆碱与化妆品相关的药理研究见下表。

试验项目	浓度	效果说明
对含氧自由基的消除		半消除量 EC_{50}：308.6μg/mL
对芳香化酶活性的抑制	10μmol/L	抑制率：31.3%

化妆品中应用

海胆碱对芳香化酶的活性有抑制，对它的抑制有利于抑制局部脂肪团的生成，有减肥作用；海胆碱还可用作抗氧剂和防晒剂。

海参素（Holothurin）

海参素（Holothurin）又名海参苷，属皂苷类化合物，存在于海参类海洋生物如玉足海参（*Holothuria leucospilota*）等。海参素有若干异构体，可从玉足海参的内脏中提取。

化学结构

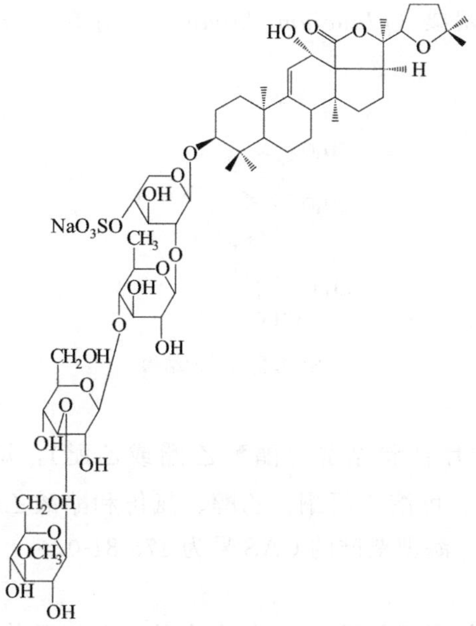

海参素 A 的结构

理化性质

海参素 A 为类白色粉末，熔点 249～250℃，可溶于水、乙醇和丁醇，$[\alpha]_D^{20}: -5.5°$（$c=0.8$，吡啶）。海参素 A 的 CAS 号为 70726-48-6。

安全管理情况

国家食品药品监督管理总局 2014 年发布的《关于已使用化妆品原料名称目录的公告》中将海参素作为化妆品原料，CTFA 和中国香化协会 2010 年版的《国际化妆品原料标准中文名称目录》中没有列入。未见它外用不安全的报道。

药理作用

海参素有较强的抗真菌作用，浓度在 10～40μg/mL 时，对黄癣菌、断发癣菌、新型隐球菌等均有抑制生长作用。

海参素与化妆品相关的药理研究见下表。

试验项目	浓度	效果说明
对胰脂肪酶活性的抑制	3mg/mL	抑制率：75%

化妆品中应用

海参素可用作抗真菌剂,用于对皮肤癣菌的防治;对胰脂肪酶的活性有抑制,可减少脂肪的积累,可用作减肥剂。

海罂粟碱(Glaucine)

海罂粟碱(Glaucine)属生物碱类,在朝鲜延胡索(*Croydalis bulbosa*)的块茎、罂粟科植物海罂粟(*glaucium flavum*)中存在,海罂粟碱主要从海罂粟中提取。

化学结构

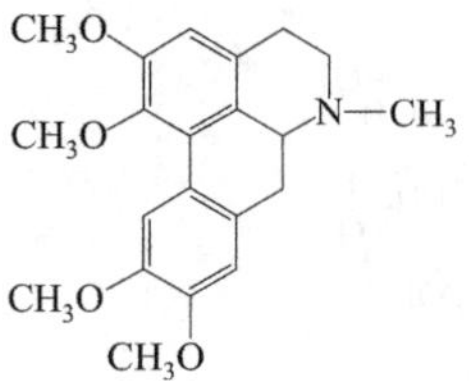

(S)-海罂粟碱的结构

理化性质

海罂粟碱为斜方片针状结晶(醋酸乙酯或乙醚),熔点120℃,$[\alpha]_D^{20}$:+115°($c=3$,乙醇)。可溶于丙酮、乙醇、氯仿和醋酸乙酯,尚溶于乙醚及石油醚,不溶于水及苯。海罂粟碱的CAS号为475-81-0。

安全管理情况

国家食品药品监督管理总局2014年发布的《关于已使用化妆品原料名称目录的公告》、CTFA和中国香化协会2010年版的《国际化妆品原料标准中文名称目录》都将海罂粟碱作为化妆品原料,未见它外用不安全的报道。

药理作用

海罂粟碱与化妆品相关的药理研究见下表。

试验项目	浓度	效果说明
细胞培养对胶原蛋白增殖的促进	0.25%	促进率:130(空白100)
对脂肪细胞增殖的促进作用	30μmol/L	促进率:135.8(空白100)
老鼠试验对被动皮肤过敏反应的抑制	10 mg/kg	抑制率:50%
对TNF-αR生成的抑制	250μg/mL	抑制率:34.6%

化妆品中应用

海罂粟碱对脂肪细胞有增殖促进作用,可用于丰乳等产品;海罂粟碱对动物的肉芽组织有抗炎作用,也可抑制皮肤的过敏。

海藻糖（Trehalose）

海藻糖（Trehalose）是有二个 α-葡萄糖以 1→1 方式经由半缩醛羟基结合而成的非还原性二糖，因首先从海藻中发现而命名。海藻糖广泛存在各种霉菌和酵母中，在酵母和多种食用蘑菇中含量可高达干物质的 15%。海藻糖可以发酵法制取。

化学结构

海藻糖的结构

理化性质

海藻糖为白色结晶，味甜，能溶于水和热醇，不溶于乙醚。对弱氧化剂稳定（如不能使费林溶液还原），温度超过 130℃ 以后会部分失水，易吸湿而生成含有两分子结晶水物质。比旋光度 $[\alpha]_D^{20}$：$+178°$（7%，H_2O）。海藻糖的 CAS 号为 99-20-7。

安全管理情况

国家食品药品监督管理总局 2014 年发布的《关于已使用化妆品原料名称目录的公告》、CTFA、欧盟、日本和中国香化协会 2010 年版的《国际化妆品原料标准中文名称目录》都将海藻糖作为化妆品原料，未见它外用不安全的报道。

药理作用

海藻糖与化妆品相关的药理研究见下表。

试验项目	浓度	效果说明
对超氧歧化酶活性提高的促进	0.3mol/L	相对酶活提高 16.2%
细胞培养对成纤维细胞增殖的促进	0.006%	促进率：109（空白 100）
涂覆以电导法测定角质层的含水量，		促进率：130（空白 100）
对 ICAM-1（细胞间黏附分子-1）水平的抑制	1.0%	抑制率：29%

化妆品中应用

海藻糖为非还原糖，因而与氨基酸不会发生美拉德反应而生成有色物质。因此在白色化妆品中已选用蛋白质，肽或氨基酸类成分，又要添加糖类原料时，海藻糖是较好的选择；海藻糖与膜蛋白有很好的亲和性，可用作皮肤渗透剂，增加皮肤对营养成分的吸收；海藻糖可增加皮肤的水化功能，起增湿和抗静电效果，在治疗由于皮肤干燥而引起的皮屑增多、燥热、角质硬化等有效；海藻糖还有抗炎作用，ICAM-1 水平可作为评价牙周炎症状的一项指标。

汉防己碱（Tetrandrine）

汉防己碱又名为特船君（Tetrandrine），属双苄基异喹啉类生物碱，为防己科植物汉防己（*Stephania terandra*）根中的主要成分，含量约1%。汉防己在我国南方出产，工业上从汉防己根中提取汉防己碱。

化学结构

汉防己碱的结构

理化性质

汉防己碱为无色针状结晶（乙醚），几乎不溶于水和石油醚，溶于乙醚和某些有机溶剂，紫外吸收特征波长（吸光系数）为214nm（6.03×10^4）和283nm（8.13×10^3），比旋光度$[\alpha]_D^{21}$：$+241.38°$（$c=0.87$，氯仿）。汉防己碱的CAS号为518-34-3。

安全管理情况

CTFA将作为化妆品原料，中国香化协会2010年版的《国际化妆品原料标准中文名称目录》中列入，国家食品药品监督管理总局2014年发布的《关于已使用化妆品原料名称目录的公告》尚未列入。此生物碱无毒无害，小鼠腹腔注射LD_{50}为280mg/kg，对皮肤亦无刺激，未见它外用不安全的报道。

药理作用

汉防己碱具抗菌性。

汉防己碱与化妆品相关的药理研究见下表。

试验项目	浓度	效果说明
细胞培养对前胶原蛋白生成的促进	10μg/mL	促进率:152(空白 100)
对B-16黑色素细胞活性的抑制	5μg/mL	抑制率:57%
涂覆对小鼠毛发生长的促进	0.1%	促进率:195(空白 100)
小鼠试验涂覆对血流量的促进	0.48mmol/L	促进率:44.8%
对小鼠耳朵肿胀的抑制	20mg/kg	抑制率:22.2%
对环氧合酶活性的抑制		半抑制量:>150μmol/L

化妆品中应用

汉防己碱具有抗菌、抗炎、抗过敏、镇痛、松弛肌肉、抗肿瘤等作用，其抗过敏主要是由于汉防己碱对氧自由基的俘获作用。汉防己碱类生物碱对自由基均有主和作用，并减少由此而产生的疼痛和过敏；在发水等发制品用入主要依据其抗菌和能缓和头皮紧张状态的性能，可抑制睾丸激素的分泌，从而控制脱发，减少头屑和刺激毛发再生。

和厚朴酚（Honokiol）

和厚朴酚（Honokiol）为多酚类化合物，与它的异构体厚朴酚（Magnolol）伴存于中药厚朴（Magnolia officinalis）的干燥根皮，是中药厚朴的主要药效成分。和厚朴酚可从厚朴的根皮中提取。

化学结构

和厚朴酚的结构

理化性质

和厚朴酚为白色结晶，熔点 83～87℃，微溶于水，可溶于乙醇。和厚朴酚的 CAS 号为 35354-74-6。

安全管理情况

国家食品药品监督管理总局 2014 年发布的《关于已使用化妆品原料名称目录的公告》、CTFA 和中国香化协会 2010 年版的《国际化妆品原料标准中文名称目录》都将和厚朴酚作为化妆品原料，未见它外用不安全的报道。

药理作用

和厚朴酚有广谱的抗菌性，对黄色葡萄球菌、痤疮丙酸杆菌、绿脓杆菌、大肠杆菌和白色念珠菌的 MIC 分别是 25×10^{-6}、4×10^{-6}、$>500\times10^{-6}$、$>500\times10^{-6}$ 和 $>500\times10^{-6}$。

和厚朴酚与化妆品相关的药理研究见下表。

试验项目	浓度	效果说明
对羟基自由基的消除	0.2mmol/L	消除率：82.5%
对自由基 DPPH 的消除	50μmol/L	消除率：23.6%
对不饱和脂肪酸过氧化的抑制	0.2mmol/L	消除率：85.8%
对酪氨酸酶活性的抑制	0.01%	抑制率：38.8%
对金属蛋白酶 MMP-1 活性的抑制	10μmol/L	抑制率：18.2%
对核因子 NF-κB 细胞活性的抑制	20μmol/L	抑制率：20.4%

化妆品中应用

和厚朴酚可用作抗菌剂（革兰阴性菌和抗酸性细菌），可用于防治痤疮；口腔卫生用品中以抗龋齿，抑制牙齿腐烂；和厚朴酚对 NF-κB 细胞的抑制可证实提高了皮肤免疫细胞的功能，有抗炎作用；和厚朴酚还可用作抗氧剂和皮肤增白剂。

核糖（Ribose）

核糖（Ribose）是核糖核酸的组成成分，以呋喃糖型广泛存在于植物和动物细胞中，是生命活动中不可缺少的物质。核糖可用生化法制取。

化学结构

核糖的结构

理化性质

核糖为白色结晶性粉末，具有清凉口感的甜味，熔点 88～92℃，可溶于水，不溶于乙醇。核糖易吸收空气中的水分，$[\alpha]_D^{20}$：19°～22°。核糖的 CAS 号为 50-69-1。

安全管理情况

国家食品药品监督管理总局 2014 年发布的《关于已使用化妆品原料名称目录的公告》、CTFA 和中国香化协会 2010 年版的《国际化妆品原料标准中文名称目录》都将核糖作为化妆品原料，未见它外用不安全的报道。

药理作用

核糖与化妆品相关的药理研究见下表。

试验项目	浓度	效果说明
细胞培养对人成纤维细胞增殖的促进	0.05%	促进率：119(空白 100)
细胞培养对角质层细胞增殖的促进	0.05%	促进率：107.4(空白 100)
涂覆对人体皮肤弹性提高的促进	0.5%	促进率：112.3(空白 100)
皱纹仪测定涂覆对皱纹深度的改善	0.5%	减少率：18.6%

化妆品中应用

核糖可用作化妆品的营养剂，可增强皮肤细胞新陈代谢，有抗皱抗衰作用。

黑色素（Melanins）

黑色素（Melanins）是一种带有醌基团的大分子天然色素，是酪氨酸或苯丙氨酸经过一连串化学反应所形成，动物、植物与微生物都有这种色素。如人皮肤、头发中的黑色素，植物中提取的黑色素主要来自黑糯米、黑芝麻、黑豆、茶叶等，黑色素可以黑酵母的菌体为原料制取，黑色素也可人工合成。黑色素的来源不同，它们的性质小有变化。

化学结构

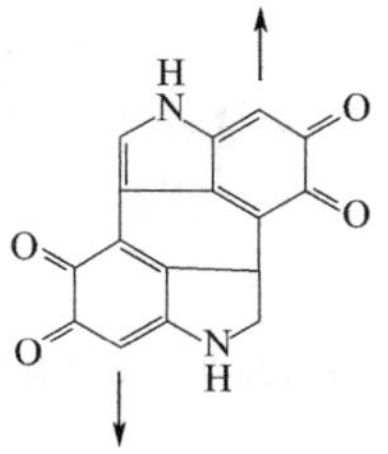

黑色素的部分结构

理化性质

从天然萃取出来的黑色素为不溶于水的粉末，对紫外线有强吸收，吸光系数大。黑色素也不溶于酸和常见的有机溶剂如乙醇、丙酮、正己烷等，但可溶于碱。黑色素的 CAS 号为 8049-97-6。

安全管理情况

国家食品药品监督管理总局 2014 年发布的《关于已使用化妆品原料名称目录的公告》、CTFA、欧盟和中国香化协会 2010 年版的《国际化妆品原料标准中文名称目录》都将黑色素作为化妆品原料，未见它外用不安全的报道。

药理作用

黑色素与化妆品相关的药理研究见下表。

试验项目	浓度	效果说明
茶叶黑色素对自由基 DPPH 的消除		半消除量 EC_{50}:58.4μg/mL
合成黑色素对超氧自由基的消除		半消除量 EC_{50}:2.1mg/mL
合成黑色素对羟基自由基的消除	1.5mg/mL	消除率:42.54%±3.34%
合成黑色素对脂质过氧化的抑制	2mg/mL	抑制率:63.63%±3.83%

化妆品中应用

黑色素的防晒效果比现有的任何一种防晒剂都好，使用浓度低，对皮肤没有渗透，安全性能高，有助于提高皮肤的屏障功能；黑色素也可用作发用染料、颜料。

红花葡萄糖苷（Safflower glucoside）

红花葡萄糖苷（Safflower glucoside）是红花（*Carthamus tinctorius*）中葡萄糖苷类化合物的混合物。红花中葡萄糖苷的种类有若干，如黄酮化合物的葡萄糖苷、不饱和脂肪醇的葡萄糖苷和植物甾醇的葡萄糖苷等，化合物有几十种，其中含量较高的为山柰酚-3-O-葡萄糖苷，有文献建议将此作为衡量红花的标准。红花葡萄糖苷的组成与红花的品种和产地有关。

化学结构

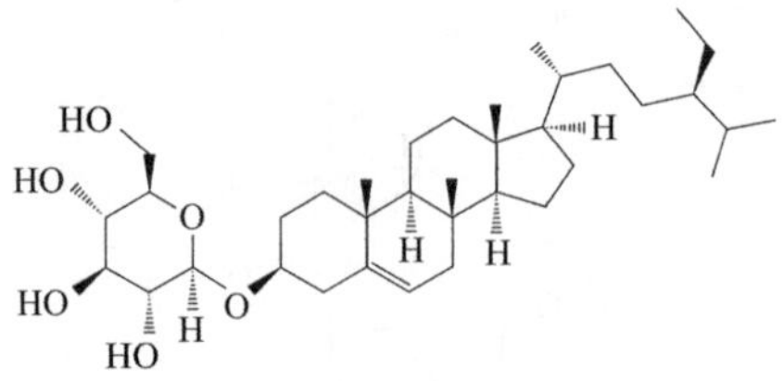

红花中 β-谷甾醇-3-O-葡萄糖苷的结构

理化性质

红花葡萄糖苷为黄色粉末，不溶于水，可溶于乙醇和甲醇。

安全管理情况

国家食品药品监督管理总局 2014 年发布的《关于已使用化妆品原料名称目录的公告》、CTFA 和中国香化协会 2010 年版的《国际化妆品原料标准中文名称目录》都将红花葡萄糖苷作为化妆品原料，未见它外用不安全的报道。

药理作用

红花葡萄糖苷（山柰酚-3-O-葡萄糖苷）与化妆品相关的药理研究见下表。

试验项目	浓度	效果说明
小鼠试验对角叉菜致足趾肿胀的抑制	150mg/kg	抑制率：33.9（与空白比较）
小鼠试验对二甲苯致耳朵肿胀的抑制	200mg/kg	抑制率：27.18（与空白比较）
小鼠试验对醋酸引起身体扭曲翻滚的抑制	150mg/kg	抑制率：83.3%（与空白比较）

化妆品中应用

红花葡萄糖苷有较广谱的抗炎功能，可用作抗炎剂。

红桔素（Tangeritin）

红桔素（Tangeritin）为多甲氧基取代黄酮类化合物，在芸香科中普遍存在，如川桔（*Citrus nobilis Lour*）的果皮、酸橙（*C. urantium L*）的果皮。红桔素可从上述的果皮中提取分离。

化学结构

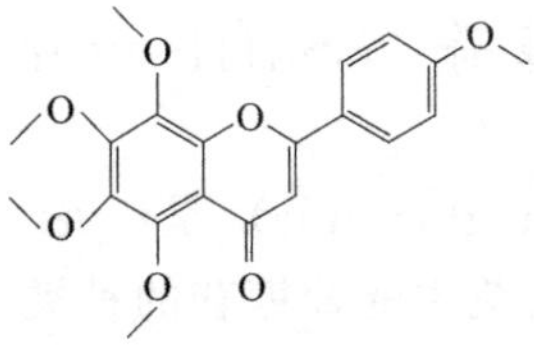

红桔素的结构

理化性质

红桔素为无色结晶（轻石油醚-苯），熔点 155～156℃，不溶于水，溶于乙醇和甲醇。紫外最大吸收波长在 360nm 左右。红桔素的 CAS 号为 481-53-8。

安全管理情况

CTFA 将红桔素作为化妆品原料，中国香化协会 2010 年版的《国际化妆品原料标准中文名称目录》中列入，国家食品药品监督管理总局 2014 年发布的《关于已使用化妆品原料名称目录的公告》尚未列入，未见它外用不安全的报道。

药理作用

红桔素有一定的抗菌性，对金黄色葡萄球菌、大肠杆菌、绿脓杆菌和枯草杆菌的 MIC 在 12.5～50mg/mL 之间。

红桔素与化妆品相关的药理研究见下表。

试验项目	浓度	效果说明
对超氧自由基的消除	1mg/mL	消除率：27.8%
对 B-16 黑色素细胞活性的抑制	10μmol/L	抑制率：45%

化妆品中应用

红桔素对紫外线有强烈的吸收，是桔皮中的抗光敏成分；红桔素较显著的抑制酪氨酸酶活性、减少黑色素的生成，实际效果比曲酸和熊果苷好，可用于增白型肤用品。

红没药醇（Bisabolol）

红没药醇（Bisabolol）属倍半萜类化合物，在菊科植物的精油中存在，如母菊（*Matricaria chamomilla*）的全草及花、巴西菊、香子兰菊等。母菊精油中含红没药醇约 0.5%。天然提取的红没药醇为 α 构型，合成品为消旋型。

化学结构

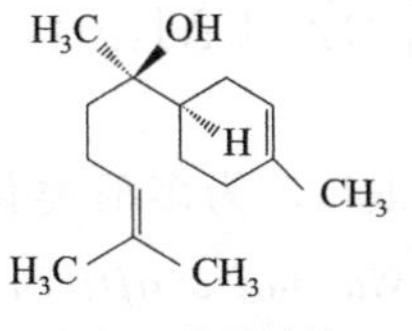

α-红没药醇结构

理化性质

天然红没药醇为淡黄色黏稠油状物，微溶于水，可溶于醇、甘油酯，几乎不溶水和甘油。轻微的本身气味。折射率 1.492～1.498，含量≥96%。红没药醇的 CAS 号为 515-69-5。

安全管理情况

国家食品药品监督管理总局 2014 年发布的《关于已使用化妆品原料名称目

录的公告》、CTFA、欧盟和中国香化协会 2010 年版的《国际化妆品原料标准中文名称目录》都将作为化妆品原料，未见它外用不安全的报道。

药理作用

红没药醇有抗菌性。但对口臭致病菌（Solobacterium moorei）作用强烈，浓度 1% 时抑制率达 99%。

红没药醇与化妆品相关的药理研究见下表。

试验项目	浓度	效果说明
对黑色素 B-16 细胞活性的抑制	10×10^{-6}	抑制率：49%
对酪氨酸酶活性的抑制	10×10^{-6}	抑制率：58%
对胶原蛋白酶活性的抑制	10×10^{-6}	抑制率：43%
对环氧合酶活性的抑制	5×10^{-6}	抑制率：25%
对由 SDS 引起鼠耳肿胀的抑制	0.1%	抑制率：40.4%
对荧光素酶活性的抑制	10×10^{-6}	抑制率：42%
对皮肤刺激性反应的抑制	1%	抑制率：54%
涂覆对老鼠毛发生长的促进	0.2%	促进率：8%
对 IL-2luciferase（荧光素酶）活性的抑制	10×10^{-6}	抑制率：42%

化妆品中应用

红没药醇有明显的抗炎和抗痤作用，在此功能上，天然红没药醇的作用是合成品的二倍，有止痛、缓和刺激和抗过敏功能，对过敏性皮肤或儿童皮肤均有护肤效应。红没药醇有镇静和抗出汗效应，常用于防晒制品和治疗日晒伤和烧伤的油膏；有广谱的抗菌性，牙膏中用入可减少齿斑和牙龈过敏，可防治口臭；红没药醇在皮肤皮层有高渗透性，作用是常用渗透剂的几十倍；可作为主剂或助剂用于防治粉刺一类的皮肤疾病，对皮肤还有调理作用。

厚朴酚（Magnolol）

厚朴酚又名木兰醇（Magnolol），为多酚类化合物，与它的异构体和厚朴酚（Honokiol）伴存于中药厚朴（*Magnolia officinalis*）的干燥根皮，是中药厚朴的主要药效成分，含量很高，约 5%。木兰醇可从厚朴的根皮中提取。

化学结构

木兰醇的结构

理化性质

木兰醇为无色针状晶体,熔点102℃,难溶于水,溶解用常见的有机溶剂及苛性碱。紫外吸收特征波长为294nm,在碱性介质中吸收波长红移,吸光度增大。木兰醇的CAS号为528-43-8。

安全管理情况

国家食品药品监督管理总局2014年发布的《关于已使用化妆品原料名称目录的公告》、CTFA和中国香化协会2010年版的《国际化妆品原料标准中文名称目录》都将木兰醇作为化妆品原料,未见它外用不安全的报道。

药理作用

木兰醇有显著的抗菌作用,对链球菌的最低抑制浓度为$0.63\mu g/mL$,对黄色葡萄球菌、痤疮丙酸杆菌、绿脓杆菌、大肠杆菌和白色念珠菌的MIC分别是100×10^{-6}、9×10^{-6}、$>500\times10^{-6}$、$>500\times10^{-6}$和$>500\times10^{-6}$。

木兰醇与化妆品相关的药理研究见下表。

试验项目	浓度	效果说明
对羟基自由基的消除	0.2mmol/L	消除率:81.2%
对不饱和脂肪酸过氧化的抑制	0.2mmol/L	抑制率:87.8%
对酪氨酸酶活性的抑制	0.01%	抑制率:64.2%
对过氧化物酶激活受体(PPAR)的活化作用	$100\mu mol/L$	促进率:206(空白100)
对核因子NF-κB细胞活性的抑制	$20\mu mol/L$	抑制率:61.3%
对LPS诱发白介素IL-1生成的抑制	3.123mg/mL	抑制率:54.9%
对LPS诱发白介素IL-6生成的抑制	3.123mg/mL	抑制率:56.3%

化妆品中应用

木兰醇是自由基的有效俘获剂,对HO-型自由基很有效;PPAR活性高有抗细胞凋亡作用,对NF-κB细胞的抑制又可证实提高了皮肤免疫细胞的功能,有抗炎和抗溃疡性能,结合其抗菌性,可用于防治痤疮;口腔卫生用品中以抗龋齿,抑制牙齿腐烂;木兰醇还可用作皮肤增白剂。

胡萝卜素(Carotene)

胡萝卜素(Carotene)属类胡萝卜素类化合物,可见于胡萝卜的根茎。胡萝卜素有许多异构体,最常见的是β-胡萝卜素,占总胡萝卜素的85%,γ-胡萝卜素的含量就小得多。β-胡萝卜素已可人工合成。

化学结构

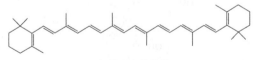

β-胡萝卜素的结构

理化性质

β-胡萝卜素为深紫色或红色结晶，能溶于二硫化碳、苯和氯仿，略溶于乙醚、石油醚和油类，极难溶于乙醇和甲醇，几乎不溶于水、酸或碱。β-胡萝卜素的稀溶液呈黄色，能从空气中吸收氧气变成无色氧化物而失去活性，紫外吸收特征波长为497nm。β-胡萝卜素的CAS号为116-32-5。

安全管理情况

国家食品药品监督管理总局2014年发布的《关于已使用化妆品原料名称目录的公告》、CTFA和中国香化协会2010年版的《国际化妆品原料标准中文名称目录》都将β-胡萝卜素作为化妆品原料，未见它外用不安全的报道。

药理作用

β-胡萝卜素与化妆品相关的药理研究见下表。

试验项目	浓度	效果说明
对单线态氧自由基的消除	0.03%	消除率：62%
对自由基DPPH的消除	0.1%	消除率：36%
对脂质过氧化的抑制	1mmol/L	抑制率：36%±2.3%
对总氧自由基的消除能力	0.1%	1.5倍的同浓度Trolox
细胞培养对胶原蛋白生成的促进	10×10^{-6}	促进率：120（空白100）
对前列腺素PGE_2生成的抑制	0.01%	抑制率：14%

化妆品中应用

胡萝卜素可用作食用和化妆品色素；胡萝卜素外用也能表现维生素A样性能，能维持上皮组织如皮肤的正常功能，对维生素A缺乏症如皮肤干燥、粗糙等均有效，为常用的营养性助剂和调理剂，常与其他功能成分配合制成去皱、缩小毛孔和匀面等美容制品；胡萝卜素能显著吸收紫外线，在护肤品中用入能避免阳光灼射下的日照性红斑，是理想的防晒剂。胡萝卜素在化妆品中会逐渐失去活性，如用异硬脂酸的加氢蓖麻油聚氧乙烯醚的酯作乳化剂，或配以维生素E可延长它的库存期。

槲皮素（Quercetin）

槲皮素（Quercetin）又名五羟基黄酮，属黄酮醇类化合物，主要存在于中草药问荆（*Equisetum arvense*）、紫苑等植物中。槲皮素一般由芦丁水解制得。

化学结构

槲皮素的结构

理化性质

槲皮素为黄色针状结晶（稀乙醇），1g 可溶于 290mL 无水乙醇，不溶于水，紫外吸收特征波长（吸光系数）为：258nm（560）和 375nm（560）。槲皮素的 CAS 号为 117-39-5。

安全管理情况

国家食品药品监督管理总局 2014 年发布的《关于已使用化妆品原料名称目录的公告》、CTFA 和中国香化协会 2010 年版的《国际化妆品原料标准中文名称目录》都将槲皮素作为化妆品原料，未见它外用不安全的报道。

药理作用

槲皮素与化妆品相关的药理研究见下表。

试验项目	浓度	效果说明
对自由基 DPPH 的消除		半消除量 EC_{50}：$(14.91\pm2.74)\mu g/mL$
对单线态氧自由基的消除	0.03%	消除率：72%
对黄嘌呤氧化酶活性的抑制		半抑制量 IC_{50}：$(5.6\pm0.4)\mu g/mL$
对脂质过氧化的抑制	$6.7\mu g/mL$	抑制率：89.6%
黑色素细胞培养对其活性的促进	$10\mu g/mL$	促进率：268.4（空白 100）
细胞培养对透明质酸生成的促进	$1\mu mol/L$	促进率：110.3（空白 100）
对光毒性的抑制		半抑制量 IC_{50}：0.005%
对 5α-还原酶活性的抑制	$0.5\mu g/mL$	抑制率：34.3%
涂覆对皮脂分泌的抑制	2%	抑制率：13.0%
涂覆对毛孔直径的收缩作用	2%	收缩率：26.1%（与空白比较）
对金属蛋白酶 MMP-1 活性的抑制	10×10^{-6}	抑制率：35%
对金属蛋白酶 MMP-3 活性的抑制	$20\mu mol/L$	抑制率：33.4%
对白介素 IL-4 生成的抑制	$200\mu mol/L$	抑制率：16.6%
对二甲苯致小鼠耳肿胀的抑制	每耳 0.5mg	抑制率：55.9%

化妆品中应用

槲皮素可强烈吸收紫外线，对光毒性有抑制，可用入防晒型化妆品；槲皮素本身可促进黑色素细胞的活性，增强晒黑的效果；槲皮素与金属离子配合可用作发用染料，在水溶液中与阳离子以螯合物形式结合，只要适当改变阳离子的阳离子之间的不同配比，能显示黄、红棕、灰、黑等多种颜色，如有其他助剂相助，着色强度可分为永久型、半永久型和暂时型；槲皮素还可用作抗衰抗氧剂、生发剂、皮肤油光消除剂、紧肤剂和抗炎剂等。

虎耳草素（Bergenin）

虎耳草素又名岩白菜宁（Bergenin）、岩白菜素，属异香豆精型结构。存在于虎耳草科植物岩白菜（*Bergenia purpurascens*）全草、矮地茶（*Ardisia japonica*），为其中的主要有效成分。岩白菜宁现全由天然提取。

化学结构

岩白菜宁的结构

理化性质

岩白菜宁为无色结晶，熔点 236～240℃，易溶于水和乙醇，$[\alpha]_D^{25}$：$-37.7°$（$c=1.96$，乙醇）或 $[\alpha]_D^{25}$：$-45.3°$（$c=0.51$，水）。在紫外有吸收，特征波长和摩尔吸光系数为275nm（8300）和220nm（26300）。遇光或受热逐渐变色。岩白菜宁的 CAS 号为 477-90-7。

安全管理情况

CTFA 将岩白菜宁作为化妆品原料，中国香化协会2010年版的《国际化妆品原料标准中文名称目录》中列入，国家食品药品监督管理总局2014年发布的《关于已使用化妆品原料名称目录的公告》尚未列入，未见它外用不安全的报道。

药理作用

岩白菜宁有选择性抗菌性，如对白色念珠菌的 MIC 为 $14.9\mu mol/L$，对丝状真菌、黄曲霉菌等均有抑制作用，但是对革兰阳性菌如金黄色葡萄球菌、枯草杆菌和革兰阴性菌如大肠杆菌等抑制作用不大。

岩白菜宁与化妆品相关的药理研究见下表。

试验项目	浓度	效果说明
对 DPPH 自由基的消除	0.5mmol/L	消除率：10.1%
对黄嘌呤氧化酶活性的抑制	0.05mmol/L	抑制率：95.4%
对羟基自由基的消除	1.2mg/mL	消除率：41.2%
对酪氨酸酶活性的抑制	0.01%	抑制率：84.6%
对二甲苯致小鼠耳壳肿胀的抑制	60mg/mL	抑制率：14.8%
对环氧合酶-2活性的抑制		半抑制量 IC_{50}：$1.2\mu mol/L$

化妆品中应用

从岩白菜宁对肿胀的抑制和对环氧合酶-2活性的抑制，显示其有抗炎性，在涂覆型护肤品中用入可防止皮肤因日晒而引起的发炎；对黑色素和酪氨酸酶有强烈的抑制，抑制力远好于曲酸和熊果苷，兼之有抗氧性，可用于亮肤类膏霜，对由紫外线所引起的皮肤黑色素增多有效。

花色素苷（Anthocyanins）

　　花色素苷（Anthocyanins）是构成植物果实和花瓣颜色的主要色素之一，其苷元称为花青素。花青素化学结构的碳架基本相同，差别在于酚羟基的多少及其位置。自然条件下游离状态的花青素极少见，主要以糖苷形式存在，花青素常与一个或多个葡萄糖、鼠李糖、半乳糖、阿拉伯糖等通过糖苷键形成花色素苷，已知天然存在的花色苷有 300 多种。水果石榴中的花色素苷最具代表性，如翠雀素 Delphinidin、矢车菊色素 Cyanidin 和天竺葵色素 Pelargonidin 是分布最广的三种花青素。

化学结构

翠雀素的结构

理化性质

　　市售花色素苷或花青素是一复杂的混合物，一般为深色粉末状固体，如褐色、棕色等，可溶于水，在甲醇、乙醇中有一定的溶解性，不溶于油类。其水溶液随 pH 的变化而变化。花色素苷的 CAS 号为 11029-12-2。

安全管理情况

　　国家食品药品监督管理总局 2014 年发布的《关于已使用化妆品原料名称目录的公告》、CTFA 和中国香化协会 2010 年版的《国际化妆品原料标准中文名称目录》都将作为化妆品原料，未见它外用不安全的报道。许多水果的花色素苷均是食品添加剂，因此花色素苷原植物的来源相当重要。

药理作用

　　花色素苷的药理作用常常以其内含单体的作用来表达。花色素苷有抗菌性，如翠雀素在 $250\mu g/mL$ 时对白色念珠菌和大肠杆菌可完全抑制。

　　花色素苷成分与化妆品相关的药理研究见下表。

试验项目	浓度	效果说明
翠雀素对 DPPH 自由基的消除	10×10^{-6}	消除率：41%
翠雀素对超氧自由基的消除		$EC_{50}:2.4\mu mol$
翠雀素对脂质过氧化的抑制		$IC_{50}:0.7\mu mol$
成纤维细胞培养翠雀素对胶原蛋白生成的促进	10×10^{-6}	促进率：133（空白 100）
天竺葵色素对整合素生成的促进	$10\mu mol$	促进率：216（空白 100）
翠雀素对金属蛋白酶活性的抑制		半抑制量 $IC_{50}:25\sim50\mu g/mL$
翠雀素对 LPS 诱发的 COX-2 的抑制	10×10^{-6}	抑制率：26%

化妆品中应用

花色素苷可用作色素,也能稳定颜色,因为它在紫外线的A区和B区均有高效的吸收,在彩妆类化妆品中用入0.1%～1%的花色素苷,可防止退色,即使在强光辐射条件下,色素的稳定性提高一倍多。花色素苷有很强及广谱的抗氧性,并有抗炎作用,可用作抗氧剂、过敏抑制剂、活肤抗衰剂和毛孔收敛剂等。

花生四烯酸(Arachidic acid)

花生四烯酸(Arachidic acid)是一种多不饱和ω-6脂肪酸20:4(ω-6),它与饱和花生酸存在于花生油中。花生四烯酸不是一个人体必需的脂肪酸,但是一非常重要的脂肪酸,在人体的脂肪层中广泛存在,并参与重要的人体生化活动。花生四烯酸可从花生油中提取。

化学结构

花生四烯酸的结构

理化性质

花生四烯酸为淡黄色油状液体,熔点－49.5℃,中和值184.20,碘值333.50。花生四烯酸的CAS号为506-32-1。

安全管理情况

国家食品药品监督管理总局2014年发布的《关于已使用化妆品原料名称目录的公告》、CTFA、欧盟和中国香化协会2010年版的《国际化妆品原料标准中文名称目录》都将作为化妆品原料。但较高浓度的花生四烯酸可能导致伤损皮肤发炎并至溃疡。

药理作用

花生四烯酸与化妆品相关的药理研究见下表。

试验项目	浓度	效果说明
对变异链球菌KCTC3065的抑制		MIC 625μg/mL
对牙龈卟啉单胞菌KCTC381的抑制		MIC 9.76μg/mL
对白色念珠菌KCTC17484的抑制		MIC 625μg/mL
对具核梭杆菌KCTC5105的抑制		MIC 39.06μg/mL
对中间普氏菌KCTC的抑制		MIC 19.53μg/mL
对丙酸痤疮杆菌的抑制		MIC:100×10^{-6}
对皮脂分泌的抑制	5%	抑制率:21.8%
成纤维细胞培养对胶原蛋白生成的促进	60μmol/L	促进率:113.4(空白100)

化妆品中应用

在化妆品中，花生四烯酸可用作油脂原料、表面活性剂和乳化剂，对口腔微生物有较广谱的抑制，适合用于口腔卫生用品，也对粉刺的防治有效。动物试验表明，花生四烯酸有很好的经皮助渗能力。花生四烯酸在一定程度上能激活皮层中的酪氨酸酶，并促进黑色素的形成。

环庚三烯酚酮（Tropolone）

环庚三烯酚酮（Tropolone）为酚类物质，存在于金钟柏（*Thuja occidentalis*）、北美乔柏（*Thuja plicata*）、美国扁柏（*Chamaecyparis lawsonia*）、柏树（*Cupressus semperirens*）、博士茶（*Aspalathus linearis*）等中。环庚三烯酚酮现已可化学合成。

化学结构

环庚三烯酚酮的结构

理化性质

环庚三烯酚酮为浅黄色结晶，熔点 50~52℃，能溶于碱性水溶液和常见的有机溶剂，也溶于水。环庚三烯酚酮的 CAS 号为 533-75-5。

安全管理情况

国家食品药品监督管理总局 2014 年发布的《关于已使用化妆品原料名称目录的公告》、CTFA 和中国香化协会 2010 年版的《国际化妆品原料标准中文名称目录》都将环庚三烯酚酮作为化妆品原料，未见它外用不安全的报道。

药理作用

环庚三烯酚酮有抗菌性，对金黄色葡萄球菌、大肠杆菌、绿脓杆菌和白色念珠菌的 MIC 分别为 $250\mu g/mL$、$250\mu g/mL$、$500\mu g/mL$ 和 $20\mu g/mL$。

环庚三烯酚酮与化妆品相关的药理研究见下表。

试验项目	浓度	效果说明
对 ABTS 自由基的消除		半消除量：$22.41\mu mol/L$
细胞培养对瓜氨酸生成的促进	$30\mu g/mL$	促进率：195.9(空白 100)

化妆品中应用

环庚三烯酚酮有选择性的抗菌性，特别对白色念珠菌有不错的抑制；对瓜氨酸的生成有促进，而瓜氨酸对毛发的生长有促进作用，可用作生发剂；环庚三烯酚酮有除臭作用。

环磷酸腺苷（Adenosine cyclic phosphate）

环磷酸腺苷（Adenosine cyclic phosphate）在绝大多数动物细胞中都有存在，即非核酸的组成部分。但在正常细胞中（人体），环磷酸腺苷的平均浓度仅为 10^{-6} mol/L 左右，可从血浆细胞中提取，但工业生产以微生物发酵法如酵母菌类（Bifidobacterium）制取为主。

化学结构

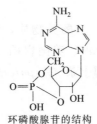

环磷酸腺苷的结构

理化性质

环磷酸腺苷为白色珠光片状结晶，熔点 260℃，在室温中稳定，能溶于水，紫外吸收特征波长（吸收系数）为：258nm（14650，pH＝7），比旋光度 $[\alpha]$：−51.3°（0.67％水溶液）。CAS 号 60-92-4。

安全管理情况

国家食品药品监督管理总局 2014 年发布的《关于已使用化妆品原料名称目录的公告》、CTFA 和中国香化协会 2010 年版的《国际化妆品原料标准中文名称目录》都将环磷酸腺苷作为化妆品原料，未见它外用不安全的报道。

药理作用

环磷酸腺苷与化妆品相关的药理研究见下表。

试验项目	浓度/％	效果说明
细胞培养对胶原蛋白生成的促进	0.5	促进率：103（空白 100）
斑贴试验角质层代谢速度的促进	0.5	促进率：11.0％
涂覆施用对皮肤弹力的促进	0.5	促进率：105％（与空白比较）
小鼠试验对毛发生长的促进	0.05	促进率：141.3％（空白 100）

化妆品中应用

环磷酸腺苷能对生物细胞中很多代谢过程发生影响，已经发现，凡有环磷酸腺苷存在的细胞中，都有一类能催化蛋白质磷酸化反应的酶，称为蛋白激酶，腺苷环磷酸的作用多通过激活蛋白激酶来实现的。只不过不同细胞对环磷酸腺苷的反应不同，这主要取决于细胞中酶系的种类和活性以及细胞中其他功能蛋白的作用。环磷酸腺苷可影响细胞的分泌，可促进蛋白质、RNA 的合成等，也可作为其他活性成分的增效剂，有润肤、抗皱、调理的疗效；在发水或发乳中加入可促进黑色素的生成，防止和控制中老年人白发，并有刺激生发作用。

环四葡萄糖（Cyclotetraglucose）

环四葡萄糖（Cyclotetraglucose）为一寡糖，属半纤维物质，在酿酒酵母（Saccharomyces cerevisiae）及其酒粕中存在。环四葡萄糖现以微生物法生产。

化学结构

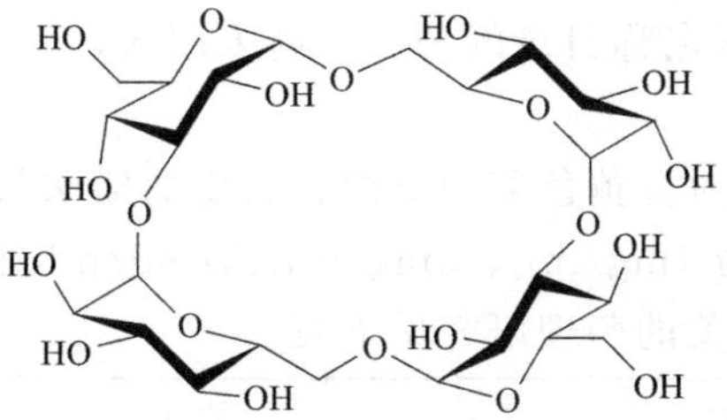

环四葡萄糖的结构

理化性质

环四葡萄糖为白色粉末，在 300℃ 以上分解，能带 5 个结晶水，易溶于水，会吸湿，$[\alpha]_D^{20}$：$+240°\sim280°$（10％的水溶液）。环四葡萄糖无还原性。环四葡萄糖的 CAS 号为 159640-28-5。

安全管理情况

CTFA 将环四葡萄糖作为化妆品原料，中国香化协会 2010 年版的《国际化妆品原料标准中文名称目录》中列入，国家食品药品监督管理总局 2014 年发布的《关于已使用化妆品原料名称目录的公告》尚未列入，未见它外用不安全的报道。

化妆品中应用

环四葡萄糖在护肤品中使用，可赋予润滑的肤感，有保湿性，在香粉中使用可延长香精香气的保留时间。

黄腐酚（Xanthohumol）

黄腐酚（Xanthohumol）为黄酮类化合物，是查尔酮型的结构。黄腐酚存在于啤酒花中，是啤酒花的主要成分，占酒花干重的 0.1％～1％。黄腐酚只能从啤酒花中提取。

化学结构

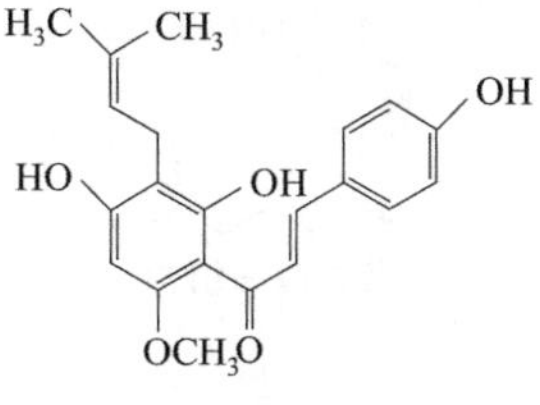

黄腐酚的结构

理化性质

黄腐酚为黄色结晶状粉末,熔点157~159℃,不溶于水,可溶于乙醇、氯仿和丙酮。黄腐酚的CAS号为6754-58-1。

安全管理情况

CTFA将黄腐酚作为化妆品原料,中国香化协会2010年版的《国际化妆品原料标准中文名称目录》中列入,国家食品药品监督管理总局2014年发布的《关于已使用化妆品原料名称目录的公告》尚未列入,未见它外用不安全的报道。

药理作用

黄腐酚有抗菌性,对金黄色葡萄球菌、表皮葡萄球菌、化脓性链球菌和丙酸痤疮杆菌的MIC分别为1mg/mL、3mg/mL、1mg/mL和3mg/mL。

黄腐酚与化妆品相关的药理研究见下表。

试验项目	浓度	效果说明
对脂溶性的脂质过氧基的消除		相当于2.1当量的Trolox
对水溶性的脂质过氧基的消除		相当于1.4当量的Trolox
对单线态氧自由基的消除		相当于14.1当量的维生素E
对酪氨酸酶活性的抑制	$5\mu mol/L$	抑制率:60.3%
对B-16黑色素细胞活性的抑制	3×10^{-6}	抑制率:47%±6%
在UVB照射下对细胞凋亡的抑制	$5\mu mol/L$	抑制率:51.1%
对金属蛋白酶MMP-1活性的抑制	$30\mu g/mL$	抑制率:65%
对金属蛋白酶MMP-8活性的抑制	$30\mu g/mL$	抑制率:70%

化妆品中应用

黄腐酚同时具有抗菌和抗炎作用,可用于治疗痤疮等面部疾患;对酪氨酸酶的活性有强烈的抑制作用,可用于美白类护肤品;黄腐酚有明显的抗氧性,有防晒作用,在肤用品中用入可减少紫外线对皮肤的伤害。

黄根醇(Xanthorrhizol)

黄根醇(Xanthorrhizol)为倍半萜类化合物,主要存在于姜黄(*Curcuma xanthorrhiza*)的根茎,在荔枝核中也有存在。黄根醇可从姜黄中提取。

化学结构

黄根醇的结构

理化性质

黄根醇为无色结晶粉末,不溶于水,可溶于乙醇。黄根醇的CAS号为

30199-26-9。

安全管理情况

CTFA 将黄根醇作为化妆品原料,中国香化协会 2010 年版的《国际化妆品原料标准中文名称目录》中列入,国家食品药品监督管理总局 2014 年发布的《关于已使用化妆品原料名称目录的公告》尚未列入,未见它外用不安全的报道。

药理作用

黄根醇有抗菌性,对金黄色葡萄球菌、表皮葡萄球菌等都有抑制作用。

黄根醇与化妆品相关的药理研究见下表。

试验项目	浓度	效果说明
细胞培养对人纤维芽细胞增殖的促进	1μg/mL	促进率:125(空白 100)
对金属蛋白酶 MMP-1 活性的抑制	0.1μg/mL	抑制率:62.5%
对环氧合酶 COX-2 活性的抑制		半抑制量 IC_{50}:0.32μmol/L
对半胱天冬蛋白酶-3 活性的抑制	40μg/mL	抑制率:91%

化妆品中应用

黄根醇对半胱天冬蛋白酶(caspases)的抑制表明,它可增强细胞的活性,半胱天冬蛋白酶是使细胞凋亡的生物酶种,对它具抑制作用即意味着延长细胞的生命;黄根醇可促进人纤维芽细胞的增殖,有抗皱功能;黄根醇有抗炎性和抗菌性,可用于口腔卫生用品。

黄嘌呤(Xanthine)

黄嘌呤(Xanthine)是一种广泛分布于人体及其他生物体的器官及体液内的一种嘌呤碱,也是嘌呤代谢后的产物,并会在黄嘌呤氧化酶的作用下转换为尿酸。黄嘌呤可用合成法制取。

化学结构

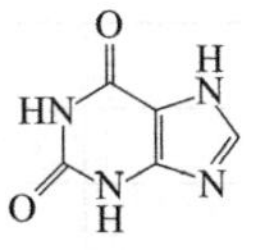

黄嘌呤的结构

理化性质

黄嘌呤为白色固体,熔点 300℃,微溶于水和乙醇,不溶于有机溶剂,可溶于氢氧化钠溶液、氨水和酸性溶液。黄嘌呤的 CAS 号为 69-89-6。

安全管理情况

国家食品药品监督管理总局 2014 年发布的《关于已使用化妆品原料名称目录的公告》、CTFA 和中国香化协会 2010 年版的《国际化妆品原料标准中文名称

目录》都将黄嘌呤作为化妆品原料，未见它外用不安全的报道。

化妆品中应用

黄嘌呤参与人体的代谢活动，可用作化妆品的调理剂。

黄芩素（Baicalein）

黄芩素（Baicalein）也称黄芩黄素，是唇形科植物黄芩（*Scutellaria baicalensis*）中的关键有效成分，为黄酮化合物。黄芩素可从黄芩根中提取。

化学结构

黄芩素的结构

理化性质

黄芩素为黄色针状结晶（乙醇），质量好的为亮黄色。可溶于乙醇、甲醇、乙醚、丙酮等有机试剂，几乎不溶于水，溶于氢氧化钠水溶液为绿棕色，在浓硫酸中呈黄色并显绿色荧光。紫外吸收波长（吸光系数）为239nm（34700）、297nm（29500）、343（21900）。黄芩素的CAS号为314041-17-3。

安全管理情况

国家食品药品监督管理总局2014年发布的《关于已使用化妆品原料名称目录的公告》、CTFA和中国香化协会2010年版的《国际化妆品原料标准中文名称目录》都将黄芩素作为化妆品原料，未见它外用不安全的报道。

药理作用

黄芩素有抗菌性，对金黄色葡萄球菌的MIC为0.04mmol/L。

黄芩素与化妆品相关的药理研究见下表。

试验项目	浓度	效果说明
黄芩素对羟基自由基的消除	0.1mmol/L	消除率:91.8%
黄芩素对超氧自由基的消除	0.1mmol/L	消除率:61.7%
黄芩素对UVA光毒性的抑制	0.002%	抑制率:75%
黄芩素对金属蛋白酶MMP-1活性的抑制	25μmol/L	抑制率:100%
黄芩素对白介素IL-4生成抑制		半抑制量IC_{50}:>30μmol/L
黄芩素对HHT生成的抑制	0.1mmol/L	抑制率:81.0%
黄芩素对5α-还原酶活性的抑制	0.5μg/mL	抑制率:90.3%
黄芩素对5α-还原酶活性的抑制	0.5μg/mL	抑制率:68.9%
黄芩素皮肤涂覆对皮脂分泌的抑制	2%	抑制率:25.8%

化妆品中应用

　　黄芩是我国传统常用中草药之一，有清热燥湿、镇静止痒、抗菌消炎的作用，均可从黄芩素的作用得以体现。黄芩素有抗炎与抗变态反应作用，通过抑制人体内的一些巯基酶，减少抗原体反应时化学介质的释放量，从而抑制变态反应，对组织胺引起的被动性全身过敏、被动性皮肤过敏及皮肤反应都有抑制作用，能缓和化学添加剂对皮肤的刺激过敏作用，缓解皮肤的紧张程度，能抑制过敏性水肿及炎症。黄芩素有广谱的抗菌作用，对金黄色葡萄球菌、溶血性链球菌、绿脓杆菌、多种皮肤制病性真菌均有不同强度的抑制作用，其中对金黄色葡萄球菌和绿脓杆菌的抑制作用最强，皮肤科用于治疗由湿热而引起的皮肤病如皮炎、湿疹及红斑等，在面用制品中使用，配以其他一些凉血活血的助剂，用量0.2%即能有效地预防面部的粉刺，口腔卫生用品中用入作为抗菌剂。黄芩黄素能强烈吸收紫外线，清除氧自由基，作用与 SOD 相似，同时又能抑制黑色素的生成，可用于增白霜。可抑制睾丸激素 5α-还原酶活性，制成酊剂用于治疗男性脱发。

黄芪皂苷（Astragalosides）

　　黄芪皂苷（Astragalosides）属于皂苷类化合物，存在于黄芪（*Astragalus membranaceus*）的根茎中。黄芪皂苷由若干结构相似的皂苷组成，含量较多的是黄芪皂苷Ⅰ、黄芪皂苷Ⅱ和黄芪皂苷Ⅳ，其中黄芪皂苷Ⅳ含量最高，生物活性最好。黄芪皂苷可从黄芪类植物的根茎中提取。

化学结构

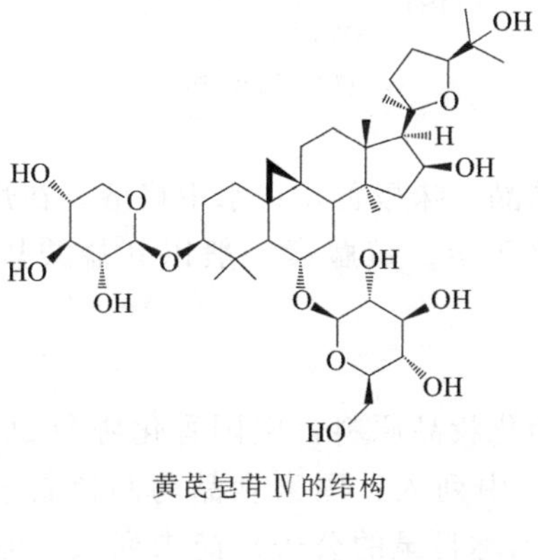

黄芪皂苷Ⅳ的结构

理化性质

　　黄芪皂苷为淡黄色粉末，微溶于水，可溶于乙醇、甲醇。黄芪皂苷的 CAS 号为 84687-43-4。

安全管理情况

　　国家食品药品监督管理总局 2014 年发布的《关于已使用化妆品原料名称目

录的公告》、CTFA 和中国香化协会 2010 年版的《国际化妆品原料标准中文名称目录》都将黄芪皂苷作为化妆品原料，未见它外用不安全的报道。

药理作用

黄芪皂苷与化妆品相关的药理研究见下表。

试验项目	浓度	效果说明
人纤维芽细胞培养对 3 型胶原蛋白生成的促进	1μmol/L	促进率：263（空白 100）
细胞培养对尿刊酸生成的促进	1μmol/L	促进率：145（空白 100）
对金属蛋白酶 MMP-1 活性的抑制	0.1μmol/L	抑制率：25%

化妆品中应用

黄芪皂苷能增强细胞生理代谢作用，促进血液循环，增强动物机体的代谢，有营养、抗衰、抗老的作用；黄芪皂苷有抗炎性，可提高皮肤的免疫能力。

黄藤素（Palmatine）

黄藤素（Palmatine）为生物碱，又名掌叶防己碱，为防己科植物黄藤（大黄藤，*Fibraurea recisa*）干燥根茎的有效成分。黄藤素可以黄藤的根茎为原料提取。

化学结构

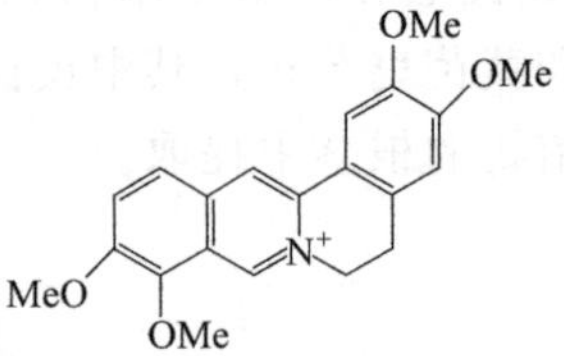

黄藤素的结构

理化性质

黄藤素为黄色针状结晶，味极苦，在水中略溶，在热水中易溶，在乙醇或氯仿中微溶，在乙醚中几乎不溶。黄藤素一般以其盐酸盐的形式出售。黄藤素的 CAS 号为 3486-67-7。

安全管理情况

CTFA 将黄藤素作为化妆品原料，中国香化协会 2010 年版的《国际化妆品原料标准中文名称目录》中列入，国家食品药品监督管理总局 2014 年发布的《关于已使用化妆品原料名称目录的公告》尚未列入，但已被载入《中国药典》，未见它外用不安全的报道。

药理作用

黄藤素对真菌有抑制作用，尤其是对白色念珠菌、石膏样毛菌、裴氏着色菌作用较强。对大肠杆菌、金黄色葡萄球菌均有抑制作用。对金黄色葡萄球菌的

MIC 为 200μg/mL。

黄藤素与化妆品相关的药理研究见下表。

试验项目	浓度	效果说明
对 5-羟色胺致大鼠足趾肿胀的抑制	20mg/kg	抑制率:10.6%
对醋酸致小鼠毛细血管通透性增高的抑制	100mg/kg	抑制率:15.2%
对对苯醌诱导的小鼠扭体反应的抑制	100mg/kg	抑制率:17.0%

化妆品中应用

黄藤素具有广谱抑菌、抗病毒作用,可明显增加白细胞吞噬细菌的能力,有良好的抗炎和增强机体免疫力作用,可作抗过敏剂,也可用作化妆品防腐剂。

黄体酮（Progesterone）

黄体酮又名孕甾酮（Progesterone），是由卵巢黄体分泌的一种天然孕激素,属于雌激素一类。孕甾酮在体内痕量存在,无提取价值,现由化学法合成。

化学结构

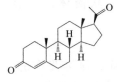

孕甾酮的结构

理化性质

孕甾酮为白色粉末状固体,熔点 128～132℃,不溶于水,水溶性＜0.1g/100mL,可溶于乙醇、氯仿和丙酮。孕甾酮的 CAS 号为 57-83-0。

安全管理情况

CTFA 将孕甾酮作为化妆品原料,中国香化协会 2010 年版的《国际化妆品原料标准中文名称目录》中列入,国家食品药品监督管理总局 2014 年发布的《关于已使用化妆品原料名称目录的公告》尚未列入。孕甾酮是一处方药,口服和注射具有副作用;但在 2% 的以下浓度外用,尚未见不安全的报道。

药理作用

孕甾酮与化妆品相关的药理研究见下表。

试验项目	浓度	效果说明
对超氧歧化酶活性提高的促进	12.5μg/kg	促进率:117.3(空白 100)
对白介素 IL-1β 生成的抑制	1.0mg/kg	抑制率:24.2%(3d)
动物试验对血管舒张的促进	250μmol/L	促进率:43.02%±8.31%

化妆品中应用

孕甾酮可经皮下直接为人体吸收，改善局部雌激素的水平。孕甾酮的保护是多方面的，可减轻脂质的过氧化反应，抑制炎症的反应，并有活性作用。

霍霍巴醇（Jojoba alcohol）

霍霍巴醇（Jojoba alcohol）来自霍霍巴（Simmondsia Chinensis）籽油。霍霍巴籽油含 70% 以上的蜡酯，蜡酯中以长链不饱和脂肪醇为主，成分如十六碳-7-烯-1-醇、十八碳-7-烯-1-醇、十八碳-9-烯-1-醇、油醇、顺-9-十八烯醇、二十碳-11-烯-1-醇、二十二碳-13-烯-1-醇、二十四碳-15-烯-1-醇等。霍霍巴醇是这些长链不饱和脂肪醇的混合提取产物。

化学结构

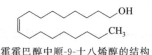

霍霍巴醇中顺-9-十八烯醇的结构

理化性质

霍霍巴醇是一无气味的油状液体，不溶于水。霍霍巴醇的 CAS 号为 1217546-42-3。

安全管理情况

国家食品药品监督管理总局 2014 年发布的《关于已使用化妆品原料名称目录的公告》、CTFA 和中国香化协会 2010 年版的《国际化妆品原料标准中文名称目录》都将霍霍巴醇作为化妆品原料，未见它外用不安全的报道。

化妆品中应用

霍霍巴醇容易被皮肤吸收，没有残留，涂覆于皮肤和头发，能赋予润滑和柔软感，无油腻；能迟缓刺激，有抗炎作用，防止皮肤损伤。

J

肌氨酸（Sarcosine）

肌氨酸（Sarcosine）也名 N-甲基甘氨酸，属氨基酸类化合物，在动物体中广泛存在，是生物代谢的中间物质，如肌氨酸在人肌肉中以磷酸肌酸的形式存在。肌氨酸现可化学合成。

化学结构

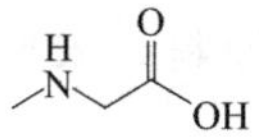

肌氨酸的结构

理化性质

肌氨酸为白色结晶粉末，微有甜味，熔点 204~212℃，有潮解性，能溶于水，微溶于乙醇，不溶于乙醚。肌氨酸的 CAS 号为 107-97-1。

安全管理情况

国家食品药品监督管理总局 2014 年发布的《关于已使用化妆品原料名称目录的公告》、CTFA 和中国香化协会 2010 年版的《国际化妆品原料标准中文名称目录》都将肌氨酸作为化妆品原料，未见它外用不安全的报道。

药理作用

肌氨酸与化妆品相关的药理研究见下表。

试验项目	浓度	效果说明
细胞培养对细胞凋亡的抑制	100mg/kg	抑制率:44.7%
细胞培养对细胞增殖的促进	300mg/kg	促进率:116.1(空白 100)

化妆品中应用

肌氨酸可用作营养剂，补充肌氨酸，可以增长肌肉无氧力量和爆发力，有抗衰作用；肌氨酸有皮肤保湿功能。

肌醇（Inositol）

肌醇（Inositol）是一种分布极广的环己六醇型单糖，几乎在所有的植物内都有存在。有六个主要异构体，其中以 myo-构型的生理活性最大。肌醇一般以植酸钙为原料提取。

化学结构

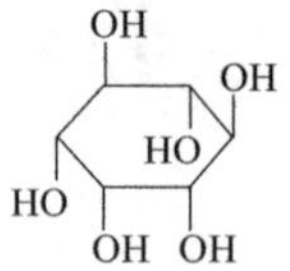

myo-肌醇的结构

理化性质

肌醇为白色结晶或结晶粉末,极易溶于水,18℃时的溶解度为 15.26 g/100mL,难溶于乙醇,不溶于乙醚和氯仿。肌醇的 CAS 号为 87-89-8。

安全管理情况

国家食品药品监督管理总局 2014 年发布的《关于已使用化妆品原料名称目录的公告》、CTFA、欧盟和中国香化协会 2010 年版的《国际化妆品原料标准中文名称目录》都将肌醇作为化妆品原料,未见它外用不安全的报道。

药理作用

肌醇与化妆品相关的药理研究见下表。

试验项目	浓度	效果说明
对角质层细胞增殖的促进	20μmol/L	促进率:129.1(空白 100)
纤维芽细胞培养对 ATP 生成的促进	0.1%	促进率:135.5(空白 100)
SLS 法测定对细胞凋亡的抑制	5%	细胞存活度的增加:37.8%
电导法测定对角质层含水量提高的促进	3%	促进率:112.5(空白 100)

化妆品中应用

肌醇具有生物素和维生素 B_1 作用,对皮肤有营养、保湿和调理功能,能增加皮肤的光泽;其保湿能力等同甘油,高浓度使用不致产生与甘油样的黏感;肌醇的经皮渗透性好,也能促进其他成分的渗透,可用作活肤类膏霜和生发水的助剂。

肌动蛋白(Actin)

肌动蛋白(Actin)是细胞的一种重要骨架蛋白,存在于所有的真核细胞内。在细胞分泌、吞噬、移动、胞质流动和胞质分离等过程中起重要作用。肌动蛋白有若干个构型,如 β-Actin 是横纹肌肌纤维中的一种主要蛋白质成分,也是肌肉细丝及细胞骨架微丝的主要成分。具有收缩功能,它广泛分布于细胞浆内,约由 375 个氨基酸组成,分子量大小为 42~43kDa,细胞核内肌动蛋白的浓度可高达 5μg/mL。水解肌动蛋白(Hydrolyzed actin)是用蛋白酶水解肌动蛋白为小分子肽的产物。

组成

肌动蛋白中各重要氨基酸的含量见下表。

单位：%

氨基酸名	摩尔分数	氨基酸名	摩尔分数
天冬氨酸	6.12	谷氨酸	3.19
丝氨酸	6.91	半胱氨酸	1.86
缬氨酸	6.12	蛋氨酸	4.26
组氨酸	2.39	苯丙氨酸	3.19
甘氨酸	7.45	异亮氨酸	7.18
苏氨酸	6.38	亮氨酸	7.45
丙氨酸	7.71	赖氨酸	5.05
精氨酸	4.52	脯氨酸	5.05
酪氨酸	4.26	谷酰胺	7.18
天冬酰胺	2.39	色氨酸	1.33

理化性质

水解肌动蛋白为类白色粉末，可溶于水。CAS 号为 51005-14-2。

安全管理情况

国家食品药品监督管理总局 2014 年发布的《关于已使用化妆品原料名称目录的公告》、CTFA 和中国香化协会 2010 年版的《国际化妆品原料标准中文名称目录》都将水解肌动蛋白作为化妆品原料，未见它外用不安全的报道。

化妆品中应用

水解肌动蛋白能迅速被皮肤吸收，是营养性助剂，可用于保湿、补水、抗皱等护肤品。

肌苷（Inosine）

肌苷（Inosine）是机体内 ATP、辅酶 A、核糖核酸及脱氧核糖核酸的组成部分，参与机体的物质代谢和能量代谢。肌苷现以发酵法制取。

化学结构

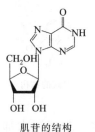

肌苷的结构

理化性质

肌苷为白色针状结晶,熔点 212~213℃,20℃时 100mL 水溶解 2.1g 产品,微溶于稀盐酸和氢氧化碱溶液,极微溶于乙醇,在稀无机酸中易水解产生次黄嘌呤和 D-核糖,比旋光度 $[\alpha]_D^{18}$:$-49.2°$($c=1$,H_2O)。肌苷的 CAS 号为 58-63-9。

安全管理情况

CTFA 将肌苷作为化妆品原料,中国香化协会 2010 年版的《国际化妆品原料标准中文名称目录》中列入,国家食品药品监督管理总局 2014 年发布的《关于已使用化妆品原料名称目录的公告》尚未列入,未见它外用不安全的报道。

药理作用

肌苷与化妆品相关的药理研究见下表。

试验项目	浓度	效果说明
对双氧水的消除	1mmol/L	消除率:70%
对白介素 IL-1 生成的抑制	10mmol/L	抑制率:42.1%
对白介素 IL-6 生成的抑制	100mg/kg	抑制率:29.1%
对白介素 IL-10 生成的抑制	100mg/kg	抑制率:56.0%
对金属蛋白酶 MMP-1 活性的抑制	30mmol/L	抑制率:19.2%
对金属蛋白酶 MMP-2 活性的抑制	30mmol/L	抑制率:15.3%

化妆品中应用

肌苷为人体的正常成分,为腺嘌呤的前体,能直接透过细胞膜进入体细胞,参与体内核酸代谢、能量代谢和蛋白质的合成,可用作营养性成分;肌苷有较广谱的抗炎性,可用作抗炎剂。

肌碱(Homarine)

肌碱(Homarine)也称龙虾肌碱,是一种生物碱的内盐,广泛分布于水产无脊椎动物中,尤其是甲壳动物中普遍含有,在一些食用菌如硫黄菌中也有存在。肌碱现可用生化法制取。

化学结构

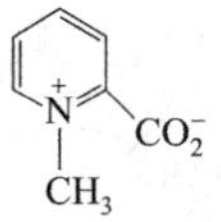

肌碱的结构

理化性质

肌碱为白色结晶,易溶于水,难溶于大部分有机溶剂。肌碱的 CAS 号为

445-30-7。

安全管理情况

国家食品药品监督管理总局2014年发布的《关于已使用化妆品原料名称目录的公告》中将肌碱作为化妆品原料,CTFA和中国香化协会2010年版的《国际化妆品原料标准中文名称目录》中没有列入。未见它外用不安全的报道。

药理作用

肌碱与化妆品相关的药理研究见下表。

试验项目	浓度	效果说明
细胞培养对皮肤角质层细胞增殖的促进	0.054%	促进率:116(空白100)
细胞培养对成纤维细胞增殖的促进	20μmol/L	促进率:127.0(空白100)

化妆品中应用

肌碱对纤维芽细胞等的活性有很好的促进,有活肤作用,与保湿类协同效果更好,可用于抗衰化妆品。

肌酸 (Creatine)

肌酸 (Creatine) 又名甲胍基乙酸,由精氨酸、甘氨酸和蛋氨酸微前体在人体肝脏、肾脏和胰腺中合成。95%存在于骨骼肌中,仅5%存在于其他部位。肌酸可从动物肌肉中提取,但由于含量低,提取费用太过昂贵,现均可以人工合成。

化学结构

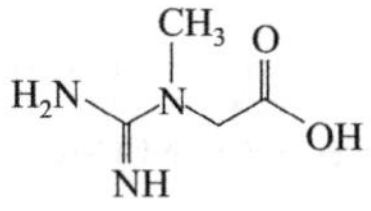

肌酸的结构

理化性质

肌酸为白色晶体,1g可溶于75mL水,微溶于酒精,1g溶于9L酒精,不溶于乙醚。肌酸的CAS号为57-00-1。

安全管理情况

国家食品药品监督管理总局2014年发布的《关于已使用化妆品原料名称目录的公告》、CTFA和中国香化协会2010年版的《国际化妆品原料标准中文名称目录》都将肌酸作为化妆品原料,未见它外用不安全的报道。

药理作用

肌酸与化妆品相关的药理研究见下表。

试验项目	浓度	效果说明
对 ASC 氧自由基的消除	20mmol/L	相当于 11.6μmol/L 的 Trolox
对超氧自由基的消除	20mmol/L	相当于 68.4 单位的 SOD
成纤维细胞培养对原胶原蛋白生成的促进	240μg/mL	促进率:148(空白 100)
细胞培养对 0.3mmol/L 双氧水存在下对细胞凋亡的抑制	10mmol/L	抑制率:36.1%
对 TNF-α 生成的抑制	5mmol/L	抑制率:31.5%
细胞培养对 ICAM-1 发现的抑制	0.5mmol/L	抑制率:39.9%

化妆品中应用

　　肌酸的生理功能主要是参与生物体内 ATP 的转化，满足人体在运动时对高能量的需要，是常用的营养剂。肌酸可作用于毛囊的线粒体细胞，有活化功能，可促进角蛋白的合成，能预防和治疗男性的脱发；肌酸的氨基能与毛发中氨基酸的阴离子侧链结合，而其羧基与毛发中的碱性侧链结合，能增强毛发的韧性和强度，可用于头发的调理性产品中；肌酸能在皮肤细胞的 DNA 合成体的转变和 DNA 的修复时起作用，因此有良好的抗炎性，能有效的预防和治疗因紫外线照射所引起的皮肤老化和损伤，促进皮肤再生，能防止皮肤干燥，减轻敏感性皮肤的瘙痒或其他莫名不适症状，加速受损皮肤的愈合。肌酸易于配方，与所有的化妆品助剂都可复配使用。

肌肽（Carnosine）

　　肌肽（Carnosine）是由丙氨酸和组胺酸组成的二肽，为动物肌肉细胞中非蛋白质的含氮化学成分，肌肽能用沸水从磨碎的肌肉（家禽肉）中提取。

化学结构

$$NH_2CH_2CH_2-\overset{O}{\underset{}{C}}-NHCHCH_2-\bigcirc$$
$$\overset{}{\underset{}{COOH}}$$

肌肽的结构

理化性质

　　肌肽为无色结晶，熔点 246～250℃（分解），能溶于水，显碱性，不溶于醇，比旋光度 $[α]$：+21.9°（1%，水溶液）。肌肽的 CAS 号为 305-84-0。

安全管理情况

　　国家食品药品监督管理总局 2014 年发布的《关于已使用化妆品原料名称目录的公告》、CTFA 和中国香化协会 2010 年版的《国际化妆品原料标准中文名称目录》都将肌肽作为化妆品原料，未见它外用不安全的报道。

药理作用

　　肌肽与化妆品相关的药理研究见下表。

试验项目	浓度	效果说明
对胡萝卜素氧化的抑制	100mmol/L	抑制率:28.4%
对成纤维细胞在4mmol/L双氧水作用下的保护作用	0.05%	保护率:37.6%
对成纤维细胞在100mmol/L的AAPH作用下的保护作用	100×10^{-6}	保护率:76.8%
50Gy剂量X射线下对DNA的保护	1.0mmol/L	保护率:66.0%
对弹性蛋白酶活性的抑制	$50\mu g/mL$	抑制率:25%
成纤维芽细胞培养对胶原蛋白生成的促进	$10\mu g/mL$	促进率:161.7(空白100)

化妆品中应用

　　肌肽在肌肉中的功能尚不清楚,有人认为肌肽与肌肉收缩机能的发展有关,也有人认为肌肽可促进氧化磷酸化作用,从而使肌肉积累更多的ATP和CP,有利于肌肉收缩。成纤维细胞在肌肽的稀水溶液中存活时间明显延长,这说明肌肽不仅是营养剂,同时又能促进细胞的新陈代谢,延缓衰老。药用膏霜中用入作为愈伤促进剂。肌肽能俘获游离氧自由基,特别有效地防止蛋白质类成分的氧化,有增白功能;与尿刊酸共用可预防光敏性皮炎;肌肽也易为皮肤、头发和头皮吸收,并有助渗作用;在发制品中使用,可软化头发,提高梳理性,控制头屑和祛痒。

积雪草酸(Asiatic acid)和积雪草苷(Asiaticoside)

　　积雪草酸(Asiatic acid)和积雪草苷(Asiaticoside)属三萜皂苷类化合物,均来源于伞形科植物积雪草(*Centella asiatica*)全草,该植物主产于长江以南区域,其中含皂苷1.1%~1.8%,积雪草酸及苷是主要有效成分,可从积雪草提取物中分离。

化学结构

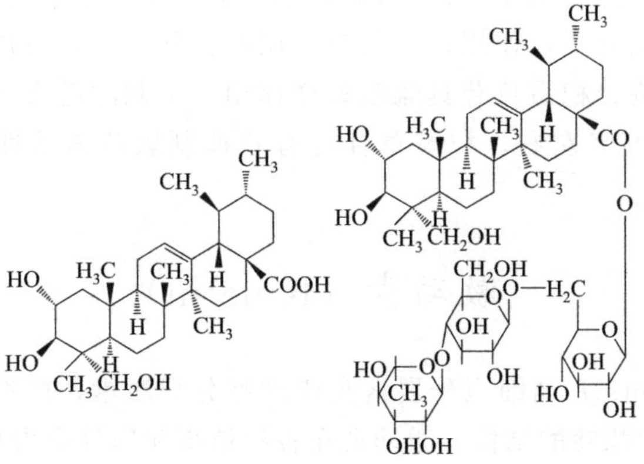

积雪草酸(左)和积雪草苷(右)的结构

理化性质

积雪草酸为针状结晶；积雪草苷为淡黄色至淡棕黄色的粉末，纯品微小针状结晶（60%甲醇），比旋光度 $[\alpha]_D^{22}$：14°（乙醇）。积雪草酸和积雪草苷的CAS号分别为 464-92-6 和 16830-15-2。

安全管理情况

国家食品药品监督管理总局2014年发布的《关于已使用化妆品原料名称目录的公告》、CTFA和中国香化协会2010年版的《国际化妆品原料标准中文名称目录》都将积雪草酸和积雪草苷作为化妆品原料，未见它们外用不安全的报道。

药理作用

积雪草酸有一定的抗菌性，对大肠杆菌、金黄色葡萄球菌和肺炎链球菌有抑制，但积雪草苷则无抗菌性。

积雪草酸和积雪草苷与化妆品相关的药理研究见下表。

试验项目	浓度	效果说明
人角质形成细胞培养积雪草苷对其增殖的促进	100μg/mL	促进率：116.1（空白100）
人成纤维细胞培养积雪草苷对其增殖的促进	50μg/mL	促进率：127.1（空白100）
积雪草酸对胶原蛋白生成的促进	10μmol/L	促进率：150（空白100）
积雪草苷对胶原蛋白生成的促进	10μmol/L	促进率：255（空白100）
积雪草苷对瘢痕成纤维细胞活力的抑制	0.5mg/mL	抑制率：59.7%
积雪草苷对小鼠耳朵肿胀的抑制	每耳0.5μmol	抑制率：45.1%

化妆品中应用

民间常用积雪草与地肤子、野菊配伍治疗湿疹和皮肤瘙痒，有抗菌作用。其机理估计是积雪草酸能溶解细菌的外层蜡膜从而被其他药物或机体防御组织所杀灭；积雪草酸及苷可供外用能促进伤口愈合，刺激肉芽发生，促使表皮角质化或表皮再生，并有助于生成结缔组织；与磷脂类物质配合使用效果更好，对消除面部青春痘有明显作用，对调节皮层的新陈代谢，对皮肤的呼吸及生物合成没有显著影响；积雪草苷具雌激素样作用，可刺激毛发的生长速度，可用于发水，用量0.05%左右。积雪草苷可有效抑制黑色素活性，在护肤品中使用有美白效果。

激动素（Kinetin）

激动素（Kinetin）属细胞分裂素类或细胞分裂激素，微量存在于植物种子的胚胎中，具有腺嘌呤的结构。激动素在各种植物和酵母中均有存在，现已能化学合成生产。

化学结构

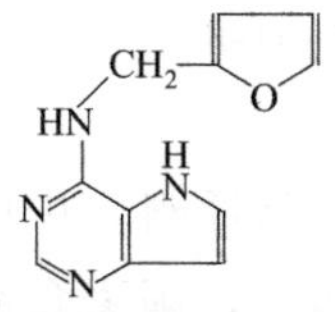

激动素的结构

理化性质

激动素为白色片状结晶（无水乙醇），熔点266～267℃，在220℃时升华，易溶于稀酸和稀碱，难溶于水、醇、醚和丙酮，紫外最大吸收波长为268nm。激动素的CAS号为525-79-1。

安全管理情况

国家食品药品监督管理总局2014年发布的《关于已使用化妆品原料名称目录的公告》、CTFA和中国香化协会2010年版的《国际化妆品原料标准中文名称目录》都将激动素作为化妆品原料，未见它外用不安全的报道。

药理作用

激动素与化妆品相关的药理研究见下表。

试验项目	浓度	效果说明
成纤维细胞培养对细胞增殖的促进	1μmol/L	促进率:181.1(空白100)
小鼠试验对UVB照射涂覆皮肤发红程度的抑制	0.1%	抑制率:33.3%

化妆品中应用

激动素是植物生长的调节剂，但在皮肤上使用，可促进皮层细胞的正常增值，又能抑制皮肤的非正常增值。皮肤非正常增值的症状主要表现为化学作用的皮肤角化症、脂溢性皮肤角化症、过敏变通性湿疹、粉刺、基底细胞癌、恶性溃疡等；有抗炎性，能加速损伤组织的愈合，适用于粉刺的治疗和预防；激动素与维生素C配合，可增加维生素C的稳定性和生理活性，相反维生素C也促进了激动素的功效；激动素有防晒功能。

激肽释放酶（Kallikrein）

激肽释放酶（Kallikrein，简称KLK）是丝氨酸蛋白酶中的一种，广泛存在于哺乳动物的器官和分泌物中。激肽释放酶有多种构型。来源不同，激肽释放酶的结构就不同；即使是同一来源，激肽释放酶也有多种构型。如人的汗液中，至少有八种KLK，有KLK5（又名人角质化层胰蛋白酶）、KLK6（又名丝氨酸蛋白水解酶9）、KLK8（又名丝氨酸蛋白水解酶19）、KLK10（又名丝氨酸蛋白水解酶1）、KLK11（又名类蛋白酶丝氨酸蛋白激酶9）、KLK13（又名类激肽释放酶 4)、KLK14（又名类激肽释放酶 6）等多种激肽释放酶。

激肽释放酶的 CAS 号为 9001-01-8。

安全管理情况

CTFA 将激肽释放酶作为化妆品原料，中国香化协会 2010 年版的《国际化妆品原料标准中文名称目录》中列入，国家食品药品监督管理总局 2014 年发布的《关于已使用化妆品原料名称目录的公告》尚未列入，未见它外用不安全的报道。

化妆品中应用

激肽释放酶 KLK6、KLK13、KLK14 可加速皮肤的新陈代谢，加速脱屑；KLK7 可提高皮肤的防卫屏障功能，维持皮脂膜的完整；激肽释放酶对涉及免疫功能相关的慢性皮肤炎症如干燥、多屑、过敏、瘙痒等起重要作用；激肽释放酶可促进神经胶质细胞迁移和抑制细胞凋亡，减少炎症细胞的侵润。

脊髓蛋白（Spinal protein）

脊髓是脊髓动物的最重要器官之一，脊髓由灰质和白质组成，灰质和白质中富含蛋白质。脊髓蛋白或脊髓蛋白质（Spinal protein）是脊髓流体中的一部分，它们都是中枢神经系统的重要成分。脊髓蛋白质的种类十分丰富，有一千多种。水解脊髓蛋白是用酶水解脊髓蛋白后成为小分子肽的产物。

化学结构

脊髓蛋白属碱性蛋白质，其中碱性氨基酸的含量高。

理化性质

水解脊髓蛋白为类白色冻干状粉末，可溶于水，不溶于乙醇和丙酮。

安全管理情况

CTFA 将水解脊髓蛋白作为化妆品原料，中国香化协会 2010 年版的《国际化妆品原料标准中文名称目录》中列入，国家食品药品监督管理总局 2014 年发布的《关于已使用化妆品原料名称目录的公告》尚未列入，未见它外用不安全的报道。

化妆品中应用

水解脊髓蛋白可用作高效营养剂。

甲基橙皮苷（Methyl hesperidin）

甲基橙皮苷（Methyl hesperidin）属二氢黄酮类化合物，微量在橘皮、橙皮等中存在，与橙皮苷伴存。甲基橙皮苷现以橙皮苷为原料进行修饰合成。

化学结构

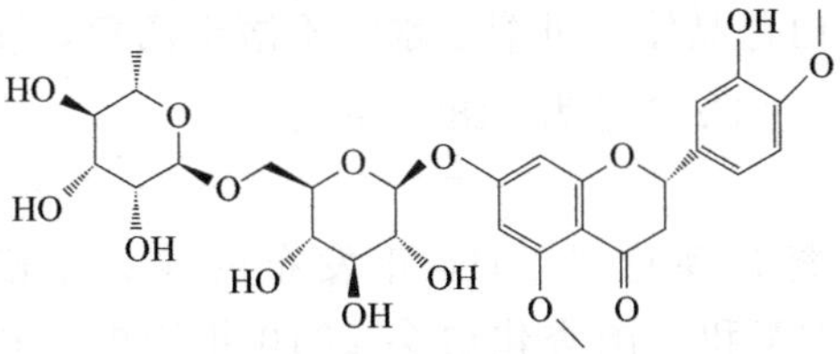

甲基橙皮苷的结构

理化性质

甲基橙皮苷为黄色或淡黄色结晶性粉末,有特臭,味微苦,有强吸湿性。甲基橙皮苷在水中溶解性较橙皮苷好,在乙醇、丙酮中极微溶解,在乙醚中不溶,在265~295nm之间有强烈的紫外吸收峰。甲基橙皮苷的CAS号为11013-97-1。

安全管理情况

CTFA将甲基橙皮苷作为化妆品原料,中国香化协会2010年版的《国际化妆品原料标准中文名称目录》中列入,国家食品药品监督管理总局2014年发布的《关于已使用化妆品原料名称目录的公告》尚未列入,未见它外用不安全的报道。

药理作用

甲基橙皮苷与化妆品相关的药理研究见下表。

试验项目	浓度	效果说明
对羟基自由基的消除	25μg/mL	消除率:25.7%
斑贴试验对皮肤角质层代谢速度的促进	1.0%	促进率:7.9%(与空白比较)
皮肤施用对角质层的含水量的促进	2.0%	促进率:160(空白100)
涂覆对小鼠毛发生长的促进	0.5%	促进率:119.4(空白100)

化妆品中应用

甲基橙皮苷有抗氧性,具有维生素P样的效能;可促进皮肤的新陈代谢,并有保湿功能;与维生素C衍生物配合可改善头皮毛细血管的血流量,有利于促进头发的生长。

N-甲基丝氨酸(N-Methylserine)

N-甲基丝氨酸(N-Methylserine)是一种特殊的α-氨基酸,可见于海生鱼类中。现N-甲基丝氨酸可以丝氨酸为原料经化学合成法制取。

化学结构

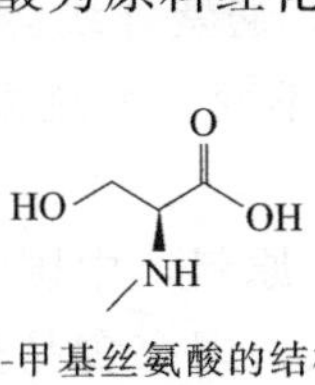

N-甲基丝氨酸的结构

理化性质

N-甲基丝氨酸为白色晶体,可溶于水,不溶于乙醇,$[\alpha]_D^{20}$:+6.2°($c=1$,水中)。N-甲基丝氨酸的 CAS 号为 2480-26-4。

安全管理情况

国家食品药品监督管理总局 2014 年发布的《关于已使用化妆品原料名称目录的公告》、CTFA 和中国香化协会 2010 年版的《国际化妆品原料标准中文名称目录》都将 N-甲基丝氨酸作为化妆品原料,未见它外用不安全的报道。

药理作用

N-甲基丝氨酸与化妆品相关的药理研究见下表。

试验项目	浓度	效果说明
人成纤维细胞培养对氨基葡聚糖生成的促进	5mmol/L	促进率:1338(空白 100)
斑贴试验对角质层代谢速度的促进	1.0%	促进率:14.9%(与空白比较)

化妆品中应用

N-甲基丝氨酸是一营养成分,可促进细胞的调节和代谢;N-甲基丝氨酸有丝氨酸样作用,对皮肤有保湿功能。

甲硫腺苷(Methylthioadenosine)

甲硫腺苷(Methylthioadenosine)是腺苷的衍生物,天然存在于所有哺乳动物的各类组织中,参与多种生化活动。现由面包酵母发酵制取。

化学结构

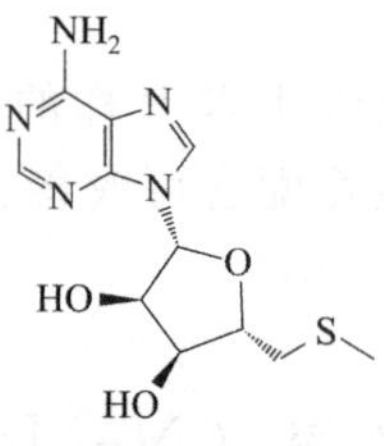

甲硫腺苷的结构

理化性质

甲硫腺苷为白色至微黄色粉末,熔点 210~213℃,溶于水和乙醇,不溶于油脂,在 pH 值 12 以上时会分解,遇紫外线会变质,耐热性优良,在 pH 值 3~7 范围内 130℃下加热 10min 稳定不变。甲硫腺苷的 CAS 号为 2457-80-9。

安全管理情况

CTFA 将甲硫腺苷作为化妆品原料,中国香化协会 2010 年版的《国际化妆品原料标准中文名称目录》中列入,国家食品药品监督管理总局 2014 年发布的

《关于已使用化妆品原料名称目录的公告》尚未列入，未见它外用不安全的报道。

药理作用

甲硫腺苷有抗菌性，对口腔致病菌如变异链球菌、黏放线菌、内氏放线菌、牙龈二氧化碳嗜纤维菌和具核羧杆菌的 MIC 分别为 63μg/mL、63μg/mL、32μg/mL、125μg/mL 和 500μg/mL。抑菌圈研究中，300μg 的甲硫腺苷对金黄色葡萄球菌、绿脓杆菌的抑菌直径均为 18mm。

甲硫腺苷与化妆品相关的药理研究见下表。

试验项目	浓度	效果说明
对 B-16 黑色素细胞活性的促进	0.02%	促进率：450（空白 100）
对多巴酶活性的促进	0.02%	促进率：200（空白 100）
在 UV 照射下对红斑形成的抑制	0.5%	抑制率：58.1%（与空白比较）

化妆品中应用

甲硫腺苷对口腔致病菌有广谱的抑制作用，可在牙膏中使用防治蛀牙；涂覆能促进黑色素的生成，可用于晒黑护肤品，也可在护发素中使用，防治灰发。

甲萘醌（Menadione）

甲萘醌（Menadione）即维生素 K_3，在动物的多种器官中都有存在，但含量普遍不高，只在肾上腺、肾、骨髓中含量稍高。甲萘醌基本以化学法合成。

化学结构

甲萘醌的结构

理化性质

甲萘醌为嫩黄色结晶，熔点 105～107℃，有极微辛辣的气味。在空气中稳定，在日光中分解。1g 甲萘醌可溶于约 60mL 乙醇、10mL 苯、50mL 植物油，溶于氯仿和四氯化碳，不溶于水，紫外最大吸收波长为 270nm 和 328nm。甲萘醌的 CAS 号为 58-27-5。

安全管理情况

国家食品药品监督管理总局 2014 年发布的《关于已使用化妆品原料名称目录的公告》、CTFA、欧盟和中国香化协会 2010 年版的《国际化妆品原料标准中文名称目录》都将甲萘醌作为化妆品原料，未见它外用不安全的报道。

药理作用

甲萘醌有抗菌性，对大肠杆菌、绿脓杆菌、金黄色葡萄球菌、白色念珠菌、黑色弗状菌、丙酸痤疮杆菌和皮屑芽孢菌的 MIC 分别为 4.0μg/mL、4.0μg/mL、2.0μg/mL、64.0μg/mL、4.0μg/mL、2.0μg/mL 和 16.0μg/mL。

甲萘醌与化妆品相关的药理研究见下表。

试验项目	浓度	效果说明
对酪氨酸酶活性的抑制	5μmol/L	抑制率:27.4%

化妆品中应用

在生物体内，甲萘醌常常作为电子传递者参与生物的多项进程。甲萘醌在 UVB 区有强烈吸收，可用于防晒类产品；甲萘醌有广谱的抑菌性，对痤疮、皮肤蜂窝组织炎等疾患有防治作用；在发水中用入可抑制头屑的生成；甲萘醌还有增白皮肤的作用。

甲瓦龙酸（Mevalonic acid）

L-甲瓦龙酸（Mevalonic acid）在所有的生物体内都有存在，参与各种生化活动。甲瓦龙酸虽在生物体内广泛存在，但含量不大，现均通过发酵法制取，菌种如 *Saccharomycopsis fibuligera*，*Eudomycopsis fibuligera* 等。合成商品为 DL 消旋形，生理活性不大。

化学结构

甲瓦龙酸的结构

理化性质

甲瓦龙酸极易形成内酯形，有吸湿性，内酯的熔点为 28℃，沸点 110℃/0.1mmHg，易溶于水、醇和醚，能溶于氯仿。甲瓦龙酸的 CAS 号为 674-26-0。

安全管理情况

国家食品药品监督管理总局 2014 年发布的《关于已使用化妆品原料名称目录的公告》、CTFA 和中国香化协会 2010 年版的《国际化妆品原料标准中文名称目录》都将甲瓦龙酸作为化妆品原料，未见它外用不安全的报道。

药理作用

甲瓦龙酸与化妆品相关的药理研究见下表。

试验项目	浓度	效果说明
斑贴试验对角质层代谢速度的促进	1%	促进率:107.5(空白 100)
对药效成分经皮渗透的促进	0.1%	促进率:117.6(空白 100)

化妆品中应用

甲瓦龙酸是生物合成中胆甾醇类化合物的母体，是细胞生长发育的必需的生物活素，生物合成路线如：甲瓦龙酸→金合欢醇（Farnesol）→角鲨烯（Squalene）→羊毛脂醇（Lanosterol）→胆甾醇（Cholesterol）→强心苷及其他甾体化合物。甲瓦龙酸在细胞分裂、DNA复制、成纤维细胞的形成上都有十分重要的作用，因此也有活化细胞性能。可显著抑制酪氨酸酶和黑色素活性，护肤品中与维生素、多肽、曲酸合用效果更好，甲瓦龙酸的渗透性好，有利于皮层的深层次保湿，可用于预防和治疗皮肤老化。

碱性磷酸酯酶（Alkaline phosphatase）

碱性磷酸酯酶（Alkaline phosphatase）是一种糖蛋白，存在于动物血液、肝、骨、小肠等组织中，人的胎盘中有高含量的碱性磷酸酯酶。碱性磷酸酯酶的性质和结构与其来源有关，但并没有根本性的区别。碱性磷酸酯酶一般意义是催化磷单酯水解。碱性磷酸酯酶可以小牛小肠黏膜为原料提取。

理化性质

碱性磷酸酯酶为白色冻干粉或3.2mol/L硫酸铵的悬浮液，可溶于水和稀缓冲液，等电点pH为5.7，最适pH为8.0～10.5（视底物而定）。碱性磷酸酯酶的CAS号为9001-78-9。

安全管理情况

CTFA将碱性磷酸酯酶作为化妆品原料，中国香化协会2010年版的《国际化妆品原料标准中文名称目录》中列入，国家食品药品监督管理总局2014年发布的《关于已使用化妆品原料名称目录的公告》尚未列入，未见它外用不安全的报道。

药理作用

碱性磷酸酯酶与化妆品相关的药理研究见下表。

试验项目	浓度	效果说明
纤维芽细胞培养人胎盘碱性磷酸酯酶对DNA生成的促进	200mmol/L	促进率：156.6（空白100）
角质形成细胞培养人胎盘碱性磷酸酯酶对DNA生成的促进	200mmol/L	促进率：171.7（空白100）
对B-16黑色素细胞活性的抑制	15mg/kg	抑制率：14.9%

化妆品中应用

碱性磷酸酯酶可激活表皮细胞的活性，促进细胞增殖，加速新陈代谢，有活肤和抗衰作用；在皮肤伤口处施用，可减少愈合伤口的时间。

姜黄素（Curcumin）和脱甲氧基姜黄素（Demethoxycurcumin）

姜黄素（Curcumin）和脱甲氧基姜黄素（Demethoxycurcumin）是姜黄

(*Curcumalonga*)、郁金（*C. aromatica*）干燥块茎中的色素成分，姜黄素在姜黄根茎中约含 4％、脱甲氧基姜黄素含 0.5％左右。姜黄素和脱甲氧基姜黄素由姜黄或郁金块茎为原料提取。

化学结构

姜黄素的结构

理化性质

姜黄素为橙黄色结晶状粉末，熔点 183℃，不溶于水及乙醚，溶于乙醇和冰醋酸、稀碱水溶液，紫外吸收特征波长（吸光系数）为 430nm（50100）。姜黄素和脱甲氧基姜黄素的 CAS 号分别为 458-37-7 和 22608-11-3。

安全管理情况

CTFA 将姜黄素和脱甲氧基姜黄素作为化妆品原料，中国香化协会 2010 年版的《国际化妆品原料标准中文名称目录》中列入，国家食品药品监督管理总局 2014 年发布的《关于已使用化妆品原料名称目录的公告》仅列入姜黄素，未见它们外用不安全的报道。

药理作用

姜黄素有抗菌性，对金黄色葡萄球菌有较强的抗菌效果。

姜黄素和脱甲氧基姜黄素与化妆品相关的药理研究见下表。

试验项目	浓度	效果说明
姜黄素对自由基 DPPH 的消除		半消除量 EC_{50}：70.25μmol/L
姜黄素对黄嘌呤氧化酶活性的抑制		半消除量 EC_{50}：(87.7±0.4)μmol/L
姜黄素对 NO 生成的抑制	100μg/mL	抑制率：47.2％
姜黄素对羟基自由基的消除	2.5μmol/L	消除率：87.9％
姜黄素对脂质过氧化的抑制	10.0μmol/L	消除率：53.6％
姜黄素对 5-脂氧合酶活性的抑制	2.5μmol/L	抑制率：24.4％
姜黄素对酪氨酸酶活性的抑制	50μmol/L	抑制率：51.8％
脱甲氧基姜黄素对酪氨酸酶活性的抑制	50μmol/L	抑制率：51.8％
姜黄素对脂肪酶活性的抑制		半抑制量 IC_{50}：10×10^{-6}
姜黄素对 MMP-1 酶活性的抑制	0.005％	抑制率：100％
姜黄素对 MMP-3 酶活性的抑制	0.005％	抑制率：95％
姜黄素对 MMP-9 酶活性的抑制	0.005％	抑制率：100％
姜黄素对 NF-α 生成的抑制	10.0μmol/L	抑制率：21.3％
姜黄素对 5α-还原酶活性的抑制	0.1％	抑制率：98.2％
脱甲氧基姜黄素对 5α-还原酶活性的抑制	0.1％	抑制率：100％

化妆品中应用

姜黄素可用作食用和化妆品色素，在中性及偏酸性溶液中为黄色，在偏碱性溶液中为棕红色，可作为发用染料的补色剂，其着色力比所有合成色优越。姜黄素为高度共轭的1,3-二酮型结构，该种结构的化合物都能显著吸收紫外线，兼有抑制酪氨酸酶作用，姜黄素作增白剂在扶用品中用量为0.2%左右；姜黄素有广谱的抗氧性，有抗衰作用；姜黄素对MMP系列酶活性的抑制，显示具抗炎作用；姜黄素对5α-还原酶活性的抑制说明其可促进毛发生长，并抑制脂溢性皮炎。

胶原蛋白（Collagen）

胶原蛋白（Collagen）、水解胶原蛋白（Hydrolyzed collagen）、原胶原蛋白（Procollagen）和可溶性胶原蛋白（Soluble collagen）都属于硬蛋白类，它们基本结构相似。

胶原蛋白都由三条α-肽链互相拧成三股螺旋构型的纤维状蛋白质，主要由甘氨酸、脯氨酸和羟脯氨酸按此有序排列而成，相对分子质量在3×10^5左右。根据胶原蛋白中α-肽链结构组成的差别，有多种型态。胶原蛋白Ⅰ型存在于真皮、肌腱等；胶原蛋白Ⅱ型存在于软骨；胶原蛋白Ⅲ型存在于婴儿的皮肤、大血管、胃肠；胶原蛋白Ⅳ型存在于胎盘、晶状体。

水解胶原蛋白是将胶原蛋白进行水解后的产物，由氨基酸和肽组成；原胶原蛋白即新生成的胶原蛋白，结构相当于胶原蛋白Ⅲ型，分子量较胶原蛋白小；可溶性胶原蛋白即在水溶液中有相当的溶解性，在水中的溶解度在0.3%～1%，胶原蛋白Ⅲ型和胶原蛋白Ⅳ型属于可溶性胶原蛋白。胶原蛋白的CAS号为9007-34-5。

化学结构

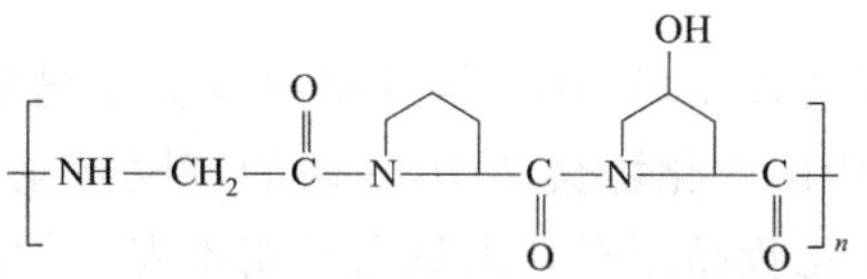

胶原蛋白主要氨基酸排列顺序——甘氨酰-脯氨酰-羟脯氨酰-

安全管理情况

国家食品药品监督管理总局2014年发布的《关于已使用化妆品原料名称目录的公告》、CTFA、欧盟和中国香化协会2010年版的《国际化妆品原料标准中文名称目录》都将胶原蛋白、水解胶原蛋白、原胶原蛋白都作为化妆品原料，未见它们外用不安全的报道。

药理作用

胶原蛋白与化妆品相关的药理研究见下表。

试验项目	浓度	效果说明
Ⅲ型胶原蛋白对成纤维细胞增殖的促进	0.5mg/mL	促进率:120(空白 100)
Ⅰ型胶原蛋白对成纤维细胞增殖的促进	0.5mg/mL	促进率:104(空白 100)
涂覆胶原蛋白水解物对皮肤含水量的促进	3%	促进率:178.3(空白 100)
胶原蛋白水解物对人头发的护理	5%	头发破断减少率:5.0%
胶原蛋白水解物对人头发张力强度的促进	5%	促进率:107.0 空白 100
双氧水处理头发时胶原蛋白水解物对人头发张力强度的促进	5%	促进率:431.8 空白 100

化妆品中应用

胶原蛋白有良好的渗透性和保湿力,主要应用于愈疤、抗皱、皮肤粗糙患者的调理剂。胶原蛋白及其水解物配伍性强,可与许多功能性成分配合以提高它们的功效;在发水中使用可有效护理头发。

鲛肝醇（Chimyl alcohol）

鲛肝醇（Chimyl alcohol）存在于鲛鱼肝油中,也在牛和猪睾丸中存在。鲛肝醇有天然提取物,从牛和猪睾丸中提取,也有全合成品,合成品为消旋物。

化学结构

鲛肝醇的结构

理化性质

鲛肝醇为白色片状晶体,熔点 64℃,沸点 445.2℃/760mmHg,可溶于丙酮、己烷和氯仿。$[\alpha]_D^{20}$：$+3°$（$c=1.16$,在氯仿中）。鲛肝醇的 CAS 号为 506-03-6。

安全管理情况

国家食品药品监督管理总局 2014 年发布的《关于已使用化妆品原料名称目录的公告》、CTFA 和中国香化协会 2010 年版的《国际化妆品原料标准中文名称目录》都将鲛肝醇作为化妆品原料,未见它外用不安全的报道。

药理作用

鲛肝醇与化妆品相关的药理研究见下表。

试验项目	浓度	效果说明
涂覆对小鼠毛发生长的促进	0.8%	毛发再生面积的增长率:140(空白 100)

化妆品中应用

鲛肝醇有表面活性剂样性能,作用与单甘酯相似,能稳定乳状液,也适宜配制液晶型的化妆品;在乳状液中使用,可避免配方中易结晶的物质析出;鲛肝醇是一营养物质，有护理皮肤和毛发的作用。

角叉胶（Carrageenan）

角叉胶（Carrageenan）又称卡拉胶，是由 α-D-半乳吡喃糖硫酸酯、脱水半乳糖和其他结构近似的衍生物组成的杂多糖。由于硫酸酯的位置和相邻二单糖间苷键连接方式不同，角叉胶有 κ、λ 和 ι 三种构型。角叉胶广泛存在于海洋藻类植物中，如红藻（*Rhodophyceae*）、红舌藻（*Rhodaglossum affine*）、沙菜（*Hypneaceae*）等，各个构型的角叉胶在不同藻类中的含量不相同。化妆品中使用的是角叉胶的盐类衍生物角叉胶钙、角叉胶钠和角叉胶钾，将角叉胶水溶液和相应的氯化盐混合即可，如 ι-角叉胶与氯化钙的重量配比 1∶0.2 混合成为 ι-角叉胶钙；κ-角叉胶与氯化钾的重量配比 1∶0.3 混合成为 κ-角叉胶钾等。

化学结构

角叉胶 κ 型（上左）、λ 型（上右）和 ι 型（下）的结构

理化性质

角叉胶为白色或淡黄色无定形粉末，相对分子质量在 100 万以上。在热水中所有类型的角叉胶都能溶解；在冷水中，λ 型角叉胶溶解，而 κ 和 ι 型的角叉胶钠盐也能溶解，但 κ 型的钾盐只能吸水膨胀，而不能溶解。角叉胶不溶于甲醇、乙醇、异丙醇和丙酮等有机溶剂，但可溶于多元醇化合物如甘油、聚乙二醇、山梨醇的水溶液，形成高黏度体系。这种胶体与汉生胶形成的胶体流变性不同，属于触变胶体，即在触变点前后，体系的黏度有很大的变化。角叉胶钠的 CAS 号为 9061-82-9。

安全管理情况

CTFA、欧盟将角叉胶钠、角叉胶钾和角叉胶钙都作为化妆品原料，中国香化协会 2010 年版的《国际化妆品原料标准中文名称目录》中也都列入，国家食品药品监督管理总局 2014 年发布的《关于已使用化妆品原料名称目录的公告》仅列入角叉胶钠和角叉胶钙。有部分人对角叉胶有过敏，但未见角叉胶盐外用不

安全的报道。

化妆品中应用

角叉胶盐由于能提供黏稠的连续凝胶相而广泛用作助乳化剂，特别适用于液固分散体系和气液分散体系，前者可维持固体精细粉末在胶体中的稳定性，如牙膏和洗粉；后者可提高泡沫的稳定性，如剃须膏；应用角叉胶的日化用品手感柔滑但不油腻，易于漂洗；可直接以细粉形态或与甘油合用作为肤用品中的润湿剂；与洗涤剂和表面活性剂配合使用可减少它们对皮肤的伤害，避免皮肤的粗糙，有柔滑作用。角叉胶盐有良好的成膜性，在喷发胶中使用，毛发无僵硬感，梳理容易，保持力长。角叉胶与非离子表面活性剂结合，有助于提高发胶的保留能力。角叉胶有抗菌性，如 κ-角叉胶对大肠杆菌、金黄色葡萄球菌的 MIC 为 1mg/mL 和 5mg/mL。

角蛋白（Keratin）

角蛋白（Keratin）为动物角、蹄、趾、爪、毛发的主要成分，富含胱氨酸和半胱氨酸，相当于硫含量 2%～5.7%。角蛋白肽链是 α 型螺旋状结构，此螺旋以三股或七股并列交织拧成缆绳状，并且通过许多二硫键得以加固。水解角蛋白 Hydrolyzed keratin 是将角蛋白以酸、碱或酶水解的产物，都为多肽类制品，相对分子质量 300～4000，制成 20%～25%有效物的溶液。

鸡羽毛可溶性角蛋白的氨基酸组成见下表。

单位：%

氨基酸名称	摩尔分数	氨基酸名称	摩尔分数
天门冬氨酸 Asp	5.56	胱氨酸 Cys	4.79
谷氨酸 Glu	7.1	缬氨酸 Val	6.03
丝氨酸 Ser	8.47	蛋氨酸 Met	0.52
组氨酸 His	1.14	苯丙氨酸 Phe	3.88
甘氨酸 Gly	5.94	异亮氨酸 Ile	3.58
苏氨酸 Thr	3.62	亮氨酸 Leu	6.59
丙氨酸 Ala	3.82	赖氨酸 Lys	1.82
精氨酸 Arg	5.52	脯氨酸 Pro	8.01
酪氨酸 Tyr	2.28		

理化性质

角蛋白一般不溶于水、稀碱、稀酸和有机溶剂，可以微细粉状、全部水解液和部分水解液三种形式用入化妆品，其中以部分水解液这类产品应用较多。角蛋白的 CAS 号为 68238-35-7。

安全管理情况

国家食品药品监督管理总局 2014 年发布的《关于已使用化妆品原料名称目

录的公告》、CTFA、欧盟和中国香化协会 2010 年版的《国际化妆品原料标准中文名称目录》都将角蛋白和水解角蛋白作为化妆品原料，未见它们外用不安全的报道。

药理作用

水解角蛋白与化妆品相关的药理研究见下表。

试验项目	浓度/%	效果说明
对脂质过氧化的抑制	5	抑制率：67.8%
护发施用对人头发保持水分能力的促进	7	促进率：200（空白 100）
梳理性测定对断发的抑制	5	抑制率：6.5%
对头发蜷曲程度的促进	2.5	促进率：4.9%

化妆品中应用

角蛋白水解物可广泛用作营养剂，能为皮肤吸收，提高皮肤角质层的持水能力；与维生素 B（Riboflavin）和脯氨酸等制成发水，对毛发有保护、增重和调理作用；在烫发剂中使用，可以缓解化学试剂对头发的伤害。

角鲨烷（Squalane）

角鲨烷（Squalane）属三萜类烷烃，在人体的皮脂中约含 5%。在动物界中主要与角鲨烯伴生存在于鲨鱼肝油中，在一些植物的种子内如丝瓜籽、橄榄油内也有多量的角鲨烷，原料来自动物的称为动物角鲨烷，来自植物的为植物角鲨烷，现角鲨烷的产品中，植物角鲨烷的比例越来越多。动物角鲨烷是将鱼肝油加氢后蒸馏制得。

化学结构

角鲨烷的结构

理化性质

角鲨烷为无色透明油状黏稠液体，沸点 212～213℃/3mmHg，凝固点 −55℃，几乎无腥气，能与石油醚、苯、氯仿和四氯化碳混溶，为溶于甲醇、乙醇、丙酮和冰醋酸，不溶于水，化学性质稳定。角鲨烷的 CAS 号为 111-01-3。

安全管理情况

国家食品药品监督管理总局 2014 年发布的《关于已使用化妆品原料名称目录的公告》、CTFA、欧盟、日本和中国香化协会 2010 年版的《国际化妆品原料标准中文名称目录》都将角鲨烷作为化妆品原料，未见它外用不安全的报道。

化妆品中应用

角鲨烷对皮肤的亲和性好，无刺激，常用作基础化妆品的油性原料。角鲨烷可乳化性好，在洁面乳液、洁手液、去指甲油液、去眼影膏中用入，可促进皮肤的新陈代谢，缓和对皮肤的刺激性，对皮肤粗糙、皮屑增多等都有预防作用。

角鲨烯（Squalene）

角鲨烯（Squalene）是一种直链三萜多烯，存在于鲨鱼肝油的不皂化部分，一些植物油脂如橄榄油、茶籽油、丝瓜子油等中也有多量存在。在人体皮表脂质中，角鲨烯的含量为 6%～14%，在人头皮分泌的脂质中，角鲨烯的含量更高。除从深海鱼油中提取外，从橄榄油中提取角鲨烯是近来发展的工业方法。

化学结构

角鲨烯的结构

理化性质

角鲨烯为无色或淡黄色油状液体，熔点为 -75℃，沸点为 240～242℃（266.6Pa），折射率为 1.494～1.499，吸收氧变成黏性如亚麻油状，几乎不溶于水，易溶于乙醚、丙酮、石油醚，微溶于醇和冰乙酸。角鲨烯容易聚合，受酸的影响则环合生成四环鲨烯。角鲨烯的 CAS 号为 111-02-4。

安全管理情况

国家食品药品监督管理总局 2014 年发布的《关于已使用化妆品原料名称目录的公告》、CTFA、欧盟、日本和中国香化协会 2010 年版的《国际化妆品原料标准中文名称目录》都将角鲨烯作为化妆品原料，未见它外用不安全的报道。

药理作用

角鲨烯对白癣菌、大肠杆菌、绿脓杆菌、金黄色葡萄球菌和白色念珠菌等都有杀灭和抑制作用。

角鲨烯与化妆品相关的药理研究见下表。

试验项目	浓度	效果说明
对超氧歧化酶活性(SOD)的促进	20μL	促进率:160.9(空白 100)
对过氧化氢酶活性的促进	20μL	促进率:314.8(空白 100)
涂覆对皮肤刺激值的抑制	2%	抑制率:41%（与空白比较）

化妆品中应用

角鲨烯属动物性油，在皮肤上渗透性好，可加速其新陈代谢并软化皮肤，常用作营养性助剂；可与任何活性物配伍，如与磷脂类先组成脂质体，则护肤性能更好；在化妆品中常与维生素类成分配伍；也可用于发用洗涤剂或染发剂，角鲨烯易被头发毛孔吸收，使头发经处理后不致太过干枯；角鲨烯的抗菌性适合于对痤疮等皮肤疾患的防治，还有抑制过敏的作用。

酵母蛋白（Yeast protein）

酵母中富含蛋白质，酵母蛋白（Yeast protein）的含量达 45%～49%。水解酵母蛋白（Hydrolyzed yeast protein）是用酶法将酵母蛋白水解为小分子肽的产物。

酵母蛋白氨基酸组成

见下表。

单位：%

氨基酸名	摩尔分数	氨基酸名	摩尔分数
天冬氨酸	0.2	谷氨酸	11.3
丝氨酸	4.8	胱氨酸	1.1
缬氨酸	5.4	蛋氨酸	1.2
组氨酸	3.0	苯丙氨酸	4.4
甘氨酸	4.8	异亮氨酸	4.5
苏氨酸	4.9	亮氨酸	7.6
丙氨酸	7.4	赖氨酸	7.0
精氨酸	4.8	脯氨酸	4.4
酪氨酸	3.5	色氨酸	1.4

理化性质

水解酵母蛋白为一类白色粉末，或一水溶液，前者溶于水。水解酵母蛋白的 CAS 号为 100684-36-4。

安全管理情况

国家食品药品监督管理总局 2014 年发布的《关于已使用化妆品原料名称目录的公告》、CTFA 和中国香化协会 2010 年版的《国际化妆品原料标准中文名称目录》都将水解酵母蛋白作为化妆品原料，未见它外用不安全的报道。

化妆品中应用

与水解大豆蛋白相比，水解酵母蛋白的吸水吸湿能力、吸油能力、起泡性和助乳化能力略低，水溶液黏度略大，能迅速被皮肤吸收，无油腻感，适合用作化妆品的护肤原料。

芥花油甾醇（Canola sterols）

芥花油甾醇（Canola sterols）是从芥花油中分离出的甾醇类化合物。芥花油取自十字花科芸苔属植物欧洲油菜（Brassica napus）的种子。芥花油以低芥酸、低饱和脂肪酸和高不饱和脂肪酸为特点，但其中的甾醇类化合物和组成与常见的植物甾醇区别不大。其理化性质、药理作用和在化妆品中的应用可参考植物甾醇条。

安全管理情况

国家食品药品监督管理总局2014年发布的《关于已使用化妆品原料名称目录的公告》中将芥花油甾醇作为化妆品原料，CTFA和中国香化协会2010年版的《国际化妆品原料标准中文名称目录》中没有列入。未见它外用不安全的报道。

芥酸（Erucic acid）

芥酸（Erucic acid）为一不饱和脂肪酸，在十字花科（Cruciferae）植物种子油脂中广泛存在，在白芥（*Brassica alba*）种子脂肪及菜籽油中，含量最高。芥酸可从菜籽油中分离提取。

化学结构

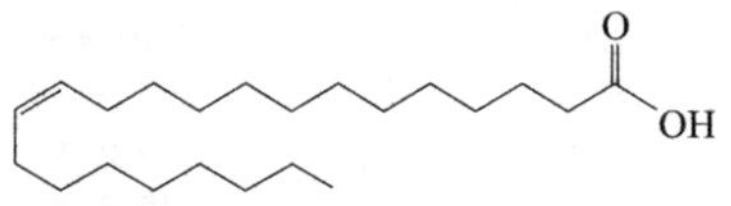

芥酸的结构

理化性质

芥酸为无色针状结晶，熔点33.8℃，极易溶于醚，能溶于乙醇和甲醇，不溶于水。碘值为74.98，中和值为165.72。芥酸的CAS号为112-86-7。

安全管理情况

CTFA将芥酸作为化妆品原料，中国香化协会2010年版的《国际化妆品原料标准中文名称目录》中列入，国家食品药品监督管理总局2014年发布的《关于已使用化妆品原料名称目录的公告》尚未列入，未见它外用不安全的报道。

药理作用

芥酸与化妆品相关的药理研究见下表。

试验项目	浓度	效果说明
对脂质过氧化的抑制		是同浓度的BHT的96%
对5α-还原酶活性的抑制	71.4μg/mL	抑制率：100%
涂覆对兔毛生长的促进	0.2%	促进率：110.5（空白100）

化妆品中应用

芥酸可用作化妆品的油基、润滑剂和表面活性剂；有一定的皮肤渗透性，低浓度能抑制睾丸激素5α-还原酶的活性，可预防男性脱发和头皮发痒，并促进头发生长；芥酸易为头发吸附，洗发香波中用入可减轻合成表面活性剂对头发的伤害。

金鸡纳霜碱（Quinine）

金鸡纳霜碱也称奎宁（Quinine），茜草科植物金鸡纳树及其同属植物的树皮中的主要生物碱。奎宁可以金鸡纳树树皮为原料提取。

化学结构

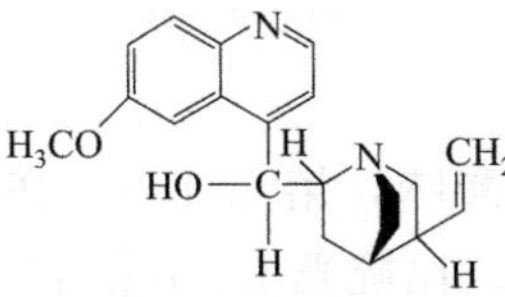

奎宁的结构

理化性质

奎宁为白色颗粒状或微晶性粉末，熔点 173℃，微溶于水和甘油，在乙醇、氯仿、乙醚中易溶。比旋光度 $[\alpha]_D^{20}$：$-172°$（$c=1$，乙醇）。奎宁的 CAS 号为 130-95-0。

安全管理情况

CTFA、欧盟将奎宁作为化妆品原料，中国香化协会 2010 年版的《国际化妆品原料标准中文名称目录》中列入，国家食品药品监督管理总局 2014 年发布的《关于已使用化妆品原料名称目录的公告》尚未列入。施用前需作斑贴试验，有局部外敷奎宁可发生接触性皮炎和对光过敏的报道。

药理作用

奎宁与化妆品相关的药理研究见下表。

试验项目	浓度	效果说明
对毛发生长长度的促进	5mmol/L	促进率：300（空白 100）
对毛发生长直径增粗的促进	5mmol/L	促进率：4%
对弹性蛋白酶活性的抑制	0.4mg/mL	抑制率：30.3%

化妆品中应用

奎宁在护发素或发水中使用，可加速毛发的生长，使毛干增粗，可用于防脱发、生发类制品。

金鸡纳酸（Quinic acid）

金鸡纳酸又名奎尼酸（Quinic acid），属多羟基有机酸类，存在于许多植物中，如金鸡纳（*Eucalyptus globulus*）树皮、茶叶、金银花、越橘果汁、猕猴桃的果实。奎尼酸可从金鸡纳树皮等中提取，但生产成本很高，现可用生化法制取。

化学结构

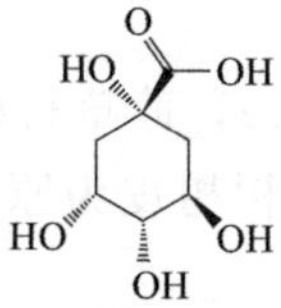

奎尼酸的结构

理化性质

奎尼酸为白色结晶，有强酸味，熔点 166～168℃，可溶于 2.5 份水，也溶于乙醇和冰乙酸，不溶于乙醚。比旋光度 $[\alpha]_D^{20}$：$-44°$～$-42°$（水中）。奎尼酸的 CAS 号为 77-95-2。

安全管理情况

CTFA 将奎尼酸作为化妆品原料，中国香化协会 2010 年版的《国际化妆品原料标准中文名称目录》中列入，国家食品药品监督管理总局 2014 年发布的《关于已使用化妆品原料名称目录的公告》尚未列入，未见它外用不安全的报道。

药理作用

奎尼酸有抗菌性，如对痤疮丙酸杆菌的 MIC 为 5.5%。

奎尼酸与化妆品相关的药理研究见下表。

试验项目	浓度	效果说明
对金属蛋白酶 MMP-1 活性的抑制	10×10^{-6}	抑制率：75%
对过氧化物酶激活受体（PPAR-α）的活化促进	$10\mu mol/L$	促进率：130（空白 100）
对 1Gy 的 X 射线辐射细胞凋亡的抑制	$4\mu g/mL$	抑制率：53.57%

化妆品中应用

奎尼酸有抗炎性，对过氧化物酶激活受体（PPAR-α）有很好的活化作用，显示其可以保证足够数量的活角朊细胞来参与伤口表皮的重新形成和迁移，促进损伤愈合，结合其对痤疮丙酸杆菌的抑制，可用于粉刺的防治。奎尼酸外用也可减轻光辐射的伤害。

精氨酸（Arginine）

L-精氨酸（Arginine）属碱性氨基酸，是人体必需氨基酸之一，在所有的生命体中都有存在，主要集中于细胞核内。L-精氨酸可从猪鬃的彻底水解物分离提取，也可用发酵法制备。

化学结构

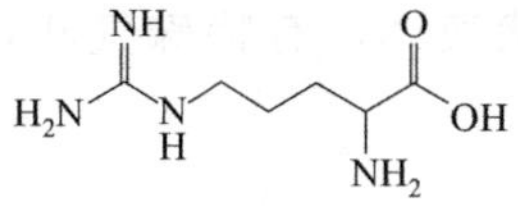

精氨酸的结构

理化性质

精氨酸为白色棱形结晶（水中），含两分子结晶水，能溶于水，微溶于醇，不溶于醚，L-精氨酸具强碱性，水溶液可从空气中吸收二氧化碳。在水溶液中的紫外吸收特征波长和吸光系数为 205nm 和 1900，比旋光度 $[\alpha]$：$+26.9°$（20℃，1.65％在 6mol/L 盐酸中）。精氨酸的 CAS 号为 74-79-3。

安全管理情况

国家食品药品监督管理总局 2014 年发布的《关于已使用化妆品原料名称目录的公告》、CTFA、欧盟和中国香化协会 2010 年版的《国际化妆品原料标准中文名称目录》都将精氨酸作为化妆品原料，未见它外用不安全的报道。

药理作用

精氨酸可提高动物体抵抗霉菌毒素的能力。

精氨酸与化妆品相关的药理研究见下表。

试验项目	浓度	效果说明
对胡萝卜素氧化的抑制	10mmol/L	抑制率：26.3％
对由 SDS 引发 IL-1α 释放的抑制	0.1％	抑制率：33.3％
小鼠试验对伤口愈合的促进	2％	促进率：118.7(空白 100)

化妆品中应用

L-精氨酸也是最常用的化妆品营养性助剂。在化妆品中主要用于干燥性皮肤的调理，与有保湿作用的 α-羟基酸（如果酸、羟基乙酸等）、海藻酸等协同使用，可保持皮肤水分，柔滑肌肤，并减少皮屑的剥落；精氨酸可增加血液流通，有抗炎性，将有助于伤口的愈合。

精胺（Gerotine）

精胺（Gerotine）为多胺类化合物，常用的英文名为 Spermine，在所有动物的精液中均微量存在，也存在于烟叶中。现以化学合成法合成。

化学结构

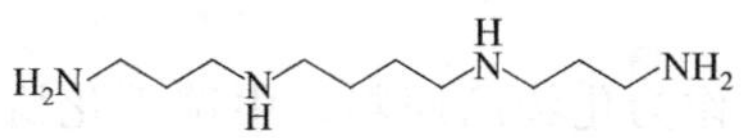

精胺的结构

理化性质

精胺为黄色或淡黄色油状液体，有特殊气味，可溶于水，熔点 28～30℃。精胺的 CAS 号为 71-44-3。

安全管理情况

CTFA 将精胺作为化妆品原料，中国香化协会 2010 年版的《国际化妆品原料标准中文名称目录》中列入，国家食品药品监督管理总局 2014 年发布的《关于已使用化妆品原料名称目录的公告》尚未列入。小鼠皮下注射的急性毒性 LD_{50}：280mg/kg；小鼠静脉 LD_{50}：56mg/kg，小量使用未见它外用不安全的报道。

药理作用

精胺与化妆品相关的药理研究见下表。

试验项目	浓度	效果说明
对脂质过氧化的抑制	500×10^{-6}	抑制率：91.7%
涂覆皮肤对角质层含水量增加的促进	200μg/mL	促进率：＞10%
涂覆皮肤对表皮新陈代谢的促进	200μg/mL	促进率：＞20%
对酪氨酸酶活性的抑制	50μg/mL	抑制率：20%
对脂肪细胞分解的促进	50mmol/L	促进率：3.9%

化妆品中应用

精胺是生物体中活性很高的物质，积极参与细胞间的活动和代谢，可在抗皱、抗老等护肤品中使用，效果明显。

眼晶体蛋白（Crystallins）

眼晶体蛋白（Crystallins）或称晶体蛋白，是眼晶状体的主要组分。眼晶体蛋白是一种蛋白聚糖，它以长而不分支的黏多糖为主体，在糖的某些部位上共价结合若干肽链而生成的复合物。眼晶体蛋白有许多构型，如 β-、γ-构型眼晶体蛋白是脊髓动物眼晶状体的主要成分。眼晶体蛋白在动物的所有结缔组织内均有存在，但在眼晶状体中含量最高，也最容易提取提纯。

理化性质

眼晶体蛋白为类白色冻干粉末，不溶于水，可溶于 6mol/L 的尿素水溶液。β-眼晶体蛋白的相对分子质量 2200～28000，γ-眼晶体蛋白的相对分子质量 20000～21000。眼晶体蛋白的 CAS 号为 11046-99-4。

安全管理情况

CTFA 将眼晶体蛋白作为化妆品原料，中国香化协会 2010 年版的《国际化妆品原料标准中文名称目录》中列入，国家食品药品监督管理总局 2014 年发布的《关于已使用化妆品原料名称目录的公告》尚未列入，未见它外用不安全的报道。

药理作用

眼晶体蛋白与化妆品相关的药理研究见下表。

试验项目	浓度	效果说明
细胞培养对血管内皮细胞增殖的促进	1μg/mL	促进率：105.9（空白100）
涂覆对皮肤伤口愈合的促进	1μg/mL	促进率：110.8（空白100）

化妆品中应用

眼晶体蛋白可用于伤损皮肤的治疗，对疤痕的程度有控制和抑制作用。

九肽（Nonapeptide）

九肽（Nonapeptide）是由九个氨基酸组成的肽。化妆品中使用的九肽化合物基本是一蛋白质的功能性片断。虽然各种六肽组成的片段广泛存在于各生物体内，但迄今为止只有极少数的单离的九肽可以在化妆品中使用。九肽可通过蛋白质的水解提取、也可用化学合成法合成。

九肽的化学结构

小麦谷蛋白九肽：Leu-Gln-Pro-Gly-Gln-Gly-Gln-Gln-Gly。

鱼血浆蛋白九肽：Leu-Pro-Thr-Ser-Glu-Ala-Ala-Lys-Tyr。

胸腺九肽：Glu-Ala-Lys-Ser-Gln-Gly-Gly-Ser-Asn。

理化性质

九肽化合物都为无色结晶，易溶于水，在酒精中不溶。

安全管理情况

CTFA将九肽作为化妆品原料，中国香化协会2010年版的《国际化妆品原料标准中文名称目录》中列入，国家食品药品监督管理总局2014年发布的《关于已使用化妆品原料名称目录的公告》尚未列入上述三种九肽。未见它们外用不安全的报道。

药理作用

九肽与化妆品相关的药理研究见下表。

试验项目	浓度	效果说明
鱼血浆蛋白九肽对自由基DPPH的消除	100μg/mL	消除率：79.6%
小麦谷蛋白九肽对超氧自由基的消除		消除能力约为标准品SOD的3.5倍

化妆品中应用

九肽可用作化妆品的抗氧剂和抗衰剂。

菊粉（Inulin）

菊粉（Inulin）又名菊糖、旋复花粉，是一种食用多糖，由 D-呋喃果糖以 β-2,1-糖苷键相联，聚合程度为 2～60，一般平均为 10，其终端为葡萄糖单位。分子式可用 GF_n 表示，其中 G 为终端葡萄糖单位，F 代表果糖分子，n 则代表果糖单位数。在自然界中，菊糖广泛分布于海藻、菊科植物及一些常见果蔬中。例如：菊芋（Jerusalem artichoke）、菊苣（chicory）、大丽花（dahlia）、大蒜（garlic）、洋葱（onion）、小麦（wheat）等。菊芋块茎成分中除水分外，最多的是菊粉，含量达干重的 80%。菊粉来源不同，其化学结构和分子量都有不同。

化学结构

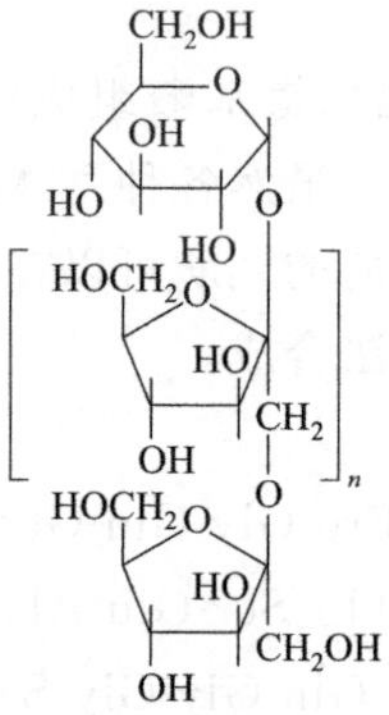

菊粉的结构

理化性质

菊粉由果糖分子聚合而成，相对分子质量较淀粉小，约 5000。菊粉为颗粒状晶体，纯净的菊粉在湿空气中易潮解。遇碘不显色，在鉴定上可作为特征之一。菊粉为旋光性物质，酸水解产生 D 构型的果糖和 D 构型的葡萄糖。无水菊粉的比旋光度 $[\alpha]_D^{20}$：$-40°$，可溶于热水，微溶或不溶于冷水和有机溶剂。由甲醇提取得到的粉末性能很好，在氯仿中的比旋光度 $[\alpha]_D^{20}$：$-34°$。由热水和丙酮提取的粉末熔点为 140℃。菊粉的 CAS 号为 9005-80-5。

安全管理情况

国家食品药品监督管理总局 2014 年发布的《关于已使用化妆品原料名称目录的公告》、CTFA 和中国香化协会 2010 年版的《国际化妆品原料标准中文名称目录》都将菊粉作为化妆品原料，未见它外用不安全的报道。

药理作用

菊粉与化妆品相关的药理研究见下表。

试验项目	浓度	效果说明
对超氧自由基的消除	0.5mg/mL	消除率:28.5%
对羟基自由基的消除	0.5mg/mL	消除率:28.8%
对不饱和脂质过氧化的抑制	0.05%	抑制率:41.2%
乳状液中对泡沫高度的抑制	5%	抑制率:14.3%

化妆品中应用

菊粉可直接用于各类化妆品,也可制成脂肪酸的酯类应用。菊粉能稳定乳状液,并有很好的分散性、铺展性和增稠作用,可抑制泡沫,容易洗清,肤感好;在粉剂类化妆品中使用,能柔滑皮肤;菊粉能经皮吸收,有一定的抗氧性和营养作用。

聚谷氨酸 (Polyglutamic acid)

聚谷氨酸(Polyglutamic acid)是氨基酸谷氨酸的聚合物,有 α 和 γ 两种构型,以 γ 构型更重要。γ-聚谷氨酸是日本纳豆中的主要成分。γ-聚谷氨酸可从纳豆中提取,但更多的是发酵法制取。

化学结构

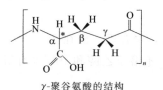

γ-聚谷氨酸的结构

理化性质

γ-聚谷氨酸为类白色冻干状粉末,菌种不同,分子量相差很大,一般相对分子质量 2000~300000。γ-聚谷氨酸可溶于水,不溶于乙醇。可中和成钾、钠、镁盐等形式使用。γ-聚谷氨酸的 CAS 号为 25513-46-6。

安全管理情况

国家食品药品监督管理总局 2014 年发布的《关于已使用化妆品原料名称目录的公告》、CTFA 和中国香化协会 2010 年版的《国际化妆品原料标准中文名称目录》都将聚谷氨酸作为化妆品原料,未见它外用不安全的报道。

药理作用

γ-聚谷氨酸(相对分子质量 10 万)与化妆品相关的药理研究见下表。

试验项目	浓度	效果说明
细胞培养对角质层细胞增殖的促进	1.0%	促进率:110(空白 100)
细胞培养 γ-聚谷氨酸钠对纤维芽细胞增殖的促进	1%	促进率:114.9(空白 100)
涂覆 γ-聚谷氨酸钾对皮肤水分量增加的促进	0.2%	促进率:111(空白 100)
对酪氨酸酶活性的抑制	0.5%	抑制率:52.6%

化妆品中应用

γ-聚谷氨酸对纤维芽细胞等的活性有很好的促进,有活肤作用,可用于抗衰抗皱化妆品；分子量较大的 γ-聚谷氨酸对纤维芽细胞活性的促进不如分子量小的，但其在稳定泡沫、保湿能力、在毛发上的吸附等性能优于小分子量产品，在发水中用入，可抗静电，头发柔顺；γ-聚谷氨酸有美白皮肤的作用。

聚赖氨酸（Polylysine）

聚赖氨酸（Polylysine）是一种由赖氨酸单体组成的均聚多肽，有 α 和 ε 两种构型，α-构型即通过赖氨酸中 α 位的氨基聚合，ε-构型即通过赖氨酸中 ε 位的氨基聚合，就应用层面来说，ε-构型的重要性大大大于 α 构型；ε-构型的赖氨酸现由白色链霉菌发酵制备。

化学结构

ε-构型赖氨酸的结构

理化性质

聚赖氨酸为淡黄色粉末，聚合度一般在 25～30，熔点 172.8℃，平均相对分子质量为 4700，可溶于水，不溶于乙醇和甲醇等有机溶剂。聚赖氨酸的 CAS 号为 25104-18-1。

安全管理情况

聚赖氨酸是一食品添加剂，国家食品药品监督管理总局 2014 年发布的《关于已使用化妆品原料名称目录的公告》、CTFA 和中国香化协会 2010 年版的《国际化妆品原料标准中文名称目录》都将聚赖氨酸作为化妆品原料，未见它外用不安全的报道。

药理作用

聚赖氨酸有抗菌性，对金黄色葡萄球菌、绿脓杆菌、枯草杆菌、蜡状芽孢杆菌、葡萄汁酵母菌的 MIC 都为 $25\mu g/mL$，对黑曲霉的 MIC 为 $100\mu g/mL$，对真菌的抑菌浓度为 $128\sim256\mu g/mL$；对；对白色念珠菌的 MIC 为 $128\mu g/mL$；对皮屑芽孢菌的 MIC 为 $6\mu g/mL$。

聚赖氨酸与化妆品相关的药理研究见下表。

试验项目	浓度	效果说明
对超氧自由基的消除	0.25%	消除率:85.1%
对脂质过氧化的抑制	0.25%	抑制率:70.7%
对黑色素 B-16 细胞活性的抑制	0.25%	消除率:58.3%
对脂肪酶活性的抑制	0.25%	抑制率:97.4%
对组胺游离释放的抑制	0.25%	抑制率:54.2%

化妆品中应用

聚赖氨酸对头屑生成菌（皮屑芽孢菌）有强烈抑制作用，与 ZPT 配合，可增加 ZPT 的抑菌效果，1%的聚赖氨酸与2%的 ZPT 复合，抑菌能力是2%ZPT 的1.4倍，可用于去头屑的香波；聚赖氨酸有广谱的抗菌活性，可用作化妆品的防腐剂；聚赖氨酸尚有抗氧、增白、减肥和过敏抑制的作用。

聚木糖（Polyxylose）

聚木糖（Polyxylose）也称木聚糖，是植物中半纤维素的主要成分，它们和其他多糖形成植物细胞壁。通过酶或酸水解，可以制得应用范围更广的低聚木糖又称木寡糖。低聚木糖是由2～7个木糖分子以 β-1,4 糖苷键结合而成的功能性聚合糖。

化学结构

聚木糖的结构

理化性质

高分子的聚木糖不溶于水；低分子量的聚木糖为类白色粉末，可溶于水和稀的碱水，不溶于乙醇。

安全管理情况

CTFA 将聚木糖作为化妆品原料，中国香化协会2010年版的《国际化妆品原料标准中文名称目录》中列入，国家食品药品监督管理总局2014年发布的《关于已使用化妆品原料名称目录的公告》尚未列入，未见它外用不安全的报道。

药理作用

聚木糖与化妆品相关的药理研究见下表。

试验项目	浓度	效果说明
对羟基自由基的消除	30mg/mL	消除率:57.0%
对自由基 DPPH 的消除		半消除量 EC_{50}:20mg/mL

化妆品中应用

高分子聚木糖可用作填料和摩擦料；低分子聚木糖有一定的抗氧性，有活肤和润肤作用。

聚葡糖醛酸（Polyglucuronic acid）

聚葡糖醛酸（Polyglucuronic acid）是一多糖类化合物，在绿藻等低等藻类生物中发现，是它们细胞壁的组成部分。聚葡糖醛酸的葡萄糖醛酸以 β-1,4 位的方式连接，现可用发酵法生产，也可化学合成。

化学结构

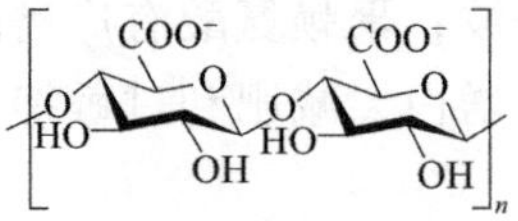

聚葡糖醛酸的结构

理化性质

聚葡糖醛酸为白色粉末，相对分子质量在 3 万左右。可溶于水，相对分子质量 3 万聚葡糖醛酸的水溶解度为 25％；不溶于乙醇。聚葡糖醛酸的 CAS 号为 36655-86-4。

安全管理情况

CTFA 将聚葡糖醛酸作为化妆品原料，中国香化协会 2010 年版的《国际化妆品原料标准中文名称目录》中列入，国家食品药品监督管理总局 2014 年发布的《关于已使用化妆品原料名称目录的公告》尚未列入，未见它外用不安全的报道。

药理作用

聚葡糖醛酸与化妆品相关的药理研究见下表。

试验项目	浓度	效果说明
对自由基 DPPH 的消除	0.1mg/mL	消除率：40.5％
对羟基自由基的消除	0.1mg/mL	消除率：63.0％

化妆品中应用

聚葡糖醛酸有表面活性，可稳定乳状液；有抗氧性，可防止皮肤老化、促进新陈代谢。

聚天冬氨酸（Polyaspartic acid）

聚天冬氨酸（Polyaspartic acid）属于聚氨基酸中的一类，天然存在于蜗牛和软体动物壳内。聚天冬氨酸中天冬氨酸之间的肽链链接有两种方式，现聚天冬氨酸可用化学法合成，产品采用其钠盐的形式。

化学结构

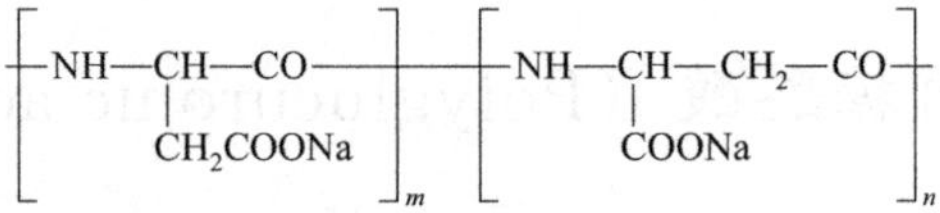

聚天冬氨酸钠的结构

理化性质

聚天冬氨酸钠为白色粉末，易溶于水，pH 为 9.5，相对分子质量从 5000～50000。聚天冬氨酸钠的 CAS 号为 94525-01-6。

安全管理情况

国家食品药品监督管理总局 2014 年发布的《关于已使用化妆品原料名称目录的公告》、CTFA 和中国香化协会 2010 年版的《国际化妆品原料标准中文名称目录》都将聚天冬氨酸钠作为化妆品原料，未见它外用不安全的报道。

药理作用

聚天冬氨酸钠与化妆品相关的药理研究见下表。

试验项目	效果说明
对水的吸附性	是自身重量的约 20 倍

化妆品中应用

聚天冬氨酸钠易为毛发吸附，在护发制品中用入可使发丝柔顺润滑，不飞丝；聚天冬氨酸钠对钙镁离子有良好的配合能力，在香波中使用可避免硬水对洗涤效果的影响；对发用染料或颜料有分散作用，增加着色力。

聚右旋糖（Polydextrose）

聚右旋糖（Polydextrose）是以 1,6-糖苷键结合为主的一种葡萄糖多聚体，又名聚葡萄糖、可溶性膳食纤维等，现用发酵法生产。

化学结构

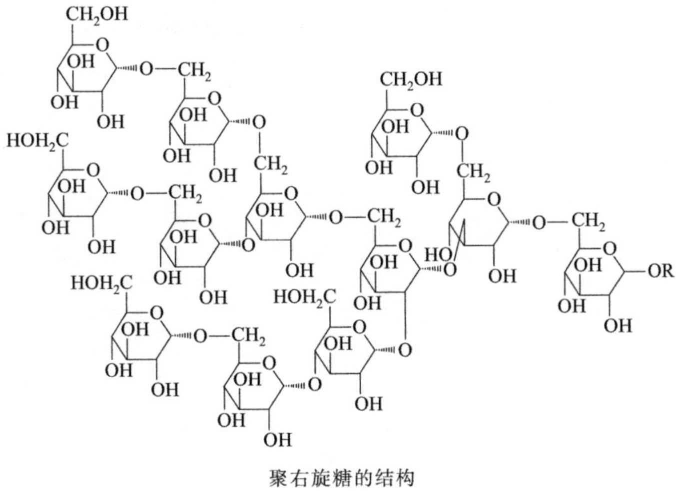

聚右旋糖的结构

理化性质

聚右旋糖为白色至淡棕黄色流动性粉末，相对分子质量小于 22000，无气味，有吸湿性，极易溶于水，25℃时100mL水可溶解80g，10%的水溶液pH约为3~5，$[\alpha]$：+60°。聚右旋糖的CAS号为68424-04-4。

安全管理情况

国家食品药品监督管理总局2014年发布的《关于已使用化妆品原料名称目录的公告》、CTFA和中国香化协会2010年版的《国际化妆品原料标准中文名称目录》都将聚右旋糖作为化妆品原料，未见它外用不安全的报道。

化妆品中应用

聚右旋糖有吸湿性，在75%相对湿度下，可逐步吸收25%的水分，可用作化妆品的保湿剂；有良好的助分散性，对乳状液体系有稳定作用。

K

咖啡酸（Caffeic acid）

咖啡酸（Caffeic acid）可见于芸香料柠檬果皮、败酱科缬草根等多种植物，常与其他芳香族有机酸伴存。虽然咖啡酸分布广泛，但提纯不易，现都以化学合成为主。

化学结构

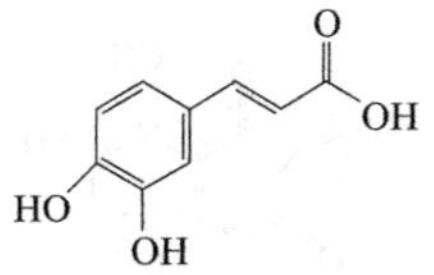

咖啡酸的结构

理化性质

咖啡酸为黄色结晶，微溶于水，易溶于热水和冷乙醇，紫外吸收特征波长是243nm 和 326nm，在紫外光下显蓝色荧光。咖啡酸的 CAS 号为 331-39-5。

安全管理情况

国家食品药品监督管理总局 2014 年发布的《关于已使用化妆品原料名称目录的公告》、CTFA 和中国香化协会 2010 年版的《国际化妆品原料标准中文名称目录》都将咖啡酸作为化妆品原料，未见它外用不安全的报道。

药理作用

咖啡酸有抗菌性，浓度 0.5mg/mL 时对金黄色葡萄球菌、大肠杆菌和绿脓杆菌的抑制率都是 83%。

咖啡酸与化妆品相关的药理研究见下表。

试验项目	浓度	效果说明
对自由基 DPPH 的消除		半消除量 EC_{50}：$0.0478\mu mol/L$
对羟基自由基的消除		半消除量 EC_{50}：$0.77mmol/L$
对超氧自由基的消除		每毫克相当于 305 单位的 SOD
对酪氨酸酶活性的抑制	$50\mu mol/L$	抑制率：46.6%
在 $5J/cm^2$ 的 UVA 照射下对光毒性的抑制		半消除量 IC_{50}：0.01%
对胶原蛋白酶活性的抑制	$53\mu g/mL$	抑制率：51%
对丝集蛋白生成的促进	$1\mu mol/L$	促进率：38.6%（空白 100）
细胞培养对 IL-4 生成的抑制	$4\mu mol/L$	抑制率：10.9%

化妆品中应用

咖啡酸有较广泛的抑菌和抗病毒活性，体外使用效果较强，对腺病毒和副流感都有抑制作用；低浓度可抑制胶原蛋白酶活性，有防龋牙和皮肤抗皱效用；咖啡酸有很强和广谱的抗氧性，能抑制脂质过氧化物的生成；皮层中丝集蛋白的减少和缺失，可能是引起特应性皮炎等干燥性皮肤病的主要原因，咖啡酸对丝集蛋白生成的促进显示其有皮肤抗炎作用；咖啡酸还可在增白护肤品中使用。

咖啡因（Caffeine）

咖啡因（Caffeine）是茶碱的同系物，可见于茜草科植物咖啡（*Coffea arabica*）枝叶、茶叶等。咖啡因可从茶叶中提取。

化学结构

咖啡因的结构

理化性质

咖啡因为白色粉末状或六角棱柱状结晶，熔点：237℃，1g 咖啡因可溶于 46mL 水、5.5mL 80℃的水、1.5mL 沸水、66mL 室温乙醇。紫外吸收特征波长（摩尔吸光系数）为 272nm（8510）。咖啡因的 CAS 号为 58-08-2。

安全管理情况

国家食品药品监督管理总局 2014 年发布的《关于已使用化妆品原料名称目录的公告》、CTFA 和中国香化协会 2010 年版的《国际化妆品原料标准中文名称目录》都将作为化妆品原料。对实验小鼠咖啡因的 LD_{50} 为 192mg/kg，按规定使用未见它外用不安全的报道。

药理作用

咖啡因与化妆品相关的药理研究见下表。

试验项目	浓度	效果说明
对脂质过氧化的抑制	0.5mmol/L	抑制率：15.4%±2.7%
对脂肪的分解的促进	0.4%	促进率：35%
细胞培养对 ATP 生成的促进	5μg/mL	促进率：125.2(空白 100)
CV-1 细胞试验对 PPAR-α 的活化促进	10μmol/L	促进率：130(空白 100)
促进皮肤角质层含水量的提高	2%	促进率：136.4(空白 100)
脂肪细胞培养对脂肪生成的抑制	1mmol/L	抑制率：96%
脂肪细胞培养对脂肪水解的促进	1mmol/L	促进率：547(空白 100)

化妆品中应用

咖啡因是神经中枢兴奋药，与茶碱一样也有乌发作用；可促进其他活性物质的渗透和吸收，与雌激素组合制成膏霜型对粉刺有抑制和治疗作用，配制酊剂可预防男性内分泌机能较旺盛而引起的早秃；咖啡因也是有效的促脂解物质，外用可用于减肥霜，并有紧肤除皱的效果；咖啡因对过氧化物酶激活受体（PPAR-α）有较好的活化作用，PPAR有抗细胞凋亡功能，可以保证足够数量的活角肮细胞来参与伤口表皮的重新形成和迁移，在皮肤损伤愈合过程中起着重要作用。

开菲尔多糖（Kefiran）

开菲尔多糖也称葡萄半乳二糖（Kefiran），是一种乳酸菌胞外多糖，在兽乳和乳酸饮料中存在。现开菲尔多糖可由乳酸菌发酵乳糖或蔗糖等制取。开菲尔多糖由葡萄糖和半乳糖两种糖组成，葡萄糖和半乳糖的摩尔比例可以是1∶1，也有1∶4的不等，连接方式有1,4位连接，也有16位连接。

化学结构

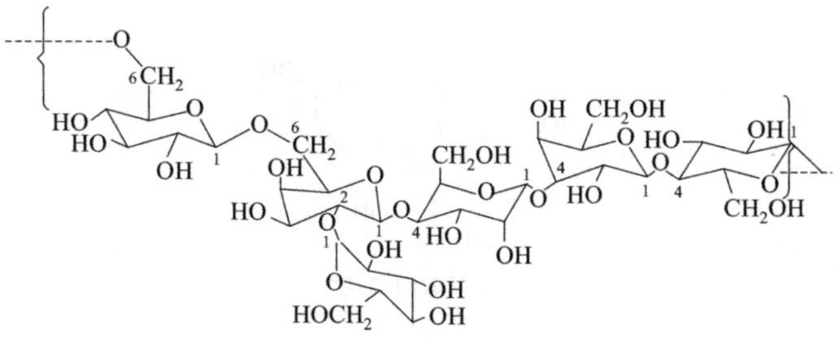

葡萄半乳二糖的结构

理化性质

开菲尔多糖是透明或淡黄色的凝胶状物质，分子量从几十万至数百万，易溶于水，成黏性溶液。

安全管理情况

国家食品药品监督管理总局2014年发布的《关于已使用化妆品原料名称目录的公告》、CTFA和中国香化协会2010年版的《国际化妆品原料标准中文名称目录》都将开菲尔多糖作为化妆品原料，未见它外用不安全的报道。

药理作用

开菲尔多糖有抗菌性，对金黄色葡萄球菌、绿脓杆菌、大肠杆菌和白色念珠菌的MIC分别是0.45mg/mL、0.48mg/mL、0.48mg/mL和0.5mg/mL。

开菲尔多糖与化妆品相关的药理研究见下表。

试验项目	浓度	效果说明
细胞培养对人纤维芽细胞增殖的促进	0.01%	促进率:119(空白 100)
UV 照射下对表皮细胞凋亡的抑制	0.01%	抑制率:9.3%
TEWL 测定对经表皮失水的抑制	0.05%	抑制率:15.4%
对皮肤角质层含水量提高的促进	0.5%	与相同浓度的透明质酸钠比较,电导大 56.7%
UV 照射下对 TNF-α 生成的抑制	0.05%	抑制率:32.1%

化妆品中应用

开菲尔多糖可用作化妆品的增稠剂、乳化剂、稳定剂和凝胶剂;可保持皮肤的水分,用作保湿剂,也是一抗炎和免疫激活剂。

莰非醇(Kaempferol)

莰非醇(Kaempferol)常称为山奈酚,为黄酮醇类化合物,在植物界分布很广,主要存在于豆科植物槐树的果实槐角(*Sophora japonica*),核桃叶(*Jaglans regia*)中也含有丰富的山奈酚的单糖苷。山奈酚只可从植物中提取,如用山楂花为原料。

化学结构

山奈酚的结构

理化性质

山奈酚是黄色针状结晶,熔点 276~278℃,微溶于水,溶于热乙醇、乙醚和碱。其主要紫外吸收波长(吸光系数)为:368nm(24000)、266nm(22400)。山奈酚的 CAS 号为 520-18-3。

安全管理情况

国家食品药品监督管理总局 2014 年发布的《关于已使用化妆品原料名称目录的公告》、CTFA 和中国香化协会 2010 年版的《国际化妆品原料标准中文名称目录》都将山奈酚作为化妆品原料,未见它外用不安全的报道。

药理作用

山奈酚与化妆品相关的药理研究见下表。

试验项目	浓度	效果说明
对自由基 DPPH 的消除		半消除量 EC_{50}:$(117\pm7.47)\mu mol/L$
对脂质过氧化的抑制		半抑制量 IC_{50}:$(90\pm8.10)\mu mol/L$
对表皮角化细胞的增殖促进作用	10μg/mL	促进率:144.6(空白 100)

续表

试验项目	浓度	效果说明
对胶原蛋白酶活性的抑制	$50\mu mol/L$	抑制率:22%
细胞培养对透明质酸生成的促进	$1\mu mol/L$	促进率:106.9(空白100)
对黑色素细胞活性的作用	$0.2\mu mol/L$ $2.0\mu mol/L$	抑制率:11% 促进率:58%
对白介素 IL-1β 生成的抑制	$2.5mg/mL$	抑制率 14.5%
对白介素 IL-4 生成的抑制		半抑制量 IC_{50}:15.7$\mu mol/L$
对白介素 IL-6 生成的抑制	$2.5mg/mL$	抑制率:12.2%
对白介素 IL-8 生成的抑制	$2.5mg/mL$	抑制率:11.3%
对金属蛋白酶 MMP-1 活性的抑制	10×10^{-6}	抑制率:48%
对金属蛋白酶 MMP-3 活性的抑制	$20\mu mol/L$	抑制率:30.2%
对细胞间接着的抑制	0.001%	抑制率:75%
对组胺释放的抑制	$11\mu mol/L$	抑制率:31%±9%
对皮脂分泌的抑制	$10\mu mol/L$	抑制率:11.2%
对 5α-还原酶活性的抑制	3%	抑制率:90%

化妆品中应用

山柰酚有强烈的抗菌作用,对金黄色葡萄球菌、绿脓杆菌、痢疾杆菌等都有抑制作用,在口腔卫生用品中用入可控制口臭;山柰酚能清除氧自由基,浓度低时抑制酪氨酸酶活性,但浓度高时则为激活,可用于晒黑型护肤品;山柰酚有广谱的抗炎性,皮肤外用酊膏中用入可促进创口愈合,并能抑制过敏;山柰酚还可用作皮肤调理剂和生发剂。

苡菲醇芸香糖苷(Nictoflorin)

苡菲醇芸香糖苷(Nictoflorin)又名烟花苷和山柰酚-3-O-芸香糖苷(Kaempferol-3-O-Rutinoside),存在于中药红花(*Flos carthami*)、银杏叶、茶籽和雪白睡莲的花蕾中,苡菲醇芸香糖苷可从银杏叶中提取。

化学结构

苡菲醇芸香糖苷的结构

理化性质

苡菲醇芸香糖苷为黄色针状结晶(氯仿-甲醇),熔点190~192℃,不溶于水。可溶于乙醇。

安全管理情况

CTFA 将莰菲醇芸香糖苷作为化妆品原料，中国香化协会 2010 年版的《国际化妆品原料标准中文名称目录》中列入，国家食品药品监督管理总局 2014 年发布的《关于已使用化妆品原料名称目录的公告》尚未列入，未见它外用不安全的报道。

药理作用

莰菲醇芸香糖苷与化妆品相关的药理研究见下表。

试验项目	浓度	效果说明
对自由基 DPPH 的消除		半消除量 EC_{50}：$135\mu mol/L$
对脂质过氧化的抑制		半抑制量 IC_{50}：$112\mu mol/L$
对胶原蛋白酶活性的抑制	0.1mmol/L	抑制率：37%
细胞培养对原胶原蛋白生成的促进	0.1mmol/L	促进率：138（空白 100）

化妆品中应用

莰菲醇芸香糖苷能清除氧自由基；它对胶原蛋白酶活性的抑制和对原胶原蛋白生成的促进，显示有活肤抗皱的作用，可用作皮肤调理剂。

莰烷二醇（Camphanediol）

莰烷二醇（Camphanediol）又名樟脑二醇，在樟科、松科植物中存在，如在植物 *Heracleum candollenum* 的种子中，含量为 0.0013%。莰烷二醇现可化学合成。

化学结构

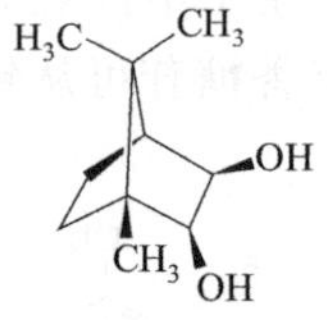

莰烷二醇的结构

理化性质

莰烷二醇为无色结晶，熔点 262~268℃，不溶于水，可溶于乙醇、甲醇。莰烷二醇的 CAS 号为 56614-57-4。

安全管理情况

国家食品药品监督管理总局 2014 年发布的《关于已使用化妆品原料名称目录的公告》、CTFA 和中国香化协会 2010 年版的《国际化妆品原料标准中文名称目录》都将莰烷二醇作为化妆品原料，未见它外用不安全的报道。

药理作用

茨烷二醇与化妆品相关的药理研究见下表。

试验项目	浓度	效果说明
($10J/cm^2$)UVA 照射,对皮肤红斑程度的抑制	0.034%	抑制率:50%(与空白比较)
细胞培养对角质层细胞增殖的促进	0.5mmol/L	促进率:172.7(空白 100)
涂敷皮肤对皮表温度升高的促进	2mmol/L	皮表温度升高约 0.5℃

化妆品中应用

茨烷二醇可促进角质层细胞的增殖,促进皮肤胶原蛋白的生成,有抗皱作用;茨烷二醇有活血作用,可缓解黑眼圈的外观,或增加嘴唇的鲜艳程度;茨烷二醇还有防晒作用。

壳多糖(Chitin)和脱乙酰壳多糖(Chitosan)

壳多糖(Chitin)也名甲壳素,是以 $1\beta \rightarrow 4$ 连接的直链葡萄糖胺聚合的均多糖,甲壳素是组成甲壳类昆虫(如虾、蟹)外壳的多糖,其构造形式与稳定性与植物中的纤维素相似。脱乙酰壳多糖(Chitosan)也名壳聚糖,是壳多糖去除乙酰基的产物。水解壳多糖(Hydrolyzed chitin)和水解脱乙酰壳多糖(Hydrolyzed chitosan)是上述两者部分水解的产物。

化学结构

壳多糖(左)、脱乙酰壳多糖(右)的结构

理化性质

壳多糖为类白色无定形物质,不溶于水、稀酸、碱、乙醇或其他有机溶剂。脱乙酰壳多糖是白色或淡黄色纤维状物质,不溶于水,但能溶于稀酸水溶液形成高黏度体系并缓慢地发生降解,脱乙酰壳多糖的性质与其脱乙酰的程度有关。壳多糖的 CAS 号为 1398-61-4。

安全管理情况

国家食品药品监督管理总局 2014 年发布的《关于已使用化妆品原料名称目录的公告》、CTFA、欧盟和中国香化协会 2010 年版的《国际化妆品原料标准中文名称目录》都将壳多糖和水解壳多糖作为化妆品原料;CTFA 和日本还将脱乙酰壳多糖作为化妆品原料,中国香化协会 2010 年版的《国际化妆品原料标准中文名称目录》中列入。未见它们外用不安全的报道。

药理作用

脱乙酰壳多糖有抗菌性,对大肠杆菌和绿脓杆菌的 MIC 分别是 0.2% 和 0.5%。水解脱乙酰壳多糖(相对分子质量 15000)对大肠杆菌和金黄色葡萄球菌的 MIC 分别都是 0.05%。

壳多糖衍生物与化妆品相关的药理研究见下表。

试验项目	浓度	效果说明
脱乙酰壳多糖对自由基 DPPH 的消除	10mg/mL	消除率:46.4%
脱乙酰壳多糖对羟基自由基的消除	1mg/mL	消除率:62.3%
纤维芽细胞培养,水解脱乙酰壳多糖对胶原蛋白生成的促进	50μg/mL	促进率:366.7(空白 100)
水解脱乙酰壳多糖(相对分子质量 700)对 PGE_2 释放的抑制	100μg/mL	抑制率:38%
水解脱乙酰壳多糖(相对分子质量 1400)对 IL-1β 释放的抑制	250μg/mL	抑制率:12%

化妆品中应用

脱乙酰壳多糖是一种带正电的生物聚合体,很容易与经常带有负电荷的组织和器官如皮肤和头发结合,利用了这一特征,脱乙酰壳多糖与头发的角质层可结合成一层均匀、致密的膜,既牢固又和谐,较少沾灰,所带静电少,比现用的合成聚合物更易于梳理,也提高了头发的色泽,可保护卷烫、染色或烘整过程中的头发;脱乙酰壳多糖为多羟基化合物,通过氢键可结合和保持水分,有优良的保湿性能,保湿能力几乎与透明质酸相当;脱乙酰壳多糖有一定的抗氧性、抗炎性,对皮肤有护理作用。

可可碱(Theobromine)

可可碱(Theobromine)为嘌呤类化合物,存在于可可树的果实可可籽和巧克力中。可从可可树种子中提取出可可碱,也可化学合成。

化学结构

可可碱的结构

理化性质

可可碱为白色单斜形针状结晶性粉末,熔点 290~295℃,微溶于水,1g 可可碱可溶于约 2000mL 水、150mL 沸水、2220mL 95% 的乙醇,可溶于氢氧化钠的水溶液和浓酸中。可可碱的 CAS 号为 83-67-0。

安全管理情况

CTFA 将可可碱作为化妆品原料，中国香化协会 2010 年版的《国际化妆品原料标准中文名称目录》中列入，国家食品药品监督管理总局 2014 年发布的《关于已使用化妆品原料名称目录的公告》尚未列入，未见它外用不安全的报道。

药理作用

可可碱与化妆品相关的药理研究见下表。

试验项目	浓度	效果说明
对蛋白酶体（proteasome）活性的促进	1μmol/L	促进率：160.8（空白 100）
对 β-半乳糖苷酶活性的抑制	10μmol/L	抑制率：71.7%
细胞培养对毛母细胞增殖的促进	0.1μmol/L	促进率：153（空白 100）
对过氧化物酶激活受体（PPAR-α）的活化促进	10μmol/L	促进率：220（空白 100）
细胞培养对人脂肪细胞分解的促进	1mmol/L	促进率：560（空白 100）
对磷酸二酯酶活性的抑制		半抑制量 IC_{50}：0.0115%

化妆品中应用

蛋白酶体存在于真核生物中，它们位于细胞核和细胞质，蛋白酶体活性的促进即促进细胞的调节和代谢。而体内 β-半乳糖苷酶活性增大，意味着细胞的衰老，因此可可碱有促进和改善机体机能的作用；可可碱可促进生发，可用作生发剂；可可碱可加速脂肪细胞中脂肪的分解，也能有效抑制磷酸二酯酶的活性，该酶是促进脂肪生成的，因此可可碱与咖啡因一样有减肥作用，与咖啡因相比，作用要大一些。可可碱对炎症也有抑制作用，有助于皮肤损伤的愈合。

枯草菌脂肽 (Surfactin)

枯草菌脂肽（Surfactin）得自枯草菌的发酵产物。所谓脂肽是脂肪酸和肽的结合物，其中脂肪酸碳链长度为 13～16 个碳，肽有环形的 7 个氨基酸组成。一般产品常用其钠盐的形式即枯草菌脂肽钠（Sodium surfactin）。

化学结构

$$R-CH-CH_2-CO \rightarrow Glu \rightarrow Leu \rightarrow Leu \rightarrow Val \rightarrow Asp \rightarrow Leu \rightarrow \overset{Val}{Leu}$$

枯草菌脂肽的结构

理化性质

枯草菌脂肽为类白色或白色粉末，不溶于酸性水，可溶于丙酮、二氯甲烷；可溶于碱性水形成枯草菌脂肽钠。

安全管理情况

国家食品药品监督管理总局 2014 年发布的《关于已使用化妆品原料名称目录的公告》、CTFA 和中国香化协会 2010 年版的《国际化妆品原料标准中文名称目录》都将枯草菌脂肽作为化妆品原料，未见它外用不安全的报道。

药理作用

枯草菌脂肽钠有选择性的抗菌性，如对黑色弗状菌的 IC_{50} 为 $(50\pm24)\mu g/mL$，但对大肠杆菌则无作用。

化妆品中应用

枯草菌脂肽钠有表面活性，其水溶液在 pH 为 2~7 之间，表面张力在 27~30mN/m，即使是在高氯化钠盐浓度（200g/L）时，还能维持原有的表面张力，是一优良乳化剂和发泡稳泡剂；枯草菌脂肽钠可用作防腐剂，与其他抗菌剂配合使用效果更好。

苦木素（Quassin）

苦木素（Quassin）为内酯类化合物，来源于苦木（*Quassia amara*）的提取物。苦木为苦木科苦木属植物，原产巴西，现分布于中美洲热带地区。苦木素可从苦木心材中提取。

化学结构

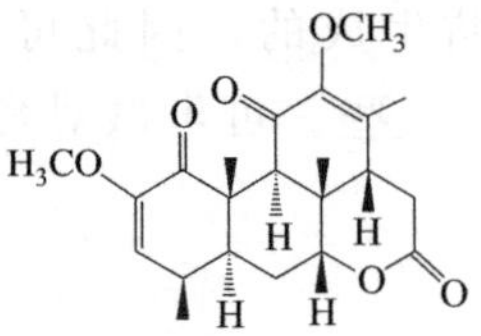

苦木素的结构

理化性质

苦木素为无色结晶，熔点 222℃，不溶于水，可溶于乙醇、氯仿、丙酮，味极苦。$[\alpha]_D^{20}$：+34.5°（$c=5.09$，氯仿）。紫外吸收波长（吸光系数）为 255nm（11650）。苦木素的 CAS 号为 76-78-8。

安全管理情况

CTFA 将苦木素作为化妆品原料，中国香化协会 2010 年版的《国际化妆品原料标准中文名称目录》中列入，国家食品药品监督管理总局 2014 年发布的《关于已使用化妆品原料名称目录的公告》尚未列入，未见它外用不安全的报道。

药理作用

苦木素有驱虫性。浓度在 0.125% 时对蛾子的杀灭率为 100%，浓度在 0.0625% 时的杀灭率为 62.5%。在低浓度时为驱除作用。

化妆品中应用

苦木素的医药用途是对疟疾的治疗。在此可用作驱螨除虫剂。

苦参碱（Matrine）

苦参碱（Matrine）来源于豆科植物苦参（*Sophora flavescens*）的干燥根、植株和果实，是一生物碱的总称。苦参碱有若干个异构体，以 α-苦参碱含量最高。苦参碱现在只可从苦参根中提取分离。

化学结构

α-苦参碱的结构

理化性质

α-苦参碱为白色粉末，或针状或柱状结晶，熔点 76℃。苦参碱能溶于水、苯、氯仿、甲醇、乙醇，微溶于石油醚。α-苦参碱的 CAS 号为 519-02-8。

安全管理情况

国家食品药品监督管理总局 2014 年发布的《关于已使用化妆品原料名称目录的公告》、CTFA 和中国香化协会 2010 年版的《国际化妆品原料标准中文名称目录》都将苦参碱作为化妆品原料，未见它外用不安全的报道。

药理作用

苦参碱的抗菌性较弱，对耐药性金黄色葡萄球菌的 MIC 为 22.5mg/mL。

苦参碱与化妆品相关的药理研究见下表。

试验项目	浓度	效果说明
对超氧自由基的消除	100μmol/L	消除率:12%
细胞培养对胶原蛋白生成的促进	10μmol/L	促进率:115(空白 100)
对 B-16 黑色素细胞活性的抑制	100μmol/L	抑制率:31%
对酪氨酸酶活性的抑制	2mmol/L	抑制率:58.67%±3.4%
对环氧合酶 COX-2 活性的抑制	100μmol/L	抑制率:13%
对白介素 IL-2 分泌的抑制	100μmol/L	抑制率:23%
对白介素 IL-6 分泌的抑制	10μg/mL	抑制率:34.6%
对白介素 IL-8 分泌的抑制	10μg/mL	抑制率:22.0%
小鼠试验对其骚绕动作频率的抑制	10mg/kg	抑制率:52.6%
小鼠试验对伤口愈合的促进	20mg/kg	促进率:10.3%(与空白比较)

化妆品中应用

　　苦参碱有较广的抗炎活性，如白介素 IL-6 以自分泌抗原形式在银屑病表皮中起作用，白介素 IL-8 参与了多种炎症性皮肤病的发病过程，因此可用于多种皮肤疾患的防治，并有抑制过敏的性能；苦参碱在低浓度时表现为对胶原蛋白生成的抑制，较高浓度时则表现为对胶原蛋白生成的促进；苦参碱还可用作为皮肤增白剂、驱虫剂和减肥剂。

L

辣椒红素 (Capsanthin) 和辣椒玉红素 (Capsorubin)

辣椒红素 (Capsanthin) 又名辣椒红色素,与辣椒玉红素 (Capsorubin) 都是一种存在于成熟红辣椒果实中的四萜类橙红色色素,属类胡萝卜素类色素。辣椒红素在辣椒果皮的含量为 0.2%～0.5%,一般辣椒玉红素的含量比辣椒红素低。辣椒红素和辣椒玉红素仍依赖于从辣椒中提取。

化学结构

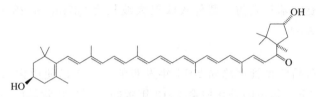

辣椒红素的结构

理化性质

纯的辣椒红素为有光泽的深红色针状结晶。一般不纯的辣椒色素,为具有特殊气味的深红色黏性油状液体。辣椒红素几乎不溶于水,溶于大多数非挥发性油、溶于乙醇和油脂,部分溶于乙醇,不溶于甘油。辣椒玉红素为紫罗兰红片状结晶,形状与辣椒红素相似。辣椒红素的 CAS 号为 465-42-9。

安全管理情况

国家食品药品监督管理总局 2014 年发布的《关于已使用化妆品原料名称目录的公告》、CTFA 和中国香化协会 2010 年版的《国际化妆品原料标准中文名称目录》都将辣椒红素作为化妆品原料,未见它外用不安全的报道。

药理作用

辣椒红素与化妆品相关的药理研究见下表。

试验项目	浓度	效果说明
对脂质过氧化的抑制	1mmol/L	抑制率:40.0%±2.1%
对单线态氧自由基的消除		半抑制量 IC_{50}:$(39.2±1.9)\mu mol/L$
对黑色素细胞活性的抑制	$10\mu mol/L$	抑制率:48.7%

化妆品中应用

辣椒红素和辣椒玉红素用作化妆品色素,另有抗氧和增白作用。

辣椒碱（Capsaicine）

辣椒碱（Capsaicine）也称辣椒素，主要来源于茄科植物辣椒的果实，与其他辣椒碱衍生物伴存，在干红辣椒中辣椒碱含1%～2%。辣椒碱仍从辣椒中提取制备。

化学结构

辣椒素的结构

理化性质

辣椒碱为单斜长方形片状结晶（石油醚），熔点65℃，几乎不溶于冷水，易溶于乙醇、乙醚、苯和氯仿，紫外吸收最大波长为227nm和281nm。辣椒碱的CAS号为404-86-4。

安全管理情况

国家食品药品监督管理总局2014年发布的《关于已使用化妆品原料名称目录的公告》、CTFA和中国香化协会2010年版的《国际化妆品原料标准中文名称目录》都将辣椒碱作为化妆品原料，外用对皮肤有刺激感。

药理作用

辣椒碱对细菌有较强的抑制作用，对大肠杆菌、枯草芽孢杆菌、金黄色葡萄球菌的MIC分别为0.813μg/mL、6μg/mL和1.5μg/mL。对酵母菌的抑制效果不太显著，对啤酒酵母的MIC为24μg/mL。

辣椒碱与化妆品相关的药理研究见下表。

试验项目	浓度	效果说明
对自由基DPPH的消除		半消除量EC_{50}:(5.26 ± 0.28)μg/mL
对酪氨酸酶活性的抑制		半抑制量IC_{50}:47μmol/L
脂肪细胞培养对脂肪分解的促进	0.075%	促进率:112.3(空白100)
对小鼠毛发生长的促进	0.1%	促进率:133(空白100)
对蛋清致大鼠足趾肿胀的抑制	1mg/kg	抑制率:25.7%(6h)
对LPS致PGE_2生成的抑制	10μmol/L	抑制率:56.0%

化妆品中应用

辣椒碱能显著抑制细菌，但对霉菌无效，是一选择性的抗菌剂；辣椒碱是物质P的拮抗物，对化学物质引起的疼痛有止痛作用，但对机械性疼痛无效，是一种选择性的疼痛阻断剂，并有抗炎作用；对神经纤维有刺激和治疗作用，对过敏性皮肤有治疗和调理功能；辣椒碱还可用于减肥和促进生发。

赖氨酸（Lysine）

L-赖氨酸（Lysine）是人体必需的碱性氨基酸，在所有的生物体内都存在，现主要由发酵法制取。

化学结构

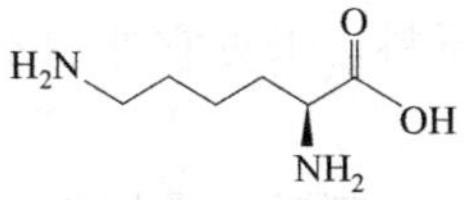

L-赖氨酸的结构

理化性质

赖氨酸为白色结晶状粉末，易溶于水，每克水可溶解 1.5g 赖氨酸，比旋光度 $[\alpha]_D^{20}$：$+21.5°$（$c=8$，HCl）。产品大多以 L-赖氨酸的单盐酸盐出现。赖氨酸的 CAS 号为 56-87-1。

安全管理情况

国家食品药品监督管理总局 2014 年发布的《关于已使用化妆品原料名称目录的公告》、CTFA、欧盟和中国香化协会 2010 年版的《国际化妆品原料标准中文名称目录》都将赖氨酸作为化妆品原料，未见它外用不安全的报道。

药理作用

赖氨酸与化妆品相关的药理研究见下表。

试验项目	浓度	效果说明
对胡萝卜素氧化的抑制	10mmol/L	抑制率：60%
对皮肤角质层含水量的促进	0.219%	促进率：164.3(空白 100)
对小鼠足趾肿胀的抑制	166mg/kg	抑制率：4.86%

化妆品中应用

L-赖氨酸是常用的化妆品营养滋补剂，可与硅油、植物萃取物等协同作调理剂用，有促进组织修复的作用，可与 α-羟基酸或 α-酮酸复合防治皮肤干燥和皮屑增多症。

姥鲛烷（Pristane）

姥鲛烷（Pristane）也译作朴日斯烷，是二萜类化合物，在海洋鱼油中与角鲨烷、角鲨烯等伴存，现在可从深海鱼油中精馏提取。

化学结构

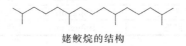

姥鲛烷的结构

理化性质

姥鲛烷为无色透明油状物,沸点 68℃ (0.001mmHg),化学性质稳定。不溶于水和乙醇,与油脂类成分可互溶。优质的姥鲛烷应无腥气。姥鲛烷的 CAS 号为 1921-70-6。

安全管理情况

国家食品药品监督管理总局 2014 年发布的《关于已使用化妆品原料名称目录的公告》、CTFA 和中国香化协会 2010 年版的《国际化妆品原料标准中文名称目录》都将姥鲛烷作为化妆品原料,未见它外用不安全的报道。

化妆品中应用

姥鲛烷对皮肤的亲和性好,无刺激,常用作基础化妆品的油性原料,在洁面乳液、洁手液、去指甲油液、去眼影膏、护发素中用入,可缓和对皮肤的刺激性,对皮肤粗糙、皮屑增多等都有预防作用,并可赋予光泽和柔滑感。

酪氨酸 (Tyrosine)

酪氨酸 (Tyrosine) 是一种芳香族氨基酸,属于非必需氨基酸,但在所有的生物体内都有存在,自然界中以 L-酪氨酸为主。L-酪氨酸从酪蛋白或玉米等含蛋白质物质的水解液中提取。

化学结构

L-酪氨酸的结构

理化性质

L-酪氨酸为白色结晶状粉末,熔点 300℃ 以上,可溶于水、热的稀乙醇和酸、碱溶液,难溶于乙醇,几乎不溶于醚。比旋光度 $[\alpha]_D^{20}$:$-10.60°$ ($c=4.0$mol/L 盐酸中)。紫外光谱在 223nm 和 272nm 有强烈的吸收。L-酪氨酸的 CAS 号为 60-18-4。

安全管理情况

国家食品药品监督管理总局 2014 年发布的《关于已使用化妆品原料名称目录的公告》、CTFA、欧盟和中国香化协会 2010 年版的《国际化妆品原料标准中文名称目录》都将作为化妆品原料,未见它外用不安全的报道。

药理作用

酪氨酸与化妆品相关的药理研究见下表。

试验项目	浓度	效果说明
对超氧歧化酶(SOD)活性的促进	50mg/kg	促进率:25.1%(与空白比较)
对谷胱甘肽过氧化物酶活性的促进	40μg/mL	促进率:24.8%(与空白比较)
黑色素细胞培养对黑色素生成的促进	100μg/mL	促进率:458.9(空白 100)

化妆品中应用

酪氨酸在化妆品中能用作营养添加剂，有抗氧作用；酪氨酸在紫外的 B 区有强吸收，但在 A 区无吸收，可用作 UVB 的防晒剂，并且酪氨酸可促进黑色素的生成，能用于晒黑型肤用品。

酪氨酰组氨酸（Tyrosyl histidine）

酪氨酰组氨酸（Tyrosyl histidine）为二肽化合物，在海藻蛋白质的水解物中含量较集中。酪氨酰组氨酸现可用化学法合成，产品采用其盐酸盐的形式。

化学结构

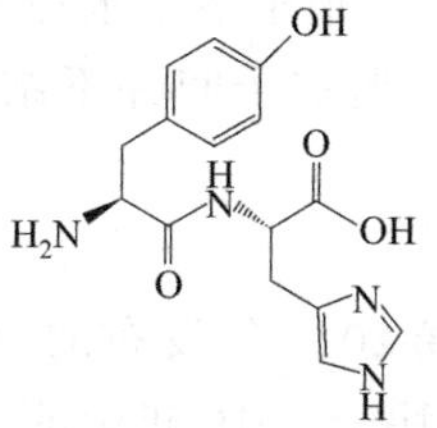

酪氨酰组氨酸的结构

理化性质

酪氨酰组氨酸盐酸盐为白色粉末，易溶于水，不溶于乙醇。酪氨酰组氨酸盐酸盐的 CAS 号为 94111-42-9。

安全管理情况

国家食品药品监督管理总局 2014 年发布的《关于已使用化妆品原料名称目录的公告》、CTFA 和中国香化协会 2010 年版的《国际化妆品原料标准中文名称目录》都将酪氨酰组氨酸盐酸盐作为化妆品原料，未见它外用不安全的报道。

药理作用

酪氨酰组氨酸盐酸盐与化妆品相关的药理研究见下表。

试验项目	浓度	效果说明
对 B-16 黑色素细胞活化的促进	$10\mu g/mL$	促进率：143.2（空白 100）
对血管紧张素转化酶活性的抑制		半抑制量：$IC_{50}=10.1\mu mol/L$

化妆品中应用

酪氨酰组氨酸对 B-16 黑色素细胞活化有促进作用，可用于晒黑性护肤品；可减少血管紧张素的生成，可增强活血和防止红血丝。

酪蛋白（Casein）

酪蛋白（Casein）主要来源于牛乳和蛋黄。牛乳中蛋白质的含量为 3%，其中80%是酪蛋白。酪蛋白中磷含量<5%，与卵黄高磷蛋白不同的是：酪蛋白中的磷以全磷脂化的形式与丝氨酸相连，偶尔与苏氨酸相连。酪蛋白随制作方法不同分子量变化很大，有相对分子质量在十万以上的，而 β-酪蛋白的分子量较小。水解酪蛋白（Hydrolyzed casein）是酪蛋白经一些酶如木瓜蛋白酶、胃蛋白酶等水解的产物。

化学结构

H-L-Met-L-Lys-L-Val-L-Leu-L-Ile-L-Leu-L-Ala-L-Cys-L-Leu-L-Val-L-Ala-L-Leu-L-Ala-L-Leu-L-Ala-OH

β-酪蛋白的氨基酸组成

理化性质

酪蛋白是无色无定形粉末或颗粒，无臭无味，有吸湿性，干燥时性质稳定，潮湿时容易变质，能溶于碱溶液，很难溶于水和非极性有机溶剂，干的酪蛋白能吸收水分，于水中能迅速膨胀，但粒子间并不结合。相对密度1.25～1.31。酪蛋白的CAS号为9000-71-9。

安全管理情况

国家食品药品监督管理总局2014年发布的《关于已使用化妆品原料名称目录的公告》、CTFA和中国香化协会2010年版的《国际化妆品原料标准中文名称目录》都将酪蛋白和水解酪蛋白作为化妆品原料，未见它外用不安全的报道。

药理作用

酪蛋白和水解酪蛋白与化妆品相关的药理研究见下表。

试验项目	浓度	效果说明
酪蛋白木瓜蛋白酶水解物对超氧自由基的消除	6mg/mL	消除率:38.8%
酪蛋白木瓜蛋白酶水解物对羟基自由基的消除	4mg/mL	消除率:58.7%
酪蛋白碱性蛋白酶水解物对IL-6生成的抑制	1mg/mL	抑制率:61.6%
包皮表皮角化细胞培养酪蛋白水解物对β-防御素生成的促进	1%	促进率:1700(空白100)
酪蛋白水解物对人头发的保护	5%	头发破断的减少率:5.8%

化妆品中应用

酪蛋白水解物有一定表面活性，可带走深层次的油脂，特别适合过敏性皮肤的护理和清洁；酪蛋白不仅含有多种必需氨基酸，而且是良好活性肽的来源，酪蛋白水解物具抗炎、抗氧功能，可广泛用作化妆品的保湿剂、营养剂和调理剂。

酪蛋白酸（Caseinic acid）

酪蛋白酸（Caseinic acid）取自酪蛋白，是酪蛋白中的酸性成分。经氢氧化钠中和得酪蛋白酸钠（Sodium caseinate），是食品工业和化妆品工业中常采用的产品形式。

理化性质

酪蛋白酸钠为白色至淡黄色粒状粉末,可溶于水或分散于水中,不溶于乙醇,常配成 0.5%～3%的水溶液使用,pH 为 7.0～8.0,加酸则产生酪蛋白酸沉淀。成品酪蛋白酸钠中约含 1.38%的钠,残留微量的钙,应小于 0.06%,干燥失重小于 4%,94%为蛋白质部分。酪蛋白酸钠的 CAS 号为 9005-46-3。

安全管理情况

国家食品药品监督管理总局 2014 年发布的《关于已使用化妆品原料名称目录的公告》、CTFA 和中国香化协会 2010 年版的《国际化妆品原料标准中文名称目录》中都将酪蛋白酸钠作为化妆品原料,未见它外用不安全的报道。

化妆品中应用

酪蛋白酸钠是具有高乳化性、持水性、胶凝性和营养性的化妆品助剂。有增黏、黏结、发泡、稳泡的作用。与角叉胶等配伍,可提高乳状液的稳定性,特别在高含油的 O/W 体系,稳定性能优于常规磷脂,黏度也不错,为比较价廉的无刺激的天然乳化剂。

类胡萝卜素(Carotenoids)

类胡萝卜素(Carotenoids)是一类重要的天然色素的总称,普遍存在于动物、高等植物、真菌、藻类和细菌中,呈现黄色、橙红色或红色的色泽。这类化合物都为四萜类衍生物,至今已经发现近 450 多种天然的类胡萝卜素。提取的类胡萝卜素一般是一混合物。

理化性质

类胡萝卜素不溶于水,溶于脂肪和脂肪溶剂,亦称脂色素。

安全管理情况

CTFA 将类胡萝卜素作为化妆品原料,中国香化协会 2010 年版的《国际化妆品原料标准中文名称目录》中列入,国家食品药品监督管理总局 2014 年发布的《关于已使用化妆品原料名称目录的公告》尚未列入,未见它外用不安全的报道。

药理作用

类胡萝卜素的作用与内含的成分有关,可参考类胡萝卜素若干已知成分的功能,如胡萝卜素、叶黄素、番茄红素等。

化妆品中应用

类胡萝卜素可用作食用和化妆品色素;类胡萝卜素外用也能表现维生素 A 样性能,能维持皮肤的正常功能,对维生素 A 缺乏症有防治作用,为常用的营养性助剂和调理剂。

藜芦醇（Veratryl alcohol）

藜芦醇（Veratryl alcohol）为苄醇类结构，在多种植物的挥发油中存在，如小柴胡根等。藜芦醇在挥发油中的含量不大，提取无价值，可化学合成。

化学结构

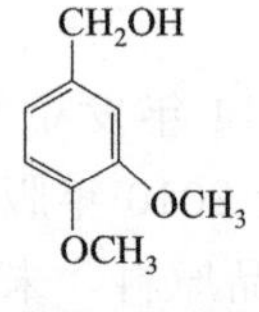

藜芦醇的结构

理化性质

藜芦醇在室温无色液体，熔点 22℃ 为无色液体，沸点 296～297℃ （732mmHg），微溶于水，可溶于乙醇、丙酮。藜芦醇的 CAS 号为 93-03-8。

安全管理情况

CTFA 将藜芦醇作为化妆品原料，中国香化协会 2010 年版的《国际化妆品原料标准中文名称目录》中列入，国家食品药品监督管理总局 2014 年发布的《关于已使用化妆品原料名称目录的公告》尚未列入，未见它外用不安全的报道。

化妆品中应用

藜芦醇有抗氧性，可用作抗氧剂。

楝子素（Mangostin）

楝子素（Mangostin）为呫吨酮苷类化合物，也名倒捻子素。楝子素可从藤黄科藤黄属植物山竹（Garcinia mangostana.L.）果壳中提取。楝子素有 α、β、γ 等若干异构体，以 α-楝子素最为常见。

化学结构

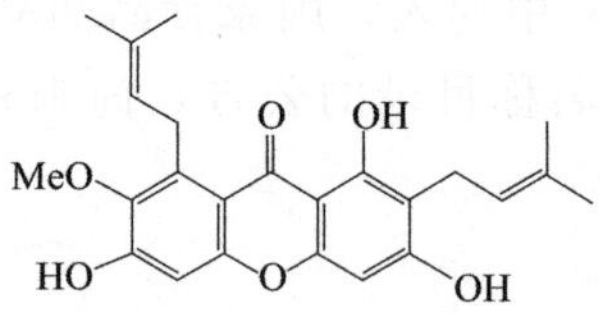

γ-楝子素的结构（α 型是甲基处为氢）

理化性质

α-楝子素为黄色粉末结晶，熔点 182℃，不溶于水，易溶于正己烷、氯仿、乙酸乙酯等中低极性溶剂。α-楝子素的 CAS 号为 6147-11-1。

安全管理情况

CTFA 将楝子素作为化妆品原料，中国香化协会 2010 年版的《国际化妆品原料标准中文名称目录》中列入，国家食品药品监督管理总局 2014 年发布的《关于已使用化妆品原料名称目录的公告》尚未列入，未见它外用不安全的报道。

药理作用

楝子素有广谱的抗菌性。α-楝子素对金黄色葡萄球菌和枯草杆菌的 MIC 均为 $3.13\mu g/mL$；α-楝子素对粪肠杆菌的 MIC 均为 $3.13\mu g/mL$，而 β-楝子素对粪肠杆菌的 MIC 均为 $25\mu g/mL$；α-楝子素对口腔致病菌变异链球菌、远缘链球菌、牙龈卟啉单胞菌的 MIC 分别为 $0.78\mu g/mL$、$0.39\mu g/mL$ 和 $0.78\mu g/mL$，而 γ-楝子素对口腔致病菌变异链球菌、远缘链球菌、牙龈卟啉单胞菌的 MIC 分别为 $0.78\mu g/mL$、$3.13\mu g/mL$ 和 $0.78\mu g/mL$。

楝子素与化妆品相关的药理研究见下表。

试验项目	浓度	效果说明
α-楝子素对自由基 DPPH 的消除		半消除量 EC_{50}：$>100\mu g/mL$
γ-楝子素对自由基 DPPH 的消除		半消除量 EC_{50}：$9.7\mu g/mL$
α-楝子素对羟基自由基的消除	$5\mu mol/L$	消除率：85.2%
α-楝子素对超氧自由基的消除	$5\mu mol/L$	消除率：63.9%
α-楝子素对脂质过氧化的抑制	0.005%	抑制率：71.8%
γ-楝子素对脂质过氧化的抑制	0.005%	抑制率：97.3%
α-楝子素对胶原蛋白酶活性的抑制	$100\mu g/mL$	抑制率：22.5%
γ-楝子素对胶原蛋白酶活性的抑制	$100\mu g/mL$	抑制率：21.8%
α-楝子素对 5-脂氧合酶活性的抑制		半抑制量：IC_{50}：$2.7\mu g/mL$
γ-楝子素对 5-脂氧合酶活性的抑制		半抑制量：IC_{50}：$0.5\mu g/mL$
α-楝子素对前列腺素 E_2 生成的抑制	$10\mu g/mL$	抑制率：70.2%
γ-楝子素对前列腺素 E_2 生成的抑制	$10\mu g/mL$	抑制率：83.8%

化妆品中应用

楝子素对 UVA 和 UVB 二个波段均有强烈吸收，可用于防晒乳液；楝子素有抗菌性，可用于口腔卫生用品防治蛀牙和牙周炎；楝子素因其抗氧性能可用于抗衰和抗皱护肤品；楝子素有抗炎性，对皮肤的过敏也有缓解作用。

亮氨酸（Leucine）

亮氨酸（Leucine）属于必需氨基酸，是 20 种基本氨基酸的其中一种，在所有生物体内都有存在。亮氨酸在头发中含量较高，约占干头发的 13%。亮氨酸可从动物毛发的水解液中提取。

化学结构

亮氨酸的结构

理化性质

亮氨酸为白色结晶，溶于水、稀盐酸、氢氧化钠及碳酸盐溶液，微溶于醇，不溶于醚，比旋光度 $[\alpha]_D^{25}$：$-10.8°$（2.2%，水中）。亮氨酸的 CAS 号为 61-90-5。

安全管理情况

国家食品药品监督管理总局 2014 年发布的《关于已使用化妆品原料名称目录的公告》、CTF 欧盟和中国香化协会 2010 年版的《国际化妆品原料标准中文名称目录》都将亮氨酸作为化妆品原料，未见它外用不安全的报道。

药理作用

亮氨酸与化妆品相关的药理研究见下表。

试验项目	浓度	效果说明
涂覆对皮肤角质层水分含量的促进	0.5%	促进率：104（空白 100）
对亮氨酸脱氢酶活性的抑制	20mmol/L	抑制率：46%
小鼠试验对白介素 IL-1β 生成的抑制	300mg/kg	抑制率：15.1%

化妆品中应用

亮氨酸是具有特殊生理活性的营养剂，亮氨酸侧面的带有分支的碳链显示一定的亲脂性，所以易为毛发吸收，因此较多用于护发制品；涂覆使用可软化角质层有保湿和抗炎功能；亮氨酸对亮氨酸脱氢酶活性有抑制，可抑制体臭。

裂裥菌素（Schizophyllan）

裂裥菌素（Schizophyllan）又称裂褶菌多糖，产于裂褶菌。裂褶菌为一真菌，有时与香菇伴生，可食用。裂裥菌素从裂褶菌中提取。

化学结构

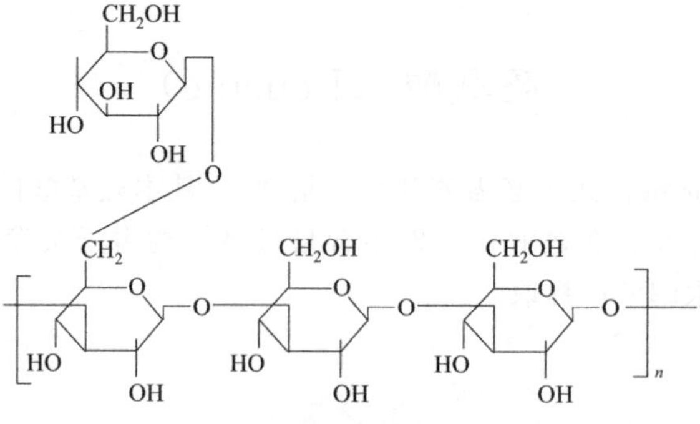

裂裥菌素的结构

理化性质

裂裥菌素为纤维状白色粉状物，相对分子质量约 10 万，易溶于冷水，热水可加速溶解，水溶液 pH 为中性，黏稠，不溶于高浓度的乙醇、丙酮乙酸乙酯等溶剂。裂裥菌素的 CAS 号为 9050-67-3。

安全管理情况

CTFA 将裂裥菌素作为化妆品原料，中国香化协会 2010 年版的《国际化妆品原料标准中文名称目录》中列入，国家食品药品监督管理总局 2014 年发布的《关于已使用化妆品原料名称目录的公告》尚未列入，未见它外用不安全的报道。

药理作用

裂裥菌素与化妆品相关的药理研究见下表。

试验项目	浓度	效果说明
对超氧自由基的消除	0.2mg/mL	消除率:47.9%
涂覆对经皮水分蒸发的抑制	0.3%	抑制率:31.9%
对白介素 IL-12 生成的促进	150μg/mL	促进率:115.3(空白 100)

化妆品中应用

裂裥菌素对白介素 IL-12 的生成有促进，显示有免疫功能，可用作抗炎剂；裂裥菌素可维持皮肤角质层的含水量，可作保湿剂用。

磷酸腺苷（Adenosine phosphate）

磷酸腺苷（Adenosine phosphate）也称腺苷酸、5-磷酸腺苷等，广泛地分布于动植物的细胞液内。在生物体内常以它的一钠盐或二钠盐的形式存在。工业上以核糖核酸为原料，经磷酸二酯酶酶解而制取。

化学结构

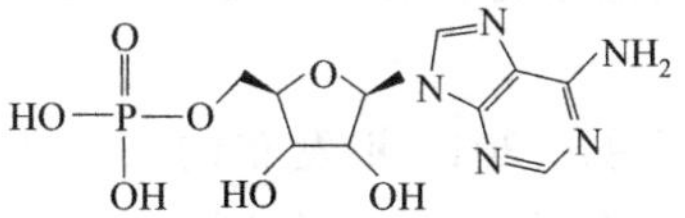

磷酸腺苷的结构

理化性质

磷酸腺苷为白色粉末，可溶于水，水溶液应澄清透明，紫外吸收最大波长为 259nm 和 430nm，纯度为 98%（min）。CAS 号为 61-19-8。

安全管理情况

国家食品药品监督管理总局 2014 年发布的《关于已使用化妆品原料名称目录的公告》、CTFA、欧盟和中国香化协会 2010 年版的《国际化妆品原料标准中文名称目录》都将磷酸腺苷作为化妆品原料。磷酸腺苷可作药用，虽然肌注可见局部红斑，但未见它外用不安全的报道。

药理作用

磷酸腺苷与化妆品相关的药理研究见下表。

试验项目	含量/%	效果说明
皮肤涂覆1h对血流量增加的促进	0.75	促进率:119.1(空白100)
对皮肤角质层细胞代谢的促进	0.1	促进率:15.6%
小鼠试验对其毛发生长的促进	0.5	促进率:325(空白100)

化妆品中应用

腺苷酸苷是构成动物细胞核糖酸的四种主要单核苷酸之一，是体内的能量传递物质之一，是高效的细胞活化剂和营养物质，具有显著的周围血管护张作用，可配伍的活性成分如肉碱、氨基酸、维生素等，可增加这些成分的功效，主要用于抗老抗衰化妆品的调配。在生发制品中用入可防止灰发的生成和刺激生发。

硫胺素（Thiamine）

硫胺素（Thiamine）的盐酸盐称为维生素 B_1。维生素 B_1 主要存在于种子的外皮和胚芽中，如米糠和麸皮中含量很丰富，在酵母菌中含量也高，瘦肉、白菜和芹菜中含量相对集中。现在所用的维生素 B_1 都是化学合成的产品。

化学结构

盐酸硫胺素的结构

理化性质

维生素 B_1 为白色结晶，熔点 250℃，易溶于水，在酸性溶液中很稳定，在碱性溶液中不稳定，易被氧化和受热破坏。维生素 B_1 的 CAS 号为 67-03-8。

安全管理情况

国家食品药品监督管理总局 2014 年发布的《关于已使用化妆品原料名称目录的公告》、CTFA 和中国香化协会 2010 年版的《国际化妆品原料标准中文名称目录》都将维生素 B_1 作为化妆品原料，未见它外用不安全的报道。

化妆品中应用

维生素 B_1 是人体必需的一种维生素，人体维生素 B_1 缺乏会导致皮肤等发生病变；维生素 B_1 可促进其他活性成分如抗氧、代谢等功能，可用作化妆品营养性助剂。

硫羟乳酸（Thiolactic acid）

硫羟乳酸（Thiolactic acid）又名巯基乳酸、硫代乳酸，可见于发酵制品或肉类加工制品中，是其中的风味物质之一。硫羟乳酸可化学合成，为消旋物，天然出现的是 S 构型。

化学结构

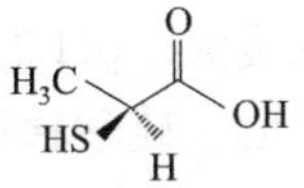

S-硫羟乳酸的结构

理化性质

硫羟乳酸为无色至淡黄色液体，熔点 10~14℃，沸点 117℃ (2133Pa)，有烤肉似的香气。易溶于水、乙醇、乙醚和丙酮。硫羟乳酸的 CAS 号为 79-42-5。

安全管理情况

国家食品药品监督管理总局 2014 年发布的《关于已使用化妆品原料名称目录的公告》、CTFA 和中国香化协会 2010 年版的《国际化妆品原料标准中文名称目录》都将硫羟乳酸作为化妆品原料，未见它外用不安全的报道。

药理作用

硫羟乳酸与化妆品相关的药理研究见下表。

试验项目	浓度	效果说明
细胞培养对角质层细胞增殖的促进	0.625mmol/L	促进率:29%
对纤维芽细胞乳酸脱氢酶活性的抑制	2.5mmol/L	抑制率:11%

化妆品中应用

硫羟乳酸有巯基乙酸类似的作用，可在烫发、染发制品中使用，赋予较永久的饰发效果，刺激性较巯基乙酸小；硫羟乳酸对纤维芽细胞乳酸脱氢酶的活性有抑制作用，该酶会妨碍纤维芽细胞的胶原蛋白合成，因此也间接促进了胶原蛋白的合成，有活肤和调理的自由。

硫酸软骨素 (Chondrotin sulfate)

硫酸软骨素 (Chondrotin sulfate) 是人体结缔组织、细胞外基质中常见的氨基多糖，在动物中也广泛存在。硫酸软骨素随来源的不同有多种构型，主要表现在氨基多糖链的长短和硫酸酯基团的多寡。硫酸软骨素属酸性多糖，其中的单糖主要是 D-普通糖醛酸和 2-氨基-2-脱氧-D-半乳糖，有等量的乙酰基和硫酸基，含 50~70 个双糖的基本单位。硫酸软骨素看从鲨鱼的软骨中提取，应用一般采取其钠盐的形式。

化学结构

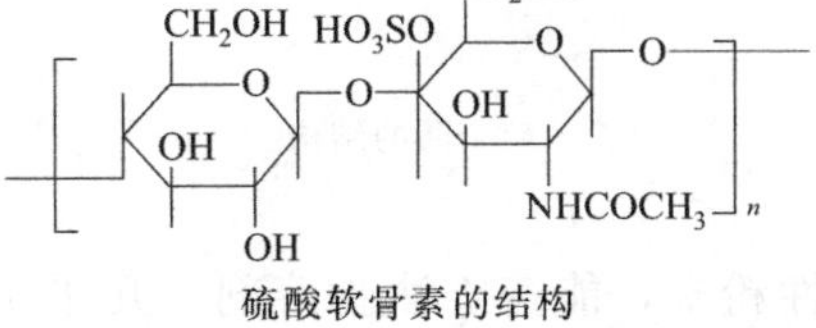

硫酸软骨素的结构

理化性质

硫酸软骨素钠有强烈的吸湿性,可携带 16%~17% 的水分,可真空冷冻至白色或灰白色粉末,易溶于水,水溶液黏度大。pH 的变化对黏度影响很大,不溶于大多数有机溶剂如乙醇、乙酸、丙酮和乙醚。硫酸软骨素钠的 CAS 号为 9007-28-7。

安全管理情况

国家食品药品监督管理总局 2014 年发布的《关于已使用化妆品原料名称目录的公告》、CTFA 和中国香化协会 2010 年版的《国际化妆品原料标准中文名称目录》都将硫酸软骨素钠作为化妆品原料,未见它外用不安全的报道。

药理作用

硫酸软骨素钠与化妆品相关的药理研究见下表。

试验项目	浓度	效果说明
对超氧自由基的消除	83μmol/L	消除率:28.9%
对羟基自由基的消除(相对分子质量 4 万)		半消除量 IC_{50}:8.9mg/mL
对自由基 DPPH 的消除(相对分子质量 4 万)	1.8mg/mL	消除率:52.4%
对人皮肤成纤维细胞的增殖的促进	0.125mg/mL	促进率:244.4(空白 100)
对白介素 IL-1β 生成的抑制	0.2mg/mL	抑制率:9.9%
对二甲苯致小鼠耳肿胀的抑制	60mg/kg	抑制率:15.4%

化妆品中应用

硫酸软骨素钠与细胞表面及基质中其他大分子物质关系密切,不仅对细胞具有支持和保护作用,同时也对细胞的分化、发育、运动和增殖产生一定的影响。硫酸软骨素钠可用作化妆品的营养性助剂和保湿剂,有广泛的配伍性,一般与其他活性成分共同使用。与核酸或维生素 E 结合可刺激头发的生长;与组氨酸或尿酸结合对头发有调理作用;与泛酸或粘连蛋白等结合可防止皱纹的产生,可增加曲酸、熊果苷等增白剂的效能;并有抗炎性。

硫辛酸(Thioctic acid)

硫辛酸(Thioctic acid)即 Lipoic acid,是一种存在于线粒体的辅酶,类似维生素,广泛存在于微生物、植物和动物中。硫辛酸在生物体中分布虽普遍,但都含量不大,从生物体内提取已无价值,现均合成制备。

化学结构

硫辛酸的结构

理化性质

硫辛酸为黄色结晶性粉末,能溶于油脂溶剂,几乎不溶于水。有光学异构,

D 型旋光：+104°（23℃，-0.88%苯中），L 型旋光：-113℃（23℃，1.88%苯中），硫辛酸有 D、L、和 DL 型三种产品。DL 型产品应用最广。硫辛酸的 CAS 号为 1077-28-7。

安全管理情况

国家食品药品监督管理总局 2014 年发布的《关于已使用化妆品原料名称目录的公告》、CTFA 和中国香化协会 2010 年版的《国际化妆品原料标准中文名称目录》都将硫辛酸作为化妆品原料，未见它外用不安全的报道。

药理作用

硫辛酸与化妆品相关的药理研究见下表。

试验项目	浓度	效果说明
对氧自由基的消除		消除能力是同等质量百分比浓度维生素 E 的 1.08 倍
纤维芽细胞培养对透明质酸生成的促进	3×10^{-6}	促进率：126（空白 100）
对酪氨酸酶活性的抑制		半抑制量 IC_{50}：14.7μg/mL
斑贴试验对角质层代谢速度的促进	0.05%	促进率：11.8%（与空白比较）
40～200mJ/cm² 的照射最小红斑量的测定	0.1mg/cm²	最小红斑量：135.6（空白值 100）
对老鼠毛发生长的促进	0.3%	促进率：110.6（空白 100）

化妆品中应用

硫辛酸属于一类电子转移的含硫辅助因子，有维生素样作用，可作为乙酰转移酶的辅酶参与生化过程，参与生物体内丙酮酸氧化脱羧及三羧酸循环，脂肪酸合成和糖代谢过程中都离不开硫辛酸，外用可加强皮肤的代谢功能。硫辛酸可用作抗氧剂、保湿剂、生发剂和防晒剂。

芦丁（Rutin）

芦丁（Rutin）为黄酮类化合物，是槲皮素的 3 位芸香糖苷。是豆科植物槐（*Sophora japonica*）果实槐角的主要成分，槐米中含芦丁 20% 左右，槐花中含芦丁约 8%，由于分布和含量比较集中，所以芦丁是最早可规模提供产品的黄酮化合物，价格也不贵。芦丁可以槐米为原料制得。

化学结构

芦丁的结构

理化性质

芦丁为浅黄色针状结晶（水），比旋光度 $[\alpha]_D^{23}$：+13.82°（乙醇），$[\alpha]_D^{23}$：−39.43°（吡啶），紫外吸收特征峰波长（nm）为 258 和 361。芦丁微溶于醇和水，稀溶液遇三氯化铁呈绿色。芦丁的 CAS 号为 153-18-4。

安全管理情况

国家食品药品监督管理总局 2014 年发布的《关于已使用化妆品原料名称目录的公告》、CTFA、欧盟和中国香化协会 2010 年版的《国际化妆品原料标准中文名称目录》都将芦丁作为化妆品原料，未见它外用不安全的报道。

药理作用

芦丁与化妆品相关的药理研究见下表。

试验项目	浓度	效果说明
对单线态氧自由基的消除	0.03%	消除率：51%
对脂质过氧化的抑制	1%	抑制率：74.5%
B-16 细胞培养对黑色素生成的促进	50μmol/L	促进率：123（空白 100）
5J/cm^2 UVA 照射下对光毒性的抑制		半抑制量 IC$_{50}$：0.005%
对 5α-还原酶活性的抑制	0.5μg/mL	抑制率：52.4%
对皮脂分泌的抑制	2%	抑制率：13.9%（与空白比较）
对由 SLS 引发的白介素 IL-1 生成的抑制	0.1%	抑制率：25.9%
对由 DNCB 引发的白介素 IL-6 生成的抑制	0.1%	抑制率：30.6%
对磷脂酶 A2 活性的抑制	0.1mol/L	抑制率：55%

化妆品中应用

芦丁能强烈吸收在 280nm 和 335nm 之间的紫外线，可用于防晒型化妆品；芦丁有抗氧性，可增强其他细胞活化剂的功效而应用于抗老性护肤品；芦丁对 5α-还原酶活性有抑制，以及抑制皮脂的分泌，表明其对雄性激素偏高而引起的脱发有很好的防治作用，可用于生发、粉刺防治等制品；芦丁有抗炎性，对磷脂酶 A2 的活性有抑制，磷脂酶 A2 是机体炎症、过敏介质产生的关键酶，因此芦丁有抗过敏的作用。

芦荟苦素（Aloesin）

芦荟苦素（Aloesin）存在于百合科植物库拉索芦荟（*Aloe barbadensis Miller*）、好望角芦荟（*Aloef erox Miller*）或其他同属近缘植物叶中。在芦荟叶的酒精提取浸膏中约含 30%，芦荟苦素可从此浸膏中分离。

化学结构

芦荟苦素的结构

理化性质

芦荟苦素为白色针晶（乙醇），熔点 146～147℃。在空气中逐渐变黄色，易吸潮，易溶于吡啶，溶于水、乙醇、丙酮，难溶于石油醚。水溶液加 5% NaOH 变黄色，HCl-Zn 粉反应显红色。$[\alpha]_D$：+26.8°（$c=0.5$，甲醇）。$UV\lambda_{max}$(EtOH)nm(lgε)：216，245(4.31)，252(4.34)，295(4.06)，340(sh)。芦荟苦素的 CAS 号为 30861-27-9。

安全管理情况

国家食品药品监督管理总局 2014 年发布的《关于已使用化妆品原料名称目录的公告》、CTFA 和中国香化协会 2010 年版的《国际化妆品原料标准中文名称目录》都将芦荟苦素作为化妆品原料，未见它外用不安全的报道。

药理作用

芦荟苦素与化妆品相关的药理研究见下表。

试验项目	浓度	效果说明
对自由基 DPPH 的消除		半消除值 IC_{50}：$(20.0\pm0.3)\mu mol/L$
对超氧自由基的消除		半消除值 IC_{50}：$>100\mu mol/L$
对酪氨酸酶活性的抑制	$40\mu g/mL$	抑制率：38%
对 B-16 黑色素细胞活性的抑制	$40\mu g/mL$	抑制率：27%
细胞培养对人体表皮细胞生长的促进	$100\mu g/mL$	促进率：149.9（空白 100）
对环氧合酶-2 活性的抑制		半抑制量 IC_{50}：$>100\mu mol/L$

化妆品中应用

芦荟苦素对人的酪氨酸酶和蘑菇的酪氨酸酶的 IC_{50} 分别是 0.1mmol 和 0.04mmol，熊果苷对上述两种酶的 IC_{50} 远大于芦荟苦素。但 0.01mmol 的芦荟苦素和 0.03mmol 的熊果苷配合对酪氨酸酶的抑制可达 80%。这说明芦荟苦素和熊果苷对酪氨酸酶以不同的机理发生作用。芦荟苦素可防止色素过度沉着，用于增白型护肤品。芦荟苦素通过刺激 DNA 合成促进表皮细胞生长，有活肤作用。数据显示芦荟苦素具一定的抗氧性和抗炎性。

鲁斯可皂苷（Ruscogenin）

鲁斯可皂苷（Ruscogenin）属甾体皂苷，存在于假叶树（*Ruscus aculeatus*）的树皮和根茎、湖北山麦冬（*Liriope spicata Lour.*）等。甾体皂苷在中草药中的分布不及三萜皂苷普遍，但大多有显著的生理活性。鲁斯可皂苷从假叶树中提取。

化学结构

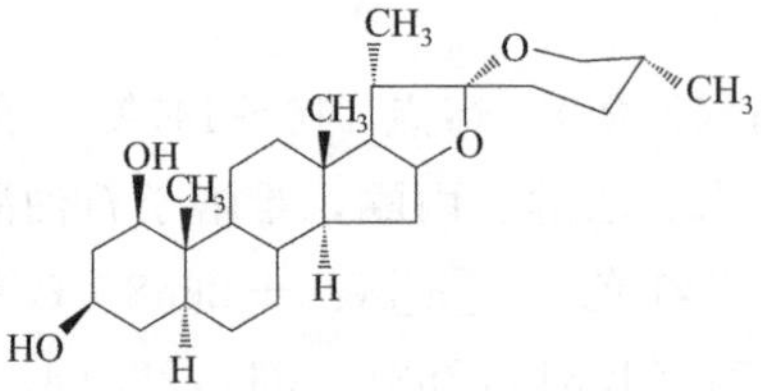

鲁斯可皂苷的结构

理化性质

鲁斯可皂苷为类白色粉状物，不溶于水，能溶于丙酮、石油醚、氯仿等溶剂。鲁斯可皂苷的CAS号为472-11-7。

安全管理情况

国家食品药品监督管理总局2014年发布的《关于已使用化妆品原料名称目录的公告》、CTFA和中国香化协会2010年版的《国际化妆品原料标准中文名称目录》都将鲁斯可皂苷作为化妆品原料，未见它外用不安全的报道。

药理作用

鲁斯可皂苷与化妆品相关的药理研究见下表。

试验项目	浓度	效果说明
对超氧歧化酶活性的促进	9mg/kg	促进率:117.4(空白100)
对弹性蛋白酶活性的抑制		半抑制量 IC_{50}:(119.9 ± 2.1)$\mu mol/L$
对细胞间接着的抑制	1.0$\mu mol/L$	抑制率:9.9%

化妆品中应用

鲁斯可皂苷经皮渗透性好，与磷脂类结合也可辅助其他活性成分进入皮肤的较深层；鲁斯可皂苷有刺激细胞新陈代谢作用，可用于调理性化妆品，对弹性蛋白酶等有抑制，对皮肤有抗老化效果；细胞间接着的升高表示可能产生皮肤水泡症、角化症、角化不全等皮肤疾患，患鲁斯可皂苷因此有抗炎性。

卵磷脂（Lecithin）

卵磷脂（Lecithin）是以甘油为核心的复酯，在所有生物细胞中都有存在，以大豆、芝麻子、酵母、蛋黄中含量最高。卵磷脂是一同系物的混合物，卵磷脂的结构随来源的不同在脂肪酸的构成上有些区别，因此有时需要将其来源标明，如大豆卵磷脂、蛋黄卵磷脂等。

化学结构

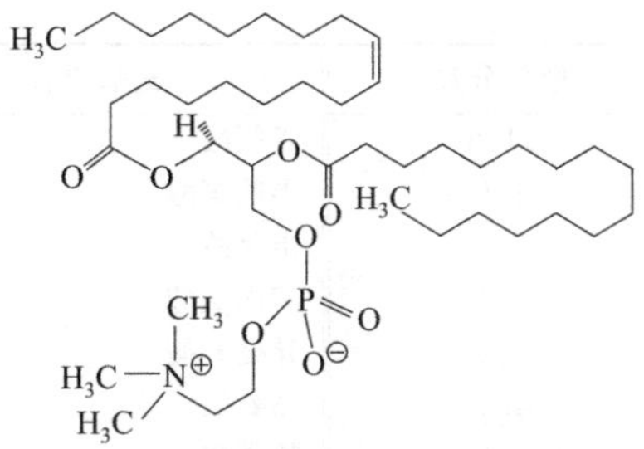

卵磷脂的结构（脂肪酸残基分别为油酸和软脂酸）

理化性质

卵磷脂为蜡状物或黏稠液体。遇水不溶但能膨胀，在氯化钠溶液中呈胶体悬浮液。可溶于氯仿、乙醚、石油醚，难溶于丙酮。卵磷脂的 CAS 号为 8002-43-5。

安全管理情况

国家食品药品监督管理总局 2014 年发布的《关于已使用化妆品原料名称目录的公告》、CTFA、欧盟、日本和中国香化协会 2010 年版的《国际化妆品原料标准中文名称目录》都将卵磷脂作为化妆品原料，未见它外用不安全的报道。

药理作用

卵磷脂与化妆品相关的药理研究见下表。

试验项目	浓度	效果说明
细胞培养菜油卵磷脂对超氧歧化酶活性的促进	1mg/mL	促进率：125.7（空白 100）
在 UV 下菜油卵磷脂对成纤维细胞凋亡的抑制	1mg/mL	抑制率：47.3%
细胞培养大豆卵磷脂对胶原蛋白生成的促进	1.0%	促进率：110（空白 100）
小鼠涂覆试验对皮肤角质层含水量的促进	60mg/kg	促进率：69.2%
小鼠涂覆试验对角质层脂褐素含量的抑制	60mg/kg	抑制率：46.3%

化妆品中应用

卵磷脂乳化作用强，能稳定乳状液，适用于配制凝胶型产品；卵磷脂易为人肤和毛发吸收并能促进其他营养物质的渗透，常与亚麻酸、透明质酸、维生素类功用于调理型化妆品。

螺旋藻氨基酸（Spirulina amino acid）

螺旋藻氨基酸（Spirulina amino acid）来源于螺旋藻蛋白质的水解物。螺旋藻富含蛋白质，干粉中蛋白质的含量在 59%～72%。螺旋藻蛋白质可经完全水解得螺旋藻氨基酸。
组成
螺旋藻氨基酸中各重要氨基酸的含量见下表。

单位：%

氨基酸名	摩尔分数	氨基酸名	摩尔分数
天冬氨酸	11.6	谷氨酸	17.1
丝氨酸	1.8	半胱氨酸	—
缬氨酸	8.4	蛋氨酸	1.5
组氨酸	4.1	苯丙氨酸	4.9
甘氨酸	6.2	异亮氨酸	6.9
苏氨酸	4.9	亮氨酸	9.9
丙氨酸	7.0	赖氨酸	4.8
精氨酸	6.3	脯氨酸	—
酪氨酸	4.5		

理化性质
螺旋藻氨基酸为粉状物，可溶于水，不溶于乙醇。
安全管理情况
CTFA 将螺旋藻氨基酸作为化妆品原料，中国香化协会 2010 年版的《国际化妆品原料标准中文名称目录》中列入，国家食品药品监督管理总局 2014 年发布的《关于已使用化妆品原料名称目录的公告》尚未列入，未见它外用不安全的报道。
化妆品中应用
螺旋藻氨基酸中必需氨基酸的比例大大的优于大豆氨基酸，能迅速被皮肤吸收，无油腻感，适合用作化妆品的营养护肤原料。

氯原酸（Chlorogenic acid）

氯原酸（Chlorogenic acid）又名咖菲鞣酸，存在于杜仲科植物杜仲（*Eucommia Ulmoides Oliver*）叶、忍冬科植物忍冬（*Lonicera japonica Thumb*）金银花花蕾。氯原酸目前主要从金银花花蕾中提取。
化学结构

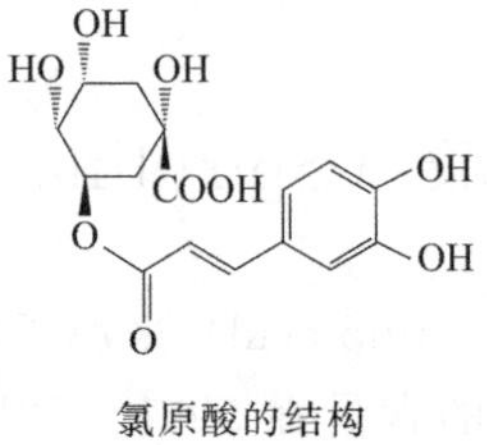

氯原酸的结构

理化性质

氯原酸为针状结晶,熔点 208℃,可溶于水,4℃时水中的溶解度为 4%,在热水中溶解度更大,微溶于乙醇和丙酮,极微溶于乙酸乙酯,$[\alpha]_D^{26}$:$-35.2°$($c=2.8$,水)。氯原酸的 CAS 号为 327-97-9。

安全管理情况

国家食品药品监督管理总局 2014 年发布的《关于已使用化妆品原料名称目录的公告》、CTFA 和中国香化协会 2010 年版的《国际化妆品原料标准中文名称目录》都将氯原酸作为化妆品原料,未见它外用不安全的报道。

药理作用

氯原酸有抗菌性,对金黄色葡萄球菌、大肠杆菌、枯草杆菌和白色念珠菌的 MIC 分别为 $40\mu g/mL$、$80\mu g/mL$、$40\mu g/mL$ 和 $20\mu g/mL$,浓度在 $0.5mg/mL$ 时对绿脓杆菌的抑制率为 80%。

氯原酸与化妆品相关的药理研究见下表。

试验项目	浓度	效果说明
对脂质过氧化的抑制	0.1%	抑制率:90.2%
对酪氨酸酶活性的抑制		半抑制量 IC_{50}:$150\mu mol/L$
对细胞糖化反应的抑制		半抑制量 IC_{50}:$27\mu g/mL$
对 UVA 光毒性的抑制	0.01%	抑制率:75%
脂肪细胞培养对脂肪分解的促进	1mmol/L	促进率:150.8±7.0(空白 100)
对白介素 IL-4 生成的抑制	$4\mu mol/L$	抑制率:20.0%
对肥满细胞活性的抑制	$4\mu mol/L$	抑制率:45.5%
对脲酶活性的抑制		半抑制量 IC_{50}:$20\mu g/mL$
对透明质酸酶活性的抑制		半抑制量 IC_{50}:$1.85mmol/L$
对 1Gy 的 X 射线辐射细胞凋亡的抑制	$4\mu g/mL$	抑制率:48.0%

化妆品中应用

氯原酸有强烈的抗菌活性,可用于口腔卫生用品;氯原酸对皮肤细胞膜的透过性高,可通过激活脂肪细胞进行有氧体操,提高人体原本自有的正常"脂肪消耗效率",从而减少局部脂肪堆积,以达到减脂美肤的效果;氯原酸对透明质酸酶、白介素生成、肥满细胞活性的抑制显示,其具抗炎性;氯原酸还可用于抗衰、美白、抗辐射用品。

M

马栗树皮苷（Esculin）

马栗树皮苷（Esculin）又名秦皮甲素，为6,7-二羟基香豆素的葡萄糖苷的衍生物，是传统中药秦皮（*Fraxinus rhychophylla*）的主要有效成分之一，在马栗树（*Aesculus hippocastanum Linn*）树皮、菊苣（*Cichorium intybus*）全草中有多量存在，现基本是从秦皮提取。

化学结构

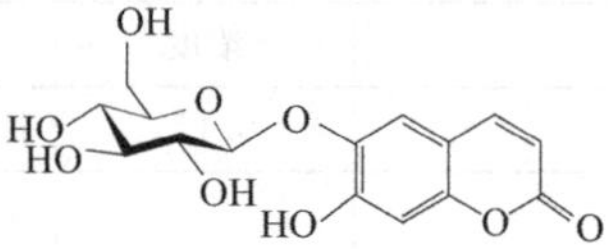

马栗树皮苷的结构

理化性质

马栗树皮苷为白色针状结晶，带1.5个结晶水，熔点204~206℃，比旋光度 $[\alpha]_D^{18}$：-78.4°（$c=2.5$，50%二氧六烷）。马栗树皮苷难溶于冷水，溶于沸水，溶于热酒精，甲醇，吡啶，乙酸乙酯和醋酸，在346nm处有最大吸收，常见纯度在98%~99%。马栗树皮苷的CAS号为531-75-9。

安全管理情况

国家食品药品监督管理总局2014年发布的《关于已使用化妆品原料名称目录的公告》、CTFA、欧盟和中国香化协会2010年版的《国际化妆品原料标准中文名称目录》都将马栗树皮苷作为化妆品原料，未见它外用不安全的报道。

药理作用

马栗树皮苷有抑菌性，是枯草杆菌的生长抑制剂。

马栗树皮苷与化妆品相关的药理研究见下表。

试验项目	浓度	效果说明
对自由基DPPH的消除		半消除量 EC_{50}：0.141μmol/L
细胞培养对角质细胞增殖的促进	0.1%	促进率：124.9（空白100）
对B-16黑色素细胞活性的抑制	20μg/mL	抑制率：36%
对白介素IL-4生成的抑制	200μmol/L	抑制率：46.3%
对IFN-γ生成的抑制	200μmol/L	抑制率：6.8%

化妆品中应用

马栗树皮苷在346nm处有最大吸收,与碱性氨基酸如赖氨酸、精氨酸或组氨酸配合可将波长提高到390nm左右,可强烈地吸收紫外线,在皮肤保留时间长,为抗水型防晒剂;可抑制黑色素细胞活性,效果与熊果苷相近,在增白型护肤用品中用量2%;秦皮甲素的渗透性好,有毛细管穿透效应,在皮肤表面施用,可降低体表温度,外用可镇静抑汗;马栗树皮苷有抗炎作用。

马铃薯蛋白(Potato protein)

马铃薯蛋白(Potato protein)存在于其块茎土豆中,蛋白质中以糖蛋白为主,约占40%,球蛋白约占25%。水解马铃薯蛋白(Hydrolyzed potato protein)即以酶法水解马铃薯蛋白的产物,以小分子肽为主。

马铃薯蛋白的氨基酸组成

马铃薯蛋白中各重要氨基酸的含量见下表。

单位:%

氨基酸名	摩尔分数	氨基酸名	摩尔分数
天冬氨酸	13.9	谷氨酸	15.2
丝氨酸	4.8	胱氨酸	7.0
缬氨酸	1.0	蛋氨酸	6.9
组氨酸	1.4	苯丙氨酸	6.5
甘氨酸	5.1	异亮氨酸	12.1
苏氨酸	4.3	亮氨酸	0.7
丙氨酸	6.0	赖氨酸	5.1
精氨酸	3.7	脯氨酸	6.6

理化性质

水解马铃薯蛋白为灰白色粉末,其中蛋白质含量在62%~81%,可溶于水。

安全管理情况

国家食品药品监督管理总局2014年发布的《关于已使用化妆品原料名称目录的公告》、CTFA和中国香化协会2010年版的《国际化妆品原料标准中文名称目录》都将水解马铃薯蛋白作为化妆品原料,未见它外用不安全的报道。

药理作用

水解马铃薯蛋白与化妆品相关的药理研究见下表。

试验项目	浓度	效果说明
对羟基自由基的消除	5%	消除率:47.86%
对自由基DPPH的消除	5%	消除率:88.63%

化妆品中应用

水解马铃薯蛋白中人体必需氨基酸如异亮氨酸、赖氨酸、蛋氨酸含量高,能迅速被皮肤吸收，无油腻感，适合用作化妆品的营养剂；水解马铃薯蛋白相当的乳化能力，在持水性、吸油性、起泡性、泡沫稳定性、乳化性、乳化稳定性方面与大豆水解蛋白相差不大，可用作乳化助剂。

马尿酸（Hippuric acid）

马尿酸（Hippuric acid）又名苯甲酰甘氨酸，在马及其他草食动物的尿中含量很多，在人的尿中也含有少量。马尿酸也在血液中存在，参与生化活动，是人体必需氨基酸如苯丙氨酸、色氨酸形成的前体物。马尿酸可用化学法制取。

化学结构

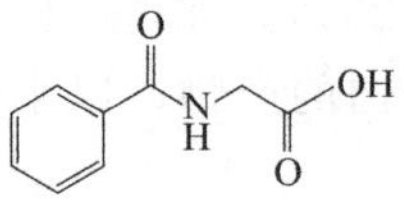

马尿酸的结构

理化性质

马尿酸为白色结晶，熔点 186～187℃，1g 马尿酸约可溶于 250mL 冷水，溶于热水和热醇，不溶于苯、二硫化碳和石油醚。马尿酸的 CAS 号为 495-69-2。

安全管理情况

CTFA 将马尿酸作为化妆品原料，中国香化协会 2010 年版的《国际化妆品原料标准中文名称目录》中列入，中国卫生部的《化妆品成分名单》2003 年版中尚未列入，未见它外用不安全的报道。

药理作用

马尿酸有抑菌性，浓度 100μg/mL 时的抑菌圈直径分别为：枯草杆菌 13mm、绿脓杆菌 11mm、白色念珠菌 9mm。

化妆品中应用

马尿酸及其钠盐可用作染发染料的助剂，对发纤维有保护作用。

麦醇溶蛋白（Gliadins）

麦醇溶蛋白（Gliadins）是一植物蛋白，来源于小麦、大麦或其他麦科植物的种子。小麦醇溶蛋白占小麦面粉蛋白总量的 40%～50%，大麦麦醇溶蛋白的含量要低一些。麦醇溶蛋白的氨基酸中，谷氨酸的含量最大，其余是含硫氨基酸、脯氨酸、亮氨酸和苯丙氨酸。麦醇溶蛋白有 α、γ 和 ω 三种构型，α 和 γ 型的麦醇溶蛋白相对分子质量分别为 28000 和 39000，ω 型为 54000～79000。除分子量不同外，它们的氨基酸序列也有不同。麦醇溶蛋白的性能很受植物来源、加工方法、后处理的影响。

化学结构

大麦麦醇溶蛋白中有丰富的 Pro-Gln-Gln-Pro-Phe-Pro-Gln-Gln 的氨基酸重复系列，而小麦麦醇溶蛋白中有丰富的 Pro-Gln-Gln-Pro-Tyr 和 Pro-Gln-Pro-Gln-Pro-Phe-Pro 的氨基酸重复系列。γ-麦醇溶蛋白中富半胱氨酸及其二硫桥键。

理化性质

麦醇溶蛋白为白色粉末。每升水可溶解 0.3g 左右，随 pH 的提高溶解度略有提高。α 型的麦醇溶蛋白在低浓度的酒精中有一定的溶解度，ω 型的麦醇溶蛋白可溶于 30%～50% 的酸性乙腈。麦醇溶蛋白的 CAS 号为 9007-90-3。

安全管理情况

国家食品药品监督管理总局 2014 年发布的《关于已使用化妆品原料名称目录的公告》、CTFA 和中国香化协会 2010 年版的《国际化妆品原料标准中文名称目录》都将麦醇溶蛋白作为化妆品原料，未见它外用不安全的报道。

药理作用

麦醇溶蛋白与化妆品相关的药理研究见下表。

试验项目	浓度	效果说明
在亚油酸体系中对脂质过氧化的抑制	1.25mg/mL	与同浓度的 BHT 相当
对角质层含水量提高的促进	1%	促进率:149(空白 100)
表面活性活性能力的测定	1%	乳化性:41%

化妆品中应用

麦醇溶蛋白有表面活性，可稳定乳状液，可增强起泡性和泡沫稳定性；在化妆品中使用，都能降低皮肤的粗糙度，并有保湿功能。

麦角硫因（Ergothioneine）

麦角硫因（Ergothioneine）是存在于自然界的一种稀有氨基酸，属咪唑类成分。麦角硫因广泛存在于人体血液、肝脏及内脏器官、菌类（如蘑菇）和植物（燕麦）体内，在机体内具有重要的生理活性，有维生素样作用，现已用合成法或微生物法生产。

化学结构

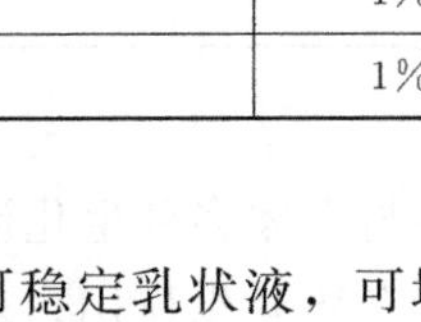

麦角硫因的结构

理化性质

麦角硫因为含二分子结晶水的针状或叶片状晶体（稀乙醇），1g 可溶于

50mL，易溶于热水，略溶于热甲醇、热乙醇和丙酮，不溶于乙醚、氯仿及苯。比旋光度 $[\alpha]_D^{20}$：+116.5°。麦角硫因的 CAS 号为 497-30-3。

安全管理情况

国家食品药品监督管理总局 2014 年发布的《关于已使用化妆品原料名称目录的公告》、CTFA 和中国香化协会 2010 年版的《国际化妆品原料标准中文名称目录》都将麦角硫因作为化妆品原料，未见它外用不安全的报道。

药理作用

麦角硫因与化妆品相关的药理研究见下表。

试验项目	浓度	效果说明
对自由基单线态氧的消除		消除速率：$2.3 \times 10^7 / \text{mL}^{-1}$
对羟基自由基的消除		消除速率：$1.2 \times 10^{10} / \text{mL}^{-1}$
对自由基 DPPH 的消除		半消除量 IC_{50}：$53 \mu g/mL$
在高浓度臭氧下对角质细胞凋亡的抑制	1mmol/L	抑制率：48.6%
在 UVB 照射下对成纤维细胞凋亡的抑制	1mmol/L	抑制率：70%
对酪氨酸酶活性的抑制	0.1%	抑制率：48%
对皮肤蛋白质糖化反应的抑制	5mmol/L	抑制率：42.9%
对脂肪酶活性的抑制		半抑制量：IC_{50}：0.221mg/mL
对 5α-还原酶活性的抑制		半抑制量：IC_{50}：2.32mg/mL

化妆品中应用

麦角硫因有辅酶样性质，参与人体多种生化活动。有强烈的抗氧性，外用于皮肤时可提高皮层细胞的活性，有防老化作用；麦角硫因对紫外线 B 区有吸收，可防治皮肤的光老化；麦角硫因可抑制黑色素细胞活性，可抑制皮肤蛋白质的糖化反应，减少黑色素生成，有亮肤的效果；麦角硫因也有促进生发的作用。

麦角甾醇（Ergosterol）

麦角甾醇（Ergosterol）得自酵母菌和麦角菌，是一种重要的原维生素 D，受紫外线光照射能转化为维生素 D_2。目前麦角甾醇的生产是利用酵母菌生物合成，湿酵母中麦角甾醇达 2.5%。

化学结构

麦角甾醇的结构

理化性质

麦角甾醇为白色片状或针状晶体，熔点 168℃，遇日光和空气易氧化成黄色，溶于苯和氯仿，1g 产品可溶于 660mL 冷乙醇、45mL 沸乙醇、70mL 冷乙醚、39mL 沸乙醚、31mL 氯仿，几乎不溶于水。比旋光度 $[\alpha]_D^{20}$：$-133°$（氯仿）。最大吸收波长（乙醇中）262nm、271nm、282nm、293nm。麦角甾醇的 CAS 号为 57-87-4。

安全管理情况

CTFA 将麦角甾醇作为化妆品原料，中国香化协会 2010 年版的《国际化妆品原料标准中文名称目录》中列入，国家食品药品监督管理总局 2014 年发布的《关于已使用化妆品原料名称目录的公告》尚未列入，未见它外用不安全的报道。

药理作用

麦角甾醇与化妆品相关的药理研究见下表。

试验项目	浓度	效果说明
细胞培养对成纤维细胞增殖的促进	80μg/mL	促进率:108(空白 100)
在 UVB 照射下对成纤维细胞凋亡的抑制	0.5μg/mL	抑制率:28.1%
对 NF-κB 细胞活性的抑制作用	250μg/mL	抑制率:23.5%
对 LPS 诱发 TNF-α 生成的抑制	10μg/mL	抑制率:42.8%
小鼠试验对小鼠毛发生长的促进	1%	促进率:140.5(空白 100)

化妆品中应用

麦角甾醇可保护和刺激皮肤纤维细胞的增殖，这可能与它具维生素 D_2 的性能有关，可保持皮肤的柔滑和湿润，有调理效能；也因之有刺激生发的作用；NF-κB 细胞的活化是发生炎症的标志之一，对 NF-κB 细胞的抑制可证实麦角甾醇提高了皮肤免疫细胞的功能，有抗炎性。

麦芽糖醇（Maltitol）

麦芽糖醇（Maltitol）为常与蔗糖、麦芽糖、山梨醇伴生的双糖，在天然物中含量不高，现基本以麦芽糖为原料加氢制备，或采用葡萄糖异构醇发酵产生。

化学结构

麦芽糖醇的结构

理化性质

麦芽糖醇为白色晶体，熔点 149～152℃，工业产品常为无色黏稠状糖浆，比旋光 $[\alpha]_D^{21}$：+107.0°，易溶于水，不溶于常见有机溶剂如乙醇。麦芽糖醇甜度是蔗糖的 0.95，水溶液的 pH 为 6.0。麦芽糖醇的 CAS 号为 585-88-6。

安全管理情况

国家食品药品监督管理总局 2014 年发布的《关于已使用化妆品原料名称目录的公告》、CTFA、欧盟和中国香化协会 2010 年版的《国际化妆品原料标准中文名称目录》都将麦芽糖醇作为化妆品原料，未见它外用不安全的报道。

化妆品中应用

麦芽糖醇在口腔牙垢中基本不被细菌发酵分解，并且不产生酸性物质，是防龋牙和抗溃疡的甜味剂。牙膏中用入以代替糖精来改变磨料的苦涩味（如硅胶）。该糖的凝固点较蔗糖低，在皂中不易析晶影响外观，成模性能好，可在透明皂或半透明皂中使用，在半透明香皂中含量 5%～6%；麦芽糖醇具多元醇样结构，有保湿作用；麦芽糖醇与其他糖类活性成分一样，和皮肤的亲和性好，可缓解烷基硫酸盐类表面活性剂对皮肤的刺激。

芒果苷（Mangiferin）

芒果苷（Mangiferin）为咕吨酮苷类化合物，是芒果树（*Mangifera indica*）叶的主要活性成分，也存在于扁桃树（*Mangifera persiciformis*）的叶、果实和树皮；百合科知母（*Anemarrhena asphodeloides*）叶，龙胆科植物东北龙胆（*Gentiana manshurica*）等。芒果苷可从芒果树叶中提取。

化学结构

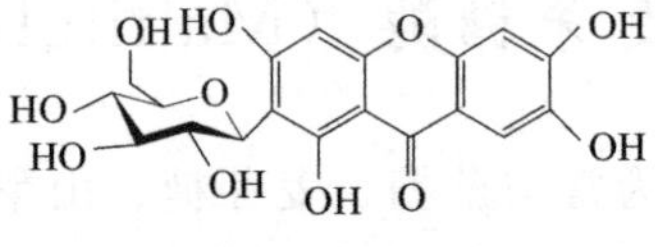

芒果苷的结构

理化性质

芒果苷淡黄色粉末，微溶于水，可溶于酒精。芒果苷的 CAS 号为 4773-96-0。

安全管理情况

CTFA 将芒果苷作为化妆品原料，中国香化协会 2010 年版的《国际化妆品原料标准中文名称目录》中列入，国家食品药品监督管理总局 2014 年发布的《关于已使用化妆品原料名称目录的公告》中尚未列入，未见它外用不安全的报道。

药理作用

芒果苷与化妆品相关的药理研究见下表。

试验项目	浓度	效果说明
对自由基 DPPH 的消除	50μg/mL	消除率:86%
对胶原蛋白酶活性的抑制		半抑制量 IC_{50}:50μg/mL
对弹性蛋白酶活性的抑制		半抑制量 IC_{50}:10μg/mL
对酪氨酸酶活性的抑制		半抑制量 IC_{50}:0.2%
对金属蛋白酶 MMP-1 活性的抑制	2μg/mL	抑制率:22%
对白介素 IL-6 生成的抑制	100mg/kg	抑制率:64.4%(与空白比较)

化妆品中应用

芒果苷具有抗氧化活力和延缓衰老作用,可用于抗衰抗皱的护肤品;芒果苷具有抗炎作用,可以改善皮肤的屏障功能;芒果苷还可用作化妆品的美白剂。

孟二醇（Menthanediol）

孟二醇（Menthanediol）是单萜类化合物,高含量的存在于柠檬桉的精油中,柠檬桉是澳大利亚的原生植物。孟二醇有顺、反两种构型,两者的总和占柠檬桉精油的64%。孟二醇也可用化学法合成。

化学结构

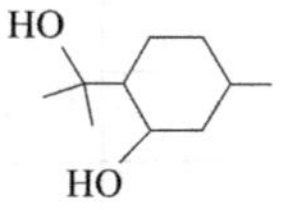

孟二醇的结构

理化性质

孟二醇为无色液体,沸点在常压下为267.6℃。孟二醇的 CAS 号为 42822-86-6。

安全管理情况

国家食品药品监督管理总局2014年发布的《关于已使用化妆品原料名称目录的公告》、CTFA 和中国香化协会2010年版的《国际化妆品原料标准中文名称目录》都将孟二醇作为化妆品原料,未见它外用不安全的报道。

化妆品中应用

孟二醇有驱虫性,浓度0.08%时涂覆可降低蚊子的叮咬67.1%;孟二醇与其他驱虫性配合,有协同效应,可以大大增加驱虫的效率。

迷迭香酸（Rosmarinic acid）

迷迭香酸（Rosmarinic acid）从结构上看是咖啡酸的酯,是许多芳香类植物如迷迭香草（*Rosmarimas officinalis*）、紫苏（*Perilla fratescens*）全草和蜜蜂花（*Melissa officinalis*）全草的风味物质之一。迷迭香酸可从蜜蜂花全草中提取。

化学结构

迷迭香酸的结构

理化性质

迷迭香酸可溶于水、甲醇和乙醇，不溶于乙酸乙酯、氯仿和石油醚。迷迭香酸的 CAS 号为 20283-92-5。

安全管理情况

国家食品药品监督管理总局 2014 年发布的《关于已使用化妆品原料名称目录的公告》、CTFA 和中国香化协会 2010 年版的《国际化妆品原料标准中文名称目录》都将迷迭香酸作为化妆品原料，未见它外用不安全的报道。

药理作用

迷迭香酸有抗菌性，浓度在 0.5mg/mL 时，对金黄色葡萄球菌、大肠杆菌、绿脓杆菌等微生物的抑制率为 100%；对痤疮丙酸杆菌的 MIC 为 0.003μg/mL。

迷迭香酸与化妆品相关的药理研究见下表。

试验项目	浓度	效果说明
对自由基 DPPH 的消除	0.1mmol/L	消除率:94.2%
对脂质过氧化的抑制		半抑制量 IC_{50}:685μmol/L
细胞培养对美拉德作用的抑制	50μg/mL	抑制率:83%
对透明质酸酶活性的抑制		半抑制量 IC_{50}:72.0μg/mL
$10.2J/cm^2$ UVB 照射对光毒性的抑制	10μg/mL	抑制率:75%
细胞培养对丝集蛋白生成的促进	1μmol/L	促进率:138.6(空白 100)
对 ICAM-1(细胞间黏附分子-1)发现的抑制	10μmol/L	抑制率:37.6%
对核因子 NF-κB 细胞活性的抑制	10μmol/L	抑制率:62.0%

化妆品中应用

迷迭香酸有抗细菌和霉菌活性，在洁齿品中用入可防止齿斑的形成和积累；ICAM-1（细胞间黏附分子-1）的水平可作为评价牙周炎症状态的一项指标，迷迭香酸对此有抑制，结合其抗菌性，对牙周炎的防治有效；迷迭香酸有抗炎作用，为非甾族抗炎剂，药效是常用抗炎剂的数倍，可治疗和预防酒渣鼻等疾患；迷迭香酸在紫外线 B 区域强烈吸收，有抗晒功能，并防止皮肤色泽的深化；丝集蛋白的减少和缺失，可能是引起特应性皮炎等干燥性皮肤病的主要原因，迷迭香酸对丝集蛋白的生成有促进作用，结合其对透明质酸酶活性的抑制，显示其有保湿作用；迷迭香酸尚有抗氧、抗衰功能。

米糠甾醇（Rice bran sterols）

米糠甾醇（Rice bran sterols）取自稻米的米糠油，一般在米糠油中占3%以上。米糠甾醇是一复杂的甾醇混合物，由环木菠萝醇、胆甾醇、菜籽甾醇、菜油甾醇、豆甾醇、谷甾醇、燕麦甾醇、豆甾烯醇等组成。米糠甾醇可从米糠油蒸馏提取。

米糠甾醇的组成

见下表。

单位：%

甾醇名称	含量	甾醇名称	含量
胆甾醇	0.13	菜籽甾醇	0.02
菜油甾醇	11.84	豆甾醇	4.80
谷甾醇	14.12	豆甾烯醇	1.67
环木菠萝醇	1.06	环木菠萝烯醇	10.92
亚甲基环木菠萝醇	40.94	环米糠醇	7.09
燕麦甾醇	0.22		

理化性质

米糠甾醇为一油状物，不溶于水、碱和酸，常温下微溶于丙酮和乙醇，可溶于乙醚、苯、氯仿、乙酸乙酯和石油醚等。

安全管理情况

CTFA 将米糠甾醇作为化妆品原料，中国香化协会 2010 年版的《国际化妆品原料标准中文名称目录》中列入，国家食品药品监督管理总局 2014 年发布的《关于已使用化妆品原料名称目录的公告》尚未列入，未见它外用不安全的报道。

药理作用

米糠甾醇有抗菌性，对大肠杆菌、巴氏杆菌、金黄色葡萄球菌的最低抑菌浓度均 0.025mg/mL，对沙门氏菌的最低抑菌浓度为 0.1mg/mL。

化妆品中应用

米糠甾醇在化妆品中的应用可参考 β-谷甾醇、植物甾醇、谷维醇等条。

蜜二糖（Melibiose）

蜜二糖（Melibiose）蜜二糖是一种右旋的二聚糖，在浮小麦、蜂蜜、豆类植物中存在。虽然蜂蜜中含有较多量的蜜二糖，但工业上则利用酵母菌从棉子糖发酵制造蜜二糖。

化学结构

蜜二糖的结构

理化性质

蜜二糖为白色结晶，易溶于水 1g 蜜二糖可以溶解于 0.4mL 的水、8.5mL 的甲醇、220mL 的无水乙醇中；在稀酸条件下水解生成右旋葡萄糖和右旋半乳糖。3.5g 蜜二糖的二水合物的甜度相当于 1g 蔗糖的甜度。加热到 84~85℃时会发生变旋光，$[\alpha]_D^{20}$ 为 111.7°~129.5° ($c=4$)。蜜二糖的 CAS 号为 585-99-9。

安全管理情况

国家食品药品监督管理总局 2014 年发布的《关于已使用化妆品原料名称目录的公告》、CTFA 和中国香化协会 2010 年版的《国际化妆品原料标准中文名称目录》都将蜜二糖作为化妆品原料，未见它外用不安全的报道。

药理作用

蜜二糖与化妆品相关的药理研究见下表。

试验项目	浓度	效果说明
成纤维细胞培养对 3 型胶原蛋白生成的促进	1×10^{-6}	促进率：104（空白 100）
对弹性蛋白酶活性的抑制	1mg/mL	抑制率：15%
对 B-16 黑色素细胞活性的抑制	25mmol/L	抑制率：10.2%
对白介素 IL-8 生成的抑制	5%	抑制率：57.7%

化妆品中应用

蜜二糖在皮肤上有良好的渗透性，可改善皮肤状况，增加皮肤水分，可减缓弹性蛋白的降解，维持皮肤弹性，改善眼皮浮肿、眼袋等现象，与维甲酸或视黄醇等配合效果更好；蜜二糖有抗炎性，能减缓皮肤的过敏性反应。

棉籽蛋白（Cotton seed protein）

棉籽蛋白（Cotton seed protein）即棉仁中的蛋白质。棉仁中含蛋白质约 40%~50%，以酶或酸碱水解棉籽蛋白，成为水解棉籽蛋白（Hydrolyzed cottonseed protein）。酶种的不同或酸碱水解条件的差异，棉籽蛋白的水解程度也有变化，一般的水解产物为寡肽为主。

棉籽蛋白中氨基酸的组成见下表。

单位：%

氨基酸名	摩尔分数	氨基酸名	摩尔分数
天冬氨酸	11.6	苏氨酸	3.2
丝氨酸	5.6	谷酰胺	27.3
脯氨酸	4.6	甘氨酸	3.8
丙氨酸	4.8	半胱氨酸	2.3
缬氨酸	2.9	蛋氨酸	1.4
异亮氨酸	1.7	亮氨酸	5.1
酪氨酸	2.7	苯丙氨酸	5.5
赖氨酸	4.4	鸟氨酸	0.3
组氨酸	1.1	精氨酸	10.8

理化性质

棉籽蛋白水解物和棉籽蛋白氨基酸均溶于水，不溶于有机溶剂。

安全管理情况

国家食品药品监督管理总局 2014 年发布的《关于已使用化妆品原料名称目录的公告》、CTFA 和中国香化协会 2010 年版的《国际化妆品原料标准中文名称目录》都将水解棉籽蛋白作为化妆品原料，未见它外用不安全的报道。

药理作用

水解棉籽蛋白与化妆品相关的药理研究见下表。

试验项目	浓度	效果说明
对自由基 DPPH 的消除	5mg/mL	消除率：54.4%
对超氧自由基的消除	1.5mg/mL	消除率：58.5%
对羟基自由基的消除	1.0mg/mL	消除率：63.9%

化妆品中应用

水解棉籽蛋白有一定的乳化性能，有抗氧作用，适合用作化妆品的护肤原料。

棉子糖（Raffinose）

棉子糖（Raffinose）又称蜜三糖，是由葡萄糖、果糖和半乳糖组成的三糖。棉子糖广泛存在于甜菜（Beta）、棉花（Gossypium）、葡萄（Vitis）、玉米（Zea）、麦（Triticum）、卷心菜（Banisteropsis caapi）、马铃薯（Solanum tuberosum）、大豆（Glycine max）、酵母（Sacharomyces sp.）等，棉子糖可从甜菜糖蜜中提取。

化学结构

棉子糖的结构

理化性质

棉子糖为长针状结晶体,颜色为白色或淡黄色,一般带 5 个结晶水,缓慢加热至 100℃时失去结晶水。棉子糖的水溶液的比旋光度 $[\alpha]_D^{20}$ 为 +105.2°,无水的比旋光度 $[\alpha]_D^{20}$ 为 +123.1°。带结晶水的棉子糖的熔点为 80℃,不带结晶水的熔点为 118~119℃。棉子糖的甜度为蔗糖的 20%~40%,易溶于水,微溶于乙醇等极性溶剂,不溶于石油醚等非极性溶剂。棉子糖的 CAS 号为 512-69-6。

安全管理情况

国家食品药品监督管理总局 2014 年发布的《关于已使用化妆品原料名称目录的公告》、CTFA 和中国香化协会 2010 年版的《国际化妆品原料标准中文名称目录》都将棉子糖作为化妆品原料,未见它外用不安全的报道。

药理作用

棉子糖与化妆品相关的药理研究见下表。

试验项目	浓度	效果说明
涂覆对皮肤角质层含水量提高的促进	10%	促进率:126.4(空白 100)
对脂肪酶活性的抑制	0.64mg/mL	抑制率:70%
涂覆对皮脂的分泌的抑制	0.2%	抑制率:79.9%

化妆品中应用

棉子糖可用作牙膏甜味剂,不能够被变异链球菌利用,不被口腔酶液分解,因而不是口腔微生物的适宜作用底物,不会引起牙齿龋变,甚至具有抗龋齿活性;棉子糖有良好的保湿性,主要在肤用品和浴用品作护理剂;棉子糖外用可抑制皮脂的分泌,对油性皮肤有改善作用。

母菊薁 (Chamazulene)

母菊薁 (Chamazulene) 又名母菊兰烯、兰香油薁,在母菊 (*Chamomilla recutita*)、西洋蓍草 (*Achillea millefolium*) 等植物中存在。母菊薁现从母菊、蒿草的精油中提取分离。

化学结构

母菊薁的结构

理化性质

母菊薁是一蓝色的油状物,不溶于水,可溶于丙酮、氯仿和油脂,沸点 299.1℃/760mmHg 折射率 1.584。母菊薁的 CAS 号为 529-05-5。

安全管理情况

CTFA 将母菊荬作为化妆品原料，中国香化协会 2010 年版的《国际化妆品原料标准中文名称目录》中列入，国家食品药品监督管理总局 2014 年发布的《关于已使用化妆品原料名称目录的公告》尚未列入。母菊荬通过肌肉注射呈中等毒性，通过摄入轻度毒性，小鼠 LD_{50}：3g/kg，未见它外用不安全的报道。

药理作用

母菊荬与化妆品相关的药理研究见下表。

试验项目	浓度	效果说明
对脂质过氧化的抑制		半抑制量 IC_{50}：$2\mu mol/L$
对羟基自由基的消除	25mmol/L	消除率：76%
对脂肪氧合酶活性的抑制	$10\mu mol/L$	抑制率：44.1%

化妆品中应用

母菊荬有抗氧性，在体内具有抗发炎的特性，是一种抗炎和解热剂。

牡蛎糖蛋白（Oyster glycoprotein）

牡蛎属牡蛎科（Ostreidae 真牡蛎）或燕蛤科（Aviculidae 珍珠牡蛎）双壳类软体动物，肉质富含糖蛋白，用水或盐水即可提取可溶性牡蛎糖蛋白。将牡蛎糖蛋白以酶或酸碱进行水解，得水解牡蛎糖蛋白（Hydrolyzed oyster glycoprotein）。牡蛎糖蛋白中蛋白部分占主要地位，糖约占 7%～9%，可溶性牡蛎糖蛋白中糖的比例达 35%。我国海南牡蛎的牡蛎糖蛋白中，只有葡萄糖一种单糖存在。

牡蛎糖蛋白中氨基酸分布

见下表。

单位：%

氨基酸名	摩尔分数	氨基酸名	摩尔分数
天冬氨酸	5.8	半胱氨酸	0
谷氨酸	6.1	缬氨酸	37.7
丝氨酸	3.1	蛋氨酸	1.5
组氨酸	1.4	苯丙氨酸	4.0
甘氨酸	11.2	异亮氨酸	5.0
苏氨酸	4.0	亮氨酸	3.4
丙氨酸	3.1	赖氨酸	7.5
精氨酸	2.5	脯氨酸	0
酪氨酸	3.9		

理化性质

水解牡蛎糖蛋白为冻干的类白色粉末，相对分子质量 3 万～4 万，可溶于水，等电点 pH 为 5.5。

安全管理情况

CTFA 将水解牡蛎糖蛋白作为化妆品原料，中国香化协会 2010 年版的《国际化妆品原料标准中文名称目录》中列入，国家食品药品监督管理总局 2014 年发布的《关于已使用化妆品原料名称目录的公告》尚未列入，未见它外用不安全的报道。

药理作用

水解牡蛎糖蛋白与化妆品相关的药理研究见下表。

试验项目	浓度	效果说明
对羟基自由基的消除	5.4mg/mL	消除率：58.8%
对超氧自由基的消除		半消除量 EC_{50}：7.25mg/mL
对自由基 DPPH 的消除	54.2mg/mL	消除率：75.6%

化妆品中应用

水解牡蛎糖蛋白易为皮肤吸收，可用作化妆品的营养性添加剂。糖蛋白一般具有调节免疫、抗氧抗衰等多种生理功能。

牡蛎甾醇（Oyster sterols）

牡蛎甾醇（Oyster sterols）是存在于牡蛎中的海洋甾醇，是若干甾醇的混合物。其中胆甾醇含量最高，近 40%，其次是（22E,24S）-麦角甾-5,22-双烯-3β-醇，占 16%，是牡蛎海洋甾醇的代表性化合物。其余有豆甾醇、胆甾烷醇、豆甾烷醇等。牡蛎甾醇是从牡蛎脂质中分离制得。

化学结构

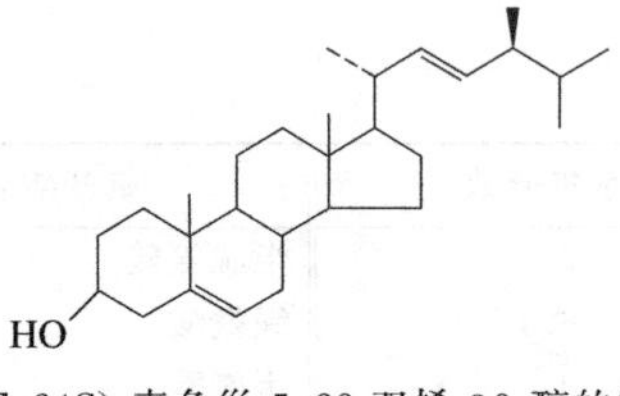

（22E,24S）-麦角甾-5,22-双烯-3β-醇的结构

理化性质

牡蛎甾醇为类白色蜡状物，不溶于水，可溶于乙醇、丙酮、石油醚和己烷。

安全管理情况

CTFA 将牡蛎甾醇作为化妆品原料，中国香化协会 2010 年版的《国际化妆品原料标准中文名称目录》中列入，国家食品药品监督管理总局 2014 年发布的《关于已使用化妆品原料名称目录的公告》尚未列入，未见它外用不安全的报道。

化妆品中应用

牡蛎甾醇有表面活性，有助乳化、稳定乳状液的作用；牡蛎甾醇可用作调理性助剂，在皮肤细胞赋活、抗皱等方面起作用；其余可参考胆甾醇的应用。

木二糖（Xylobiose）

木二糖（Xylobiose）是两个木糖由 β-1,4-糖苷键连接而成的木寡糖，是一种直链二糖，在竹笋、蜂蜜中微量存在。木二糖可以木聚糖为原料采用酶水解分离制取。

化学结构

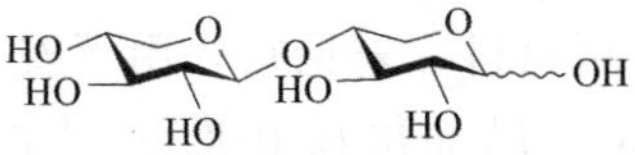

木二糖的结构

理化性质

木二糖为白色或类白色粉末或颗粒，熔点 185～190℃，常温下易溶于水，不溶于乙醇；木二糖的甜度相当于蔗糖的 40%，口感类似蔗糖；木二糖糖浆的黏度很低，并且随着温度的升高而迅速降低；木二糖耐酸，热稳定性好。木二糖的 CAS 号为 6860-47-5。

安全管理情况

国家食品药品监督管理总局 2014 年发布的《关于已使用化妆品原料名称目录的公告》、CTFA 和中国香化协会 2010 年版的《国际化妆品原料标准中文名称目录》都将木二糖作为化妆品原料，未见它外用不安全的报道。

药理作用

木二糖与化妆品相关的药理研究见下表。

试验项目	浓度	效果说明
电导法测定涂覆对角质层含水量的促进	6.7%	促进率：176.7（空白 100）
在相对湿度 38% 温度 35℃ 的箱中保湿能力的测定	5%	持水率提高 46.5%
在相对湿度 40% 温度 35℃ 的箱中保湿能力的测定	5%	持水率提高 55.3%

化妆品中应用

木二糖不能被口腔中的变异链球菌等细菌分解，所以用作牙膏中的甜味剂不会引起蛀牙；木二糖有良好的吸湿和保湿功能，可改善皮肤水分屏障功能。

木瓜蛋白酶（Papain）

木瓜蛋白酶（Papain）也称木瓜酶，是来源于植物木瓜的蛋白酶，可从成熟木瓜或未成熟木瓜果实中提取。

理化性质

木瓜蛋白酶是白色或灰白色粉末，略带硫化氢臭味，微有潮解性。不能完全溶于水中，pH 为 5 时溶解度最好，pH 为 3 以下或 pH 为 11 以上溶解度减少，几乎不溶于有机溶剂。相对分子质量 21000 左右，等电点 pH 为 8.75，水溶液的 pH 为 5.2~5.8。木瓜蛋白酶在稍高温度下还稳定，但如不纯的话（如含其他酶），稳定性将受影响。其活性易被氧化剂和重金属离子抑制，用谷胱甘肽可激活它。木瓜蛋白酶的 CAS 号为 9001-73-4。

安全管理情况

国家食品药品监督管理总局 2014 年发布的《关于已使用化妆品原料名称目录的公告》、CTFA、欧盟和中国香化协会 2010 年版的《国际化妆品原料标准中文名称目录》都将作为化妆品原料，未见它外用不安全的报道。但在伤损皮肤处施用的副作用为轻度的皮炎、局部出血和疼痛。在浴用品或洗粉中的用量为 0.3%~1%（木瓜蛋白酶含量为 3×10^4 IU/g）。

药理作用

木瓜蛋白酶与化妆品相关的药理研究见下表。

试验项目	浓度	效果说明
对黑色素细胞活性的抑制	3×10^{-6}	抑制率：0.5%
涂覆对毛发脱除的促进	0.001%	促进率：550（空白 100）
小鼠剃毛后涂覆三周，对毛发生长的抑制	1%	抑制率：17.3%

化妆品中应用

木瓜蛋白酶是一种巯基蛋白酶，可将蛋白质分解为小分子肽，与胰蛋白酶相比，其专一性较差，但能分解比胰蛋白酶更多种类的蛋白质，对健康组织无不良影响。在皮肤外科中与尿素和水溶性叶绿素配伍可治疗伤口感染，可清除挫伤、切断伤、热伤等表面的溃疡。以低浓度用入个人清洁卫生用品或护肤用品，有利于清除蛋白污垢和老化组织，如与 α-羟基酸共用（羟基乙酸、乳酸等），能加速换皮的速度；少量在护肤化妆品中使用，对干性皮肤有保湿作用，对皮肤干燥、多皱、皮肤松弛都有改进作用；在油膏或乳液中用入外敷可消除昆虫叮咬的痒疼感，因为木瓜蛋白酶对多种昆虫肽毒有生物分解作用；可用作脱毛剂，也能对毛发的生长有抑制作用。

木葡聚糖（Xyloglucan）

木葡聚糖（Xyloglucan）属半纤维素，在水果、蔬菜、谷类和豆类中普遍存在。木葡聚糖是一高度支链化的多糖，糖的组成以葡萄糖、木糖、半乳糖和岩藻糖为主，其中葡萄糖占大部，其次是木糖，半乳糖和岩藻糖所占比例很小，有的甚至不出现。木葡聚糖可以膳食纤维为原料水解制取。

化学结构

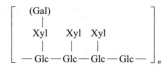

酸豆木葡聚糖的结构(Glc:葡萄糖;Xyl:木糖;Gal:半乳糖)

理化性质

木葡聚糖一般为类白色冻干粉末,可溶于水,在酸性水中的溶解度比碱性水稍大,不溶于乙醇和其他有机溶剂,化妆品用木葡聚糖的相对分子质量一般在10万左右。木葡聚糖的CAS号为37294-28-3。

安全管理情况

国家食品药品监督管理总局2014年发布的《关于已使用化妆品原料名称目录的公告》、CTFA和中国香化协会2010年版的《国际化妆品原料标准中文名称目录》都将木葡聚糖作为化妆品原料,未见它外用不安全的报道。

药理作用

木葡聚糖与化妆品相关的药理研究见下表。

试验项目	浓度	效果说明
对自由基DPPH的消除	0.5mg/mL	消除率:32.8%

化妆品中应用

木葡聚糖与其他多糖类成分类似,有良好的吸湿和保湿功能,在化妆品中使用可改善皮肤水分屏障功能,可增加毛发丝质样的润滑手感。

木糖(Xylose)

木糖(Xylose)是一种戊糖,植物中存在的是以D-木糖为基本单位聚合的木聚糖。木聚糖广泛存在于植物中,玉米的穗轴、秸秆、棉桃的外皮等中含量很多。D-木糖可以木聚糖为原料,用酸或酶使木聚糖降解而获得。

化学结构

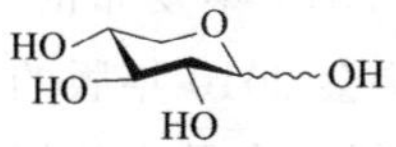

D-木糖的结构

理化性质

D-木糖为白色细小结晶或粉末,147~152℃,味清甜,甜度相当于蔗糖的0.7;具旋光性;溶于水、吡啶和热乙醇,微溶于冷乙醇。D-木糖的CAS号为58-86-6。

安全管理情况

国家食品药品监督管理总局2014年发布的《关于已使用化妆品原料名称目

录的公告》、CTFA 和中国香化协会 2010 年版的《国际化妆品原料标准中文名称目录》都将木糖作为化妆品原料，未见它外用不安全的报道。

药理作用

木糖与化妆品相关的药理研究见下表。

试验项目	浓度	效果说明
角质细胞培养对葡糖氨基葡聚糖生成的促进	1mmol/L	促进率：155（空白 100）
培养试验对纤连蛋白活性的促进	40mg/3mL	促进率：208.0（空白 100）

化妆品中应用

木糖可用作护肤的营养性助剂和调理剂，葡糖氨基葡聚糖和纤连蛋白都在人的皮肤中存在，作用可见本书的它们各自的介绍，对它们的促进有助于提高皮肤的功能；木糖不能被口腔中的变异链球菌等细菌分解，所以可用作牙膏中的甜味剂不会引起蛀牙。

木糖醇（Xylitol）

木糖醇（Xylitol）为五碳直链糖醇，广泛见于动物体内，是新陈代谢活动的中间产物。木糖醇可用微生物发酵制取，但也可以木糖为原料加氢还原生产。

化学结构

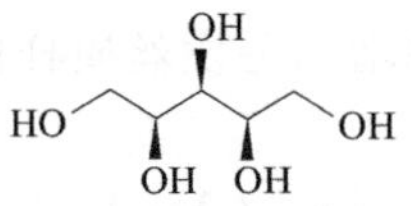

木糖醇的结构

理化性质

木糖醇为白色结晶，有清凉甜味，易溶于水（约 160g/100mL），微溶于乙醇，10%的水溶液 pH 为 5.0～7.0。木糖醇的 CAS 号为 87-99-0。

安全管理情况

国家食品药品监督管理总局 2014 年发布的《关于已使用化妆品原料名称目录的公告》、CTFA 和中国香化协会 2010 年版的《国际化妆品原料标准中文名称目录》都将木糖醇作为化妆品原料，未见它外用不安全的报道。

化妆品中应用

木糖醇不受酵母和细菌作用而生成酸性物质，有防龋齿作用，因而广泛用于口香糖。在口腔卫生用品中用入，可增加三氯生 Triclosan（2,4,4′-三氯-2′-羟基二苯醚）的抑菌性，从而减少齿垢的生成；木糖醇有良好的保湿力，可取代甘油用入而无甘油似的腻黏感，溶于水时吸热，吸热的力度稍小于赤藓醇，可用于润肤乳液。

木糖基葡糖苷（Xylitylglucoside）

木糖基葡糖苷（Xylitylglucoside）是二糖苷化合物，来源于天然植物，也存在于如蔗糖磷酸化酶等的生化产物中。木糖基葡糖苷现在可用发酵法制取。

化学结构

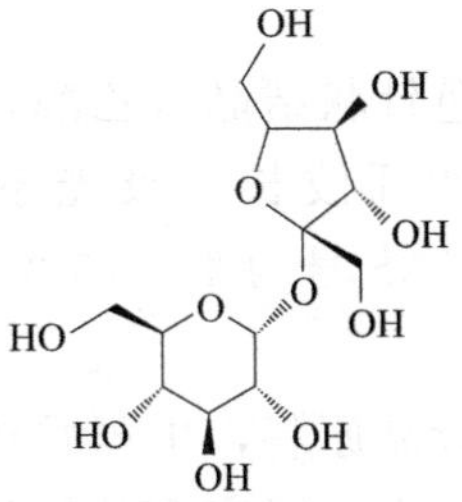

木糖基葡糖苷的结构

理化性质

木糖基葡糖苷为白色粉末，可溶于水，不溶于乙醇。木糖基葡糖苷的CAS号为149014-02-8。

安全管理情况

国家食品药品监督管理总局2014年发布的《关于已使用化妆品原料名称目录的公告》、CTFA和中国香化协会2010年版的《国际化妆品原料标准中文名称目录》都将木糖基葡糖苷作为化妆品原料，未见它外用不安全的报道。

药理作用

木糖基葡糖苷与化妆品相关的药理研究见下表。

试验项目	浓度	效果说明
对神经酰胺生成的促进	3%	促进率：190.4(空白100)
对皮肤角质层含水量的促进	3%	促进率：138.6(空白100)
涂覆对经皮水分蒸发量(TEWL)的抑制	3%	抑制率：39.3%

化妆品中应用

木糖基葡糖苷可增强皮肤的屏障功能，有良好的保湿能力，可用作化妆品的保湿剂。

木犀草素（Luteolin）

木犀草素（Luteolin）为黄酮类化合物，在植物界分布很广，在金银花的花和野菊中都有存在。在金银花（*Lonicera japonica*）叶和花蕾中，木犀草素及其苷的含量接近1%，是其中的主要药效成分。木犀草素可从金银花中提取。

化学结构

木犀草素的结构

理化性质

木犀草素的一水合物为黄色针状结晶（乙醇），难溶于冷、热水，易溶于碱水、甲醇和乙醇。紫外吸收特征波长（吸光系数）为：257nm（17000）和354nm（17800）。木犀草素的 CAS 号为 491-70-3。

安全管理情况

CTFA 将木犀草素作为化妆品原料，中国香化协会 2010 年版的《国际化妆品原料标准中文名称目录》中列入，国家食品药品监督管理总局 2014 年发布的《关于已使用化妆品原料名称目录的公告》尚未列入，未见它外用不安全的报道。

药理作用

木犀草素与化妆品相关的药理研究见下表。

试验项目	浓度	效果说明
对自由基 DPPH 的消除	100μmol/L	消除率：86.4%
对脂质过氧化的抑制	50μmol/L	抑制率：93.28%
细胞培养在 UVB 下对细胞凋亡的抑制	0.01%	抑制率：30.1%
涂覆对经皮水分散失的抑制	50μmol/L	抑制率：66.7%
涂覆对皮肤毛孔直径的收敛作用	2%	毛孔直径缩小 18.0%
细胞培养对人毛乳头细胞增殖的促进	0.001%	促进率：130（空白 100）
对金属蛋白酶 MMP-1 活性的抑制	10μmol/L	抑制率：41.7%
对小鼠耳朵肿胀的抑制	0.5mg/ear	抑制率：30.9%
对由 LPS 引起的 PGE_2 形成的抑制	20μmol/L	抑制率：93.9%

化妆品中应用

木犀草素有很强的抑菌作用，浓度在 1：350000 时刻抑制葡萄球菌和枯草杆菌的生长，对白色念珠菌等菌也有抑制作用；对含氧自由基的俘获能力强，加上有相当的紫外线吸收功能，因此在肤用品中用入能抑制和消除皮肤色斑的形成，尤其是由于年老而形成的老年性色斑；木犀草素有抗炎效能，与磷脂配伍用于治疗皮炎；木犀草素在皮肤上的渗透能力较强，可以达到皮层深处，并有紧肤作用；木犀草素还可用作生发剂和保湿剂。

脑苷脂类（Cerebrosides）

脑苷脂类（Cerebrosides）是在神经酰胺的一级醇上，以葡萄糖等糖苷键结合的各种糖类的复合糖脂质的总称。动物脑中的脑苷脂主要是半乳糖脑苷脂，而血清中主要是葡萄糖脑苷脂。脑苷脂类在动物脑中含量最多，约占脑中脂类15%。脑苷脂类在大豆、菌类中也有存在。脑苷脂类基本从动物脑中提取。

化学结构

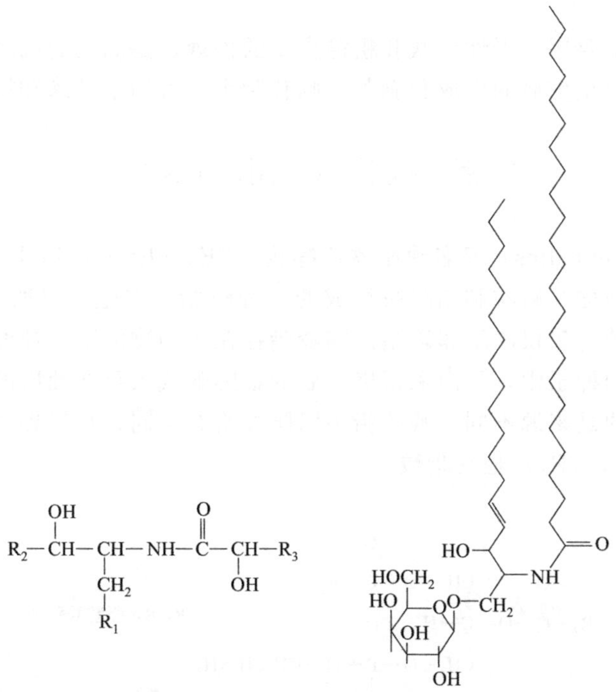

左式：脑苷脂类的基本碳架，式中，R_1：由三至四个己糖组成，有葡萄糖、氨基葡萄糖、乳糖、甘露糖等；R_2：长链烷基；R_3：长链烷基。右式：葡萄糖脑苷脂的结构

理化性质

脑苷脂多为无定形粉末、无色针状结晶或类白色制品，熔点 100～200℃，不溶于水，溶于丙酮和热酒精，几乎不溶于乙醚，在酸性条件下煮沸则分解。脑苷脂多数具有旋光性。脑苷脂的 CAS 号为 85116-74-1。

安全管理情况

国家食品药品监督管理总局 2014 年发布的《关于已使用化妆品原料名称目录的公告》、CTFA 和中国香化协会 2010 年版的《国际化妆品原料标准中文名称目录》都将脑苷脂作为化妆品原料，未见它外用不安全的报道。

药理作用

脑苷脂类与化妆品相关的药理研究见下表。

试验项目	浓度	效果说明
细胞培养对皮层角质细胞增殖的促进	5μg/mL	促进率：357.2（空白 100）
对皮层含水量保持的促进	50mg/kg	促进率：186.3（空白 100）
对白介素 IL-6 生成的抑制	100mg/kg	抑制率：59.5%
对白介素 IL-1β 生成的抑制	100mg/kg	抑制率：20.8%
老鼠试验对皮肤溃疡的抑制	0.4g/kg	抑制率：40.6%

化妆品中应用

脑苷脂类主要用于干性皮肤和粗糙皮肤的护理，是高效的调理剂，对皮肤有增湿作用，可防止皮屑的生成和剥落。脑苷脂类还可用于助渗和抗炎。

脑磷脂（Cephalins）

脑磷脂（Cephalins）又名磷脂酰乙醇胺（PE，phosphatidyl ethanolamine）。是由甘油、脂肪酸、磷酸和乙醇胺组成的一种磷脂。在生物界所存在的磷脂中，磷脂酰乙醇胺的含量仅次于卵磷脂。脑磷脂存在于动物的脑、神经、卵黄、微生物、植物大豆的种子中，可由家畜屠宰后的新鲜脑或大豆榨油后的副产物中提取而得。需注意的是来源不同，脑磷脂中脂肪酸略有不同，自然界中最常见脂肪酸（R_1）是亚麻酸、（R_2）是硬脂酸。

化学结构

脑磷脂的结构

R_1, R_2=脂肪酸残基

理化性质

新鲜脑磷脂制品是无色固体，空气中易变为红棕色。有吸湿性。不溶于水和丙酮，微溶于乙醇，溶于氯仿和乙醚。脑磷脂的 CAS 号为 39382-08-6。

安全管理情况

CTFA 将作为化妆品原料，中国香化协会 2010 年版的《国际化妆品原料标准中文名称目录》中列入，国家食品药品监督管理总局 2014 年发布的《关于已使用化妆品原料名称目录的公告》尚未列入，未见它外用不安全的报道。

药理作用

脑磷脂与化妆品相关的药理研究见下表。

试验项目	浓度	效果说明
2h 测定对角叉莱致大鼠足趾肿胀的抑制	100mg/kg	抑制率：71.1%

化妆品中应用

脑磷脂乳化作用强，能稳定乳状液，适用于配制凝胶型产品；脑磷脂易为人肤和毛发吸收并能促进其他营养物质的渗透；脑磷脂有抗炎作用。

鸟氨酸（Ornithine）

L-鸟氨酸（L-Ornithine）又名鸟粪氨基酸，是一碱性氨基酸，在各种鸟的排泄物中首先发现而命名，但在所有生物体如肉、鱼、牛奶、蛋等都有存在，L-鸟氨酸为精氨酸的代谢间产物。现可用生化法制取，一般以鸟氨酸盐酸盐、硫酸盐等形式出售。

化学结构

L-鸟氨酸的结构

理化性质

L-鸟氨酸为白色结晶，熔点 220～227℃，易溶于水、乙醇和酸碱溶液，微溶于乙醚，$[\alpha]_D^{25}$：+11.5°（6.5% 的水溶液）。鸟氨酸的 CAS 号为 70-26-8。

安全管理情况

国家食品药品监督管理总局 2014 年发布的《关于已使用化妆品原料名称目录的公告》、CTFA 和中国香化协会 2010 年版的《国际化妆品原料标准中文名称目录》都将鸟氨酸作为化妆品原料，未见它外用不安全的报道。

药理作用

鸟氨酸与化妆品相关的药理研究见下表。

试验项目	浓度	效果说明
毛发根鞘细胞培养鸟氨酸盐酸盐对角蛋白生成的促进	10×10^{-6}	促进率：104(空白 100)
发水中用入鸟氨酸硫酸盐对头屑生成的抑制	0.5%	抑制率：81%(与空白比较)
细胞培养鸟氨酸盐酸盐对毛发根鞘细胞增殖的促进	10×10^{-6}	促进率：104(空白 100)
斑贴试验鸟氨酸盐酸盐对角质层剥离速度的促进	0.01%	促进率：456%(空白 100)
鸟氨酸盐酸盐对自晒黑速度的促进	1mol/L	促进率：664(空白 100)

化妆品中应用

鸟氨酸不是蛋白质的构成之一。但参与人体循环，在体内能促进腐氨、精脒、精素等多种胺化合物的生成，后者是促进细胞增殖的重要物质；鸟氨酸盐酸盐有果酸类似的蜕皮作用，可与果酸配合使用；在420nm的光照下，鸟氨酸可大大增加DHA自晒黑的速度，也可以防止皮肤的光老化；鸟氨酸还可用作生发剂。

鸟苷（Guanosine）

鸟苷（Guanosine）广泛存在于动物的活组织中，牛、羊等哺乳动物的肝脏均含有鸟苷的结构，酵母也是鸟苷的丰富来源，在植物中也多量存在。鸟苷现以生化法制取。

化学结构

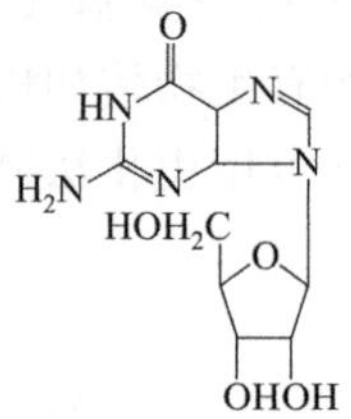

鸟苷的结构

理化性质

市售鸟苷为二水化合物，极微溶于冷水，18℃时1g鸟苷需用1320mL水溶解，可溶于33mL沸水中，可溶于稀的矿物酸和稀碱，不溶于乙醇、乙醚、氯仿和苯，水溶液的pH为5.5，紫外最大吸收波长和摩尔吸光系数为252nm（26800），$[\alpha]_D^{24}$：$-72°$（$c=0.16$，在0.1mol/L的NaOH中）。鸟苷的CAS号为118-00-3。

安全管理情况

国家食品药品监督管理总局2014年发布的《关于已使用化妆品原料名称目录的公告》、CTFA、欧盟和中国香化协会2010年版的《国际化妆品原料标准中文名称目录》都将鸟苷作为化妆品原料，未见它外用不安全的报道。

药理作用

鸟苷与化妆品相关的药理研究见下表。

试验项目	浓度	效果说明
对双氧水的消除	1mmol/L	消除率:70%
人成纤维细胞培养对胶原蛋白生成的促进	0.1μmol/L	促进率:119.0(空白100)
细胞培养对cAMP生成的促进	100μmol/L	促进率:120(空白100)

续表

试验项目	浓度	效果说明
细胞培养对透明质酸生成的促进	50μg/mL	促进率:228(空白 100)
对白介素 IL-1α 释放的抑制	50μg/mL	抑制率:53%
对金属蛋白酶 MMP-1 活性的抑制	50μg/mL	抑制率:12%
对金属蛋白酶 MMP-9 活性的抑制	50μg/mL	抑制率:15%

化妆品中应用

鸟苷能参与各种细胞活动，是人体多种生化过程中的重要生化物质。外用可直接快速的补充细胞的能量，促进皮肤胶原蛋白、弹性蛋白和纤维蛋白的生物合成，是细胞的活化剂，用于皮肤的多方面调理，并有抗炎作用；在指甲产品中使用，可减少指甲脆性，提高它的韧度。

鸟苷环磷酸（Guanosine cyclic phosphate）

鸟苷环磷酸（Guanosine cyclic phosphate）也称环磷酸鸟苷，是一种环状核苷酸，广泛分布于人体各种组织中，其含量约为腺苷环磷酸的 $1/10 \sim 1/100$，参与多种生化活动。鸟苷环磷酸现可用生化法制取，产品一般采用其钠盐的形式。

化学结构

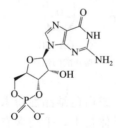

鸟苷环磷酸的结构

理化性质

鸟苷环磷酸钠为白色粉末，易溶于水，不溶于乙醇。鸟苷环磷酸的 CAS 号为 7665-99-8。

安全管理情况

国家食品药品监督管理总局 2014 年发布的《关于已使用化妆品原料名称目录的公告》中将鸟苷环磷酸钠作为化妆品原料，CTFA 和中国香化协会 2010 年版的《国际化妆品原料标准中文名称目录》中没有列入。未见它外用不安全的报道。

药理作用

鸟苷环磷酸钠与化妆品相关的药理研究见下表。

试验项目	浓度	效果说明
细胞培养对纤维芽细胞增殖的促进	10μmol/L	促进率;136(空白 100)
涂覆对胶原蛋白生成的促进	50mmol/L	促进率;125(空白 100)
涂覆对弹性蛋白生成的促进	50mmol/L	促进率;118(空白 100)
涂覆对皮肤细胞黑色素生成的促进	0.5%	促进率;119.4(空白 100)

化妆品中应用

鸟苷环磷酸钠易经皮肤吸收，对皮肤真皮纤维芽细胞有增殖促进作用，对蛋白纤维中的胶原蛋白和弹性蛋白的生成也有促进功能，可用于抗皱抗衰护肤品；涂覆鸟苷环磷酸钠可使肤色加深，可用于自晒黑制品。

鸟苷酸（Guanylic acid）

鸟苷酸（Guanylic acid）是生物体中核苷酸、RNA 的组成成分，在菌类中有游离态存在。鸟苷酸的产品常常以其钠盐的形式出现，如鸟苷酸二钠盐等。鸟苷酸现由葡萄糖经发酵制得鸟苷，再经磷酸化而成。

化学结构

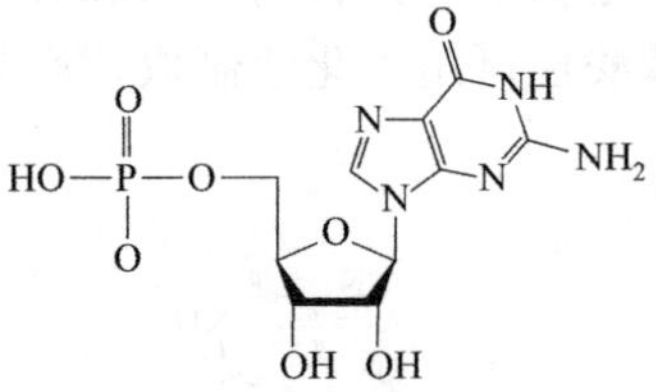

鸟苷酸的结构

理化性质

鸟苷酸为无色或白色结晶，或白色结晶性粉末，无臭，有特殊滋味。鸟苷酸二钠为无色至白色结晶或白色晶体粉末，平均含有 7 个分子结晶水，无臭，有特殊的香菇鲜味。易溶于水；微溶于乙醇；吸湿性强。鸟苷酸二钠的 CAS 号为 85-32-5。

安全管理情况

CTFA 将鸟苷酸二钠作为化妆品原料，中国香化协会 2010 年版的《国际化妆品原料标准中文名称目录》中列入，国家食品药品监督管理总局 2014 年发布的《关于已使用化妆品原料名称目录的公告》尚未列入。鸟苷酸二钠是一食品调味剂，未见它外用不安全的报道。

药理作用

大鼠试验，鸟苷酸剂量为 3.3mg/kg 时，对皮肤损伤的抑制为 30.1%。

化妆品中应用

鸟苷酸是生物体中 RNA 的组成成分，对人体的生化活动有促进作用，可用作调理助剂。

鸟嘌呤（Guanine）

鸟嘌呤（Guanine）是嘌呤类有机化合物，是由一个嘧啶环和一个咪唑环稠合而成的，是嘌呤的一种。鸟嘌呤是五种核碱之一，并同时存在于脱氧核糖核酸及核糖核酸中，与腺嘌呤一样，在生物体内起着重要的作用。鸟嘌呤现可以化学法合成。

化学结构

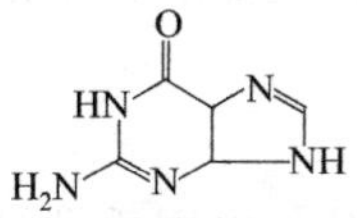

鸟嘌呤的结构

理化性质

鸟嘌呤为无色针状结晶或白色无定形粉末，熔点大于300℃。易溶于酸和苛性碱溶液，微溶于乙醇和乙醚，不溶于水。鸟嘌呤的CAS号为73-40-5。

安全管理情况

国家食品药品监督管理总局2014年发布的《关于已使用化妆品原料名称目录的公告》、CTFA、欧盟和中国香化协会2010年版的《国际化妆品原料标准中文名称目录》都将鸟嘌呤作为化妆品原料，未见它外用不安全的报道。

药理作用

鸟嘌呤与化妆品相关的药理研究见下表。

试验项目	浓度	效果说明
细胞培养对细胞增殖的促进	50μmol/L	促进率：104（空白100）
在290~320nmUVB照射下对提高皮肤防晒因子的促进	5.8%	促进率：206.4（空白100）

化妆品中应用

鸟嘌呤作为核酸的组成部分，在代谢过程中起重要作用，可促进细胞成长，如与其他活性成分配合，则作用强烈，有保护皮肤和抗衰老的效果。

尿苷（Uridine）

尿苷（Uridine）又名尿嘧啶核苷，由尿嘧啶与核糖（呋喃核糖）环组成，系核苷类的一种，在动物体中广泛存在，在人体血液中有一定浓度，在中药泽泻中也有游离的尿苷存在。现尿苷可由合成法制取。

化学结构

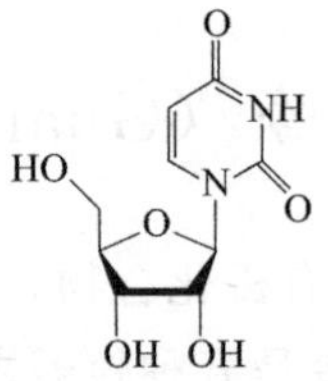

尿苷的结构

理化性质

尿苷为白色针状结晶或粉末，熔点 167.2℃，无气味，味稍甜而微辛。能溶于水，每毫升可溶解 0.05g，微溶于稀醇，不溶于无水乙醇。尿苷的 CAS 号为 58-96-8。

安全管理情况

CTFA 将尿苷作为化妆品原料，中国香化协会 2010 年版的《国际化妆品原料标准中文名称目录》中列入，国家食品药品监督管理总局 2014 年发布的《关于已使用化妆品原料名称目录的公告》尚未列入，未见它外用不安全的报道。

化妆品中应用

尿苷参与许多人体生化代谢的过程，在 DNA、RNA 等的生化合成中是必不可少的关键成分之一，可用作营养性的调理剂。

尿刊酸（Urocanic acid）

尿刊酸（Urocanic acid）为咪唑型杂环化合物，是动物体内组氨酸分解后的产物，在人尿和皮肤分泌物中都有存在，在哺乳动物表皮的角质层内多量存在，占角质层干重的 20%。尿刊酸有顺、反两种异构体，在天然情况下，以反式异构体存在，在受到 UVB 照射后会部分转变为顺式的异构体。尿刊酸现可采用发酵法制取。

化学结构

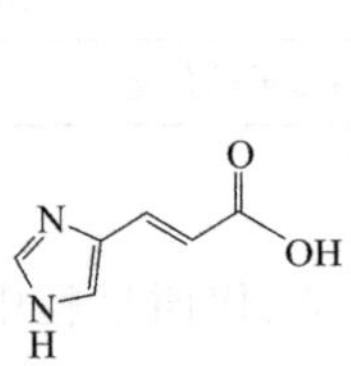

反式尿刊酸的结构

理化性质

尿刊酸为无色针状结晶，易结合 2 分子结晶水，100℃时失水，在室温中也能风化，能溶于热水和热丙酮，不溶于醇和醚。特征紫外吸收波长为 270nm 和 365nm，pH 升高，吸收波长红移。尿刊酸的 CAS 号为 104-98-3。

安全管理情况

CTFA 将尿刊酸作为化妆品原料，中国香化协会 2010 年版的《国际化妆品原料标准中文名称目录》中列入,国家食品药品监督管理总局 2014 年发布的《关于已使用化妆品原料名称目录的公告》尚未列入,未见它外用不安全的报道。

药理作用

尿刊酸与化妆品相关的药理研究见下表。

试验项目	浓度	效果说明
对二甲苯致小鼠耳朵肿胀的抑制	1mg/mL	抑制率:32.1%
对白介素 IL-2 生成的抑制	5mg/mL	抑制率:65.1%

化妆品中应用

尿刊酸易被皮肤和毛发吸附,在 300~400nm 的范围内可强烈吸收紫外线,对紫外线 B 区的吸收更强,是紫外 B 区的有效光屏剂;尿刊酸可使色素保持稳定,如日本蓝 No.205 的水溶液中加入 0.05% 的尿刊酸,在紫外线下 2h 色泽不变;发乳中用入可防止阳光暴晒引起的头发褪色和损害;尿刊酸有抗炎性,是一个有效的皮肤调理剂。

尿嘧啶 (Uracil)

尿嘧啶 (Uracil) 是 RNA 中特有的碱基,是组成 RNA 四种构成的碱基之一,广泛存在于各种生物体内。现尿嘧啶可用化学法合成。

化学结构

尿嘧啶的结构

理化性质

尿嘧啶为白色或浅黄色针状结晶,熔点 338°C,易溶于热水,溶于稀氨水,微溶于冷水,不溶于乙醇和乙醚。尿嘧啶的 CAS 号为 66-22-8。

安全管理情况

国家食品药品监督管理总局 2014 年发布的《关于已使用化妆品原料名称目录的公告》、CTFA 和中国香化协会 2010 年版的《国际化妆品原料标准中文名称目录》都将尿嘧啶作为化妆品原料,未见它外用不安全的报道。

药理作用

尿嘧啶与化妆品相关的药理研究见下表。

试验项目	浓度	效果说明
在 290~320nmUVB 照射下对提高皮肤防晒因子的促进	4.31%	促进率:163.1(空白 100)

化妆品中应用

尿嘧啶可用作化妆品的防晒剂。

尿囊素（Allantoin）

尿囊素（Allantoin）是生物体内嘌呤类化合物的氧化分解产物，也天然存在于广防己（Aristolochia fangchi）和土青木香（A. debilis）等中草药中。现在基本以化工合成品为主。

化学结构

尿囊素的结构

理化性质

尿囊素为单斜片状结晶或棱柱结晶（水），易溶于氢氧化碱溶液，1g 尿囊素可溶于 190mL 水、500mL 乙醇，饱和水溶液的 pH 为 5.5。在热水和热乙醇中溶解度更大，几乎不溶于矿物油、乙醚及氯仿，微溶于丙三醇和丙二醇，非常微溶于乙醇和甲醇，几乎不溶于矿物油、天空醚及氯仿。熔点 226～240℃。在 pH 值为 4～9 的水溶液中稳定，在非水溶剂和干燥空气中亦稳定；在强碱性溶液中煮沸及日光曝晒下可分解。在乳状液中尿囊素含量如过高，易于析出。尿囊素的 CAS 号为 97-59-6。

安全管理情况

国家食品药品监督管理总局 2014 年发布的《关于已使用化妆品原料名称目录的公告》、CTFA、欧盟和中国香化协会 2010 年版的《国际化妆品原料标准中文名称目录》都将尿囊素作为化妆品原料，未见它外用不安全的报道。

药理作用

尿囊素与化妆品相关的药理研究见下表。

试验项目	浓度	效果说明
细胞培养对原胶原蛋白生成的促进	100μg/mL	促进率:124.1(空白 100)
细胞培养对弹性蛋白生成的促进	100μg/mL	促进率:106.2(空白 100)
细胞培养对黏多糖生成的促进	100μg/mL	促进率:111.2(空白 100)
对由 SDS 引发的 IL-1α 生成的抑制	0.4%	抑制率:26.1%

化妆品中应用

尿囊素为软化皮肤角质层物质，有助于死亡的皮肤细胞脱落，帮助肌肤保持更多的水分，令肌肤柔滑；尿囊素易到达皮肤深层，促进纤维原细胞生成更多的胶原蛋白、弹性蛋白和黏多糖，从而能有效减轻和预防皱纹的形成。尿囊素可抑制 IL-1α 的生成，具镇静、收敛和抗炎作用。尿囊素经常在牙膏、漱口水等口腔卫生用品，各种化妆品乳液和面霜、医药产品中使用。

尿酸（Uric acid）

尿酸（Uric acid）为嘌呤（Purine）最简单的衍生物之一，是人、猿、鸟类及爬虫类体内嘌呤核苷酸分解代谢的最终产物，经常以钾、钠等盐类形式从尿中排出。主要存在于动物的排泄物中，在海鸟粪中含量约占 25%，在鸡粪中占 10% 以上。

化学结构

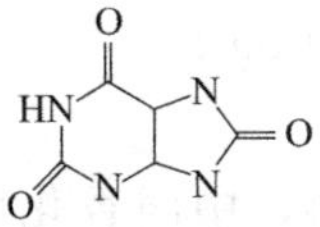

尿酸的结构

理化性质

尿酸为白色结晶，无气味，难溶于水，不溶于醇和醚，能溶于热浓硫酸、甘油、碱液、碳酸碱液、醋酸钠碱液和磷酸钠碱液，不宜受强热，加热分解出氢氰酸。尿酸的 CAS 号为 69-93-2。

安全管理情况

国家食品药品监督管理总局 2014 年发布的《关于已使用化妆品原料名称目录的公告》、CTFA、欧盟和中国香化协会 2010 年版的《国际化妆品原料标准中文名称目录》都将尿酸作为化妆品原料，未见它外用不安全的报道。

药理作用

尿酸与化妆品相关的药理研究见下表。

试验项目	浓度	效果说明
对脂质过氧化的抑制	0.5mmol/L	抑制率：52.5%±3.4%
对羟基自由基的消除		效率是相同摩尔浓度 Trolox 的 37.5%
对超氧自由基的消除		效率是相同摩尔浓度 Trolox 的 5.1 倍
对单线态氧自由基的消除		效率是相同摩尔浓度 Trolox 的 3.7%

化妆品中应用

尿酸有抗氧性，可用作食品和化妆品中的抗氧剂，是化妆品中常用的调理型生化助剂，对人肤无副作用，能加速皮肤角质层的新陈代谢速度，对皮肤功能性失调，如皮脂分泌过多、皮沟皮丘不鲜明、皮屑增多、皮肤瘙痒等有疗效，通过改善角质层的状态来保湿，对干性和粗糙皮肤者效果更明显。

苧酸（Thujic acid）

苧酸（Thujic acid）是一单萜类化合物，在杉木、西洋杉中多量存在，在杉木油中苧酸的含量为 10.4%，苧酸甲酯等衍生物为 21.1%。苧酸可从杉木油中分离提取。

化学结构

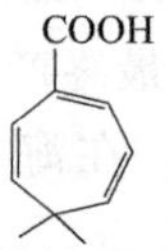

苧酸的结构

理化性质

苧酸微溶于水，CAS 号为 499-89-8。

安全管理情况

CTFA 将苧酸作为化妆品原料，中国香化协会 2010 年版的《国际化妆品原料标准中文名称目录》中列入，国家食品药品监督管理总局 2014 年发布的《关于已使用化妆品原料名称目录的公告》尚未列入，未见它外用不安全的报道。

药理作用

苧酸有抗菌性，对黑色弗状菌、白色念珠菌、金黄色葡萄球菌、大肠杆菌和绿脓杆菌都有抑制作用，0.1% 和 0.05% 的含量可提高尼泊金酯、苯氧乙醇的抗菌能力。

苧酸与化妆品相关的药理研究见下表。

试验项目	浓度	效果说明
对螨虫的杀灭	$16\mu g/cm^2$	螨虫杀灭率：69.4%
	$32\mu g/cm^2$	螨虫杀灭率：90.0%

化妆品中应用

苧酸可用作抗菌剂和驱虫剂。

牛磺酸（Taurine）

牛磺酸（Taurine）最早在牛胆汁中发现，普遍存在于动物体内，是半胱氨酸在体内的代谢产物，在脑、心脏和肌肉中含量较高，在牛黄、全蝎等中也有存在。现均以合成品为主。

化学结构

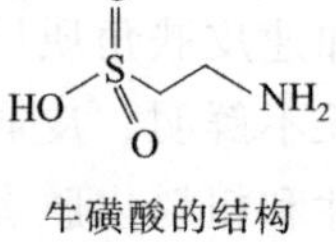

牛磺酸的结构

理化性质

牛磺酸为白色棒状结晶,熔点305℃,能溶于水,极微溶于95%乙醇,不溶于无水乙醇。牛磺酸的CAS号为107-35-7。

安全管理情况

国家食品药品监督管理总局2014年发布的《关于已使用化妆品原料名称目录的公告》、CTFA、日本和中国香化协会2010年版的《国际化妆品原料标准中文名称目录》都将牛磺酸作为化妆品原料,未见它外用不安全的报道。

药理作用

牛磺酸与化妆品相关的药理研究见下表。

试验项目	浓度	效果说明
对超氧自由基的消除	3mg/mL	消除率:28.08%
对羟基自由基的消除	25μg/mL	消除率:56.9%
细胞培养对成纤维细胞增殖的促进	20μmol/L	促进率:126.2(空白100)
细胞培养对角质层细胞增殖的促进	1%	促进率:130.3(空白100)
对白介素IL-1生成的抑制	1%	抑制率:25.6%
对前列腺素PGE_2生成的抑制	1%	抑制率:40.7%

化妆品中应用

牛磺酸虽是非必需氨基酸,但因为有助于体内半胱氨酸的合成,有营养皮肤和加强皮层细胞活性的作用,结合其抗氧性,可用作抗衰抗皱剂;药效研究表明,牛磺酸对脊髓神经元有很大的抑制效应,可抑制前列腺素PGE_2的生成,在化妆品中用入可抑制皮肤过敏;牛磺酸还有抗炎作用。

P

脯氨酸（Proline）

脯氨酸（Proline）是组成蛋白质的常见氨基酸之一，并可以游离状态广泛存在于生物体中，主要集中在胶原蛋白中。脯氨酸可以明胶为原料，用酸水解后经离子交换树脂柱层析而得。

化学结构

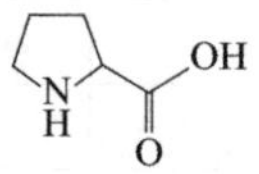

脯氨酸的结构

理化性质

脯氨酸为白色结晶或结晶性粉末或无色针状结晶，含一个结晶水，有潮解性，在水中易溶，在乙醇中也可溶解，难溶于丙酮和氯仿，在乙醚或正丁醇中不溶。脯氨酸的 CAS 号为 147-85-3。

安全管理情况

国家食品药品监督管理总局 2014 年发布的《关于已使用化妆品原料名称目录的公告》、CTFA、欧盟和中国香化协会 2010 年版的《国际化妆品原料标准中文名称目录》都将脯氨酸作为化妆品原料，未见它外用不安全的报道。

药理作用

脯氨酸与化妆品相关的药理研究见下表。

试验项目	浓度	效果说明
对超氧歧化酶 SOD 相对活性提高的促进	0.3mol/L	相对酶活提高 21.8%
对羟基自由基的消除		半消除量 EC_{50}：(13 ± 3.0)mmol/L
对皮肤角质层再生周期的促进	1%	促进率：140（空白 100）
与 DHA 配合在 UVA 下对皮肤色泽加深的促进	1mol/L	促进率：414（空白 100）

化妆品中应用

脯氨酸为胶原蛋白纤维中的氨基酸类成分，可用作营养剂。脯氨酸可缩短皮肤角质层再生周期，可与果酸等配合，有软化角质层的作用；可在晒黑用品中使用，加快肤色加深。

葡甘露聚糖（Glucomannan）

葡甘露聚糖（Glucomannan）是一杂多糖，多量存在于魔芋（*Amorphallus konjac*）的根茎，约占 40%。葡甘露聚糖主要由葡萄糖和甘露糖组成，结构有支链和直链之别，糖的分布也不同，其分子量也随提取工艺不同而变化。葡甘露聚糖可从魔芋中提取。

化学结构

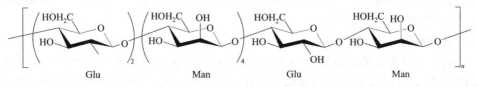

直链葡甘露聚糖的结构

理化性质

葡甘露聚糖为白色粉末，有很强的吸水性，吸水后体积可膨胀到原体积的 100 多倍，呈胶液态，在常温下溶于稀酸、稀碱，但不溶于乙醇、丙酮等有机溶剂。一般相对分子质量为 200 多万。

安全管理情况

国家食品药品监督管理总局 2014 年发布的《关于已使用化妆品原料名称目录的公告》中将葡甘露聚糖作为化妆品原料，CTFA 和中国香化协会 2010 年版的《国际化妆品原料标准中文名称目录》中没有列入。未见它外用不安全的报道。

药理作用

葡甘露聚糖与化妆品相关的药理研究见下表。

试验项目	浓度	效果说明
涂覆对皮肤角质层含水量的促进	0.5%（10μL/49mm²）	促进率：243.6（空白 100）

化妆品中应用

葡甘露聚糖可用作助乳化剂、增稠剂和保湿剂。

葡聚糖（Glucan）

葡聚糖（Glucan）是一直链 D-葡萄糖聚合的均多糖，有 α 和 β 两种构型，以 β-葡聚糖为主。β-葡聚糖是以 1β→3 的结合，在香菇、酵母中存在。葡聚糖的分子量随来源不同有很大的差别，分子量小的称为葡聚寡糖，在水中的溶解度也大。葡聚糖可从新鲜蘑菇中提取，也可微生物发酵制取。

化学结构

β-葡聚糖的结构

理化性质

β-葡聚糖为淡黄或类白色粉末,相对分子质量在 12000～60000 的 β-葡聚糖能溶于水成黏稠液体,不溶于甲醇、乙醇等有机溶剂,在酸碱中稳定。β-葡聚糖的 CAS 号为 160872-27-5。

安全管理情况

国家食品药品监督管理总局 2014 年发布的《关于已使用化妆品原料名称目录的公告》、CTFA 和中国香化协会 2010 年版的《国际化妆品原料标准中文名称目录》都将 α-葡聚糖和 β-葡聚糖作为化妆品原料,未见它们外用不安全的报道。

药理作用

β-葡聚糖与化妆品相关的药理研究见下表。

试验项目	浓度	效果说明
细胞培养对成纤维细胞增殖的促进	0.04%	促进率:130(空白 100)
在 UVB 下对角质细胞凋亡的抑制	10×10^{-6}	抑制率:39.5%
细胞培养对胶原蛋白生成的促进	0.04%	促进率:127(空白 100)
涂覆对皮肤角质层含水量的促进	0.05%	含水量提高 64%
对金属蛋白酶 MMP-1 活性的抑制	10×10^{-6}	抑制率:50.4%
对过氧化物酶激活受体(PPAR-γ)的活化作用	10×10^{-6}	促进率:1200(空白 100)
涂覆试验在角质层的助渗作用	5%	促进率:725(空白 100)
涂覆试验在皮下组织的助渗作用	5%	促进率:280(空白 100)
涂覆试验在真皮层的助渗作用	5%	促进率:480(空白 100)

化妆品中应用

β-葡聚糖是一个平的螺旋状结构,是皮肤巨噬细胞的促进剂和激活剂,因此 β-葡聚糖可用于愈合创口、抗炎症、提高皮肤的免疫力和抗肿瘤;β-葡聚糖的配伍性能好,不会降低其他活性添加物的效能,有相当的助渗透作用,广泛用作保湿剂、防晒剂、无皂清洁剂和调理剂。

葡糖胺(Glucamine)

葡糖胺(Glucamine)属糖类化合物,在自然界存在于甲壳类动物中,可将甲壳类动物的软壳做原料水解提取。商品葡糖胺常常采用其盐酸盐的形式。

化学结构

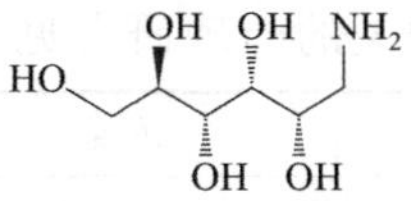

葡糖胺的结构

理化性质

葡糖胺为无色结晶,熔点 126~128℃,可溶于水,不溶于乙醇,$[\alpha]_D^{20}$: $-7°(c=10,H_2O)$。葡糖胺的 CAS 号为 488-43-7。

安全管理情况

国家食品药品监督管理总局 2014 年发布的《关于已使用化妆品原料名称目录的公告》、CTFA、欧盟和中国香化协会 2010 年版的《国际化妆品原料标准中文名称目录》都将葡糖胺作为化妆品原料,未见它外用不安全的报道。

药理作用

葡糖胺盐酸盐与化妆品相关的药理研究见下表。

试验项目	浓度	效果说明
对超氧自由基的消除	0.8mg/mL	消除率:83.74%
对羟基自由基的消除	3.2mg/mL	消除率:54.89%

化妆品中应用

葡糖胺可用作化妆品的营养性助剂,又抗氧调理的功能。

葡糖氨基葡聚糖（Glycosaminoglycans）

葡糖氨基葡聚糖（Glycosaminoglycans）也称为氨基葡聚糖,是一多糖,主要特点是以 N-乙酰基葡萄糖胺为主,结合其他单糖而形成的杂多糖。如透明质酸也属于葡糖氨基葡聚糖系列。不过透明质酸的糖的种类和连接形式简单而又有规律,葡糖氨基葡聚糖中糖的种类和连接就很复杂。葡糖氨基葡聚糖在人的皮肤中有存在,在海洋生物柄海鞘（*Styela clava*）的皮中含量丰富。葡糖氨基葡聚糖可从海鞘的皮中提取。

理化性质

葡糖氨基葡聚糖为白色固体粉末,相对分子质量一般在 1 万~10 万,可溶于水,水溶液呈黏性。葡糖氨基葡聚糖的 CAS 号为 94945-04-7。

安全管理情况

国家食品药品监督管理总局 2014 年发布的《关于已使用化妆品原料名称目录的公告》、CTFA、欧盟和中国香化协会 2010 年版的《国际化妆品原料标准中文名称目录》都将作为化妆品原料,未见它外用不安全的报道。

药理作用

葡糖氨基葡聚糖与化妆品相关的药理研究见下表。

试验项目	浓度	效果说明
对环氧合酶 COX-2 活性的抑制	1mg/mL	抑制率：56.8%
对核因子 NF-κB 细胞活性的抑制	1mg/mL	抑制率：57.6%

化妆品中应用

葡糖氨基葡聚糖具有优良的乳化、分散、增稠、成膜能力；葡糖氨基葡聚糖有抗炎性，对 NF-κB 细胞的活性有抑制作用，NF-κB 细胞的活化是发生炎症的标志之一，对 NF-κB 细胞的抑制可反过来证实提高了皮肤免疫细胞功能的提升。

葡糖醛酸（Glucuronic acid）

葡糖醛酸（Glucuronic acid），又称葡萄糖醛酸，是一单糖，自然存在的葡糖醛酸以 D 型为主。葡糖醛酸一般不以游离的形式存在，而是以更稳定的呋喃环的 3，6-内酯形式存在。葡糖醛酸存在于糖胺聚糖链连接处的寡糖中，也存在于肝素和软骨素中，在黄芪（*Astragalus membranaceus*）、芦荟（*Aloe vera*）也有存在。葡糖醛酸现可以化学法合成。

化学结构

D-葡糖醛酸的结构

理化性质

葡糖醛酸为白色结晶，熔点 159～161℃，易溶于水，$[\alpha]_D^{20}$：+34°～+38°（$c=6$，水）。葡糖醛酸的 CAS 号为 576-37-4。

安全管理情况

国家食品药品监督管理总局 2014 年发布的《关于已使用化妆品原料名称目录的公告》、CTFA 和中国香化协会 2010 年版的《国际化妆品原料标准中文名称目录》都将葡糖醛酸作为化妆品原料，未见它外用不安全的报道。

药理作用

葡糖醛酸钠与化妆品相关的药理研究见下表。

试验项目	浓度	效果说明
涂覆对皮肤角质层含水量的促进	75μg/mL	促进率：121（空白 100）

化妆品中应用

葡糖醛酸有同果酸样作用，可软化表皮角质层，剥落老化死细胞，以减少皱纹，同时有保湿功能。

葡糖氧化酶（Glucose oxidase）

葡糖氧化酶（Glucose oxidase）属于脱氢酶之一，为食品工业中应用得很广泛的酶种，能将 β-构型的葡萄糖专一催化氧化为葡萄糖酸，同时生成过氧化氢。现在可用发酵法制取。

理化性质

葡萄糖氧化酶为淡黄色粉末，易溶于水，完全不溶于乙醚、氯仿、丁醇、吡啶和甘油等，相对分子质量在 15 万左右，pH 为 6.0～7.0 的水溶液稍有些左旋，$[\alpha]_D^{20}：-4.8°$（$c=0.0125$），最适宜的 pH 为 5.6，在 pH 为 3.5～6.5 之间有良好的稳定性，温度高于 40℃，酶不稳定，酶活性逐渐下降。葡糖氧化酶的 CAS 号为 9001-37-0。

安全管理情况

国家食品药品监督管理总局 2014 年发布的《关于已使用化妆品原料名称目录的公告》、CTFA 和中国香化协会 2010 年版的《国际化妆品原料标准中文名称目录》都将葡糖氧化酶作为化妆品原料，未见它外用不安全的报道。

药理作用

葡萄糖氧化酶常用于蛋品加工中脱糖、油脂和果汁中的除氧，能防止好气性细胞的繁殖，生成的过氧化氢也有杀菌效果，在平板纸上葡萄糖氧化酶对大肠杆菌的抑菌 MIC 为 $70U/m^2$。

葡萄糖氧化酶与化妆品相关的药理研究见下表。

试验项目	浓度	效果说明
对异丙基肾上腺素氧化的抑制	250U/mL	抑制率：99.4%
对黑色素细胞的漂白作用	0.01U/mL	色泽降低 24.1%

化妆品中应用

葡萄糖氧化酶常与过氧化物酶共同使用，这两种酶的协同可加强口腔唾液中的自然防卫机制，抑制引起龋齿的细菌繁殖和酸的产生，可用于牙膏等口腔用品；葡萄糖氧化酶也可用作抗氧剂和增白剂。

葡萄糖二酸（Glucaric acid）

葡萄糖二酸（Glucaric acid）属单糖成分，天然化合物为 D 型结构，在海藻中存在，也见于发酵物的代谢物中。葡萄糖二酸可从海藻中提取，产品形式还有其钠盐、钙盐。

化学结构

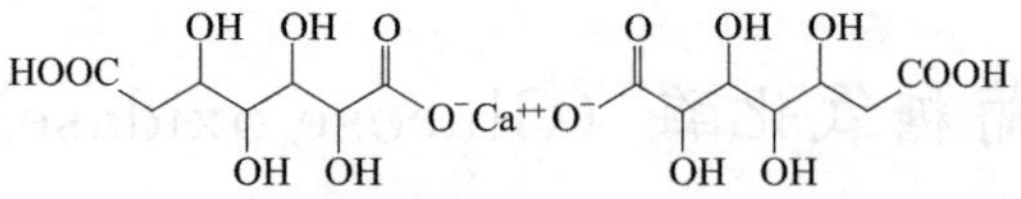

D-葡萄糖二酸钙盐的结构

理化性质

葡萄糖二酸为白色结晶，熔点 124～126℃，易溶于水。葡萄糖二酸的 CAS 号为 87-73-0。

安全管理情况

国家食品药品监督管理总局 2014 年发布的《关于已使用化妆品原料名称目录的公告》、CTFA 和中国香化协会 2010 年版的《国际化妆品原料标准中文名称目录》都将葡萄糖二酸及其钠盐、钙盐作为化妆品原料，未见它们外用不安全的报道。

药理作用

葡萄糖二酸对金黄色葡萄球菌有抑菌作用。

葡萄糖二酸钠与化妆品相关的药理研究见下表。

试验项目	浓度	效果说明
钠盐对超氧自由基的消除	1mmol/L	消除率：77.5％
钠盐对过氧亚硝基阴离子的消除	1mmol/L	消除率：33.7％

化妆品中应用

葡萄糖二酸有清除体内自由基的作用，可用作抗氧剂和抗衰剂。

普拉睾酮（Prasterone）

普拉睾酮（Prasterone）即脱氢表雄酮，是人体血液循环中最为丰富的甾体物质。人体中的普拉睾酮在 20 岁时达到最高值，之后随年龄的增长含量逐步下降。普拉睾酮在植物中也有存在，如山药、红薯等。现普拉睾酮主要由薯蓣皂苷元为原料合成。

化学结构

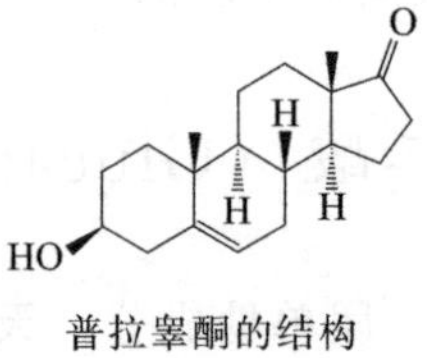

普拉睾酮的结构

理化性质

普拉睾酮为白色或类黄色结晶体，熔点 146～151℃，不溶于水，易溶于甲醇、乙醇，紫外吸收波长为 200～215nm，比旋光度 $[\alpha]_D^{25}$：+12°（$c=2$，乙醇，96%）。普拉睾酮的 CAS 号为 53-43-0。

安全管理情况

CTFA 将普拉睾酮作为化妆品原料，中国香化协会 2010 年版的《国际化妆品原料标准中文名称目录》中列入，国家食品药品监督管理总局 2014 年发布的《关于已使用化妆品原料名称目录的公告》尚未列入。低浓度使用时未见它外用不安全的报道，高浓度时可能的副作用是痤疮性皮炎等。

药理作用

普拉睾酮与化妆品相关的药理研究见下表。

试验项目	浓度	效果说明
对超氧歧化酶活性提高的促进	5mg/kg	促进率:112.6(空白 100)
细胞培养对成纤维细胞增殖的促进	0.01μmol/L	促进率:112.5(空白 100)
对半乳糖苷酶活性的抑制	50nmol/mL	抑制率:73.0%
对白介素 IL-1β 形成的抑制	0.01μmol/L	抑制率:25.3%
对白介素 IL-4 形成的抑制	5mg/mL	抑制率:76.7%

化妆品中应用

普拉睾酮有抗氧性，可增强皮肤细胞新陈代谢，有抗衰作用，可增强皮肤的屏障功能；半乳糖苷酶活性的升高反映了正常人成纤维细胞的老化，对它的抑制显示可提高机体的免疫力，有抗炎作用。

普鲁兰多糖（Pullulan）

普鲁兰多糖（Pullulan）又名茁芽短梗酶多糖、茁芽短梗酶糖胶等，是主要由麦芽三糖以 α-1,6-糖苷连接的多糖。普鲁兰多糖一般没有支链化结构，为一直链多糖，随加工工艺不同，其构型和分子量变化很大。相对分子质量（1～5）×10^5。普鲁兰多糖以淀粉为原料，经茁芽短梗酶发酵制备。

化学结构

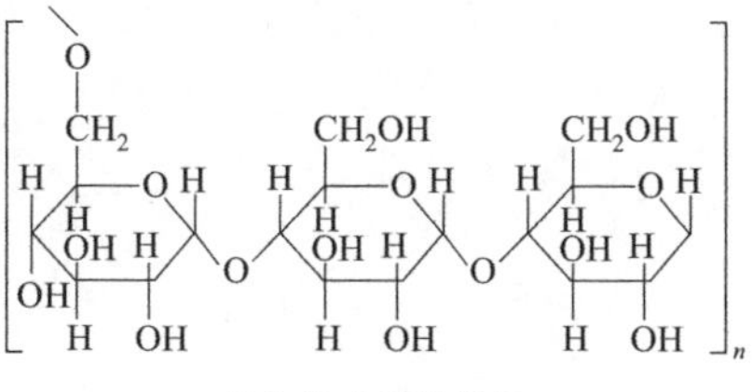

普鲁兰多糖的结构

理化性质

工业上常应用普鲁兰多糖的 15% 水溶液。另一种产品形式是经喷雾干燥的白色至淡黄色结晶状粉末，能溶于冷热水，也可溶于 DMF，不会产生凝胶作用，水溶液黏度大而且稳定，溶液的黏稠度与阿拉伯胶相似，具有优良的耐酸、耐碱、耐热的增稠作用，成膜性能强。普鲁兰多糖是一非离子的、非还原性多糖。普鲁兰多糖的 CAS 号为 9057-02-7。

安全管理情况

国家食品药品监督管理总局 2014 年发布的《关于已使用化妆品原料名称目录的公告》、CTFA 和中国香化协会 2010 年版的《国际化妆品原料标准中文名称目录》都将普鲁兰多糖作为化妆品原料，未见它外用不安全的报道。普鲁兰多糖在我国可作为一食品添加剂使用。

药理作用

普鲁兰多糖与化妆品相关的药理研究见下表。

试验项目	浓度	效果说明
涂覆 24h 后对水分散失的抑制	0.25%	水分保持率：87.8%
	1.0%	97.8%

化妆品中应用

普鲁兰多糖的水溶液是一种牛顿流体，虽然黏度不是很大，但具有优良的润滑性；溶液的 pH 值对其黏度的影响不大，温度在 20～70℃ 的范围内，比浓黏度基本保持不变，但钙镁离子的浓度对其黏度有影响。普鲁兰多糖有很强的黏合力，易形成紧贴物体的薄膜，也可直接制成薄膜，该薄膜透气性能好，且有保湿功能。

Q

七肽 （Heptapeptide）

七肽（Heptapeptide）是由七个氨基酸组成的肽。化妆品中使用的七肽化合物基本是一蛋白质的功能性片断。虽然各种七肽组成的片段广泛存在于各生物体内，但迄今为止只有极少数的单离的七肽被单离和在化妆品中使用。七肽可通过蛋白质的水解提取、也可用化学合成法合成。

化学结构

七肽的氨基酸序列如下。

鱼血浆蛋白七肽：Pro-Met-Asp-Tyr-Met-Val-Thr。

鱼皮蛋白七肽：His-Gly-Pro-Leu- Gly-Pro-Leu。

理化性质

七肽化合物都为无色结晶，易溶于水，在酒精中不溶。

安全管理情况

CTFA 将七肽作为化妆品原料，中国香化协会 2010 年版的《国际化妆品原料标准中文名称目录》中列入，国家食品药品监督管理总局 2014 年发布的《关于已使用化妆品原料名称目录的公告》尚未列入上述二个七肽，未见它们外用不安全的报道。

药理作用

七肽与化妆品相关的药理研究见下表。

试验项目	浓度	效果说明
鱼血浆蛋白七肽对自由基 DPPH 的消除	100μg/mL	消除率：85.2%
鱼皮蛋白七肽对自由基 DPPH 的消除		半消除量 EC_{50}：156.8μmol/L
鱼皮蛋白七肽对超氧自由基的消除		半消除量 EC_{50}：28.8μmol/L
鱼皮蛋白七肽对脂质过氧化的抑制		同等摩尔浓度下优于 VE

化妆品中应用

七肽可用作化妆品的高效营养剂，并有抗氧作用。

七叶皂苷 （Escin）

七叶皂苷（Escin）为五环三萜类皂苷化合物，是若干结构相近的异构体的混合物，各组分不易分离。七叶皂苷来源于药用中药娑罗子（Aesculus chinensis）或天师栗（A. wilsonii）的干燥成熟的种子。

化学结构

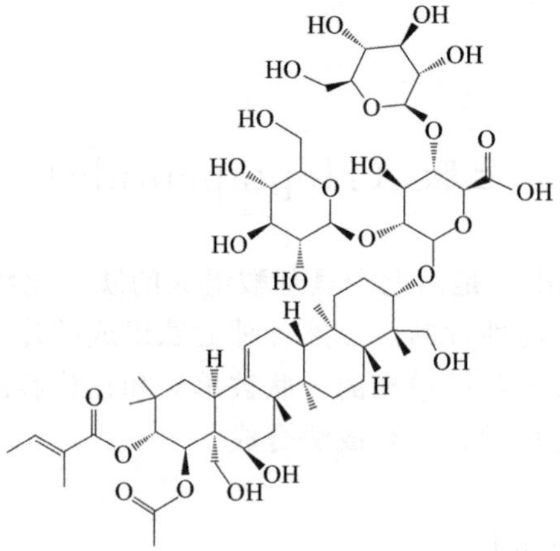

七叶皂苷的结构

理化性质

七叶皂苷为结晶形粉末，难溶于水，稍溶于冷醇，能溶于热甲醇和乙醇。商品多见的是其钠盐，为白色或类白色结晶性粉末，味苦而辛，易溶于水和甲醇，不溶于乙酸乙酯。比旋光度 $[\alpha]_D^{20}$：$-30°$。七叶皂苷的CAS号为6805-41-0。

安全管理情况

国家食品药品监督管理总局2014年发布的《关于已使用化妆品原料名称目录的公告》、CTF欧盟和中国香化协会2010年版的《国际化妆品原料标准中文名称目录》都将七叶皂苷作为化妆品原料，未见它外用不安全的报道。

药理作用

七叶皂苷有抗菌性，对金黄色葡萄球菌和大肠杆菌有较强的抑制作用。

七叶皂苷与化妆品相关的药理研究见下表。

试验项目	浓度	效果说明
细胞培养对ATP生成的促进	0.5μg/mL	促进率：143.6（空白100）
对磷脂酶A_2活性的抑制	0.5μg/mL	抑制率：36.3%
对大鼠足趾肿胀的抑制	0.075%	抑制率：58.6%
对大鼠棉球肉芽肿胀的抑制	0.5mg/kg	抑制率：8.14%
对LPS诱发白介素IL-1β生成的抑制	0.1mg/mL	抑制率：20.1%
对透明质酸酶活性的抑制		半抑制量IC_{50}：$(149.9±2.6)$μmol/L

化妆品中应用

七叶皂苷有表面活性，可用作洗涤剂和起泡剂，对乳状液也有稳定作用；磷脂酶A_2是参与细胞跨膜信息传递，磷脂酶A_2还是机体炎症、过敏介质产生的关键酶，因此对磷脂酶 A_2 的抑制显示七叶皂苷有抗炎性，能缓解皮肤的过敏，可预防和治疗诸如皮肤红斑、水肿、发炎和过敏等症状；七叶皂苷外用还能促进皮肤肉芽组织的增殖。

漆酶（Laccase）

漆酶（Laccase）是一种糖蛋白类的酶，属氧化还原酶。漆酶广泛存在于植物和真菌中，研究最为详尽的是日本漆树（*Myceliophthora chermophila*），在日本漆树分泌的汁液中，漆酶所占的比重可达 0.1%～1%。除了漆树科植物外，漆酶在棉花、水稻、松树、黄杨和欧亚槭树等物种中也有存在。漆酶可从漆树中提取，也可发酵生产。

化学结构

漆树漆酶的分子量为 120～140kDa，含糖量为 45%。漆酶一般大约由 500 个氨基酸组成，其中含 19 种氨基酸；糖组成包括氨基己糖、葡萄糖、甘露糖、半乳糖、岩藻糖和阿拉伯糖等，每个漆酶蛋白质分子含铜原子量 2～4 个。真菌漆酶和漆树漆酶分子中部分氨基酸排列顺序有所不同。

理化性质

漆酶为类白色粉末，可溶于水，在 pH 为 3 时活性最高，在 pH 为 3～5 之间时最稳定。漆酶的 CAS 号为 80498-15-3。

安全管理情况

CTFA 将漆酶作为化妆品原料，中国香化协会 2010 年版的《国际化妆品原料标准中文名称目录》中列入，国家食品药品监督管理总局 2014 年发布的《关于已使用化妆品原料名称目录的公告》尚未列入，未见它外用不安全的报道。

化妆品中应用

漆树的分泌物刺激性很大，但漆酶的却无刺激性，毒副作用很小，应用很安全。利用漆酶的催化氧化的性质，在化妆品中可用做增白剂，或参与催化氧化反应以促进伤口的愈合；漆酶可氧化的底物包括酚类及其衍生物、芳胺及其衍生物、芳香羧酸及其衍生物等，可将它们氧化成有色物质，如将对苯二酚（氢醌）氧化成对苯醌。此性质可用于染发制品，许多多酚类化合物作染发的底物，而漆酶在染发剂中用做色素的发展剂。

羟脯氨酸（Hydroxyl praline）

L-羟脯氨酸（Hydroxyl praline）是一氨基酸，在所有的生物体内都有存在。羟脯氨酸是蛋白纤维胶原蛋白中的重要组成部分，分子中环上的羟基能与蛋白质中的羧基或氨基形成氢键，对强化胶原的三股螺旋的坚固性具有重要作用。羟脯氨酸从蛋白质水解液中提取。

化学结构

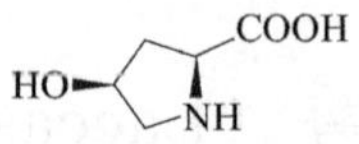

L-羟脯氨酸的结构

理化性质

L-羟脯氨酸为无色结晶，熔点 274～275℃，易溶于水，微溶于醇，不溶于醚，比旋光度 $[\alpha]_D^{22.5}$：$-75.2°$（1%，水中）。L-羟脯氨酸的 CAS 号为 51-35-4。

安全管理情况

国家食品药品监督管理总局 2014 年发布的《关于已使用化妆品原料名称目录的公告》、CTFA、欧盟和中国香化协会 2010 年版的《国际化妆品原料标准中文名称目录》都将羟脯氨酸作为化妆品原料，未见它外用不安全的报道。

化妆品中应用

羟脯氨酸是皮肤胶原蛋白特有的氨基酸，一般用羟脯氨酸的 7.46 倍来代表胶原蛋白的含量，皮层中羟脯氨酸含量的下降可作为皮肤衰老程度的指标。皮肤在紫外线或强烈阳光照射下，角质层蛋白质中的 L-羟脯氨酸数量的变化最大，它的减少与皮肤产生皱纹和老化的程度成正比，因此羟脯氨酸可作为外源性的营养添加剂用入，有皮肤保湿、抗老、防晒等作用；羟脯氨酸对黑色素的生成有抑制作用，浓度在 0.1mmol/L 时的抑制率为 18%，可用作增白助剂。

羟高铁血红素（Hematin）

羟高铁血红素（Hematin）属卟啉络合物，是动物血红素的衍生物，在哺乳动物血浆中均有存在，常以动物血为原料提取。

化学结构

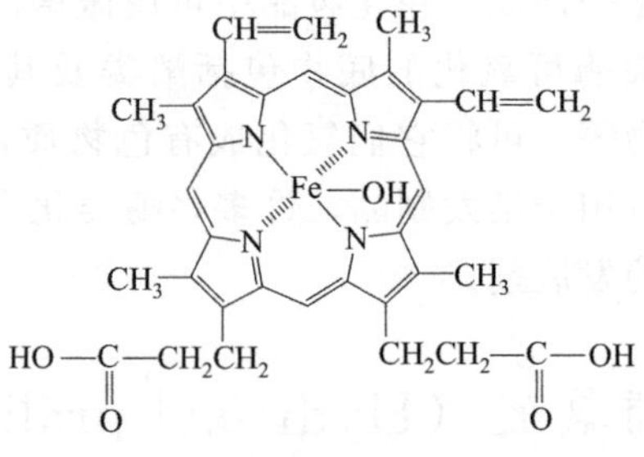

羟高铁血红素的结构

理化性质

羟高铁血红素为深蓝色结晶，不溶于水、乙醇和乙醚。在空气中不怎么稳定，可溶于稀碱溶液，微溶于热的吡啶，它的10%氢氧化钠水溶液的紫外最大吸收波长为580nm。羟高铁血红素的CAS号为15489-90-4。

安全管理情况

国家食品药品监督管理总局2014年发布的《关于已使用化妆品原料名称目录的公告》、CTFA、欧盟、日本和中国香化协会2010年版的《国际化妆品原料标准中文名称目录》都将羟高铁血红素作为化妆品原料，未见它外用不安全的报道。

药理作用

羟高铁血红素与化妆品相关的药理研究见下表。

试验项目	浓度	效果说明
对过氧化氢的消除	0.315μmol/L	消除率:57.5%
对酪氨酸酶活性的抑制	0.0625%	抑制率:90%

化妆品中应用

羟高铁血红素可用作发用染料，在头发上吸附力强，并可促进其他色素的着色牢度，常用于不含氧化剂的染发水；羟高铁血红素对头发有护理作用，烫发剂中用入可减少发丝的破损；在肤用品中用入对皮肤有明显的调理作用，提供舒适的肤感。

羟基积雪草苷（Madecassoside）和
羟基积雪草酸（Madecassic acid）

羟基积雪草苷（Madecassoside）和羟基积雪草酸（Madecassic acid）属三萜皂苷类化合物，均来源于伞形科植物积雪草（*Centella asiatica*）全草，该植物主产于长江以南区域。羟基积雪草苷和羟基积雪草酸可从积雪草中提取。

化学结构 free encyclopedia

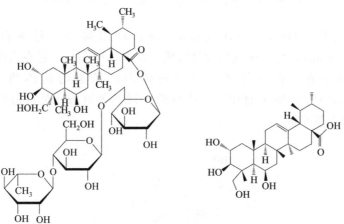

羟基积雪草苷（左）和羟基积雪草酸（右）的结构

理化性质

羟基积雪草苷为白色结晶,味苦,易溶于热乙醇,微溶于丙二醇、甘油;积雪草酸为浅黄色粉末。羟基积雪草酸和羟基积雪草苷的 CAS 号分别为 18449-41-7 和 34540-22-2。

安全管理情况

国家食品药品监督管理总局 2014 年发布的《关于已使用化妆品原料名称目录的公告》、CTFA 和中国香化协会 2010 年版的《国际化妆品原料标准中文名称目录》都将羟基积雪草酸和羟基积雪草苷作为化妆品原料,未见它们外用不安全的报道。

药理作用

羟基积雪草苷与化妆品相关的药理研究见下表。

试验项目	浓度	效果说明
人成纤维细胞培养对 1 型胶原蛋白生成的促进	$10\mu g/mL$	促进率:14.37%±0.43%
人成纤维细胞培养对 3 型胶原蛋白生成的促进	$150\mu g/mL$	促进率:6.54%±0.28%
人角质形成细胞培养对其增殖的促进	$10\mu g/mL$	促进率:10.8%
人成纤维细胞培养对其增殖的促进	$50\mu g/mL$	促进率:19.4%
对 B-16 黑色素细胞活性的抑制	$5\mu mol/L$	抑制率:55%
内皮细胞培养对其增殖的促进	5×10^{-6}	促进率:122%
对 UV 诱导角质细胞 PGE_2 生成的抑制	$100\mu mol/L$	抑制率:27.8%

化妆品中应用

羟基积雪草苷可促进真皮成纤维细胞增生形成上皮,促进血管生成,刺激内皮细胞生长,促进伤口愈合,有助于瘢痕的去除;羟基积雪草苷还可用作皮肤增白剂和抗炎剂。

羟基色氨酸(Hydroxytryptophan)

羟基色氨酸(Hydroxytryptophan)的常用结构是 5-羟基色氨酸(5-hydroxytryptophan),是一种氨基酸类物质。在人体中存在,它在人体内可作为 5-羟色胺(血清素)的前体物质(继而作为褪黑素的前体物质)。加纳(*Griffonia simplicifolia*)籽中含有丰富的 5-羟基色氨酸,是目前提取 5-羟基色氨酸的主要天然来源。

化学结构

5-羟基色氨酸的结构

理化性质

5-羟基色氨酸为类白色至白色精细粉末,熔点 298℃,不易溶于水,溶于酒精,$[\alpha]_D^{20}$:$-30°$。羟基色氨酸的 CAS 号为 56-69-9。

安全管理情况

CTFA 将羟基色氨酸作为化妆品原料,中国香化协会 2010 年版的《国际化妆品原料标准中文名称目录》中列入,国家食品药品监督管理总局 2014 年发布的《关于已使用化妆品原料名称目录的公告》尚未列入,未见它外用不安全的报道。羟基色氨酸在某些国家被归为药物成分。在美国、英国和加拿大,羟基色氨酸被视作膳食补充剂(保健品)销售。

药理作用

5-羟基色氨酸与化妆品相关的药理研究见下表。

试验项目	浓度	效果说明
对 B16 黑色素细胞活性的抑制	$50\mu g/mL$	抑制率:53.29%
对酪氨酸酶活性的抑制	$100\mu g/mL$	抑制率:27.34%
对白介素 IL-6 生成的抑制	$100\mu mol/L$	抑制率:28.2%
细胞培养在 UV 下对细胞凋亡的抑制	$1.0mmol/L$	抑制率:50%±21%

化妆品中应用

5-羟基色氨酸有抑制黑色素细胞活性的作用,可用于增白型护肤品,但要注意的是,低浓度的 5-羟基色氨酸(如 $10\mu g/mL$)反而是酪氨酸酶或黑色素细胞活性的促进剂;5-羟基色氨酸也有防晒和抗炎作用。

羟基乙酸 (Glycolic acid)

羟基乙酸(Glycolic acid)是分子量最小的 α-羟基酸,广泛存在于柠檬(*Citrus limonium*)、甘蔗(*Saccharum officinalis*)、苹果、越橘(*vaccinium myrtillus*)、糖槭(*Acer saccharum*)、甜橙(*Citrus sinesis*)等水果中,是所谓果酸中最常见和简单的结构,一般含量低。羟基乙酸可从上述水果中提取,但基本以化学合成。

化学结构

$$H_2C-\overset{O}{\underset{OH}{C}}-OH$$

羟基乙酸的结构

理化性质

羟基乙酸为无色、半透明和无气味的固体,熔点 79~80℃,略有吸湿性,能溶于水、乙醇、丙酮和乙酸,不溶于烃类溶剂。1% 浓度水溶液的 pH 为 2.33。羟基乙酸的 CAS 号为 79-14-1。

安全管理情况

国家食品药品监督管理总局 2014 年发布的《关于已使用化妆品原料名称目录的公告》、CTFA、欧盟和中国香化协会 2010 年版的《国际化妆品原料标准中文名称目录》都将作为化妆品原料。正常皮肤护理用化妆品常采用含 4% 的羟基乙酸溶液，敏感部位用品为 2% 左右。浓度过大或频繁使用，皮肤有明显干燥、脱屑、刺痛、潮红等症状，停用后症状会消失。

药理作用

羟基乙酸与化妆品相关的药理研究见下表。

试验项目	浓度	效果说明
对痤疮丙酸杆菌的抑制		MIC 为 0.73～1.46mg/mL
斑贴试验对角质层代谢速度的促进	1.0%	促进率：12.7%（与空白比较）

化妆品中应用

羟基乙酸是相对分子质量最小的果酸，渗入皮肤的程度最高，具有软化表皮角质层，使角质层细胞间的黏着力降低，从而剥落老化死细胞，使角质层变薄，同时促使表皮细胞的生长。在润滑皮肤、增加肌肤弹性、改善皮肤质地方面，羟基乙酸效果最明显，能给予干性皮肤特别滋润的感受。但含羟基乙酸过多的果酸对皮肤深层的侵害和刺激也最厉害。羟基乙酸类护肤品也适用于油性皮肤，效果比一般产品显著，可清洁皮肤毛孔，去除因毛孔堵塞而造成的面疮，对粉刺有明显的治疗作用。

鞘糖脂 （Glycosphingolipids）

鞘糖脂（Glycosphingolipids）属于糖脂，由糖链、脂肪酸和神经鞘氨醇的长链碱基三部分组成。鞘糖脂的结构与双油基的表面活性剂相似，疏水部分有神经鞘氨醇的脂肪链部分和酰胺化了的脂肪酸部分，亲水部分为糖链和神经鞘氨醇的羟基。鞘糖脂中的糖可以是葡萄糖、半乳糖、岩藻糖等，脂肪酸为十二、十四、十六、十八、二十等碳的饱和或不饱和的化合物，因此天然提取的鞘糖脂十分复杂。鞘糖脂存在于动物细胞的细胞膜脂质双分子层，是哺乳动物细胞膜上的必需组成成分之一。

化学结构

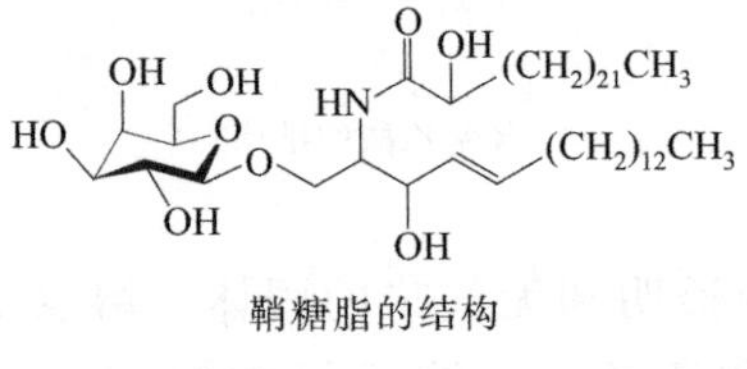

鞘糖脂的结构

理化性质

鞘糖脂为类白色半固体状物质，不溶于水，可溶于丙酮。

安全管理情况

国家食品药品监督管理总局 2014 年发布的《关于已使用化妆品原料名称目录的公告》、CTFA 和中国香化协会 2010 年版的《国际化妆品原料标准中文名称目录》都将鞘糖脂作为化妆品原料,未见它外用不安全的报道。

化妆品中应用

鞘糖脂参与细胞的多种生化活动,在细胞发育、细胞识别、细胞分化、细胞增殖、细胞生长等中发挥重要作用;鞘糖脂参与膜的信号转导,可影响许多生长因子,如成纤维细胞生长因子、表皮生长因子等,在化妆品中可用作高效调理剂。

鞘脂(Sphingolipids)

鞘脂(Sphingolipids)是以鞘氨醇为核心的脂类化合物,结构比神经鞘糖脂简单一点,主要在于糖的组成个数。鞘脂基本只含一个糖或不含糖。鞘脂类广泛存在于谷类植物的种子皮内,如米糠、麸皮等。鞘脂可从米糠提取物中分离。

化学结构

$$\begin{array}{c} \text{OH} \\ | \\ \text{CH}-R_1 \\ | \\ \text{CH}-\text{CH}_2-G \\ | \\ \text{NH} \\ | \\ \text{O}=C-R_2 \end{array}$$

鞘脂的结构(R_1:饱和或不饱和脂肪酸残基;R_2:长链脂肪酸残基;G:H 或糖基)

理化性质

鞘脂产品一般为浅色膏状物,能溶于氯仿、丙酮,不溶于水。

安全管理情况

CTFA 将鞘脂作为化妆品原料,中国香化协会 2010 年版的《国际化妆品原料标准中文名称目录》中列入,国家食品药品监督管理总局 2014 年发布的《关于已使用化妆品原料名称目录的公告》尚未列入,未见它外用不安全的报道。

药理作用

鞘脂与化妆品相关的药理研究见下表。

试验项目	浓度	效果说明
人表皮角化细胞培养对脑酰胺生成的促进	5μg/mL	促进率:211(空白 100)
对 B-16 黑色素细胞活性的抑制	100μg/mL	抑制率:29.2%

化妆品中应用

鞘脂有表面活性剂样性质,适合用于配制凝胶型化妆品;鞘脂对皮肤有活肤护理功能，易被人体吸收，有营养和调理作用，并可刺激生发；鞘脂对皮肤黑色素的生成有一定的抑制。

芹菜（苷）配基（Apigenin）

芹菜（苷）配基（Apigenin）又名芹菜素、芹黄素，为 5,7,4'-三羟基黄酮，来源于伞形科植物旱芹叶（*Apium graveolens*），也是多种芹菜属植物如欧芹、水芹中的主要活性成分。在菊科植物千叶蓍（*Achillea millefolium L.*）、唇形科植物风轮菜（*Clinopodiumchinense*）中有多量存在。芹菜素可从芹菜叶中提取。

化学结构

芹菜（苷）配基的结构

理化性质

芹黄素为浅黄色针状结晶（吡啶水溶液），熔点 345～350℃，几乎不溶于水，但可溶于热酒精，紫外吸收特征波长（吸光系数）为：269nm（18800）、300nm（13500）、340nm（20900）。芹黄素的 CAS 号为 520-36-5。

安全管理情况

CTFA 将芹黄素作为化妆品原料，中国香化协会 2010 年版的《国际化妆品原料标准中文名称目录》中列入，国家食品药品监督管理总局 2014 年发布的《关于已使用化妆品原料名称目录的公告》尚未列入，未见它外用不安全的报道。

药理作用

芹菜（苷）配基与化妆品相关的药理研究见下表。

试验项目	浓度	效果说明
对自由基 DPPH 的消除	50μg/mL	消除率:85.0%±0.98%
对脂质过氧化的抑制	10μg/mL	抑制率:68.5%
细胞培养对脑酰胺生成的促进	2μmol/L	促进率 129（空白为 100）
对细胞间接着的抑制	0.001%	抑制率:50%
黑色素细胞培养对黑色素生成的促进	10μmol/L	促进率:593.7(空白 100)
对酪氨酸酶活性的抑制	500μmol/L	抑制率:21%
对金属蛋白酶-1(MMP-1)活性的抑制	10μmol/L	抑制率:26.04
对 IL-4 生成的抑制		半抑制量 IC_{50}:3.1μmol/L
对 TNF-α 生成的抑制	10μmol/L	抑制率:28.8%

化妆品中应用

芹菜（苷）配基对紫外线的吸收集中在 B 区，为强吸收，而在 A 区的吸收较小，可在晒黑油中应用，日晒后能在短时间内使皮肤达到较深程度的黑化，但并不灼伤皮肤。芹菜（苷）配基的抗氧性能强，对各种含氧自由基的俘获能力强，既可防止油脂的氧化降解，可用作食品、药品或化妆品中色素稳定剂，用量在0.1%即有效果；在皮肤上施用能在角质层的外层积累，可能有一定的防止皮肤肿瘤的效用。芹菜（苷）配基具抗炎性，对水泡症、角化症、角化不全等皮肤疾患有防治功能，能调理皮肤，缓解皮肤的紧张状态，具镇静样作用。低浓度的芹菜（苷）配基可用于增黑皮肤，而高浓度的芹菜（苷）配基则表现为对黑色素细胞活性的抑制，有增白效果。质量好的芹菜（苷）配基颜色浅，不影响在膏霜中的使用。

青蒿素（Artemisinin）

青蒿素（Artemisinin）为倍半萜类化合物，是从植物黄花蒿（*Artemisia annua*，也名青蒿）茎叶中提取的有过氧基团的内酯成分。黄花蒿是我国特有植物，是高效低毒的治疗疟疾的草药。青蒿素只能从青蒿中提取。

化学结构

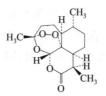

青蒿素的结构

理化性质

青蒿素为白色针状晶体，味苦。在丙酮、醋酸乙酯、氯仿、苯及冰醋酸中易溶，在乙醇和甲醇、乙醚中可溶解，微溶于冷石油醚，在水中几乎不溶。熔点156~157℃，旋光度+69°（$c=0.5$，$CHCl_3$）。青蒿素的CAS号为63968-64-9。

安全管理情况

CTFA将青蒿素作为化妆品原料，中国香化协会2010年版的《国际化妆品原料标准中文名称目录》中列入，国家食品药品监督管理总局2014年发布的《关于已使用化妆品原料名称目录的公告》尚未列入，未见它外用不安全的报道。

药理作用

青蒿素有广谱的抗菌性，对大肠杆菌和枯草芽孢杆菌的MIC分别是0.125mg/mL和0.25mg/mL。对表皮葡萄球菌、金黄色葡萄球菌、绿脓杆菌、皮肤癣菌、口腔微生物等有一定的抑制作用。

青蒿素与化妆品相关的药理研究见下表。

试验项目	浓度	效果说明
对LPS诱导RAW264.7细胞释放IL-6的抑制作用	100μmol/L	抑制率：61.70%
对小鼠二甲苯刺激耳肿胀的抑制	2%涂覆	抑制率：22.6%

化妆品中应用

在化妆品中，青蒿素可用作抗菌剂和抗炎剂。

琼脂糖（Agarose）

琼脂糖（Agarose）是一直链线型的多聚物，基本结构是1,3连结的β-D-半乳糖和1,4连结的3,6-内醚-L-半乳糖交替连接起来的长链。琼脂糖几乎存在于所有的红藻类植物，主要来源于红藻类植物如石花菜和江篱（*Gracilaria verrucosa*）等。琼脂糖可从石花菜中提取。

化学结构

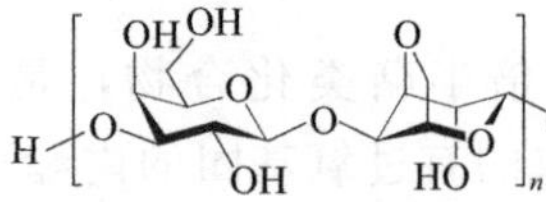

琼脂糖的结构

理化性质

琼脂糖为白色无味粉末，相对分子质量根据原料而不同，在10万～30万不等，其余的性质也随之变化。石花菜中的琼脂糖在水中一般加热到90℃以上溶解，温度下降到35～40℃时形成良好的半固体状的凝胶。具有广泛的物理、化学和热稳定性。CAS号为9012-36-6。

安全管理情况

国家食品药品监督管理总局2014年发布的《关于已使用化妆品原料名称目录的公告》、CTFA和中国香化协会2010年版的《国际化妆品原料标准中文名称目录》都将琼脂糖作为化妆品原料，未见它外用不安全的报道。

药理作用

经皮水分散失测定，1%的琼脂糖试液的经皮水分散失量是空白样的一半。

化妆品中应用

琼脂糖因为有特殊的胶凝性质，尤其有显著的稳固性、滞度和滞后性，并且易吸收水分，有特殊的稳定效应，可广泛用于多种化妆品配方。琼脂糖具有亲水性，并几乎完全不存在带电基团，对敏感的生物大分子极少引起变性和吸附，生物相容性好，是理想的惰性载体。

曲酸（Kojic acid）

曲酸（Kojic acid）属于吡喃衍生物，是由食用曲菌类如米曲酸（*Aspergillus oryzae*）产生的物质，存在于酱油、豆瓣酱、酒类的酿造物中，许多以曲霉发酵的发酵产品中都可以检测到曲酸的存在。工业生产以葡萄糖为原料，经曲霉念珠菌发酵制取，经过滤、浓缩、脱色、结晶等一系列步骤，总收率约 30%。

化学结构

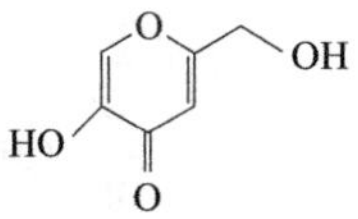

曲酸的结构

理化性质

曲酸为无色棱柱形结晶，熔点 152～155℃，易溶于水、醇和丙酮，微溶于醚、乙酸乙酯、氯仿等，不溶于苯。曲酸的 CAS 号为 501-30-4。

安全管理情况

国家食品药品监督管理总局 2014 年发布的《关于已使用化妆品原料名称目录的公告》、CTFA、欧盟和中国香化协会 2010 年版的《国际化妆品原料标准中文名称目录》都将曲酸作为化妆品原料，未见它外用不安全的报道。

药理作用

曲酸与化妆品相关的药理研究见下表。

试验项目	浓度	效果说明
对超氧自由基的消除	1mg/mL	消除率:30.2%
对自由基单线态氧的消除	1mg/mL	消除率:36.4%
对过氧化氢的消除	1mg/mL	消除率:25.1%
对酪氨酸酶活性的抑制	100μmol/L	抑制率:50%
对透明质酸酶活性的抑制	0.1%	抑制率:86.9%
氨基酸浊度测定法对蛋白凝集的促进	0.1%	促进率:377(空白 100)

化妆品中应用

曲酸有一定的抗菌性，可用作食品和化妆品的防腐剂，有一定的保湿能力；曲酸可促进蛋白凝集，对皮肤有收敛样作用，可用于紧肤类制品；曲酸对透明质酸酶的活性有抑制，显示可抑制皮肤过敏；曲酸配伍性好，有增白、去屑、抗皱、润湿皮肤的辅助作用。

去甲二氢愈创木酯酸（Nordihydroguairetic acid）

去甲二氢愈创木酯酸（Nordihydroguairetic acid）是一种木脂素类成分，存在于愈创木树脂、芍药、极叉开拉瑞阿（*Larrea divaricata*）等植物中。去甲二氢愈创木酯酸可从愈创木提取物中提取。

化学结构

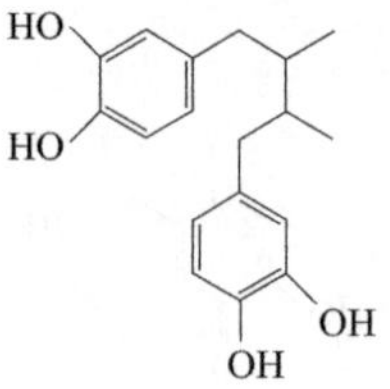

去甲二氢愈创木酯酸的结构

理化性质

去甲二氢愈创木酯酸为无色结晶，熔点 184～185℃，可溶于乙醇、甲醇、乙醚和浓硫酸，也溶于稀碱水而呈红色，微溶于热水和氯仿，不溶于石油醚、苯、甲苯和稀盐酸，$[\alpha]_D:0$，紫外最大吸收波长和摩尔吸光系数为 218nm（13400）和 283nm（6660）。去甲二氢愈创木酯酸的 CAS 号为 500-38-9。

安全管理情况

国家食品药品监督管理总局 2014 年发布的《关于已使用化妆品原料名称目录的公告》、CTFA、欧盟和中国香化协会 2010 年版的《国际化妆品原料标准中文名称目录》都将去甲二氢愈创木酯酸作为化妆品原料，未见它外用不安全的报道。

药理作用

去甲二氢愈创木酯酸有抗菌性，对痤疮丙酸杆菌、人葡萄球菌的 MIC 分别为 0.01% 和 0.001%。

去甲二氢愈创木酯酸与化妆品相关的药理研究见下表。

试验项目	浓度	效果说明
对脂肪氧合酶活性的抑制		半抑制量 $IC_{50}:0.57\mu mol/L$
细胞培养对角质层细胞增殖的促进	0.1%	促进率:129.9±1.7(空白 100)
紫外下对细胞凋亡的抑制	0.1%	抑制率:79.8%
对 5α-还原酶活性的抑制	0.04%	抑制率:68.3%
对白介素 IL-6 生成的抑制	0.04%	抑制率:64.7%

化妆品中应用

痤疮丙酸杆菌和人葡萄球菌这两种菌都与粉刺的发生有关，结合去甲二氢愈创木酯酸对 5α-还原酶活性的抑制，对油性皮肤有调理作用，可预防皮肤的过度角质化，对痤疮有防治作用；去甲二氢愈创木酯酸还有抗氧、活肤和抗炎的作用。

R

染料木黄酮（Genistein）和染料木黄酮葡糖苷（Genistein glucoside）

染料木黄酮（Genistein）和染料木黄酮葡糖苷（Genistein glucoside，也称为染料木苷 Genistin）都是异黄酮类成分，广泛存在于豆科植物大豆、染料木（*Genista tinctoria*）、多叶羽扇豆（*Lupinus polyphyllus*）的叶、广豆根的根等。染料木黄酮及其苷可用多叶羽扇豆叶为原料制取。

化学结构

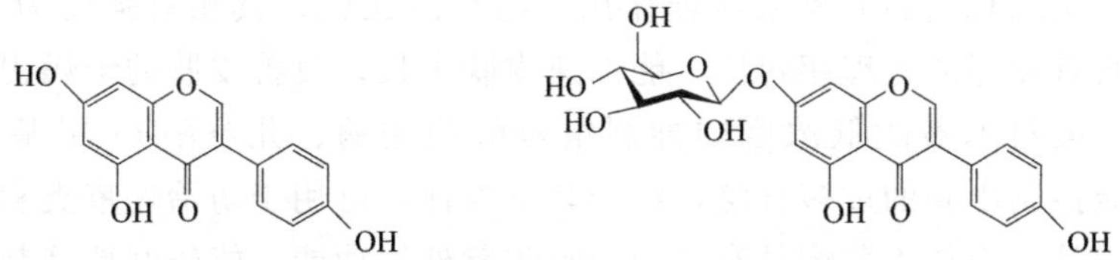

染料木黄酮(左)和染料木黄酮葡糖苷(右)的结构

理化性质

染料木黄酮是长方形或六边形棒状淡黄色结晶（60％乙醇），几乎不溶于水，溶于常用的有机溶剂，溶于稀碱呈黄色。染料木苷略溶于热水，溶于80％的热乙醇。染料木苷的紫外吸收特征峰波长为260nm和330nm。染料木黄酮的CAS号为446-72-0。

安全管理情况

CTFA将染料木黄酮和染料木苷作为化妆品原料，中国香化协会2010年版的《国际化妆品原料标准中文名称目录》中列入，国家食品药品监督管理总局2014年发布的《关于已使用化妆品原料名称目录的公告》尚未列入，未见它们外用不安全的报道。

药理作用

染料木黄酮有很强的抑菌性，200μg/g的浓度即可抑制口腔链球菌的活性；30μg/mL时对丙酸痤疮杆菌的抑制率为67.3％。染料木黄酮葡糖苷 30μg/mL 时对丙酸痤疮杆菌的抑制率为48.8％。

染料木黄酮和染料木黄酮葡糖苷与化妆品相关的药理研究见下表。

试验项目	浓度	效果说明
染料木黄酮对脂质过氧化的抑制	20μg/mL	抑制率:45.7％

续表

试验项目	浓度	效果说明
成纤维细胞培养染料木黄酮对胶原蛋白增殖的促进	5μg/mL	促进率:114.2(空白 100)
染料木黄酮对酪氨酸酶活性的抑制	0.01%	抑制率:43.8%
染料木黄酮葡糖苷对酪氨酸酶活性的抑制	0.01%	抑制率:63.7%
染料木黄酮对胰蛋白酶活性的抑制	10μmol/L	抑制率:56%
染料木黄酮对金属蛋白酶 MMP-3 活性的抑制	20μmol/L	抑制率:39.4%
染料木黄酮葡糖苷对金属蛋白酶 MMP-3 活性的抑制	20μmol/L	抑制率:15.3%
染料木黄酮对前列腺素 PGE_2 释放的抑制	1μmol/L	抑制率:34.0%
在 UVB 下染料木黄酮对金属蛋白酶 MMP-1 活性的抑制	5%	抑制率:71.7%
染料木黄酮对皮脂分泌的抑制	20mg/mL	抑制率:38.6%
小鼠试验 UV 下涂覆染料木黄酮对接触性过敏的抑制	$0.1μmol/cm^2$	抑制率:41.7%

化妆品中应用

染料木黄酮有稍弱的雌激素样作用,与雌酮比较,其相对强度为 1∶6900,与女性皮肤有较好的生理相容性,能加速皮肤生长,改善皮肤的干燥程度,防止皮肤老化;染料木黄酮低浓度即抑制组氨酸脱羧酶、儿茶酚-O-甲基转移酶活性,从而能控制皮腺的过多分泌,结合其抗炎性,可用于防治痤疮类和蜂窝织炎患疾的面用品;染料木黄酮具有强烈的吸收紫外线功能,能较好地抑制酪氨酸酶活性,可用于增白型化妆品。

人寡肽(Human oligopeptide)

人寡肽(Human oligopeptide)是人体内分泌的一些多肽化合物,它调节、控制着机体的生长、发育、代谢、衰老等生命过程,常常称为生长因子。

(一)人寡肽-1

人寡肽-1 即表皮生长因子(Epidermal growth factor,EGF),在哺乳动物体内都有存在,结构也相似,以雄性小鼠颌下含量最丰富,每克湿组织中含 1mg,在人尿、表皮和角膜上皮中都存在。表皮生长因子现从小鼠颌下组织中提取。

表皮生长因子是由 53 个氨基酸组成的多肽,等电点 pH 为 4.6,对热稳定。表皮生长因子的 CAS 号为 62253-63-8。

表皮生长因子可通过传导信号,引起细胞内一系列生化变化,启动与细胞分裂有关的基因,使静止细胞进入细胞分裂周期,从而使细胞增殖。能促进低分子量化合物从细胞外主动运至细胞内,以增加细胞的营养物质;能活化糖酵解作用以增加呼吸代谢,能激活磷酸果糖激酶,刺激细胞外大分子的合成,如透明质酸和糖蛋白等，促进 RNA、DNA 和蛋白质合成，促进细胞增殖。具体表现是刺激表皮和上皮细胞，直接促使表皮增生和角质化，为作用很强的促细胞分裂因子，可增强细胞活性，促进新陈代谢，防止皮肤衰老。常与高营养性活性成分共同使用，否则效果不佳。表皮生长因子尚有消炎、镇痛、促进皮肤和黏膜愈合（与可溶性胶原配合）、调理皮肤（与脑酰胺配合）和皮肤保湿等。

（二）人寡肽-2

人寡肽-2 即类胰岛素生长因子，其中之一是一个含有 70 多个氨基酸的碱性单链多肽，分子量为 7.5kD。类胰岛素生长因子的 CAS 号为 139659-92-0。类胰岛素生长因子除有胰岛素样作用外，又能促进细胞分裂、刺激组织器官分化。

（三）人寡肽-3

人寡肽-3 即成纤维细胞生长因子（Fibroblast Growth Factor，FGF），在哺乳动物体内普遍存在，成纤维细胞生长因子主要有碱性和酸性二种，碱性成纤维细胞生长因子由 155 个氨基酸组成，分子量约为 18kD；酸性成纤维细胞生长因子由 154 个氨基酸组成，分子量约为 16.5kD。成纤维细胞生长因子的 CAS 号为 106096-93-9。成纤维细胞生长因子可从鸡冠为原料制取。

成纤维细胞生长因子对细胞生长和皮肤伤口的愈合有促进作用；对黑色素细胞有抑制作用，可用于亮肤类产品。

（四）人寡肽-4

人寡肽-4 即硫氧还蛋白（Thioredoxin）。硫氧还蛋白在生物体内处处存在，相对分子质量在 10000～13000，现在已可采用发酵法制取，发酵法制取的硫氧还蛋白由 108 个氨基酸组成。硫氧还蛋白的 CAS 号为 52500-60-4。

硫氧还蛋白参与各种生化反应如核苷酸的还原、蛋氨酸亚砜硫酸盐和二硫化合物的还原、磷酸酯交换反应等，是生物体内的电子传递物质。硫氧还蛋白可防止紫外线照射，对皮肤纤维芽细胞有增殖促进作用。

（五）人寡肽-5

人寡肽-5 即角质化细胞生长因子，已知的一个角质化细胞生长因子由 40 个氨基酸组成，分子量为 24kD。角质化细胞生长因子的 CAS 号为 126469-10-1。角质化细胞生长因子能促进角质上层细胞的增殖、刺激损伤组织周围上皮细胞的再生、分化和争议，加速伤口的愈合。

（六）人寡肽-9

人寡肽-9 即人生长激素是一个含 620 个氨基酸的单链糖蛋白。人生长激素的 CAS 号为 12629-01-5。人生长激素与其他生长因子联系密切，调节多方面人体的生物活性。有研究认为，其他生长因子是通过人生长激素而发挥作用。

（七）人寡肽-11

人寡肽-11 即血管内皮生长因子，分子量为 34～45kD 的糖蛋白。血管内皮生长因子的 CAS 号为 127464-60-2。血管内皮生长因子是一高度特异的血管内皮细胞有丝分裂原，分布在血管内皮细胞表面。是促进内皮细胞增殖、促进血管形成和毛细小血管通透性提高的调节因子。

药理作用

人寡肽与化妆品相关的药理研究见下表。

试验项目	浓度	效果说明
表皮生长因子对成纤维细胞增殖的促进作用	10ng/mL	促进率：130（空白 100）
成纤维细胞生长因子对成纤维细胞增殖的促进作用	10ng/mL	促进率：150（空白 100）
成纤维细胞生长因子对黑色素生成的抑制	5ng/mL	抑制率：54.3%
角质化细胞生长因子对小鼠胚胎成纤维细胞增殖的促进	1μg/mL	促进率：163.6（空白 100）
类胰岛素生长因子对小鼠胚胎成纤维细胞增殖的促进	6.25μg/L	促进率：109.7（空白 100）
人生长激素对胶原蛋白生成的促进	0.08U/kg	促进率：103.8（空白 100）

安全管理情况

CTFA 将上述人寡肽作为化妆品原料，中国香化协会 2010 年版的《国际化妆品原料标准中文名称目录》中列入，中国卫生部的《化妆品成分名单》2003 年版中尚未列入，未见它们外用不安全的报道。

人参皂苷（Ginsenoside）

人参皂苷（Ginsenoside）是人参（*Panax ginseng*）的主要成分，人参根含总皂苷量约 4%，须根中含量较主根高，是十余种以上皂苷的混合物。人参叶中也含有一定量的皂苷。人参皂苷是以人参萜二醇和人参萜三醇为主要皂苷元，外接糖苷组成。人参的药用价值也以它们组成的皂苷含量而定，以此而论，白参、花旗参、朝鲜人参的人参皂苷质量最好，其余人参次之或根本无人参皂苷活性。人参皂苷可以人参的根、茎、花、叶等次要部位为原料提取。

化学结构

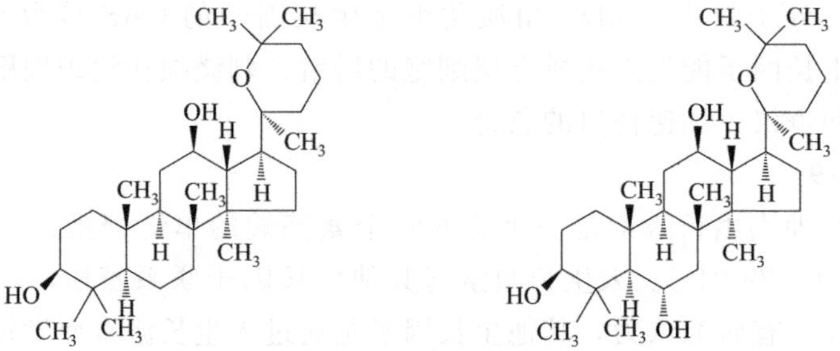

人参皂苷二醇（左）和人参皂苷三醇（右）的结构

理化性质

人参皂苷为白色或淡黄色无定形粉末，一般含有 2～4 个糖基，可溶于甲醇、乙醇和热丙酮，有旋光。

安全管理情况

国家食品药品监督管理总局 2014 年发布的《关于已使用化妆品原料名称目录的公告》、CTFA 和中国香化协会 2010 年版的《国际化妆品原料标准中文名称目录》都将人参皂苷作为化妆品原料，未见它外用不安全的报道。

药理作用

人参皂苷与化妆品相关的药理研究见下表。

试验项目	浓度	效果说明
成纤维细胞培养人参皂苷 Rg2 对胶原蛋白生成的促进	$0.01\mu g/mL$	促进率:150.0(空白 100)
成纤维细胞培养人参皂苷 Rb1 对弹性蛋白生成的促进	$10\mu g/mL$	促进率:131.0(空白 100)
人参皂苷对纤维芽细胞增殖的促进	$1\mu g/mL$	促进率:312.5(空白 100)
人参皂苷 Rb1 对角质细胞增殖的促进	$0.01\mu g/mL$	促进率:314.2(空白 100)
人参皂苷 F2 对酪氨酸酶活性的抑制	$20\mu g/mL$	抑制率:69%
人参皂苷 F2 对黑色素 B-16 细胞活性的抑制	$20\mu g/mL$	抑制率:72%
人参皂苷 F2 在 UVB 下对细胞凋亡的抑制	$10\mu g/mL$	抑制率:91.4%
人参皂苷 F2 对金属蛋白酶 MMP-1 活性的抑制	$10\mu g/mL$	抑制率:27.0%
人参皂苷 F1 对金属蛋白酶 MMP-2 活性的抑制	$10\mu g/mL$	抑制率:49.0%
人参皂苷 F1 对金属蛋白酶 MMP-9 活性的抑制	$10\mu g/mL$	抑制率:45.0%
人参皂苷 Rb1 对伤口愈合的促进	$1\mu g/mL$	促进率:183.9(空白 100)

化妆品中应用

人参皂苷很早就被用作皮肤外用剂并有显著的临床效果。人参皂苷易透过皮肤表层而为真皮吸收，能扩张末梢血管，增加血流量，促进纤维类细胞的增殖，使皮肤组织再生并增强其免疫作用；能刺激真皮层内弹性蛋白脒的合成，可以此作为表皮生长因子使用，也可治疗和防止粉刺（Propionibacterium acne 型）的发生；人参皂苷通过激活人体内的氧化还原酶的活性而呈抗氧化性，可防止皮肤的老化，与外加酶合用也可增加它们的效果；人参皂苷也是生发护发的增强剂，对灰发的防止有一定疗效，有护发染发剂组成。

人胎盘酶（Human placental enzymes）

人胎盘酶（Human placental enzymes）包含多种在人胎盘中存在的酶类，有超氧化物歧化酶、溶菌酶、激肽酶、蛋白酶、人胎盘碱性磷酸酶、人胎盘谷胱甘肽 S-转移酶、人胎盘酸性 β-1,4 葡萄糖苷酶、人胎盘醛还原酶、15-羟基前列腺素脱氢酶等。

这些酶各有作用，超氧化物歧化酶能催化分解超氧自由基成氧气和双氧水；

溶菌酶有比一般杀菌剂效力强的抗菌效果，对各种革兰阳性菌有效，对革兰阴性菌在某种程度下有效；激肽酶也称血管紧张素转换酶，与血压有关，能促进末梢血管扩张，使血流量增加；蛋白酶的作用是对蛋白质的水解；人胎盘碱性磷酸酶可以作为胎盘功能检测的指标；人胎盘谷胱甘肽 S-转移酶能催化谷胱甘肽与化学物质的亲电子基团结合，最终形成硫醚氨酸排出体外，在体内解毒功能上起重要的作用；人胎盘酸性 β-1,4 葡萄糖苷酶可催化葡萄糖神经酰胺水解成经酰胺和葡萄糖；人胎盘醛还原酶在体内参与醛的解毒反应；15-羟基前列腺素脱氢酶是催化前列腺素在体内代谢的关键性酶。

安全管理情况

国家食品药品监督管理总局 2014 年发布的《关于已使用化妆品原料名称目录的公告》、CTFA 和中国香化协会 2010 年版的《国际化妆品原料标准中文名称目录》都将人胎盘酶作为化妆品原料，未见它外用不安全的报道。

化妆品中应用

人胎盘酶可修复伤口，加速胶原蛋白的生成；可促进血液循环，对过敏性皮肤炎有防治作用。

溶菌酶（Lysozyme）

溶菌酶（Lysozyme）广泛存在于生物界，在人的鼻黏膜、眼泪、一些霉菌、鸡蛋清及榕属植物的乳汁中都有存在，属碱性球蛋白。鸡蛋清中溶菌酶占蛋清总蛋白的 3.4%～3.5%，工业上常从蛋清中提取并制成其盐酸盐的形式称为氯化溶菌酶。溶菌酶来源不同，性质也有变化，如人溶菌酶的活性是蛋清溶菌酶的 3 倍。

理化性质

氯化溶菌酶是白色无臭结晶粉末，味甜，易溶于水，在乙醇、三氯甲烷及乙醚中不溶，等电点 pH 为 10.5～11.0，相对分子质量 1.43×10^4。因其中含有许多精氨酸等碱性氨基酸，在酸性溶液中很稳定，加热至 55℃ 也不会变性或失效。溶菌酶的 CAS 号为 9001-63-2。

安全管理情况

国家食品药品监督管理总局 2014 年发布的《关于已使用化妆品原料名称目录的公告》、CTFA 和中国香化协会 2010 年版的《国际化妆品原料标准中文名称目录》都将溶菌酶作为化妆品原料，未见它外用不安全的报道。

药理作用

溶菌酶有抗菌性，氯化蛋清溶菌酶对金黄色葡萄球菌、大肠杆菌、黑色弗状菌的 MIC 均在 5mg/mL 左右，对白色念珠菌的 MIC 为 $39.07\mu mol/L$。

溶菌酶与化妆品相关的药理研究见下表。

试验项目	浓度	效果说明
对痤疮丙酸杆菌的抑制	0.1μmol/mL	抑制率：52.1%
表皮角化细胞培养对β-防卫素生成的促进	0.01%	促进率：200(空白 100)

化妆品中应用

溶菌酶能水解黏液多糖或黏液肽分子中 N-乙酰基黏糖酸和 2-乙酰氨基-2-去氧-D-葡萄糖间缩合的 β-1,4-苷键，它们是某些细菌细胞膜的组成部分，此作用的结果表现为溶菌现象，因此是抗菌素之一。溶菌酶自身为蛋白质，没有毒性，比一般杀菌剂效力强，对各种革兰阳性菌有效，对革兰阴性菌在某种程度下有效，可在口腔卫生品中用如预防各种牙病，预防龋牙。

溶血磷脂酸（Lysophosphatidic acid）

溶血磷脂酸（Lysophosphatidic acid）是迄今发现的一种最小、结构最简单的磷脂，是动物体内脂质代谢的重要中间产物。溶血磷脂酸不仅仅是生物膜的组成成分，而且还具有某些生物学功能。现在可用化学法合成。

化学结构

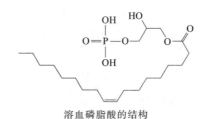

溶血磷脂酸的结构

理化性质

溶血磷脂酸为无色透明液体，可溶于水。溶血磷脂酸的 CAS 号为 22002-87-5。

安全管理情况

CTFA 将溶血磷脂酸作为化妆品原料，中国香化协会 2010 年版的《国际化妆品原料标准中文名称目录》中列入，国家食品药品监督管理总局 2014 年发布的《关于已使用化妆品原料名称目录的公告》尚未列入，未见它外用不安全的报道。

药理作用

溶血磷脂酸与化妆品相关的药理研究见下表。

试验项目	浓度	效果说明
细胞培养对 1 型原胶原蛋白生成的促进	20μmol/L	促进率：110.4(空白 100)
对皮肤角质层含水量的促进	1%	促进率：115(空白 100)

续表

试验项目	浓度	效果说明
兔子试验对伤口愈合的促进	$5\mu mol/L$	促进率:126.9(空白100)
对白介素 IL-1β 分泌的抑制	$100\mu mol/L$	抑制率:77.8%
对白介素 IL-6 分泌的抑制	$100\mu mol/L$	抑制率:50.0%
对核因子 NF-κB 细胞活性的抑制		半抑制量 IC_{50}:$5\mu mol/L$

化妆品中应用

NF-κB 细胞的活化是发生炎症的标志之一，对 NF-κB 细胞活性的抑制证实提高了皮肤免疫细胞的功能，因此溶血磷脂酸具有抗炎性；溶血磷脂酸还有抗衰和保湿作用。

溶血卵磷脂（Lysolecithin）

溶血卵磷脂（Lysolecithin）是磷脂质的一种，其中包括最常见的结构确定了才溶血磷脂酰胆碱（lysophosphatidylcholine）。溶血卵磷脂在自然界中分布广泛，是动物细胞膜的组成部分，也可见于茄子等植物。现可用化学法合成。

化学结构

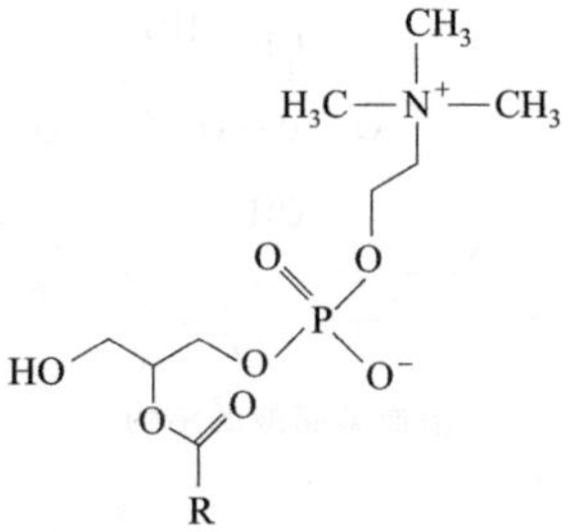

溶血磷脂酰胆碱的结构（R 为长链脂肪酸残基）

理化性质

溶血磷脂酰胆碱为白色粉末，可溶于水，不溶于丙酮、乙醚，有强溶血作用。

安全管理情况

国家食品药品监督管理总局 2014 年发布的《关于已使用化妆品原料名称目录的公告》、CTFA 和中国香化协会 2010 年版的《国际化妆品原料标准中文名称目录》都将溶血卵磷脂作为化妆品原料，未见它外用不安全的报道。

药理作用

溶血磷脂酰胆碱与化妆品相关的药理研究见下表。

试验项目	浓度	效果说明
对原胶原蛋白生成的促进	$20\mu mol/L$	促进率:127.1(空白100)

续表

试验项目	浓度	效果说明
对层粘连蛋白生成的促进	0.5%	促进率：141（空白 100）
涂覆对经表皮水分流失的抑制	0.4%	抑制率：42%
涂覆对皮肤角质层含水量的促进(1h)	1.0%	促进率：128.4（空白 100）

化妆品中应用

　　溶血卵磷脂有良好的表面活性，可稳定乳状液，特别能增强水包油型的乳化性能，能减少乳状液粒度分布的范围；溶血卵磷脂分子的结构有利于其深入细胞膜，能改善细胞的通透性，加速皮肤的新陈代谢，使受损的表皮细胞更替加快；溶血卵磷脂对层粘连蛋白的生成有促进作用，层粘连蛋白可影响细胞的代谢、存活、迁移、增殖和分化，对它的促进即有活肤抗皱的效果。

鞣酸（Tannic acid）

　　鞣酸（Tannic acid）又名单宁、鞣质，是相对分子质量在 500～3000 之间的多元酚类衍生物的总称。几乎所有的植物中都有鞣酸存在，但其结构复杂多样，分子量也各不相同。如五倍子（Rhus chinensis）中鞣酸含量达 60%～77%，鞣酸可从五倍子中提取。

化学结构

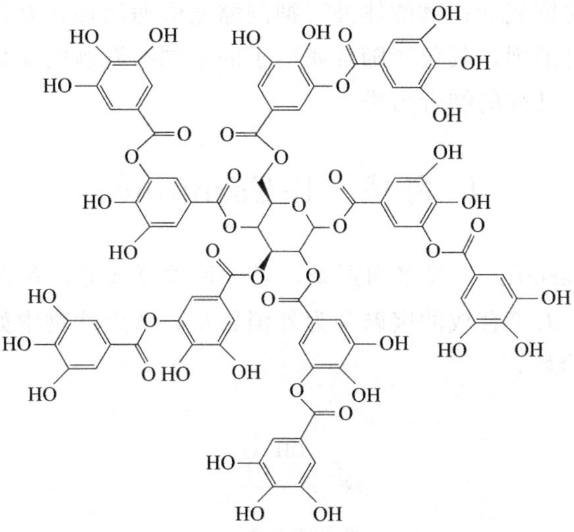

小分子鞣酸的结构

理化性质

　　鞣酸为淡黄色无定形粉末，微有特殊气味，具强烈涩味，遇蛋白质、淀粉、明胶、生物碱或金属盐产生沉淀，遇铁离子变黑，在空气中易氧化聚合，能溶于水、醇、丙酮和甘油，几乎不溶于醚、苯、氯仿和石油醚。鞣酸的 CAS 号为 1401-55-4。

安全管理情况

国家食品药品监督管理总局 2014 年发布的《关于已使用化妆品原料名称目录的公告》、CTFA、欧盟和中国香化协会 2010 年版的《国际化妆品原料标准中文名称目录》都将鞣酸作为化妆品原料，未见它外用不安全的报道。

药理作用

鞣酸与化妆品相关的药理研究见下表。

试验项目	浓度	效果说明
对超氧自由基的消除	8.0mg/mL	消除率:70.9%
对羟基自由基的消除	8.0mg/mL	消除率:74.2%
对脂质过氧化的抑制	10μg/mL	抑制率:86%
5J/cm² UVA 的照射对光毒性的抑制		半抑制量 IC_{50}:0.01%
对酪氨酸酶活性的抑制	1.0μg/mL	抑制率:80%
对蛋白凝集力的测定	0.2%	浊度:350×10⁻⁶

化妆品中应用

对蛋白凝集力的测定数据表明，鞣酸是强烈的收敛剂，可引起有机体组织的收缩而减少腺体的分泌。研究表明，液体洗涤剂中的表面活性剂在清除皮表脂质的同时，也使角质细胞间的联接能力减弱，引起皮肤表面失调和角质层的剥离。鞣质对蛋白质有极强的凝集作用，如在洗发香波中用入可防止发纤维蛋白质的溶融而保护头发，同样也适用于洗手液、洗面奶；鞣酸可有效抑制脂质的过氧化，为氧自由基清除的抗氧剂；鞣酸体外可抑制酪氨酸酶活性，有皮肤增白作用；鞣酸可用作发用染料助剂，其色泽随金属离子的不同有微妙的变化，用入鞣酸的染发剂上色快，与毛纤维的结合力强。

L-肉碱（L-Carnitine）

L-肉碱（L-Carnitine）又名肉毒碱，是一种类氨基酸，存在于动物肌肉中的季铵盐类生物碱。人工合成的肉碱为为外消旋型，从天然物中如动物肌肉、牛乳提取的为 L-型化合物。

化学结构

L-肉碱的结构

理化性质

L-肉碱商品经常取其盐酸盐形式，L-肉碱盐酸盐有极强的吸湿性，可溶于水、乙醇和碱，较难溶于有机溶剂丙酮。L-肉碱的比旋光度 $[\alpha]_D^{20}$：+20.7°（$c=2$，H_2O）。L-肉碱的 CAS 号为 541-15-1。

安全管理情况

国家食品药品监督管理总局 2014 年发布的《关于已使用化妆品原料名称目录的公告》、CTFA 和中国香化协会 2010 年版的《国际化妆品原料标准中文名称目录》都将 L-肉碱作为化妆品原料，未见它外用不安全的报道。外消旋型和 D-型-肉碱不能使用。

药理作用

L-肉碱与化妆品相关的药理研究见下表。

试验项目	浓度	效果说明
对脂质过氧化的抑制	15μg/mL	抑制率：94.6%
对 DPPH 自由基的消除	3mmol/L	消除率：83.3%
对成纤维细胞的增殖作用	50μg/mL	促进率：125.1(空白 100)
斑贴试验角质层代谢速度的促进	1.0%	促进率：14.7%
对透明质酸水解的抑制	0.2mmol/L	抑制率：35.3%
皮肤涂抹对皮脂分泌的抑制	15%	抑制率：23.4%
对脂肪分解的促进	50μmol/L	促进率：2%

化妆品中应用

L-肉碱对成纤维细胞的增殖作用、对角质层代谢速度的促进作用显示，L-肉碱具皮肤角质层的修复作用；L-肉碱对皮肤有保湿调理作用，是通过对透明质酸水解的抑制来实现的；L-肉碱在生物体内的功能是能将脂肪酰基转运通过线粒体膜，有利于脂肪酸氧化供能，是脂肪氧化及分解的促进剂，化妆品中用入 L-肉碱也有减肥作用，与其他有脂肪分解活性的物质配合使用效果更好，如咖啡因、茶碱等黄嘌呤类化合物。

乳蛋白（Lactis proteinum）

乳蛋白（Lactis proteinum）是乳中所有蛋白质的总称，是最富有营养价值的蛋白质。乳蛋白进一步可分出酪蛋白、乳清蛋白、乳脂肪球膜蛋白等制品。乳蛋白一般从牛奶中提取。

氨基酸组成

乳蛋白氨基酸的组成见下表。

单位：%

氨基酸名	摩尔分数	氨基酸名	摩尔分数
天冬氨酸	7.8	苏氨酸	4.4
丝氨酸	5.9	谷氨酸	21.6
甘氨酸	2.0	丙氨酸	3.7
半胱氨酸	0.7	缬氨酸	6.8
蛋氨酸	2.4	异亮氨酸	5.4
亮氨酸	9.8	酪氨酸	2.9
苯丙氨酸	5.0	赖氨酸	8.5
组氨酸	2.7	精氨酸	3.7
脯氨酸	10.1		

理化性质

乳蛋白为白色凝胶状物质,可溶于水。

安全管理情况

国家食品药品监督管理总局 2014 年发布的《关于已使用化妆品原料名称目录的公告》、CTFA 和中国香化协会 2010 年版的《国际化妆品原料标准中文名称目录》都将乳蛋白作为化妆品原料,未见它外用不安全的报道。

药理作用

乳蛋白与化妆品相关的药理研究见下表。

试验项目	浓度	效果说明
细胞培养对表皮角化细胞增殖的促进	0.2%	促进率:200(空白 100)
表皮角化细胞培养对 β-防卫素生成的促进	1%	促进率:132(空白 100)

化妆品中应用

乳蛋白为高效营养剂,对细胞活性有促进作用,可提高机体的免疫力;乳蛋白有乳化性,可稳定泡沫,并有吸湿作用。

乳果糖(Lactulose)

乳果糖(Lactulose)是一双糖化合物,为半乳糖基果糖的异构体,存在于加热后的牛奶中,在芦荟的汁液中也有存在,现用乳糖为原料经异构化制取。

化学结构

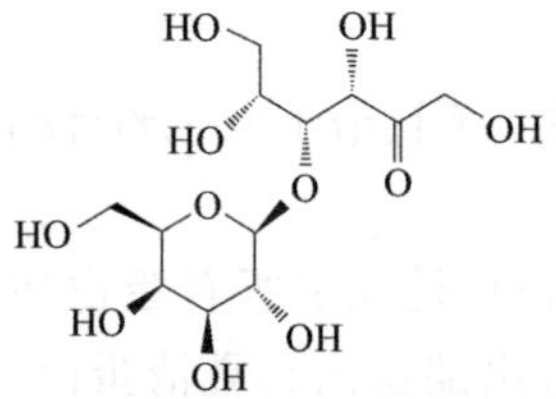

乳果糖的结构

理化性质

纯乳果糖为无色结晶,熔点:173~178℃,易溶于水,水中溶解度为 76.4g/100mL。市售乳果糖为淡黄色透明的黏稠液体(含量 50%以上),有清凉甜味,甜度为蔗糖的 48%~62%。乳果糖的 CAS 号为 4618-18-2。

安全管理情况

CTFA 将乳果糖作为化妆品原料,中国香化协会 2010 年版的《国际化妆品原料标准中文名称目录》中列入,国家食品药品监督管理总局 2014 年发布的《关于已使用化妆品原料名称目录的公告》尚未列入。乳果糖为食品添加剂,小白鼠经口 LD_{50}:21.5g/kg,大白鼠经口 LD_{50}:47.2g/kg。未见它外用不安全的报道。

药理作用

乳果糖与化妆品相关的药理研究见下表。

试验项目	浓度	效果说明
对脂质过氧化的抑制	0.1%	抑制率:23.1%
对黑色素细胞活性的抑制	25mmol/L	抑制率 8.2%
对大鼠足趾肿胀的抑制	30mg/kg	抑制率:30.6%
对白介素 IL-8 生成的抑制	5%	抑制率 9.9%
对前列腺素 PGE_2 生成的抑制	30mg/kg	抑制率:68.1%
对 TNF-α 生成的抑制	30mg/kg	抑制率:80.4%

化妆品中应用

乳果糖有甜味,但不为细菌分解,因此不会产生蛀牙,在牙膏中抑制甜味剂;有一定的抗炎性,适合在口腔卫生用品中使用。

乳过氧化物酶（Lactoperoxidase）

乳过氧化物酶（Lactoperoxidase）是存在于牛奶、眼泪、唾液等体液中的一种过氧化物酶,催化过氧化氢氧化底物并生成水。乳过氧化物酶是一种糖蛋白,含有一个血红素基团,铁含量为 0.068%~0.071%,碳水化合物含量为 9.9%~10.2%。乳过氧化物酶从乳清中提取。

理化性质

乳过氧化物酶可溶于水,不溶于酒精。乳过氧化物酶的 CAS 号为 9003-99-0。

安全管理情况

国家食品药品监督管理总局 2014 年发布的《关于已使用化妆品原料名称目录的公告》、CTFA 和中国香化协会 2010 年版的《国际化妆品原料标准中文名称目录》都将乳过氧化物酶作为化妆品原料,未见它外用不安全的报道。

药理作用

乳过氧化物酶有较广谱的抗菌性,对黄曲霉的 MIC 为 4μg/mL,对绿脓杆菌、金黄色葡萄球菌、产黄青霉的 MIC 都为 5μg/mL,对大肠杆菌的 MIC 为 6μg/mL,对枯草杆菌和酿酒酵母的 MIC 为 7μg/mL。对口腔致病菌如血形链球菌、变异链球菌、牙龈卟啉单胞菌、具核梭杆菌等也有抑制。对痤疮丙酸杆菌的 MIC 为 120μg/mL。

乳过氧化物酶与化妆品相关的药理研究见下表。

试验项目	浓度	效果说明
对超氧自由基的消除	0.1mg/mL	当于(0.69±0.44)U/mg 的超氧歧化酶
人纤维母细胞对对胶原蛋白生成的促进	0.1%	促进率:217(空白 100)
人纤维母细胞对对透明质酸生成的促进	0.1%	促进率:250(空白 100)

化妆品中应用

乳过氧化物酶的抗菌性可用于牙膏，防止蛀牙，也用于皮肤痤疮的防治；可促进透明质酸的生成，有保湿和活肤作用。

乳黄素（Lactoflavin）

乳黄素（Lactoflavin）也曾称为核黄素（Riboflavin），即维生素 B_2。广泛存在各种动植物中，在大枣中含量较多，现采用合成法或发酵法生产。

化学结构

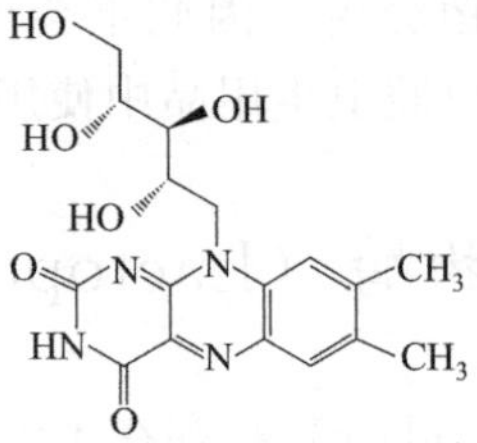

乳黄素的结构

理化性质

乳黄素为橙黄色小针状结晶，晶形不同在水中的溶解度也不同，熔点 290℃（分解），1g 可溶于 3000～15000mL 水，可溶于醇，微溶于苯甲醇、苯酚，不溶于乙醚、氯仿、丙酮和苯，易溶于稀碱。紫外最大吸收波长为 220nm、266nm、271nm、444nm、475nm，在 565nm 时有绿色荧光。$[\alpha]_D^{25}$：$-112°\sim 122°$（50mg 溶于 2mL 0.1mol/L 乙醇 NaOH，再加 10mL 水稀释）。乳黄素的 CAS 号为 83-88-5。

安全管理情况

国家食品药品监督管理总局 2014 年发布的《关于已使用化妆品原料名称目录的公告》、CTFA 和中国香化协会 2010 年版的《国际化妆品原料标准中文名称目录》都将乳黄素作为化妆品原料，未见它外用不安全的报道。

药理作用

乳黄素与化妆品相关的药理研究见下表。

试验项目	浓度	效果说明
对超氧歧化酶活性的促进	0.8mg/kg	促进率：329.3（空白 100）
对黑色素生成的促进	0.02%	促进率：141.0（空白 100）

化妆品中应用

乳黄素有促进动物生长作用，参与人体糖、蛋白质和脂肪的代谢，临床用于治疗皮肤的结膜炎、口角炎、舌炎和脂溢性皮炎等，在化妆品中可用于痤疮、蜂窝组织炎等的防治;可用作营养性的助剂,促进毛发的生长和调理皮肤;乳黄素外用可促进皮肤晒黑。

乳链菌肽（Nisin）

乳链菌肽（Nisin）来源于乳酸菌（Lactococcus lactis）的代谢物,中含 34 个氨基酸残基,为一多肽成分。现用发酵法制取。

化学结构

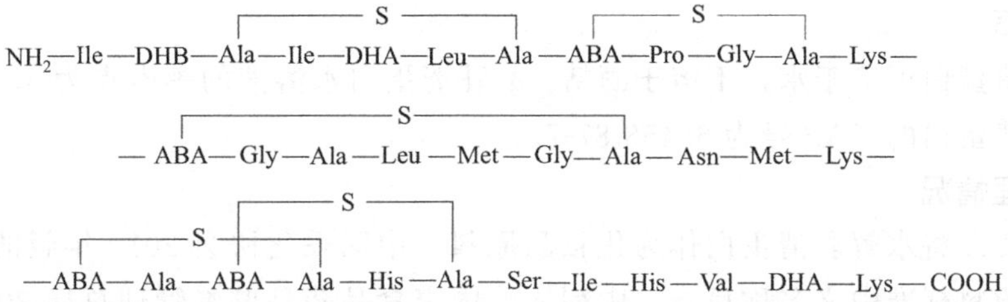

```
                    ┌──────S──────┐     ┌──────S──────┐
     NH₂—Ile—DHB—Ala—Ile—DHA—Leu—Ala—ABA—Pro—Gly—Ala—Lys—
                ┌──────────S──────────┐
     —ABA—Gly—Ala—Leu—Met—Gly—Ala—Asn—Met—Lys—
           ┌───S───┐  ┌───S───┐
     —ABA—Ala—ABA—Ala—His—Ala—Ser—Ile—His—Val—DHA—Lys—COOH
```

乳链菌肽的结构（图中 ABA 为氨基丁酸;DHA 为脱氢丙氨酸;DHB 为 β-甲基脱氢丙氨酸;ALA-S-ALA 为羊毛硫氨酸;ALA-S-ABA 为 β-甲基羊毛硫氨酸）

理化性质

精制后的乳链菌肽为白色可溶于水的粉状制品,可从乙醇中结晶,也可溶于稀盐酸,其至在沸腾的稀酸溶液中也能稳定存在。乳链菌肽在水中的溶解度随着 pH 的下降而显著增加,pH 为 2 时,其溶解度为 57mg/mL,pH 为 6 时为 1.5mg/mL。乳链菌肽的 CAS 号为 1414-45-5。

安全管理情况

国家食品药品监督管理总局 2014 年发布的《关于已使用化妆品原料名称目录的公告》、CTFA 和中国香化协会 2010 年版的《国际化妆品原料标准中文名称目录》都将乳链菌肽作为化妆品原料,未见它外用不安全的报道。

药理作用

乳链菌肽对革兰阳性菌具有很高的抑制,但是对酵母菌、霉菌等革兰阴性菌的抑制作用不大。乳链菌肽浓度在 $50\mu g/mL$ 时可以抑制所有革兰阳性菌的活性;在 100IU/mL 时对李斯特菌的抑制率为 40.0%;对痤疮丙酸杆菌的 MIC 为 9.8×10^{-6};对乳酸菌的 MIC 为 $1.25\mu g/g$;对蜡样芽孢杆菌的 MIC 为 2.5mg/mL。

乳链菌肽的抑菌效率不受体系 pH 的影响。

化妆品中应用

乳链菌肽有广谱的抗菌性,有效抑菌浓度小于 $100\mu g/g$,与螯合剂如 EDTA 协同可大大增加其抗菌性。其他可配合使用以增强协同相应的物质还有山梨醇、吐温 20 等。乳链菌肽已用作食品的防腐剂,日化产品中用作牙膏的抗菌剂、化妆品的防腐剂和祛臭剂。

乳清蛋白（Lactalbumin）

水解乳清蛋白（Hydrolyzed lactalbumin）存在于所有的动物乳汁中，是乳清蛋白质（Whey）中的组成部分，属于球蛋白类成分。乳清蛋白有 α 和 β 两种构型，α 型乳清蛋白的相对分子质量为 14178，β 型乳清蛋白的相对分子质量约为 18400。水解乳清蛋白是以酶法水解处理乳清蛋白质然后分离的产物。

理化性质

乳清蛋白可溶于水，不溶于酒精。α-乳清蛋白水溶液的等电点为 4.2～4.5。水解乳清蛋白的 CAS 号为 68458-87-7。

安全管理情况

CTFA 将水解乳清蛋白作为化妆品原料，中国香化协会 2010 年版的《国际化妆品原料标准中文名称目录》中列入，国家食品药品监督管理总局 2014 年发布的《关于已使用化妆品原料名称目录的公告》尚未列入，未见它外用不安全的报道。

药理作用

水解乳清蛋白与化妆品相关的药理研究见下表。

试验项目	浓度	效果说明
α-乳清蛋白对超氧歧化酶活性的促进	100mg/kg	促进率:224.3(空白 100)
α-乳清蛋白对黑色素细胞活性的抑制	1mg/mL	抑制率:6.6%
β-乳清蛋白对黑色素细胞活性的抑制	100μg/mL	抑制率:33.9%
表皮角化细胞培养中 α-乳清蛋白对 β-防卫素生成的促进	1%	促进率:600(空白 100)
α-乳清蛋白对大鼠足趾肿胀的抑制	100mg/kg	抑制率:16.3%
β-乳清蛋白对大鼠足趾肿胀的抑制	100mg/kg	抑制率:33.7%

化妆品中应用

在黑色素细胞培养中，低浓度的水解乳清蛋白表现为对细胞活性的促进，浓度较高则为抑制，可用作皮肤美白剂；水解乳清蛋白可用作高效营养剂，可提高机体的免疫力，有抗炎作用。

乳清蛋白质（Whey protein）

乳清蛋白质（Whey protein）一般误称为乳清蛋白。乳清蛋白质是牛奶中的主要成分之一，是牛奶制作奶酪时的副产品。乳清蛋白（Lactalbumin）是乳清蛋白质经分离后的产物，是一球蛋白。因此乳清蛋白质的组成比乳清蛋白复杂。乳清蛋白质可以牛奶为原料提取。

理化性质

乳清蛋白质为类白色冻干状粉末,可溶于水,不溶于酒精。乳清蛋白质的 CAS 号为 84082-51-9。

安全管理情况

国家食品药品监督管理总局 2014 年发布的《关于已使用化妆品原料名称目录的公告》、CTFA、欧盟、日本和中国香化协会 2010 年版的《国际化妆品原料标准中文名称目录》都将乳清蛋白质作为化妆品原料,未见它外用不安全的报道。

药理作用

乳清蛋白质与化妆品相关的药理研究见下表。

试验项目	浓度	效果说明
人成纤维细胞培养对胶原蛋白生成的促进	100μg/mL	促进率:185.5(空白 100)
对经皮水分挥发的抑制(TEWL)	2mg/kg	抑制率:16.5%
对 B-16 黑色素细胞活性的抑制	1.0%	抑制率:19.5%
对 B-16 黑色素细胞活性的促进	10μg/mL	促进率:104.9(空白 100)

化妆品中应用

乳清蛋白质可用作皮肤的高效营养剂,可提高机体的免疫力,有保湿和抗皱作用;在黑色素细胞培养中,低浓度的水解乳清蛋白表现为对细胞活性的促进,浓度较高则为抑制,可用作皮肤美白剂。

乳清酸(Orotic acid)

乳清酸(Orotic acid)属尿嘧啶类化合物,也称为维生素 B_{13},为人体新陈代谢的中间产物,在哺乳动物的皮肤、血液、细胞液和乳汁中都有存在。可用化学法合成,也可通过发酵来工业化生产。

化学结构

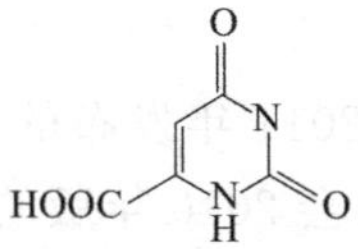

乳清酸的结构

理化性质

乳清酸的熔点为 340～345℃,极微溶于醇及有机溶剂,微溶于水,在 100mL 冷水中可溶解 0.18g,100mL 沸水中可溶解 13g,紫外吸收特征波长为 282nm。乳清酸的 CAS 号为 65-86-1。

安全管理情况

国家食品药品监督管理总局 2014 年发布的《关于已使用化妆品原料名目

录的公告》、CTFA 和中国香化协会 2010 年版的《国际化妆品原料标准中文名称目录》都将乳清酸作为化妆品原料，未见它外用不安全的报道。

药理作用

乳清酸与化妆品相关的药理研究见下表。

试验项目	浓度	效果说明
细胞培养对透明质酸生成的促进	2.5μmol/L	促进率：131.7（空白 100）

化妆品中应用

乳清酸外用易为皮肤吸收，乳清酸在 W/O 或 O/W 型乳状液中能被皮肤吸收，但乳清酸钠盐的经皮吸收更迅速，并能促进其他成分在皮层的渗透吸收，有营养、保湿和调理作用，常与维生素 A、B、E、肉碱或蛋白质协同使用；在指甲油中用入可治疗指甲发育和生长不良，并防止灰甲；用于护发素可抑制脱发。

乳球蛋白（Lactoglobulin）

乳球蛋白（Lactoglobulin）存在于哺乳动物的乳汁中，反刍动物的乳汁中含量很高。乳球蛋白是乳腺上皮细胞合成的乳特有蛋白，牛乳中 β-乳球蛋白的相对分子质量 18000，是牛乳乳清蛋白中的主要成分。乳球蛋白有 α、β 和 γ 三种构型，伴存在于牛乳中，以 β-乳球蛋白为主，对它的研究也最多。β-乳球蛋白在牛脱脂乳中占 2%～4%，占鲜奶蛋白质的 7%～12%；人乳中也含有 β-乳球蛋白，但含量低。β-乳球蛋白可从新鲜的牛乳中提取。

化学结构

β-乳球蛋白由 162 个氨基酸组成。

理化性质

β-乳球蛋白为白色或类白色冷冻干燥粉末，溶于水和稀盐水，不溶于乙醇，等电点为 5.1～5.2，比旋光都 $[\alpha]_D^{25}$：$-30.4°$。

安全管理情况

国家食品药品监督管理总局 2014 年发布的《关于已使用化妆品原料名称目录的公告》、CTFA 和中国香化协会 2010 年版的《国际化妆品原料标准中文名称目录》都将乳球蛋白作为化妆品原料。虽然食用乳球蛋白会使部分人致敏，未见它外用不安全的报道。

药理作用

β-乳球蛋白与化妆品相关的药理研究见下表。

试验项目	浓度	效果说明
对 B-16 黑色素细胞活性的抑制	0.1%	抑制率：55.9%±7.80%
小鼠试验对角叉菜引起的脚趾肿胀的抑制	100mg/kg	抑制率：33.7%

化妆品中应用

　　β-乳球蛋白有表面活性，有很强的结合脂溶性维生素和脂肪酸的能力，可促进乳化、凝胶和发泡，对乳状液体系有稳定作用；β-乳球蛋白是高效的营养剂，对人体的角化细胞（合成角蛋白的一种特殊表皮细胞）有一定的刺激作用，可再生和更新皮肤细胞；β-乳球蛋白还可用作皮肤美白剂，并有抑制炎症的作用。

乳酸脱氢酶（Lactate dehydrogenase）

　　乳酸脱氢酶（Lactate dehydrogenase）属氧化还原酶类，是催化乳酸和丙酮酸之间氧化还原反应的重要酶类。乳酸脱氢酶存在于机体所有组织细胞的胞质内，其中以肾脏含量较高。现可以发酵法生产乳酸脱氢酶。

理化性质

　　乳酸脱氢酶有若干种类，分子量一般为 130～140kDa，商品一般为黄色悬浮液，可溶于水，需在 2～8℃之间保存。乳酸脱氢酶的 CAS 号为 9001-60-9。

安全管理情况

　　CTFA 将作为化妆品原料，中国香化协会 2010 年版的《国际化妆品原料标准中文名称目录》中列入，国家食品药品监督管理总局 2014 年发布的《关于已使用化妆品原料名称目录的公告》尚未列入。乳酸脱氢酶应控制在低浓度下使用，使用前需咨询相关专家。

化妆品中应用

　　乳酸脱氢酶可将乳酸转化为丙酮酸而降低乳酸的浓度，因此有利于较快降低累积于肌肉或肌肤中的"疲劳素"乳酸，从而达到消除疲劳、增加活力的目的，可用作肤用调理剂。

乳糖酸（Lactobionic acid）

　　乳糖酸（Lactobionic acid）为双糖类化合物，在乳清蛋白中少量存在。现可以半乳糖为原料经氧化制备。

化学结构

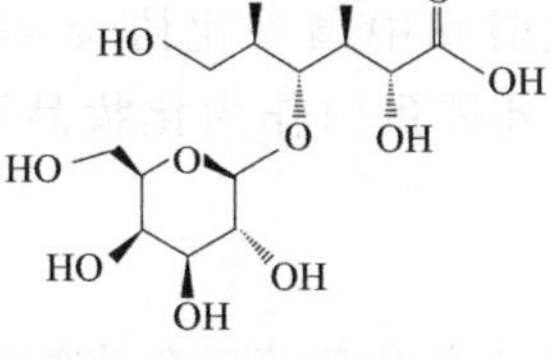

乳糖酸的结构

理化性质

　　乳糖酸为白色晶体，无特殊气味，熔点 113～118℃，可溶于水，100mL 水中可溶 10g，$[\alpha]_D^{20}$：$+25°$（水）。乳糖酸的 CAS 号为 96-82-2。

安全管理情况

CTFA 将乳糖酸作为化妆品原料，中国香化协会 2010 年版的《国际化妆品原料标准中文名称目录》中列入，国家食品药品监督管理总局 2014 年发布的《关于已使用化妆品原料名称目录的公告》尚未列入，未见它外用不安全的报道。

药理作用

乳糖酸与化妆品相关的药理研究见下表。

试验项目	浓度	效果说明
对 B-16 黑色素细胞活性的抑制	0.1%	抑制率：39.8%
对金属蛋白酶 MMP 活性的抑制	0.1%	抑制率：94.4%

化妆品中应用

乳糖酸具有 α-羟基酸的结构，如果酸一样能修护皮肤和促进肌肤更新，同时有抗老抗皱、保湿、抗氧化、抗炎、美白等多种功效。

乳铁蛋白（Lactoferrin）

乳铁蛋白（Lactoferrin）是一种铁结合性糖蛋白，广泛分布于哺乳动物乳汁和其他多种组织及其分泌液中。人乳中乳铁蛋白浓度约为 1.0～3.2mg/mL，是牛乳中的 10 倍（牛乳中含量为 0.02～0.35mg/mL），占普通母乳总蛋白的 20%，在泌乳期间，乳铁蛋白含量随着泌乳时间的不同而发生变化，如人初乳中乳铁蛋白可达 6～14mg/mL，常乳期降至 1mg/mL。乳铁蛋白的来源不同，其性质和功能也有一些变化。

理化性质

乳铁蛋白为淡粉色粉末状物质，铁的结合度为 15%～20%，其颜色的深浅取决于铁饱和度的大小。乳铁蛋白可溶于水，不溶于乙醇，相对分子质量在 75000～82600 之间，等电点 8.7。

安全管理情况

国家食品药品监督管理总局 2014 年发布的《关于已使用化妆品原料名称目录的公告》、CTFA、欧盟和中国香化协会 2010 年版的《国际化妆品原料标准中文名称目录》都将乳铁蛋白作为化妆品原料，未见它外用不安全的报道。

药理作用

乳铁蛋白有抗菌性，对表皮葡萄球菌、金黄色葡萄球菌和藤黄微球菌等有抑制作用。

乳铁蛋白与化妆品相关的药理研究见下表。

试验项目	浓度	效果说明
对超氧自由基的消除	0.1mg/mL	相当于0.71U/mg的超氧歧化酶
对双氧水的消除	0.1mg/mL	相当于36.1U/mg的过氧化氢酶
对脂质过氧化的抑制	0.01%	抑制率:75%
兔子试验对皮肤血流量的促进	2.5mg/cm^2	促进率:19.4%
细胞培养对人纤维芽细胞增殖的促进	0.1%	促进率:45.9%
对酪氨酸酶活性的抑制	0.5%	抑制率:31%
对皮肤细胞内的半乳糖苷酶活性的抑制	0.2%	抑制率:9%

化妆品中应用

乳铁蛋白是一高效营养型物质，可促进肌肤的新陈代谢，有抗衰抗皱的效果；半乳糖苷酶活性的升高反映了正常人成纤维细胞的老化，对它的抑制显示可提高机体的免疫力，有抗炎作用；乳铁蛋白还可用作抗菌剂、皮肤美白剂和活血剂。

S

三磷酸腺苷（Adenosine triphosphate）

三磷酸腺苷（Adenosine triphosphate）即 5′-三磷酸腺苷（简称 ATP），为一种辅酶，普遍存在于生命体内，是体内组织细胞一切生命活动所需能量的直接来源。三磷酸腺苷在生命体内都以低浓度存在，如人体中 ATP 的总量只有大约 0.1mol。市售三磷酸腺苷为生化制品。

化学结构

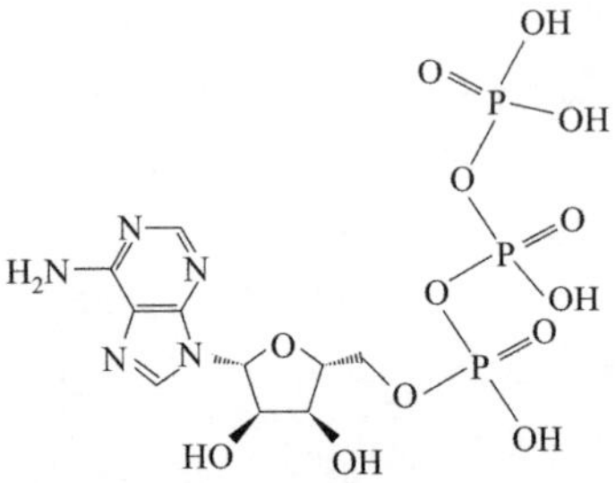

三磷酸腺苷的结构

理化性质

三磷酸腺苷为白色无定形粉末。易溶于水，不溶于乙醇、乙醚及其他有机溶剂。CAS 号为 56-65-5。

安全管理情况

国家食品药品监督管理总局 2014 年发布的《关于已使用化妆品原料名称目录的公告》、CTFA、欧盟和中国香化协会 2010 年版的《国际化妆品原料标准中文名称目录》都三磷酸腺苷将作为化妆品原料，未见它外用不安全的报道。

药理作用

三磷酸腺苷与化妆品相关的药理研究见下表。

试验项目	含量	效果说明
对 B-16 黑色素细胞活性的抑制	20μmol/L	抑制率：47％
斑贴试验角质层代谢速度的促进	0.5％	促进率：11.7％
皮肤创伤治愈试验对治愈率的提高	0.1％	促进率：111.0（空白 100）
对小鼠毛发生长的促进（15 日测定）	0.5％	促进率：101.2％（空白 100）

化妆品中应用

所有的生物都需要能量,动物通过氧化食物获得能量,植物通过光合作用获得能量,然而能量必须以一种生物可以利用的方式存在,这种携带能量的物质(或称载体)就是 ATP。对人体而言,ATP 是细胞用来进行许多反应(如蛋白质合成)的主要能量来源,细胞把 ATP 水解成 ADP(二磷酸腺苷),ADP 再水解成 AMP(单磷酸腺苷)。三磷酸腺苷作为一种辅酶,有改善肌体代谢的作用,参与体内脂肪、蛋白质、糖、核酸及核苷酸的代谢,同时又是体内能量的主要来源,适用于细胞损伤后细胞酶减退引起的疾病,适合用于抗衰老、减肥、增白等护肤品。

三七总皂苷(Panax notoginsenosides)

三七总皂苷(Panax notoginsenosides)来自五加科植物三七(Panax notoginseng)的根。三七总皂苷为一混合物,主要含人参皂苷 Rb_1、Rb_2、Rc、Rd、Re、Rf、Rg_1、Rg_2、Rh_1 和三七皂苷 R_1、R_2、R_3、R_4、R_6 等 20 余种皂苷成分。三七总皂苷只能从三七根中提取。

化学结构

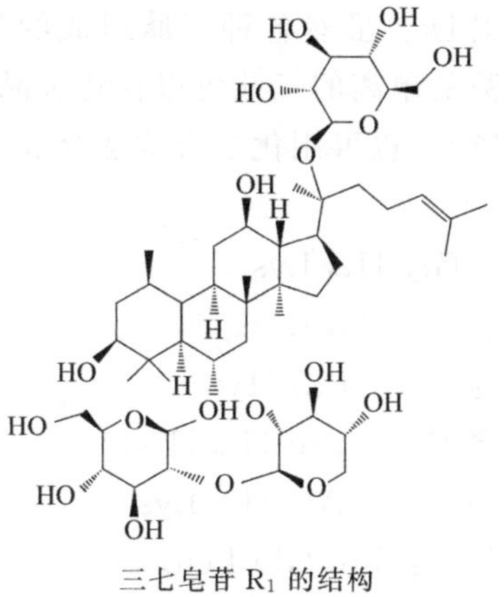

三七皂苷 R_1 的结构

理化性质

三七总皂苷为淡黄色无定形粉末,微溶于水,可溶于甲醇、乙醇。

安全管理情况

国家食品药品监督管理总局 2014 年发布的《关于已使用化妆品原料名称目录的公告》、CTFA 和中国香化协会 2010 年版的《国际化妆品原料标准中文名称目录》都将三七总皂苷作为化妆品原料,未见它外用不安全的报道,但用于伤损皮肤或换皮型产品要慎重。

药理作用

三七总皂苷对某些真菌有较强的抑制作用,对金黄色葡萄球菌、大肠杆菌有一定的抑制作用。

三七总皂苷与化妆品相关的药理研究见下表。

试验项目	浓度	效果说明
对 cAMP 含量的促进	100mg/kg	促进率:21%
对白介素 IL-1β 生成的抑制	0.5mg/mL	抑制率:22.9%
对金属蛋白酶 MMP-9 活性的抑制	60mg/kg	抑制率:90.5%
对金属蛋白酶 MMP-13 活性的抑制	0.25mg/mL	抑制率:47.3%

化妆品中应用

三七总皂苷有较广的抗炎作用，可用作抗炎剂；三七总皂苷能促进 cAMP 的生成，cAMP 能对生物细胞中很多代谢过程发生影响，可促进蛋白质、RNA 的合成等，也可作为其他活性成分的增效剂，因此三七总皂苷有活肤作用。

三肽（Tripeptide）

三肽（Tripeptide）是由三个氨基酸组成的肽。化妆品中使用的三肽化合物基本是一蛋白质的功能性片断。虽然各种三肽组成的片段广泛存在于各生物体内，但迄今为止只有极少数的单离的三肽可以在化妆品中使用。三肽可通过蛋白质的水解提取（如胶原三肽）、也可用化学合成法合成。

化学结构

三肽-1 氨基酸序列为：Gly-His-Lys。

三肽-5 氨基酸序列为：Lys-Val-Lys。

胶原三肽氨基酸序列为：Gly-Pro-Hyp。

大豆蛋白三肽氨基酸序列为：Pro-His-His。

蛋清蛋白三肽氨基酸序列为：Ala-His-Lys。

酪蛋白三肽氨基酸序列为：Pro-Glu-Leu。

理化性质

三肽化合物都为无色结晶，易溶于水，在酒精中不溶。

安全管理情况

CTFA 将三肽作为化妆品原料，中国香化协会 2010 年版的《国际化妆品原料标准中文名称目录》中列入。在上述三肽中，国家食品药品监督管理总局 2014 年发布的《关于已使用化妆品原料名称目录的公告》仅列入三肽-1，未见它们外用不安全的报道。

药理作用

三肽与化妆品相关的药理研究见下表。

试验项目	浓度	效果说明
蛋清蛋白三肽对脂质过氧化的抑制	0.2mmol/L	抑制率:87.67%
大豆蛋白三肽对脂质过氧化的抑制	0.2mmol/L	抑制率:91.85%
酪蛋白三肽对自由基 DPPH 的消除		半消除量:306.0μg/mL
胶原三肽对自由基 DPPH 的消除		半消除量:(11.0±1.0)mg/mL
细胞培养三肽-1对胶原蛋白1型生成的促进	0.1μmol/L	促进率:305(空白100)
细胞培养胶原三肽对胶原蛋白生成的促进	20μg/mL	促进率:172.6(空白100)
细胞培养三肽-1对粘连蛋白生成的促进	0.1μmol/L	促进率:155(空白100)
细胞培养三肽-1对弹性蛋白生成的促进	0.1μmol/L	促进率:115(空白100)
胶原三肽对透明质酸生成的促进	10μg/mL	促进率:150.0(空白100)
胶原三肽对 B-16 黑色素细胞活性的抑制	0.4mg/mL	抑制率:27.6%

化妆品中应用

三肽具抗氧性,对胶原蛋白、弹性蛋白、透明质酸等的生成有促进作用,有抗衰抗皱活肤功能;三肽-1对粘连蛋白生成的促进,可作为组织重塑的激活剂,促进伤疤外部大量胶原蛋白集聚物的降解,具有伤口修复功能。

伞花烃醇 (Cymen-5-ol)

伞花烃醇 (Cymen-5-ol) 存在于麝香草 (*Thymus vulgaris*) 的挥发油中,与麝香草酚伴存,只是含量远低于麝香草酚,现主要依靠化学合成法制备。

化学结构

伞花烃醇的结构

理化性质

伞花烃醇白色针状结晶,熔点 112℃,沸点 244℃。在室温下在常见溶剂中的溶解度分别约为:在乙醇中 36%,甲醇 65%,异丙醇 50%,正丁醇 32%,丙酮 65%。不溶于水。质量好的伞花烃醇气味很小。伞花烃醇的 CAS 号为 3228-02-2。

安全管理情况

CTFA 将作为化妆品原料,中国香化协会 2010 年版的《国际化妆品原料标准中文名称目录》中列入,国家食品药品监督管理总局 2014 年发布的《关于已使用化妆品原料名称目录的公告》尚未列入,未见它外用不安全的报道。一般的用量限制为小于 0.1%。

药理作用

伞花烃醇有广谱的抗菌性,对金黄色葡萄球菌的 MIC 为 156×10^{-6},对大肠杆菌的 MIC 为 312×10^{-6}。对口腔治病菌的抑制为：对变异链球菌的 MIC 为 1.66mmol/L、对黏放线菌的 MIC 为 3.33mmol/L、对具核羧杆菌的 MIC 为 3.33mmol/L、对牙龈卟啉单胞菌的 MIC 为 1.66mmol/L、对白色念珠菌的 MIC 为 1.66mmol/L。

伞花烃醇与化妆品相关的药理研究见下表。

试验项目	浓度	效果说明
对由 LPS 引起前列腺素 PGE$_2$ 释放的抑制	50μmol/L	抑制率：65.8%

化妆品中应用

伞花烃醇可用作化妆品和口腔卫生用品的抗菌剂和防腐剂，并有一定的抗炎作用。

色氨酸（Tryptophan）

L-色氨酸（L-Tryptophan）是人体必需氨基酸之一，也是氨基酸中最稀有的一种，广泛微量的存在于生物界，在肉、禽、鱼、奶中含量丰富，植物中以石榴（*Punica granatum L*）和香菇中含量较高。现从酪蛋白的水解物中提取。

化学结构

L-色氨酸的结构

理化性质

色氨酸为白色或略带黄色叶片状结晶或粉末，在 100g 水中溶解度 1.14g（25℃），溶于稀酸或稀碱，在碱液中较稳定，强酸中分解。微溶于乙醇，不溶于氯仿、乙醚。在 280～310nm 有最大吸收峰，比旋度 [α]：$-30.0°\sim-32.5°$。色氨酸的 CAS 号为 54-12-6。

安全管理情况

国家食品药品监督管理总局 2014 年发布的《关于已使用化妆品原料名称目录的公告》、CTFA 和中国香化协会 2010 年版的《国际化妆品原料标准中文名称目录》都将色氨酸作为化妆品原料，未见它外用不安全的报道。

药理作用

色氨酸与化妆品相关的药理研究见下表。

试验项目	浓度	效果说明
对 β-胡萝卜素氧化的抑制	10mmol/L	抑制率：43.2%
对超氧歧化酶活性的促进	100mg/kg	促进率：7.0%

续表

试验项目	浓度	效果说明
细胞培养对三磷酸腺苷生成的促进	0.1%	促进率:115(空白 100)
在 UVB 照射下涂覆斑贴试验	2.5%	皮肤白度增加 3.7%(与空白比较)
在 UVA(420nm)光照下对黑色素生成的促进	0.1%	促进率:15%
脂肪细胞培养对脂肪水解的促进	0.002%	促进率:21%

化妆品中应用

色氨酸有良好的抗氧效果和抗紫外线,但也是蛋白质中在紫外光照射下易损失的氨基酸。皮肤蛋白质中色氨酸的减少会导致皮肤免疫功能的下降,硬皮病、泛发性硬斑病与色氨酸的缺乏有关,因此在护肤品中添加色氨酸有助于皮肤正常机能的恢复和提高;在所有氨基酸中,只有色氨酸、苯丙氨酸和酪氨酸是具苯环而在荧光下可发光的化合物,它们数量的多寡与皮肤的光泽有关,化妆品中用入色氨酸,既可防止皮肤色素沉着,又可增加光泽,视应用场合而变;色氨酸也是一种非刺激性的染发染料和减肥剂。

鲨肝醇(Batyl alcohol)

鲨肝醇(Batyl alcohol)为动物体内的正常成分,多存在于造血系统中。主要来源是从鲨鱼鱼肝油中分离,也可以从其他一些海洋生物中提取,如珊瑚(*Acropora pulchra*)、软珊瑚(*Simularia sipalosa*)和海绵等。有全合成鲨肝醇的产品,但其没有旋光性。

化学结构

$$CH_2CHCH_2O(CH_2)_7CH_3$$
$$||$$
$$OHOH$$

鲨肝醇的结构

理化性质

鲨肝醇为白色结晶性粉末。熔点 70.5～71℃。能溶于乙醇、丙酮、氯仿、乙醚,微溶于石油醚,不溶于水,$[\alpha]_D^{20}$:+1.14°。鲨肝醇的 CAS 号为 544-62-7。

安全管理情况

国家食品药品监督管理总局 2014 年发布的《关于已使用化妆品原料名称目录的公告》、CTFA、欧盟、日本和中国香化协会 2010 年版的《国际化妆品原料标准中文名称目录》都将鲨肝醇作为化妆品原料。在内服使用过程中可能会使白细胞增高,但未见它外用不安全的报道。

药理作用

鲨肝醇与化妆品相关的药理研究见下表。

试验项目	浓度	效果说明
细胞培养对人皮肤纤维芽细胞增殖的促进	0.01%	促进率:146.6(空白为100)
小鼠试验对其毛发生长的促进	1%	促进率:160(空白为100)
对白介素 IL-1 生成水平的抑制作用	50μg/mL	抑制率:7.5%
对白介素 IL-6 生成水平的抑制作用	50μg/mL	抑制率:23.1%

化妆品中应用

鲨肝醇有表面活性剂样性能,作用与单甘酯相似,能稳定乳状液,也适宜配制液晶型的膏霜;鲨肝醇可和精制大豆磷脂组成的多用途脂质复合原料,该复合原料具有优良的皮肤亲和性及抗炎特性,并可以在水中形成胶状网络结构,对皮肤有保湿、调理和营养作用,适用于干性过敏性皮肤;在发用品中使用,可增加发丝的柔软性,并刺激生发。

芍药基葡糖苷(Paeoniflorin)

芍药基葡糖苷(Paeoniflorin)也名芍药苷,为单萜化合物的衍生物,主要来源于毛茛科植物白芍的根(Paeonio lactiflora)。在一般白芍中芍药苷的含量3%,我国河北产的一些品种可达7%~9%。芍药苷可从白芍根中提取。

化学结构

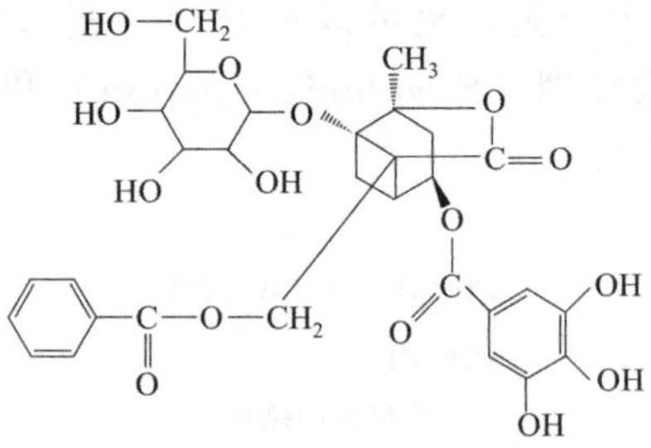

芍药苷的结构

理化性质

芍药苷稍溶于水,能随水蒸气蒸发,能溶于乙醇和丙酮,在稀碱水溶液中水解并聚合,其纯品为一吸湿性无定形粉末,紫外吸收特征波长(吸光系数)为230nm(9560),比旋光度 $[\alpha]_D^{16}: -12.8°$ ($c=4.6$,甲醇)。芍药苷在偏酸性的水溶液中会缓慢的降解,用非离子表面活性剂做成的乳状液可减慢此过程。芍药苷的 CAS 号为 23180-57-6。

安全管理情况

CTFA 将芍药苷作为化妆品原料,中国香化协会 2010 年版的《国际化妆品原料标准中文名称目录》中列入,国家食品药品监督管理总局 2014 年发布的《关于已使用化妆品原料名称目录的公告》尚未列入,未见它外用不安全的报道。

药理作用

芍药苷与化妆品相关的药理研究见下表。

试验项目	浓度	效果说明
对羟基自由基的消除	60.3μg/mL	消除率：46.7%
对过氧化氢引起细胞凋亡的抑制	10μmol/L	抑制率：40%
小鼠试验对白介素 IL-2 生成的抑制	2.5g/kg	抑制率：34.4%
小鼠试验对白介素 IL-6 生成的抑制	2.5g/kg	抑制率：24.8
小鼠试验对白介素 IL-10 生成的促进	2.5g/kg	促进率：80.2%
对金属蛋白酶 MMP-9 活性的抑制	0.01mmol/L	抑制率：30.0%
对 NF-κB 细胞的活性的抑制	100μg/mL	抑制率：53.2%

化妆品中应用

芍药苷有抗氧性；并对 NF-κB 细胞的活性有抑制作用，NF-κB 细胞的活化是发生炎症的标志之一，对 NF-κB 细胞的抑制可反过来证实提高了皮肤免疫细胞的功能，有很广泛的抗炎作用，皮肤临床多与其他清热凉血类药物配伍治疗皮肤疮疡类、日晒伤等患疾。

生物类黄酮（Bioflavonoids）

生物类黄酮（Bioflavonoids）即维生素 P，是植物次级代谢产物，它们并非单一的化合物，而是多种具有类似结构和活性物质的总称，因多呈黄色而被称为生物类黄酮。从柠檬中分离出来的，称为柠檬生物类黄酮，来自大豆的，称为大豆生物类黄酮等。化妆品主张采用被认可在化妆品中可安全使用的那些植物的生物类黄酮。

化学结构

生物类黄酮化合物的基本碳架

理化性质

生物类黄酮因其化学结构多不相同，但大多数以糖苷的形式存在，呈黄色结晶，一般不溶于冷水。生物类黄酮的 CAS 号为 61788-55-4。

安全管理情况

国家食品药品监督管理总局 2014 年发布的《关于已使用化妆品原料名称目录的公告》、CTFA 和中国香化协会 2010 年版的《国际化妆品原料标准中文名称目录》都将生物类黄酮作为化妆品原料，未见它外用不安全的报道。

药理作用

生物类黄酮与化妆品相关的药理研究见下表。

试验项目	浓度	效果说明
菜豆生物类黄酮对 DPPH 自由基的清除	29.07μg/mL	清除率:86.8%
甘草生物类黄酮对超氧自由基的消除	30μg/mL	消除率:78%
柠檬生物类黄酮对酪氨酸酶活性的抑制	10μg/mL	抑制率:35.0%
桑叶生物类黄酮对酪氨酸酶活性的抑制	10μg/mL	抑制率:54.4%
茶叶生物类黄酮对胶原蛋白酶的抑制	100μg/mL	抑制率:98%
大豆生物类黄酮对金属蛋白酶 MMP-3 活性的抑制	20μg/mL	抑制率:23.4%

化妆品中应用

生物类黄酮有维生素 P 的作用,可降低毛细管的通透性和脆性,在唇膏中,可预防唇的干裂和干燥感,同时改善口唇的柔软度;可用作食品和化妆品的抗氧剂,能有效抑制脂肪的酸败;生物类黄酮一般对酪氨酸酶的活性有抑制作用,可用作护肤品的调理剂和增白剂。

生物素 (Biotin)

生物素 (Biotin) 也称生长因子或维生素 B_7,在所有的活细胞中都有存在,较富集的部位是动物的肝脏、肾、胎盘、奶液和酵母。现市售生物素从动物的肝脏和奶中提取。

化学结构

生物素的结构

理化性质

生物素为白色细长结晶,熔点 231~233℃,等电点为 pH3.5,0.01% 水溶液的 pH 为 4.5,在 100mL 25℃的水中可溶解 22mg,在 100mL 95% 乙醇中可溶解 80mg,易溶于热水和稀碱溶液,不溶于常见的有机溶剂,纯品在室温的空气中稳定,其水溶液极易长霉,$[\alpha]_D^{18}$: +71.1° ($c=1.0$,0.1mol/L 的 NaOH)。生物素的 CAS 号为 58-85-5。

安全管理情况

国家食品药品监督管理总局 2014 年发布的《关于已使用化妆品原料名称目录的公告》、CTFA、欧盟和中国香化协会 2010 年版的《国际化妆品原料标准中文名称目录》都将生物素作为化妆品原料,未见它外用不安全的报道。

药理作用

生物素与化妆品相关的药理研究见下表。

试验项目	浓度	效果说明
细胞培养对成纤维细胞增殖的促进	0.1mg/mL	促进率:110(空白 100)
细胞培养对胶原蛋白生成的促进	1μmol/L	促进率:116.4(空白 100)
涂覆对皮肤血流量的提高	0.2%	促进率:156(空白 100)
涂覆对小鼠毛发生长的促进	0.2%	促进率:123.4(空白 100)
涂覆对男性头发脱落的抑制	0.01%	抑制率:11.1%

化妆品中应用

生物素是高效的皮肤活肤剂,经皮渗透性好,并能促进其他活性成分的渗入,并能活血。在护肤品中用入,协助作用明显,可预防和治疗皮虚、皮肤失调和老化,如用果酸在换皮时,生物素配合其他维生素有很好的调理效果;如与电解质、维生素配合,可防止干性皮肤,防止多种皮肤疾患,如在生发制品中用入可以活化发根毛囊细胞。但需注意与营养性物质的用入,如脑酰胺、蛋白质类;在局部施用能防止皮肤过敏。

生物糖胶(Biosaccharide gum)

生物糖胶-1(Biosaccharide gum-1)又称岩藻依聚糖、岩藻聚糖硫酸酯,是以岩藻糖为基本单位的多糖硫酸酯。岩藻依聚糖主要分布在褐海藻(Brown seaweed)中,在其他藻类中都有数量不等的存在。生物糖胶-1以新鲜褐海藻为原料制得。

化学结构

生物糖胶-1 的结构

理化性质

生物糖胶-1 白色或淡黄色粉末,相对分子质量 0.5 万~200 万,能溶于水呈透明溶液,水溶液有黏度,随分子量的增大而增大,不溶于有机溶剂,有强烈的吸水性,比旋光度 $[\alpha]_D^{15}$:$-119°$。

安全管理情况

国家食品药品监督管理总局 2014 年发布的《关于已使用化妆品原料名称目录的公告》、CTFA 和中国香化协会 2010 年版的《国际化妆品原料标准中文名称目录》都将生物糖胶-1 作为化妆品原料,未见它外用不安全的报道。

药理作用

生物糖胶-1 与化妆品相关的药理研究见下表。

试验项目	浓度	效果说明
低分子生物糖胶-1 对 DPPH 自由基的消除	0.06mg/mL	消除率:30.0%
低分子生物糖胶-1 对双氧水的消除	0.13mg/mL	消除率:20.0%
纤维芽细胞培养高分子生物糖胶-1 对 1 型原胶原蛋白生成的促进	0.1μg/mL	促进率:155(空白 100)
低分子生物糖胶-1 对 TGF-β1 生成的促进	0.1μg/mL	促进率:112(空白 100)
涂覆高分子生物糖胶-1 对皮肤含水量提高的促进	10mg/cm^2	增加率:141.5%(空白 100)
低分子生物糖胶-1 对透明质酸酶活性的抑制		半抑制量 IC$_{50}$:0.21mg/mL
低分子生物糖胶-1 对金属蛋白酶 MMP-1 活性的抑制	5μg/mL	抑制率:34.9%
低分子生物糖胶-1 对 TNF-α 生成的抑制	5μg/mL	抑制率:28.4%

化妆品中应用

生物糖胶-1 分子中含有多个硫酸基,具有聚阴离子化合物性质,可稳定乳状液体系;水合能力强,即使在低湿度环境中也能吸水,有良好的保湿性和润湿性,广泛用作化妆品的柔滑剂和增湿剂;对皮肤和毛发的黏着性好,发乳中使用可赋予发丝光泽,同时赋予湿感;生物糖胶-1 可作为多种病毒的抗体,有抗炎性。

生育酚（Tocopherol）

生育酚（Tocopherol）也称维生素 E。但无论是天然维生素 E 和合成维生素 E,与生育酚有许多区别。天然维生素 E 是生育酚和生育三烯酚的若干异构体的混合物,而合成维生素 E 只是消旋的 α-生育酚。天然的生育酚有 α、β、γ 和 δ 四种构型,α 和 β 型生育酚普遍伴存于酵母、植物种子的胚芽中,以小麦胚芽油和米糠油中含量丰富。就生物活性而言,α 型优于其他构型。生育酚可从胚芽油中分离提取。

化学结构

α-生育酚的结构

理化性质

生育酚为浅黄色油状物,不溶于水,可溶于油脂,在无氧条件下对热和酸稳定,对碱较不稳定,对紫外线敏感,易被氧化。紫外吸收最大波长为 292～

298nm。生育酚的 CAS 号为 59-02-9。

安全管理情况

国家食品药品监督管理总局 2014 年发布的《关于已使用化妆品原料名称目录的公告》、CTFA、欧盟、日本和中国香化协会 2010 年版的《国际化妆品原料标准中文名称目录》都将作为化妆品原料，未见它外用不安全的报道。

药理作用

生育酚与化妆品相关的药理研究见下表。

试验项目	浓度	效果说明
α-生育酚对脂质过氧化的抑制	1mmol/L	抑制率；92%±2.9%
生育酚对自由基 DPPH 的消除	100μg/mL	消除率；10.2%
生育酚对羟基自由基的消除	100μg/mL	消除率；47.7%
生育酚对酪氨酸酶活性的抑制	100μg/mL	抑制率；10.8%
δ-生育酚对酪氨酸酶活性的抑制	100μg/mL	抑制率；85.4%
δ-生育酚对 B-16 黑色素细胞活性的抑制	1μmol/L	抑制率；63.5%
对前列腺素 PGE$_2$ 释放的抑制	0.01%	抑制率；22%

化妆品中应用

生育酚是化妆品中常用的抗氧性和营养性助剂，有明显的刺激细胞活性功能，在生发制品中用入有促进生发作用；生育酚还有美白皮肤、抗炎和抑制过敏的作用。

十七碳二烯基呋喃（Heptadecadienyl furan）

十七碳二烯基呋喃（Heptadecadienyl furan）为呋喃的衍生物，在鳄梨（Persea americana）果籽中存在。鳄梨果籽富含这种烷基呋喃的类似物，含量可达 39%。十七碳二烯基呋喃可从鳄梨果籽中提取，也可化学合成。

化学结构

十七碳二烯基呋喃的结构

理化性质

十七碳二烯基呋喃为无色油状物，不溶于水，可溶于氯仿和乙醚。十七碳二烯基呋喃的 CAS 号为 148675-93-8。

安全管理情况

CTFA 将十七碳二烯基呋喃作为化妆品原料，中国香化协会 2010 年版的《国际化妆品原料标准中文名称目录》中列入，中国卫生部的《化妆品成分名单》

2003年版中尚未列入，未见它外用不安全的报道。

化妆品中应用

十七碳二烯基呋喃有驱虫性，对螨虫、粉虱等有良好的杀灭效果。

十肽（Decapeptide）

十肽（Decapeptide）是由十个氨基酸组成的肽。十肽化合物基本是一特征蛋白质的功能性片断。十肽可通过蛋白质的水解提取。

化学结构

蚕蛹体蛋白中十肽氨基酸序列为：

Tyr-Arg-Ser-Arg-Lys-Tyr-Ser-Ser-Trp-Tyr-NH2

人碱性成纤维细胞生长因子中十肽氨基酸序列为：

His-Glu-Lys-His-His-Ser-His-Arg-Gly-Tyr-NH2

理化性质

十肽化合物都为无色结晶，易溶于水，在酒精中不溶。

安全管理情况

CTFA将十肽作为化妆品原料，中国香化协会2010年版的《国际化妆品原料标准中文名称目录》中列入，国家食品药品监督管理总局2014年发布的《关于已使用化妆品原料名称目录的公告》尚未将这两个十肽品种列入，未见它们外用不安全的报道。

药理作用

十肽与化妆品相关的药理研究见下表。

试验项目	浓度	效果说明
蚕蛹体蛋白十肽对白色念珠菌的抑制		MIC：100μg/mL
蚕蛹体蛋白十肽对白介素IL-6分泌的抑制	50μg/mL	抑制率：32.2%
人碱性成纤维细胞生长因子十肽对黑色素细胞的增殖促进	20ng/mL	促进率：166.3（空白100）

化妆品中应用

蚕蛹体蛋白十肽可用作化妆品的高效抗菌剂，在口腔卫生制品中用入，可防治蛀牙；人碱性成纤维细胞生长因子十肽可用于晒黑产品。

十三肽（Tridecapeptide）

十三肽（Tridecapeptide）是由三个氨基酸组成的肽。化妆品中使用的十三肽化合物基本是一蛋白质的功能性片断。虽然各种十三肽组成的片段广泛存在于各生物体内，但迄今为止只有极少数的单离的十三肽可以在化妆品中使用。十三肽可通过蛋白质的水解分离提取。

化学结构

鱼血浆蛋白十三肽氨基酸序列为：Asp-Pro-Ala-Leu-Ala-Thr-Glu-Pro-Asp-Pro-Met-Pro-Phe。

牛蛙皮十三肽氨基酸序列为：Leu-Lys-Gln-Glu-Leu-Glu-Asp-Leu-Leu-Glu-Lys-Gln-Glu。

安全管理情况

CTFA将十三肽作为化妆品原料，中国香化协会2010年版的《国际化妆品原料标准中文名称目录》中列入，国家食品药品监督管理总局2014年发布的《关于已使用化妆品原料名称目录的公告》尚未列入，未见它外用不安全的报道。

药理作用

十三肽与化妆品相关的药理研究见下表。

试验项目	效果说明
鱼血浆蛋白十三肽对自由基 DPPH 的消除	半消除量 EC_{50} : $8.82\mu mol/L$
鱼血浆蛋白十三肽对超氧自由基的消除	半消除量 EC_{50} : $17.83\mu mol/L$
鱼血浆蛋白十三肽对羟基自由基的消除	半消除量 EC_{50} : $7.56\mu mol/L$
牛蛙皮十三肽对超氧自由基的消除	半消除量 EC_{50} : $78.97\mu mol/L$
牛蛙皮十三肽对羟基自由基的消除	半消除量 EC_{50} : $28.76\mu mol/L$
牛蛙皮十三肽对脂质过氧化的抑制	优于相同摩尔浓度的 VE

化妆品中应用

上述十三肽可用作营养剂，并有抗氧性。

石竹素（Oleanolic acid）

石竹素（Oleanolic acid）又名齐墩果酸，是分布最广的 β-香树脂醇型皂苷，因首先从木樨科齐墩果（*Olea europaea*）叶中分离而得名，在刺五加（*Acanthopanax senticosus*）中齐墩果酸含量在 10% 以上。我国从草药青叶胆（*Swertia pulchella*）或中药女贞子（*Ligustrum lucidum*）中分离制取齐墩果酸。

化学结构

齐墩果酸的结构

理化性质

齐墩果酸是白色针状结晶（乙醇），不溶于水，可溶于甲醇、乙醇、丙酮和氯仿，紫外吸收特征波长（吸光系数）为207nm（4667），比旋光度 $[\alpha]_D^{20}$：+73.3°（$c=0.15$，氯仿）。齐墩果酸的CAS号为508-02-1。

安全管理情况

国家食品药品监督管理总局2014年发布的《关于已使用化妆品原料名称目录的公告》、CTFA和中国香化协会2010年版的《国际化妆品原料标准中文名称目录》都将齐墩果酸作为化妆品原料，未见它外用不安全的报道。

药理作用

齐墩果酸有抗菌性，对痤疮丙酸杆菌、人葡萄球菌的MIC都为0.001%。这两种菌都与痤疮的生成有关。

齐墩果酸与化妆品相关的药理研究见下表。

试验项目	浓度	效果说明
成纤维细胞培养对胶原蛋白生成的促进	10×10^{-6}	促进率：126（空白100）
对弹性蛋白酶活性的抑制		半抑制量 IC_{50}：$(5.1\pm0.2)\mu mol/L$
涂覆对皮肤皱纹减少的促进	0.1%	促进率：250（空白100）
对透明质酸酶活性的抑制		半抑制量 IC_{50}：$(300.2\pm3.1)\mu mol/L$
涂覆对皮肤水分经皮散失的抑制	0.05%	抑制率：27.0%（与空白比较）
小鼠试验对皮肤光老化的抑制	0.25%	抑制率：80%
对脂肪酶活性的抑制	$25\mu g/mL$	抑制率：74%
对 5α-还原酶活性的抑制	0.1%	抑制率：56.3%±2.6%

化妆品中应用

齐墩果酸有一定的表面活性，对乳状液的稳定有协助作用；齐墩果酸的抗菌性，结合其对 5α-还原酶活性的抑制，可用于对痤疮的防治，在发水中用入可刺激生发并减少灰发；齐墩果酸能促进胶原蛋白的生成，能降低弹性蛋白的分解，有活肤抗衰抗皱的作用；齐墩果酸还可用作保湿剂和外用减肥剂。

视黄醇（Retinol）

视黄醇（Retinol）又称维生素A（vitaminA），是一个具有脂环的不饱和一元醇。动物性食物来源的视黄醇有 A_1 和 A_2 两种构型，维生素 A_1 多存于哺乳动物及咸水鱼的肝脏中，而维生素 A_2 常存于淡水鱼的肝脏中。由于维生素 A_2 的活性比较低，所以通常所说的维生素A即指维生素 A_1。天然的视黄醇可由鱼肝油提取，也可化学合成。

化学结构

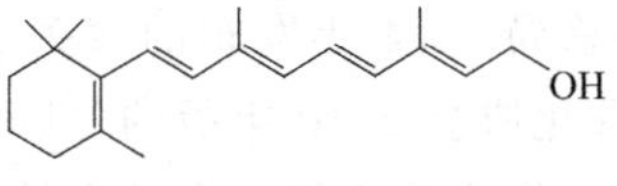

理化性质

视黄醇为淡黄色片状结晶熔点 64℃，不溶于水。视黄醇的 CAS 号为 68-26-8。

安全管理情况

国家食品药品监督管理总局 2014 年发布的《关于已使用化妆品原料名称目录的公告》、CTFA、欧盟和中国香化协会 2010 年版的《国际化妆品原料标准中文名称目录》都将视黄醇作为化妆品原料，未见它外用不安全的报道。

药理作用

视黄醇与化妆品相关的药理研究见下表。

试验项目	浓度	效果说明
对表皮角化细胞的增殖促进	10μg/mL	促进率：169.2（空白 100）
对成纤维细胞培养对胶原蛋白生成的促进	0.01%	促进率：129.5（空白 100）
涂覆对皮肤皱纹深度减少的改善	0.01%	改善率：69.7%（与空白比较）

化妆品中应用

视黄醇对纤维芽细胞的活性有很好的促进，有活肤作用，可用于抗皱抗衰化妆品。

伸展蛋白（Extensin）

伸展蛋白（Extensin）是一种植物初生胞壁的结构性蛋白，是可经诱导产生的糖蛋白。伸展蛋白在烟草、大豆、杏仁、番茄、葵花等植物中均有存在。水解伸展蛋白是用蛋白酶对伸展蛋白水解为小分子肽的产物。

胡萝卜根的愈伤组织中就含有大量的伸展蛋白，其中蛋白部分羟脯氨酸的含量是 42.1%（摩尔比），丝氨酸的含量约为羟脯氨酸的 1/4（12.8%），这种特殊的氨基酸比例显示伸展蛋白中有多个 Ser-Hyp-Hyp-Hyp-Hyp 五肽构成的肽链。除此之外，伸展蛋白还含有较多的碱性和中性氨基酸（赖氨酸 6.6%、组氨酸 8.3%、色氨酸 6.8%、结氨酸 5.8%），酸性氨基酸较少，（天冬氨酸 2.2%、天冬酰胺 2.2%、谷氨酸 1.6%、谷氨酰胺 1.6%）。

理化性质

水解伸展蛋白为类白色粉末，可溶于水，不溶于乙醇。

安全管理情况

国家食品药品监督管理总局 2014 年发布的《关于已使用化妆品原料名称目录的公告》、CTFA 和中国香化协会 2010 年版的《国际化妆品原料标准中文名称目录》都将水解伸展蛋白作为化妆品原料,未见它外用不安全的报道。

化妆品中应用

伸展蛋白为一种植物激素,在植物中能促进细胞壁的生成。水解伸展蛋白在护肤品中则可增强皮肤表面组织的活性,有紧肤和减少细纹效应,同时具有润湿和柔滑皮肤功效,又显著的调理效用。其余作用与水解胶原蛋白的作用相似。

神经鞘磷脂(Sphingomyelin)

神经鞘磷脂(Sphingomyelin)属脂类化合物,是以鞘氨醇为核心的复酯,在动物的脑和神经组织内大量存在。神经鞘磷脂可以动物脑为原料提取。

化学结构

$$CH_3(CH_2)_{12}CH=CH-CH-CH_2-O-\overset{O}{\underset{O^-}{P}}-O-CH_2N^+(CH_3)_3$$

$$\underset{\underset{\underset{R}{C}=O}{NH}}{OH}$$

神经鞘磷脂的结构 (R:长链烷基)

理化性质

纯净的神经鞘磷脂为白色结晶性粉末,微吸湿,能溶于苯、氯仿、热乙醇和热乙酸乙酯,不溶于乙醚、丙酮和水,比旋光度 $[\alpha]^{20}$:+6°~+7°(氯仿甲醇溶液中)。

安全管理情况

CTFA 将神经鞘磷脂作为化妆品原料,中国香化协会 2010 年版的《国际化妆品原料标准中文名称目录》中列入,国家食品药品监督管理总局 2014 年发布的《关于已使用化妆品原料名称目录的公告》尚未列入,未见它外用不安全的报道。

药理作用

神经鞘磷脂与化妆品相关的药理研究见下表。

试验项目	浓度	效果说明
细胞培养对脑酰胺生成的促进	0.2%	促进率:107.3(空白 100)

化妆品中应用

神经鞘磷脂在形成脂质体的能力、与细胞膜的融合性能,在皮肤上的渗透性都比卵磷脂强得多,可促进皮肤血管的微循环,防止血管硬化,有良好的保湿能力,可治疗干皮症;神经鞘磷脂对脑酰胺的生成有促进作用,可用于抗皱抗衰类护肤品。

神经酰胺(Ceramides)

神经酰胺(Ceramides)也称脑酰胺,是碳数 12~30 的脂肪酸与鞘胺醇上氨基结合的一种酰胺型混合物,主要存在于动物脑部灰质、骨髓等,如鹿茸中含脑酰胺 1.25%,其他部位也有一定数量存在,是人体角质层脂质的重要成分。神经酰胺有多种结构,不同在于脂肪酸的不同,取自人体神经酰胺中脂肪酸的分布是:24 碳的脂肪酸最多,其次是 16 碳,然后是 18 碳等。动物神经酰胺可直接从动物脑灰质提取,也可从幼猪皮中提取。

化学结构

神经酰胺的结构

理化性质

神经酰胺可溶于乙酸乙酯、氯仿,其水解产物鞘胺醇的比旋光度 $[\alpha]_D^{20}$:$-13.12°$(硫酸盐,在氯仿中)。神经酰胺的 CAS 号为 100403-19-8。

安全管理情况

国家食品药品监督管理总局 2014 年发布的《关于已使用化妆品原料名称目录的公告》、CTFA 和中国香化协会 2010 年版的《国际化妆品原料标准中文名称目录》都将神经酰胺作为化妆品原料,未见它外用不安全的报道。

药理作用

神经酰胺与化妆品相关的药理研究见下表。

试验项目	浓度	效果说明
涂覆对皮肤角质层含水量提高的促进	$2\mu g/cm^2$	促进率:131.3(空白 100)
对活性物经皮渗透的促进	0.5%	促进率:250.0(空白 100)
对过氧化物酶激活受体(PPAR)的活化促进	$50\mu mol/L$	促进率:120.0(空白 100)
对小鼠毛发生长的促进	0.5%	促进率:1.6%

化妆品中应用

神经酰胺的结构和极性与皮肤角质层蛋白和毛发纤维极相似,易为人肤和毛发吸收并能促进其他营养物质的渗透,常与亚麻酸、透明质酸、维生素类配合用于调理型化妆品,适用于皮肤粗糙、干燥多屑等皮肤屏障功能缺失的案例;神经酰胺对过氧化物酶激活受体（PPAR）有很好的活化作用，意味着也具抗炎作用，对特应性皮炎有效。

舒替兰酶（Subtilisin）

舒替兰酶（Subtilisin）又名枯草溶菌素，属水解蛋白酶中的碱性内切酶，能专一切断由芳香族氨基酸组成的肽键。舒替兰酶得自地衣芽孢杆菌，可以此菌发酵制取。

理化性质

舒替兰酶的相对分子质量在 2 万～4.5 万之间。产品舒替兰酶为澄清透明褐色液体。可混溶于水，舒替兰酶工作的最适温度 50～60℃，pH 为 8.5（6～10）。舒替兰酶的 CAS 号为 9014-01-1。

安全管理情况

国家食品药品监督管理总局 2014 年发布的《关于已使用化妆品原料名称目录的公告》、CTFA 和中国香化协会 2010 年版的《国际化妆品原料标准中文名称目录》都将舒替兰酶作为化妆品原料，未见它外用不安全的报道。

药理作用

舒替兰酶与化妆品相关的药理研究见下表。

试验项目	浓度	效果说明
对人角质形成细胞的增殖促进	5×10^{-6}	促进率：175（空白 100）

化妆品中应用

舒替兰酶为蛋白水解酶制剂，主要用于食品明胶、奶酪的生产，亦用于植物蛋白、动物蛋白和鱼蛋白的水解，可大大缩短水解时间。舒替兰酶是为数不多的在 50～60℃还有作用的酶种，也可用于日化洗涤制品、化妆品的洗手洗面奶。舒替兰酶可促进人角质形成细胞的增殖，可用作抗皱剂。

鼠李糖（Rhamnose）

鼠李糖（Rhamnose）是一常见单糖，广泛存在于植物的多糖、糖苷、植物胶和细菌多糖中，其甜度为蔗糖的 33%，可用作甜味剂，现用发酵法生产。

化学结构

鼠李糖的结构

理化性质

鼠李糖为无色结晶性粉末,能溶于水和甲醇,微溶于乙醇。与葡萄糖一样,其结晶呈 α 型和 β 型两种形式。α 型含有一分子结晶水,加热后失去结晶水,转变为 β 型;β 型极易吸湿,在空气中吸潮转变为 α 型,常见的为 α-L-鼠李糖。在通常的条件下得 α-L-鼠李糖一水合物结晶,片状晶体,熔点 82~92℃,比旋光度 $-7.7°\rightarrow+8.9°$,溶于水和乙醇;β-L-鼠李糖(无水)为针状晶体有吸湿性,熔点 122~126℃,$+38.4°\rightarrow+8.9°$,溶于水和乙醇。有甜味,在水溶液中以吡喃形式存在。鼠李糖的 CAS 号为 3615-41-6。

安全管理情况

CTFA 将鼠李糖作为化妆品原料,中国香化协会 2010 年版的《国际化妆品原料标准中文名称目录》中列入,中国卫生部的《化妆品成分名单》2003 年版中尚未列入,未见它外用不安全的报道。

药理作用

鼠李糖与化妆品相关的药理研究见下表。

试验项目	浓度	效果说明
细胞培养对角蛋白细胞的增殖促进	0.5mmol/L	促进率:139.8(空白 100)
细胞培养对真皮纤维芽细胞的增殖促进	5μmol/L	促进率:137.1(空白 100)
对半桥粒构造建立的促进	0.16mg/mL	促进率:119(空白 100)

化妆品中应用

半桥粒主要位于上皮细胞的底面,作用是把上皮细胞与其下方的基膜连接在一起。鼠李糖对半桥粒构造的建立有促进,显示加强了皮肤的屏障功能;鼠李糖对角质层细胞增殖有促进,有活肤、抗皱作用;鼠李糖可增加皮层湿度,可用作保湿剂。

鼠尾草酸(Carnosic acid)

鼠尾草酸(Carnosic acid)来源于唇形科植物鼠尾草(*Sage*,*Salvia officinalisL.*)和迷迭香(*Rosemary*)。现鼠尾草酸主要从鼠尾草中提取。

化学结构

鼠尾草酸的结构

理化性质

鼠尾草酸为无色结晶,熔点 190℃,可溶于乙醇、乙酸乙酯、氯仿,微溶于水。紫外吸收特征波长（吸光系数）为275nm和283nm。鼠尾草酸的CAS号为3650-09-7。

安全管理情况

国家食品药品监督管理总局2014年发布的《关于已使用化妆品原料名称目录的公告》、CTFA和中国香化协会2010年版的《国际化妆品原料标准中文名称目录》都将鼠尾草酸作为化妆品原料，未见它外用不安全的报道。

药理作用

鼠尾草酸有强烈的抗菌性，抑菌圈试验中20μg的鼠尾草酸对大肠杆菌的抑菌圈直径为13mm。

鼠尾草酸与化妆品相关的药理研究见下表。

试验项目	浓度	效果说明
对DPPH的消除		半抑制量IC_{50}:18.7μg/mL
对自由基ABTS的消除	50μg/mL	消除能力相当于153.2μg/mL的Trolox
对弹性蛋白酶活性的抑制	1μmol/L	抑制率:67%
对酪氨酸激酶活性的抑制	1μmol/L	抑制率:71%
对白介素IL-6生成的抑制	$1×10^{-6}$	抑制率:70.4%
对白介素IL-8生成的抑制	$1×10^{-6}$	抑制率:20.4%
对金属蛋白酶MMP-1活性的抑制	1μmol/L	抑制率:68%

化妆品中应用

鼠尾草酸有良好的抗氧化性，能够清除自由基，在淬灭单线态氧自由基上，鼠尾草酸的能力优于SOD；能防止光老化，能抑制酪氨酸激酶活性，常用于亮肤和增白化妆品；鼠尾草酸有良好的抗炎性；能提高细胞的新陈代谢进程，如对神经生长因子（NGF）的生长有促进作用，增强抵抗力而能抑制和减缓皮肤的过敏性。

薯蓣皂苷元（Diosgenin）

薯蓣皂苷元（Diosgenin）又名薯蓣皂苷素，是异甾烷的衍生物，为薯蓣科植物白薯（*Dioscorea hispida*）根茎中薯蓣皂苷的水解产物，薯蓣皂苷元在姜科植物闭姜科（*Costus speciosus*）也有多量存在。薯蓣皂苷元主要从白薯根茎中提取。

化学结构

薯蓣皂苷元的结构

理化性质

薯蓣皂苷元为无色针状晶体,熔点 280~282℃ (分解),$[\alpha]_D^{20}$:$-83.2°$ (c:0.30,吡啶),不溶于水,能溶于石油醚,氯仿等亲脂性溶剂。薯蓣皂苷元的 CAS 号为 512-04-9。

安全管理情况

国家食品药品监督管理总局 2014 年发布的《关于已使用化妆品原料名称目录的公告》、CTFA 和中国香化协会 2010 年版的《国际化妆品原料标准中文名称目录》都将薯蓣皂苷元作为化妆品原料,未见它外用不安全的报道。

药理作用

薯蓣皂苷元有抗菌性,浓度在 0.3% 以上可有效的抑制丙酸痤疮杆菌。

薯蓣皂苷元与化妆品相关的药理研究见下表。

试验项目	浓度	效果说明
细胞培养对成纤维细胞增殖的促进	20×10^{-6}	促进率:118.8(空白 100)
刺激皮层脂肪细胞对皮脂质分泌的促进	$0.1\mu mol/L$	促进率:104(空白 100)
对 B-16 黑色素细胞活性的抑制	$10\mu mol/L$	抑制率:44%
对酪氨酸酶活性的抑制	$10\mu mol/L$	抑制率:32%
对 5α-还原酶活性的抑制	$100\mu mol/L$	抑制率:76%
对大鼠足趾肿胀的抑制	$400\mu g/kg$	抑制率:82.25%

化妆品中应用

与一般皂苷不同的是,甾体皂苷的溶血作用较弱,薯蓣皂苷的溶血指数为 1:400000;也有表面活性剂样活性,能极好的稳定乳状液;薯蓣皂苷有雌激素作用,其 $10\mu g$ 的活性与 $150\mu g$ 新雌烯的活性相当;对 I-C 细胞分泌的 5α-还原酶有抑制作用,可治疗和预防由此生成的粉刺和油性皮肤,结合它对丙酸痤疮杆菌的抑制作用,可用于对粉刺的防治;薯蓣皂苷元还可用作皮肤调理剂、美白剂和抗炎剂。

水飞蓟素(Silymarin)

水飞蓟素(Silymarin)属二氢黄酮醇类化合物,是菊科植物水飞蓟(*Silybum marianum*)的主要有效成分,水飞蓟在我国北京、上海、西安等地均有栽培。水飞蓟素以水飞蓟的种子为原料制取。

化学结构

水飞蓟素的结构

理化性质

水飞蓟素为不溶于水的黄色结晶，一水物（丙酮-石油醚结晶）的熔点为167℃，一水物（水-甲醇结晶）的熔点为180℃。易溶于甲醇和乙醇，略溶于氯仿，比旋光度 $[\alpha]_D^{21}$：+5°（乙醇），紫外吸收特征峰波长（吸光系数）为：288nm（21900）。水飞蓟素的 CAS 号为 22888-70-6。

安全管理情况

国家食品药品监督管理总局2014年发布的《关于已使用化妆品原料名称目录的公告》、CTFA 和中国香化协会 2010 年版的《国际化妆品原料标准中文名称目录》都将水飞蓟素作为化妆品原料，未见它外用不安全的报道。

药理作用

水飞蓟素与化妆品相关的药理研究见下表。

试验项目	浓度	效果说明
对自由基 DPPH 的消除	32μmol/L	消除率:23.15%
对脂质过氧化的抑制	13μmol/L	抑制率:23.0%
细胞培养对表皮角质细胞增殖的促进	10μg/mL	促进率:236.9(空白 100)
成纤维细胞培养对胶原蛋白生成的促进	0.7%	促进率:270(空白 100)
成纤维细胞培养对弹性蛋白生成的促进	5μg/mL	促进率:110(空白 100)
在 60J/cm² 的 UVB 下对人表皮角质形成细胞凋亡的抑制	100μg/mL	抑制率:70.8%
对 B-16 黑色素细胞的增殖促进	5μg/mL	促进率:180(空白 100)
涂覆对皮肤皮脂分泌的抑制	0.01%	抑制率:19.2%
涂覆对经皮水分散失的抑制	0.001%	抑制率:30.1%
对二甲苯致小鼠耳朵肿胀的抑制	每耳 48μg	抑制率:12.7%

化妆品中应用

水飞蓟素对纤维芽细胞、表皮角质细胞的活性有很好的促进，可刺激生成弹性蛋白和胶原蛋白以及皮肤弹性，可用作抗皱剂；水飞蓟素还可用作抗氧剂、保湿剂、皮脂分泌抑制剂、防晒剂、晒黑剂和抗炎剂等。

水黄皮籽素（Pongamol）

水黄皮籽素（Pongamol）属于黄酮类化合物，存在于豆科水黄皮属植物水黄皮。水黄皮广泛分布于从东南亚到北澳大利亚的太平洋沿岸地区，在中国广东、海南、台湾也有广泛分布。水黄皮籽素可从水黄皮的籽、根或枝干中提取。

化学结构

水黄皮籽素的结构

理化性质

水黄皮籽素为黄色无定形粉末，熔点 126~130℃，可溶于甲醇、乙醇，不溶于水。水黄皮籽素 d 的 CAS 号为 484-33-3。

安全管理情况

CTFA 将水黄皮籽素作为化妆品原料，中国香化协会 2010 年版的《国际化妆品原料标准中文名称目录》中列入，国家食品药品监督管理总局 2014 年发布的《关于已使用化妆品原料名称目录的公告》尚未列入，未见它外用不安全的报道。

药理作用

水黄皮籽素与化妆品相关的药理研究见下表。

试验项目	浓度	效果说明
对自由基 DPPH 的消除		半消除量 EC_{50}：$(11.2\pm2.3)\mu mol/L$
对变异链球菌的抑制	$100\mu g/mL$	抑制率：80%
小鼠试验对二甲苯引起耳郭肿胀的抑制	0.63g/kg	抑制率：47.51%

化妆品中应用

水黄皮籽素可用作抗菌剂和抗炎剂，另可用于口腔卫生制品作齿垢防止剂。

丝氨酸（Serine）

丝氨酸（Serine）有 L-和 D-二个构型，自然界中常见的是 L-构型。L-丝氨酸是一种非必需氨基酸，但在所有的生物体中都有存在，富含于鸡蛋、鱼、大豆。丝氨酸可从蛋白质的水解液中分离，也可用发酵法制取。

化学结构

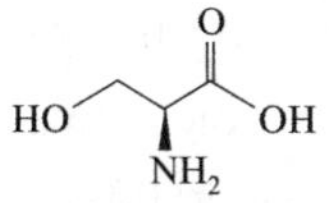

L-丝氨酸的结构

理化性质

L-丝氨酸为无色结晶，熔点 222℃（分解），能溶于水，每升水可溶 250g，几乎不溶于无水乙醇和醚，比旋光度 $[\alpha]_D^{20}::-6.83°$（10%，水中）。L-丝氨酸的 CAS 号为 56-45-1。

安全管理情况

国家食品药品监督管理总局 2014 年发布的《关于已使用化妆品原料名称目录的公告》、CTFA、欧盟和中国香化协会 2010 年版的《国际化妆品原料标准中文名称目录》都将丝氨酸作为化妆品原料，未见它外用不安全的报道。

药理作用

L-丝氨酸与化妆品相关的药理研究见下表。

试验项目	浓度	效果说明
对胡萝卜素氧化的抑制	10mmol/L	抑制率:45.3%
细胞培养对皮质神经细胞增殖的促进	10μmol/L	促进率:254.2(空白100)
毛发根鞘细胞培养对其增殖的促进	10ppm	促进率:120(空白100)
老鼠试验涂覆对其毛发脱落的抑制	0.05μmol/L	抑制率:5.4%
涂覆以电导法测定角质层的含水量	0.5%	增加率:16%(与空白比较)

化妆品中应用

L-丝氨酸可作为皮肤营养添加剂；L-丝氨酸中有羟基存在，因此是保湿能力强的氨基酸之一，常用作皮肤的滋润剂，与磷脂类成分可制作成脂质体，再与其他活性成分配伍，保湿效果更好；L-丝氨酸可促进生发和减少脱发。

丝心蛋白（Fibroin）

丝心蛋白（Fibroin）即将蚕丝煮沸、脱胶后的产物，含量约占蚕丝的70%~80%。丝心蛋白以甘氨酸（gly）、丙氨酸（ala）和丝氨酸（ser）为主，约占总组成的80%左右，其中甘氨酸37.5%，丙氨酸23.5%，丝氨酸9.8%。丝心蛋白较丝蛋白更亲油，肽链的结构更致密，生物利用度不高。水解丝心蛋白是将丝心蛋白进行部分水解生成丝肽后的产物，丝肽相对分子质量有如300~3000、1000~10000等多种形式。

化学结构

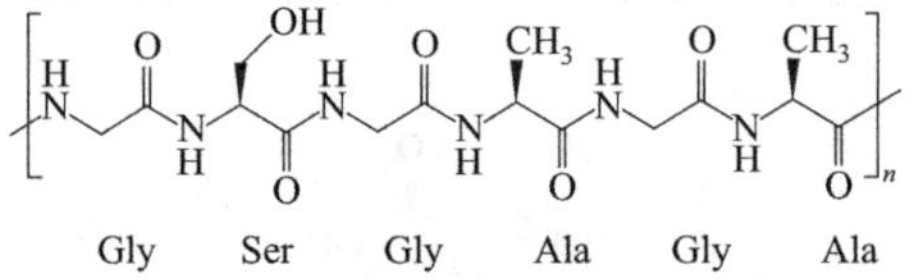

丝心蛋白的结构

理化性质

水解丝心蛋白水剂和粉剂两种产品。水剂为淡黄色透明液体，无特异气味，易溶于水。粉剂为类白色粉末。

安全管理情况

国家食品药品监督管理总局2014年发布的《关于已使用化妆品原料名称目录的公告》、CTFA和中国香化协会2010年版的《国际化妆品原料标准中文名称目录》都将水解丝心蛋白作为化妆品原料，未见它外用不安全的报道。

药理作用

水解丝心蛋白与化妆品相关的药理研究见下表。

试验项目	浓度	效果说明
对自由基 DPPH 的消除		是同等质量百分比浓度的抗血酸的 8%
细胞培养对成纤维细胞增殖的促进	125μg/mL	促进率:153.4(空白 100)
对酪氨酸酶活性的抑制		是同等质量百分比浓度熊果苷的 10%
涂覆对头发水分的保持	7%	与空白比较高 1 倍
对环氧合酶 COX-2 活性的抑制	每耳 3.0μg	抑制率:50.0%
对白介素 IL-6 生成的抑制	每耳 3.0μg	抑制率:54.5%
对白介素 IL-1β 生成的抑制	每耳 3.0μg	抑制率:55.8%

化妆品中应用

丝心蛋白水解物除用作护肤品中的保湿营养剂外,也可用于护发,它易被毛发吸收,增加其弯曲度和抗水性,同时赋予光泽;水解丝心蛋白粉末的用途与丝素相同,对水和皮脂能高度吸收,手感更柔和,能形成透明均匀的膜,适合在洗面奶、香粉、眼影膏中采用。丝心蛋白水解物有较好的抗炎性。

四羟基芪(Piceatannol)

四羟基芪(Piceatannol)属于多酚类化合物,有顺反两种几何异构体,均存在于桑属植物如桑橙(Osage orange)和其他桑类的枝或根的木质部位,反式的含量稍多于顺式,两者总含量在 1% 左右。四羟基芪在许多水果中也有存在。四羟基芪可以干燥的桑根皮为原料提取,也可化学合成。

化学结构

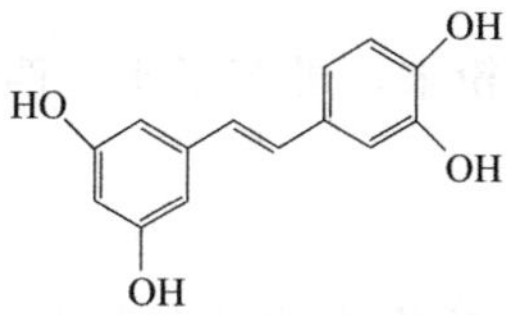

反式四羟基芪的结构

理化性质

四羟基芪为淡褐色粉末,在空气中颜色逐渐变深,可溶于水、甲醇和乙醇。四羟基芪的 CAS 号为 10083-24-6。

安全管理情况

CTFA 将四羟基芪作为化妆品原料,中国香化协会 2010 年版的《国际化妆品原料标准中文名称目录》中列入,国家食品药品监督管理总局 2014 年发布的《关于已使用化妆品原料名称目录的公告》尚未列入,未见它外用不安全的报道。

药理作用

四羟基芪与化妆品相关的药理研究见下表。

试验项目	浓度	效果说明
对自由基 DPPH 的消除		半消除量 EC_{50}：$(20.9\pm1.3)\mu g/mL$
对脂质过氧化的抑制		半抑制量 IC_{50}：$(0.89\pm0.10)\mu g/mL$
对超氧自由基的消除		半消除量 EC_{50}：$(45.3\pm1.9)\mu g/mL$
细胞培养对胶原蛋白生成的促进	$18\mu mol/L$	促进率：121.0(空白 100)
皱纹仪测定涂覆对皱纹深度的减少	0.2%	皱纹的减少 14%（与空白比较）

化妆品中应用

四羟基芪与其他多酚化合物一样有显著的抗氧性，吸收紫外线能力强，并可刺激皮肤表皮更新，柔化皮肤，减少皮屑。

四氢甲基嘧啶羧酸（Ectoine）

四氢甲基嘧啶羧酸（Ectoine）又名依克多因，是一种环状氨基酸，存在于耐盐的微生物中，这种微生物的生存环境具有高 UV 辐射、干燥、极端温度和高盐度的特征，而四氢甲基嘧啶羧酸能够在这环境下保护蛋白质和细胞膜的结构。四氢甲基嘧啶羧酸应用生化法制取。

化学结构

四氢甲基嘧啶羧酸的结构

理化性质

四氢甲基嘧啶羧酸为白色粉末，可溶于水。四氢甲基嘧啶羧酸的 CAS 号为 96702-03-3。

安全管理情况

CTFA 将四氢甲基嘧啶羧酸作为化妆品原料，中国香化协会 2010 年版的《国际化妆品原料标准中文名称目录》中列入，国家食品药品监督管理总局 2014 年发布的《关于已使用化妆品原料名称目录的公告》尚未列入，未见它外用不安全的报道。

药理作用

四氢甲基嘧啶羧酸与化妆品相关的药理研究见下表。

试验项目	浓度	效果说明
对超氧歧化酶 SOD 相对活性的促进	$0.7mol/L$	相对酶活提高 25.7%
涂敷对皮肤角质层含水量提高的促进	1.0%	促进率：>10%（与空白比较）
UVA（$365nm,0.8J/cm^2$）下对黑色素细胞凋亡的抑制	$2mmol/L$	抑制率：68.1%

续表

试验项目	浓度	效果说明
UVB(100mJ/cm^2)下对角质细胞凋亡的抑制	4.0%	抑制率：88.9%（与空白比较）
细胞培养对中性粒细胞凋亡的抑制	1mmol/L	抑制率：54.2%
对 B-16 黑色素细胞活性的抑制	0.1mmol/L	抑制率：38.7%

化妆品中应用

四氢甲基嘧啶羧酸作为一种渗透压补偿性溶质存在于耐盐菌中，在细胞内起到化学递质样作用，对细胞在逆环境中有稳定性的保护作用，也能稳定生物体内酶蛋白的结构，有活肽抗衰的功能；可提供良好的保湿和防晒功能，并有美白皮肤的作用；四氢甲基嘧啶羧酸也可保护中性粒细胞，显示有抗炎作用。

四肽（Tetrapeptide）

四肽（Tetrapeptide）是由四个氨基酸组成的寡肽。有游离存在的四肽，但更多的活性四肽以蛋白质片段存在于各生物体内，如四肽-3 是人免疫球蛋白 IgG 的片段、四肽-5 存在于人的血液中。四肽可通过蛋白质的水解提取、酶解提取，也可用化学合成法合成。

化学结构

四肽-3 的氨基酸顺序为：Pro-Gln-Pro-Arg。

四肽-5 的氨基酸顺序为：Ser-Asp-Lys-Pro。

酪蛋白四肽的氨基酸顺序为：Tyr-Pro-Glu-Leu。

鱼血浆蛋白四肽的氨基酸顺序为：Pro-Ser-Tyr-Val。

乳蛋白四肽的氨基酸顺序为：His-Ile-Arg-Leu。

理化性质

上述四肽都可溶于水，不溶于乙醇。

安全管理情况

CTFA 将四肽作为化妆品原料，中国香化协会 2010 年版的《国际化妆品原料标准中文名称目录》中列入，国家食品药品监督管理总局 2014 年发布的《关于已使用化妆品原料名称目录的公告》仅列入了四肽-3，未见它们外用不安全的报道。

药理作用

四肽与化妆品相关的药理研究见下表。

试验项目	浓度	效果说明
鱼血浆蛋白四肽对羟基自由基的消除		半消除量 EC$_{50}$：1.86mg/mL

续表

试验项目	浓度	效果说明
酪蛋白四肽对超氧自由基的消除		半消除量 EC_{50}：189.3μmol/L
细胞培养四肽-3 对透明质酸合成酶活性的促进	1μg/mL	促进率：400（空白 100）
细胞培养四肽-3 对胶原蛋白生成的促进	1μg/mL	促进率：235.6（空白 100）
细胞培养四肽-3 对粘连蛋白生成的促进	1μg/mL	促进率：235.6（空白 100）
乳蛋白四肽对 B-16 黑色素细胞活性的抑制	100μmol/L	抑制率：70.8%
细胞培养四肽-5 对毛发根鞘细胞增殖的促进	0.1μmol/L	促进率：253.7（空白 100）

化妆品中应用

四肽有抗氧性，可抑制皮肤的老化，改善皮肤的弹性和紧实度，滋润、保护和光滑皮肤的效果；四肽还有促进生发、皮肤美白的作用。

苏氨酸（Threonine）

苏氨酸（Threonine）是比丝氨酸多一个碳的同系物，为必需氨基酸之一。苏氨酸可化学合成，但具有生物学活性的只有 L 型，现可用发酵法生产。

化学结构

L-苏氨酸的结构

理化性质

苏氨酸为白色结晶，含 1/2 结晶水，能溶于水，不溶于无水乙醇、醚和氯仿，比旋光度 $[\alpha]_D^{26}$：−28.3（1.1%，水中）。L-苏氨酸的 CAS 号为 72-19-5。

安全管理情况

国家食品药品监督管理总局 2014 年发布的《关于已使用化妆品原料名称目录的公告》、CTFA 和中国香化协会 2010 年版的《国际化妆品原料标准中文名称目录》都将苏氨酸作为化妆品原料，未见它外用不安全的报道。

药理作用

苏氨酸与化妆品相关的药理研究见下表。

试验项目	浓度	效果说明
对胡萝卜素氧化的抑制	10mmol/L	抑制率：25.3%
斑贴试验对角质层代谢速度的促进	1.0%	促进率：12.4%（与空白比较）
细胞培养对黑色素的生成的抑制	1mmol/L	抑制率：74%
涂覆对中老年女性脱发的抑制	0.05μmol/L	抑制率：2.7%
涂覆对青年女性脱发的抑制	0.05μmol/L	抑制率：3.0%

化妆品中应用

　　苏氨酸常用作化妆品的营养性助剂，可缓冲其他化学药剂对皮肤的刺激；有美白皮肤作用，并有调理头发的功能，在冷烫液中用入可减少断发、脱发现象。

酸豆子多糖（Tamarindus indica seed polysaccharide）

　　酸豆子多糖（Tamarindus indica seed polysaccharide）也称酸豆多糖、罗望子多糖，取自罗望子（*Tamarindus indica*）的种子，酸豆子多糖在种子占约50%～60%。酸豆子多糖分子结构的主链是葡萄糖 β-1,4 的连接，侧链为木糖，再连接半乳糖。

化学结构

罗望子多糖的结构

理化性质

　　酸豆子多糖为带浅棕色的灰白粉末相对分子质量 5 万～12 万，易分散于冷水中，水溶液的黏度较强，具有耐盐、耐热、耐酸性的增稠作用。可与甘油或其他水溶性胶互溶。

安全管理情况

　　CTFA、欧盟将酸豆子多糖作为化妆品原料，中国香化协会 2010 年版的《国际化妆品原料标准中文名称目录》中列入，国家食品药品监督管理总局 2014 年发布的《关于已使用化妆品原料名称目录的公告》尚未列入，未见它外用不安全的报道。

化妆品中应用

　　酸豆子多糖可作增稠剂使用，加入一点点的氯化钠，可细微的增加黏度，有稳定乳状液的作用。

T

弹性蛋白（Elastin）

弹性蛋白（Elastin）是一硬蛋白，与胶原蛋白、多糖一起，存在于绝大部分的结缔组织中，它是弹性纤维的主要成分，食草动物如牛颈部的弹性韧带是弹性蛋白特别丰富的来源（占干物质70%），血管壁，尤其是心脏附近主动脉的弓形结构以及韧带中都有大量的弹性蛋白。可溶性弹性蛋白，一般被认为是弹性纤维中弹性蛋白的前体；水解弹性蛋白（Hydrolyzed elastin）是弹性蛋白经酶或酸碱经水解后成为肽的产品。

弹性蛋白的氨基酸顺序

Pro-Gly-Val-Gly-Val-Pro-Gly-Val-Gly-Val-Pro-Gly-Val-Gly-Val

Pro-Gly-Val-Ser-Val-Pro-Gly-Val-Gly-Val-Pro-Gly-Val-Gly-Val

理化性质

可溶性弹性蛋白为淡黄色纤维状粉末，在紫外线下有浅蓝色荧光，水溶液干后为一弹性膜。化妆品中常用的弹性蛋白相对分子质量为 $(3\sim4)\times10^4$（相对分子量超过此范围则不溶于水），含氮量 12.5%，其中羟脯氨酸为总氨基酸的 1.0%~3.8%，在 pH 为 2~12 之间稳定，溶液 pH 为 4.5~6.0，可溶于水和乙醇，在 50% 的乙醇水溶液中溶解度为 3%。弹性蛋白的 CAS 号为 100085-10-7。

安全管理情况

国家食品药品监督管理总局 2014 年发布的《关于已使用化妆品原料名称目录的公告》、CTFA 和中国香化协会 2010 年版的《国际化妆品原料标准中文名称目录》都将可溶性弹性蛋白和水解弹性蛋白作为化妆品原料，未见它们外用不安全的报道。

药理作用

水解弹性蛋白与化妆品相关的药理研究见下表。

试验项目	浓度	效果说明
细胞培养对弹性蛋白生成的促进	0.1mg/mL	促进率:130(空白 100)
细胞培养对真皮纤维芽细胞增殖的促进	0.5mg/mL	促进率:111(空白 100)
对血管内皮细胞增殖的促进	0.1mg/mL	促进率:134(空白 100)
对酪氨酸酶活性的抑制	5mg/mL	抑制率:80.6%

续表

试验项目	浓度	效果说明
对透明质酸酶活性的抑制	5mg/mL	抑制率：48.5%
小鼠涂覆试验对其皮层增厚的促进	1.3%	增加近1倍
护发使用对人头发的保护	5%	头发破断降低率：5.4%

化妆品中应用

与胶原蛋白一样，皮肤中的弹性蛋白也是由成纤维细胞合成提供的，在人真皮组织中，弹性蛋白和胶原蛋白的比例为4∶77，因此可用此比例用于愈伤的护肤品；与可溶性胶原蛋白合用可刺激皮肤微循环，加快成纤维细胞合成胶原蛋白的速度，减少皱纹；化妆品中用入弹性蛋白可补充老化了的皮肤中的弹性蛋白的含量，增加皮肤的柔软性，润滑皮肤角质层；弹性蛋白对皮肤比胶原蛋白有更好的亲和性，也极易被头发毛孔吸收，在洗发制品中用入，由于它的微酸性，可避免较多的皮脂被洗去，湿洗时手感润滑，洗后头发的梳理性能好，有丝质样感觉，有护发作用。

糖蛋白（Glycoprotein）

糖蛋白（Glycoprotein）是一寡糖与蛋白质结合而成的高分子复杂物质，来自动物的称为动物糖蛋白，可从牛乳、胃膜、胃黏液、微生物等中提取；来自植物的称为植物糖蛋白，来源多为植物的根茎，如山药根、菊花根等。此寡糖以中性糖如葡萄糖、半乳糖、甘露糖为主，而蛋白质部分实质上是一多肽结构。

化学结构

糖蛋白来源不同，它们的结构各异，但共同之处是与糖以—O—糖苷键结合的氨基酸大多是丝氨酸、苏氨酸或天冬氨酸；糖链比较短，往往带有分支，糖链一般在3～18个糖之间，在糖蛋白中<10%，其余是蛋白质部分。

多孔菌糖蛋白蛋白质部分的氨基酸摩尔含量百分比见下表。

单位：%

氨基酸名	摩尔分数	氨基酸名	摩尔分数
谷氨酸	9.58	天冬氨酸	22.75
丝氨酸	9.58	组氨酸	3.59
精氨酸	1.80	甘氨酸	9.58
苏氨酸	7.78	脯氨酸	7.78
丙氨酸	6.00	缬氨酸	3.59
蛋氨酸	0.60	异亮氨酸	7.78
亮氨酸	3.59	苯丙氨酸	1.80
赖氨酸	4.19		

理化性质

植物提取的糖蛋白一般为类白色、淡黄或淡褐色制品，易溶于水，不溶于酒精。糖蛋白的CAS号为66455-27-4。

安全管理情况

国家食品药品监督管理总局2014年发布的《关于已使用化妆品原料名称目录的公告》、CTFA、欧盟和中国香化协会2010年版的《国际化妆品原料标准中文名称目录》都将作为化妆品原料，未见它外用不安全的报道。

药理作用

糖蛋白与化妆品相关的药理研究见下表。

试验项目	浓度	效果说明
红薯糖蛋白对超氧自由基的消除	0.64mg/mL	消除率:69.8%
红薯糖蛋白对羟基自由基的消除	0.64mg/mL	消除率:73.29%
红薯糖蛋白对DPPH自由基的消除	0.64mg/mL	消除率:53.6%
多孔菌糖蛋白对人表皮角质细胞增殖的促进	0.1μg/mL	促进率:132.8(空白100)
多孔菌糖蛋白对二甲苯致小鼠耳肿胀的抑制	200mg/kg	抑制率:27.8%
猪胃糖蛋白对皮肤角质层水分增加的促进	0.5%	促进率:360(空白100)

化妆品中应用

糖蛋白的结构与膜蛋白很相似，可较容易地进入或通过具有矢量性质的膜蛋白进入体液，有的糖蛋白因此具有生物催化和激素功能，可用于治疗皮肤失调、皮屑过多、生发护发等制品。不管来源如何，糖蛋白都是重要的营养剂、润滑剂和皮肤调理剂。

糖基海藻糖（Glycosyl trehalose）

糖基海藻糖（Glycosyl trehalose）是一由三个单糖组成的寡糖，较严格的命名应为 α-葡萄糖基海藻糖，存在于根瘤菌（*Rhizobinm*）、节杆菌（*Arthrobacter*）、短杆菌（*Brevibacterium*）、黄杆菌（*Flavobacterium*）、微球菌（*Micrococcus*）、短小杆菌（*Curtobacterium*）、分枝杆菌（*Mycobacterium*）、地杆菌（*Terrabacter*）等中。糖基海藻糖现用生化法制取。

化学结构

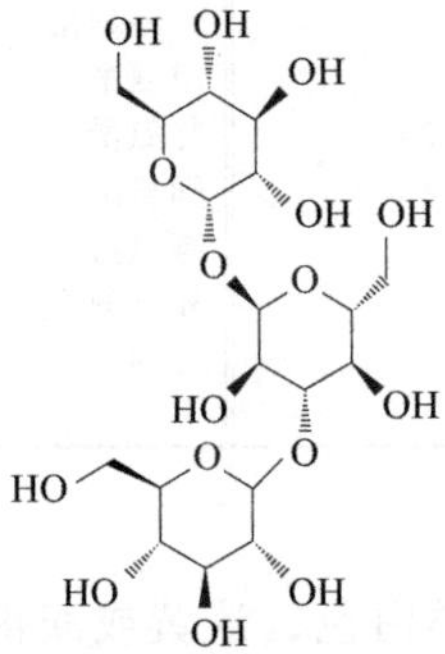

糖基海藻糖的结构

理化性质

糖基海藻糖为一非还原性糖，有一点甜味，产品为糖浆状物，可溶于水，不溶于乙醇，中含糖基海藻糖20%～30%不等。

安全管理情况

国家食品药品监督管理总局2014年发布的《关于已使用化妆品原料名称目录的公告》、CTFA和中国香化协会2010年版的《国际化妆品原料标准中文名称目录》都将糖基海藻糖作为化妆品原料，未见它外用不安全的报道。

药理作用

糖基海藻糖与化妆品相关的药理研究见下表。

试验项目	浓度	效果说明
涂覆后0.5h测定对皮肤角质层含水量的促进	0.23%	促进率:201.3(空白100)

化妆品中应用

糖基海藻糖不会被细胞繁殖，适合用作牙膏的甜味剂；其水溶液肤有点黏度，在头发或皮肤上施用有柔润感，可用作保湿剂。

桃柁酚（Totarol）

桃柁酚（Totarol）为二萜类化合物，在罗汉松、柏树的树皮、松针中多量存在。桃柁酚可从新鲜杉树叶中提取。

化学结构

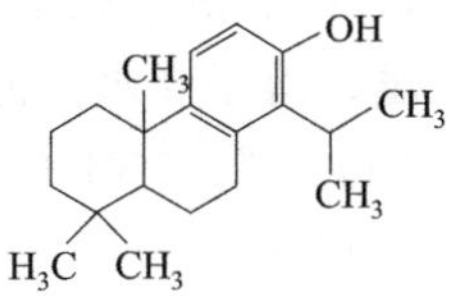

桃柁酚的结构

理化性质

桃柁酚不溶于水，可溶于氯仿和乙醇，比旋光度 $[\alpha]_D^{20}$：+42.5°（乙醇）。桃柁酚的CAS号为511-15-9。

安全管理情况

国家食品药品监督管理总局2014年发布的《关于已使用化妆品原料名称目录的公告》、CTFA和中国香化协会2010年版的《国际化妆品原料标准中文名称目录》都将桃柁酚作为化妆品原料，未见它外用不安全的报道。

药理作用

桃柁酚有抗菌性，对大肠杆菌、金黄色葡萄球菌、表皮葡萄球菌和痤疮丙酸杆菌的MIC分别是 125×10^{-6}、100×10^{-6}、50×10^{-6} 和 20×10^{-6}，对细球菌类微生物的 MIC 是 15×10^{-6}。

桃柁酚与化妆品相关的药理研究见下表。

试验项目	浓度	效果说明
对二甲苯致小鼠耳朵肿胀的抑制	0.03%	抑制率:44.6%

化妆品中应用

桃柁酚有强烈广谱的抗菌作用，可用于口腔卫生用品防治蛀牙；对痤疮丙酸杆菌抑制作用明显，兼之有抗炎性，可用于粉刺的治疗。

天冬氨酸（L-Aspartic acid）

L-天冬氨酸（Aspartic acid）又称天门冬氨酸，是一种酸性的 α-氨基酸，是蛋白质的基本构造单位。天冬氨酸（Aspartic acid）及其盐广泛存在于各种动植物蛋白中，如百合科植物石刁柏（*Asparagus officinalis L*）根茎、天门冬的根中含量丰富。

化学结构

天冬氨酸的结构

理化性质

L-天冬氨酸为无色结晶或结晶性粉末，味微酸，熔点在 230℃ 以上，没有确切的熔点，熔融时分解并放出 CO_2；能溶于强酸和强碱溶液中；常温下，天冬氨酸微溶于水，难溶于乙醇和乙醚，溶于沸水。能与酸结合成盐，也能与碱结合成盐。比旋光度 $[\alpha]_D^{20}$：$-25.8°$（$c=5$，5NHCl）；$[\alpha]_D^{20}$：$-5.42°$（$c=1.3$，水）。L-天冬氨酸的 CAS 号为 617-45-8。

安全管理情况

国家食品药品监督管理总局 2014 年发布的《关于已使用化妆品原料名称目录的公告》、CTFA、欧盟和中国香化协会 2010 年版的《国际化妆品原料标准中文名称目录》都将天冬氨酸作为化妆品原料，未见它外用不安全的报道。

药理作用

L-天冬氨酸与化妆品相关的药理研究见下表。

试验项目	浓度	效果说明
对人 fibroblast 细胞在 50mmol 的 AAPH 作用下的保护作用	10μmol/L	保护率:58.9%
对 B-16 黑色素细胞活性的抑制	10mmol/L	抑制率:30%
老鼠腹部脂肪组织的培养对 cAMP 生成的促进	1mmol/L	促进率:106.0±13.2(空白 100)

化妆品中应用

天门冬酸是最重要的酸性氨基酸之一,可作为化妆品的营养性添加剂,对神经细胞有兴奋作用;天门冬酸有抗氧性,可阻止不饱和脂肪酸的氧化,可在化妆品和药品中用作维生素 E 的稳定剂;易被头发吸收,提高抗静电性和梳理性。

天冬酰胺(Asparagine)

天冬酰胺(Asparagine)也称天门冬素,它是 20 种最常见的氨基酸之一,但不是必需氨基酸,在生命体内普遍存在。天然存在于各种豆类中,在茶叶、百合科植物石刁柏(*Asparagus officinalis* L.)根茎、天门冬(*A. lucidus* Lindl.)的根中含有,现基本以生化法制取。

化学结构

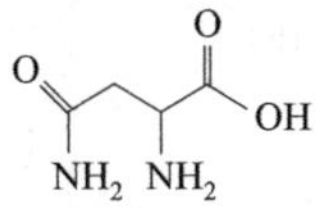

天冬酰胺的结构

理化性质

天冬酰胺常以一水合物存在,为斜方半面形白色结晶,稍有甜味,熔点 234~235℃,等电点近似值 5.41,溶于热水,难溶于冷水(3g/100L,25℃),遇碱水解成天冬氨酸。$[\alpha]_D^{20}$:$-5.42°$($c=1.3$)。天冬酰胺的 CAS 号为 70-47-3。

安全管理情况

国家食品药品监督管理总局 2014 年发布的《关于已使用化妆品原料名称目录的公告》、CTFA、欧盟和中国香化协会 2010 年版的《国际化妆品原料标准中文名称目录》都将天冬酰胺作为化妆品原料,未见它外用不安全的报道。

药理作用

天冬酰胺与化妆品相关的药理研究见下表。

试验项目	浓度	效果说明
对青年男性脱发的抑制	0.05μmol/mL	抑制率:1.7%
对老年男性脱发的抑制	0.05μmol/mL	抑制率:1.1%

化妆品中应用

天冬酰胺虽非人体必需氨基酸,如缺乏则影响发育,可作为化妆品的营养性添加剂。天冬酰胺能调节脑及神经细胞的代谢功能,同样对皮肤和毛发均有调理作用。

甜菜根红（Beetroot red）

甜菜根红（Beetroot red）是一从甜菜根汁中提取得到的色素，由甜菜红苷、甜菜红色素、异甜菜红色素、新甜菜红色素等结构相似的化合物组成，其中甜菜红色素是甜菜红苷的水解去葡萄糖的产物，是甜菜根红中的主要成分。甜菜根红在有些品种的苋菜叶中也存在。在甜菜根中，甜菜根红的含量0.05%左右。

化学结构

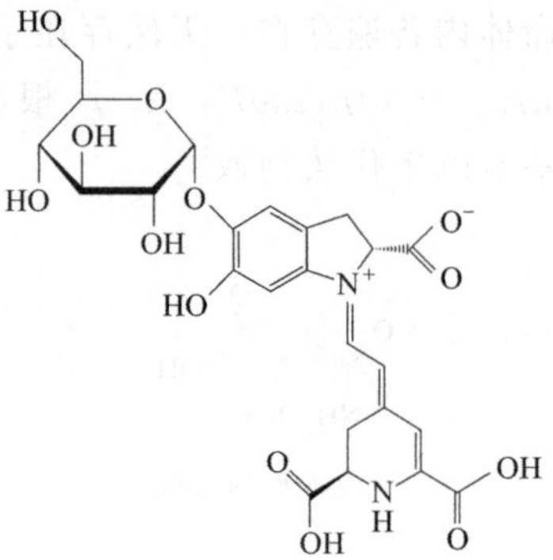

甜菜红苷的结构

理化性质

甜菜红苷及甜菜红色素可溶于水，其色泽随pH值的升高而从明亮的红色转变为蓝紫色。甜菜红苷的CAS号为89957-89-1。

安全管理情况

国家食品药品监督管理总局2014年发布的《关于已使用化妆品原料名称目录的公告》、CTFA和中国香化协会2010年版的《国际化妆品原料标准中文名称目录》都将甜菜根红作为化妆品原料，未见它外用不安全的报道。即使在食品中，也从无报道甜菜根红是一潜在的过敏原。

药理作用

甜菜根红与化妆品相关的药理研究见下表。

试验项目	浓度	效果说明
甜菜红苷对自由基DPPH的消除		半消除量IC_{50}:8.6μmol/L
甜菜红苷对超氧自由基的消除	5μmol/L	消除率26.8%
甜菜红苷对羟基自由基的消除	5μmol/L	消除率:29.4%
双氧水25μmol/L时对DNA作用时,甜菜红苷的保护作用	15μmol/L	DNA损失减少率:45.8%
甜菜红苷对环氧合酶-2活性的抑制	125μmol	抑制率:16.4%
DHA法测试甜菜红苷对4kGy当量γ射线的吸收	0.5mmol/L	吸收率:70.6%（与空白比较）

化妆品中应用

甜菜根红可用作化妆品色素。并具抗氧、抗炎、防辐射的作用。

甜菜碱（Betaine）

甜菜碱（Betaine）主要存在于甜菜根（*Beta Vulgaris L.*）、枸杞（*Lycium chinensis Mill.*）的根皮等。现以化学合成法制备。

化学结构

$$H_3C-N^+(CH_3)(CH_3)-CH_2COO^-$$

甜菜碱的结构

理化性质

甜菜碱为易吸潮的鳞状或棱状结晶，热至310℃左右分解，味甜，极易溶于水、也溶于甲醇和乙醇，难溶于乙醚。甜菜碱的CAS号为107-43-7。

安全管理情况

国家食品药品监督管理总局2014年发布的《关于已使用化妆品原料名称目录的公告》、CTFA、欧盟和中国香化协会2010年版的《国际化妆品原料标准中文名称目录》都将甜菜碱作为化妆品原料，未见它外用不安全的报道。

药理作用

甜菜碱与化妆品相关的药理研究见下表。

试验项目	浓度	效果说明
对角质层细胞增殖的促进作用	20μmol/L	促进率：25.5%
细胞培养对紧密连接蛋白生成的促进	2%	促进率：125（空白100）
TEWL测量经皮水分散失的改善	56mg/cm²	下降率：20%
对超氧歧化酶SOD相对活性的提高	0.5mol/L	促进率：102.6（空白100）
相对湿度33%时的吸湿能力	10%水溶液	吸湿率：5.2%

化妆品中应用

紧密连接蛋白是内皮和上皮细胞之间重要的连接形式，对于维持细胞极性和通透性方面发挥着重要作用，因此甜菜碱有良好的护肤作用；由于强烈的保湿性，广泛用于膏霜、发水和美容皂中的保湿剂；在发水中用入，除增加发丝的湿度外，具抗静电性、增加其梳理性，并有良好手感；在保湿香皂中可与山梨醇配合，用量为2%~3%；甜菜碱的配伍性能广，可增加其他成分的功效，并减少对皮肤的刺激。

甜叶菊苷（Stevioside）

甜叶菊苷（Stevioside）是二萜的三糖苷，主要存在于菊科植物甜叶菊（又名瑞宝泽兰，Stevia rebaudiana）和蔷薇科植物甜菜叶（Rubus suavissimus），在甜叶菊干叶中一般含量在 7%～10%。甜叶菊苷现主要以甜叶菊叶为原料提取。

化学结构

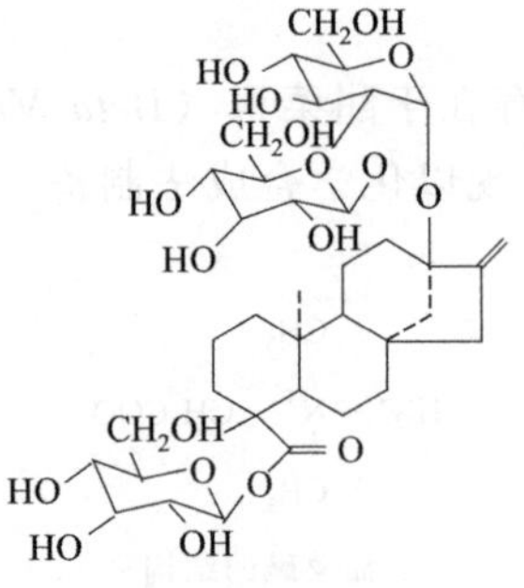

甜叶菊苷的结构

理化性质

甜叶菊苷为吸湿性结晶，1g 可溶于 800mL 水，能溶于二氧六环，微溶于乙醇，比旋光度 $[\alpha]_D^{25}$：$-39.3°$（$c=5.7$，水）。甜叶菊苷的 CAS 号为 57817-89-7。

安全管理情况

国家食品药品监督管理总局 2014 年发布的《关于已使用化妆品原料名称目录的公告》、CTFA 和中国香化协会 2010 年版的《国际化妆品原料标准中文名称目录》都将甜叶菊苷作为化妆品原料，未见它外用不安全的报道。

药理作用

甜叶菊苷与化妆品相关的药理研究见下表。

试验项目	浓度	效果说明
细胞培养对人成纤维细胞增殖的促进	10μg/mL	促进率：151（空白 100）
涂覆对接触性皮炎发生的抑制	1%	抑制率：32.5%

化妆品中应用

甜叶菊苷有甜味，甜度是蔗糖的 300 倍，无毒无副作用，大鼠腹腔注射 $LD_{50}>3.4g/kg$，可用作牙膏的甜味剂。在护肤品中用入可预防和治疗痤疮，作用机理是甜叶菊苷可阻止糖分如葡萄糖等进入皮脂性细胞（Sebaceous cells），从而能抑制过多皮脂的生成，用量在 1% 左右；另外甜叶菊苷可抑制和舒缓皮肤的刺激和过敏。

透明质酸（Hyaluronic acid）

透明质酸（Hyaluronic acid）是以 N-乙酰基葡萄糖胺和葡萄糖醛酸结合双

糖为一单元而聚合得直链型动物杂多糖。透明质酸主要存在于关节液、软骨、结缔组织基质、皮肤、脐带、玻璃体液等，在人脐、鸡冠、鲸软骨中含量较高，如人脐（0.8%）、鸡冠（0.6%），其他部位有微量存在，如猪皮（0.02%）。分子量随来源和制备方法的不同变化很大，人脐带中的透明质酸相对分子质量为 3×10^6，美容品适用的相对分子质量范围 $(2 \sim 8) \times 10^6$。透明质酸可以鸡冠为原料制取，也可用生化法制取，生化法制取的透明质酸分子量小一些。

化学结构

透明质酸的结构

理化性质

透明质酸为白色粉末，其钠盐易溶于水，水溶液有黏度，不溶于乙醇。透明质酸的 CAS 号为 9004-61-9。

安全管理情况

国家食品药品监督管理总局 2014 年发布的《关于已使用化妆品原料名称目录的公告》、CTFA、欧盟和中国香化协会 2010 年版的《国际化妆品原料标准中文名称目录》都将透明质酸及其钠盐、钾盐作为化妆品原料，未见它们外用不安全的报道。

药理作用

透明质酸与化妆品相关的药理研究见下表。

试验项目	浓度	效果说明
对自由基 DPPH 的消除	1mg/mL	消除率：54.2%
对羟基自由基的消除	1mg/mL	消除率：63.5%
对人角质形成细胞增殖的促进	5×10^{-6}	促进率：138（空白 100）
皮层水分散失的防止	0.25%	抑制率：78.8%
对药效成分经皮渗透的促进	2%	促进率：26.0%
对由地蒽酚引起皮炎的抑制	10mg/mL	抑制率：39%±1.6%
在相对湿度 33% 时的吸湿度	10% 水溶液	吸湿率：108.1%（空白 100）

化妆品中应用

透明质酸的多糖苷键有相当的坚牢度，在水溶液中能形成黏弹性网络组织，能支承很大的水化容积，有优秀的保湿性能，与人肤亲和性好，在护肤品中使用能使皮肤保持光泽和润滑性，软化真皮的角蛋白和减少皮肤表面弹性蛋白分子间的交联度，从而减少皱纹，延缓皮肤老化，用量在 0.1% 左右，多用无益；透明质酸有抗氧抗衰、助渗透和抗炎作用。

透明质酸酶（Hyaluronidase）

透明质酸酶（Hyaluronidase）属内切糖苷酶，是水解酶的一种。动物体内透明质酸酶的分布极为广泛，但在各组织中透明质酸酶的含量一般不高。透明质酸酶现可从动物睾丸、胎盘中提取。

理化性质

透明质酸酶为白色到淡黄色粉末，在水中易溶，水溶液的 pH 为 6.0～7.5，在丙酮、乙醇或乙醚中不溶。市场出售的透明质酸酶每 1mg 的效价不小于 300 单位。干品的透明质酸酶尚稳定，但低浓度的透明质酸酶水溶液易失活，一般可采用阿拉伯胶、明胶等保护。人胎盘透明质酸酶相对分子质量为 5.7 万。透明质酸酶的 CAS 号为 37326-33-3。

安全管理情况

CTFA 将透明质酸酶作为化妆品原料，中国香化协会 2010 年版的《国际化妆品原料标准中文名称目录》中列入，国家食品药品监督管理总局 2014 年发布的《关于已使用化妆品原料名称目录的公告》尚未列入，未见它外用不安全的报道。

化妆品中应用

透明质酸酶可用作助渗剂，因透明质酸酶能催化透明质酸、硫酸软骨素等 β-N-乙酰氨基己糖苷键的水解，水解产物主要是四糖和六糖小分子的偶数寡糖，因此可显著降低透明质酸等氨基多糖的黏滞性，从而促使其他活性成分在皮下的扩散和渗透；透明质酸酶还可用于减肥产品，可迅速缩小脂肪细胞的体积。

土曲霉酮（Terrein）

土曲霉酮（Terrein）为多羟基化合物，存在于多年生草本植物荆芥（NepetaCataria）中，但含量不大，现可用青霉菌发酵制取。

化学结构

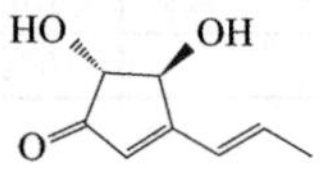

土曲霉酮的结构

理化性质

土曲霉酮为无色液体，可溶于乙醇，微溶于水。土曲霉酮的 CAS 号为 582-46-7。

安全管理情况

CTFA 将土曲霉酮作为化妆品原料，中国香化协会 2010 年版的《国际化妆品原料标准中文名称目录》中列入，国家食品药品监督管理总局 2014 年发布的

《关于已使用化妆品原料名称目录的公告》尚未列入，未见它外用不安全的报道。

药理作用

土曲霉酮与化妆品相关的药理研究见下表。

试验项目	浓度	效果说明
对 B-16 黑色素细胞活性的抑制	$50\mu mol/L$	抑制率：65.5%

化妆品中应用

土曲霉酮有抗菌性；对 B-16 黑色素细胞和酪氨酸酶的活性都有抑制作用，可用作化妆品的美白剂。

褪黑激素（Melatonin）

褪黑激素（Melatonin）为吲哚类神经内分泌激素，主要存在于哺乳动物的大脑半球之间的丘脑上方的松果体。在植物如菊蒿（*Tanacetum parthenium*）、黄芩（*Scutellaria baicalensis*）等中也有存在。褪黑激素在生物体内的含量都很低，现在采用化学法合成褪黑激素。

化学结构

褪黑激素的结构

理化性质

褪黑激素为无色结晶，熔点 118～121℃，不溶于水，可溶于乙醇和丙酮。褪黑激素的 CAS 号为 73-31-4。

安全管理情况

国家食品药品监督管理总局 2014 年发布的《关于已使用化妆品原料名称目录的公告》、CTFA 和中国香化协会 2010 年版的《国际化妆品原料标准中文名称目录》都将褪黑激素作为化妆品原料，未见它外用不安全的报道。

药理作用

褪黑激素与化妆品相关的药理研究见下表。

试验项目	浓度	效果说明
对单线态氧自由基的消除	0.03%	消除率：45%
细胞培养对人成纤维细胞增殖的促进	$1\mu g/mL$	促进率：106（空白 100）
细胞培养对胶原蛋白生成的促进	$1\mu g/mL$	促进率：110.0（空白 100）
在 UVA 照射下角质层细胞培养对 ATP 生成的促进	$1\mu g/mL$	促进率：118.2（空白 100）
在紫外 UVA 下角质层细胞培养对其凋亡的抑制	$0.1\mu mol/L$	抑制率：34%
对 LPS 诱导白介素 IL-8 分泌的抑制	$10\mu g/mL$	抑制率：20%

试验项目	浓度	效果说明
对 5-脂氧合酶活性的抑制	1mmol/L	抑制率:61%
对 15-脂氧合酶活性的抑制	1mmol/L	抑制率:37%

化妆品中应用

褪黑激素是以能引起蛙及鱼类皮肤黑素细胞萎缩而命名的,效力极强,用 10^{-16} g/mL 的浓度处理这些动物,能使皮肤迅速变白,但对哺乳类动物的黑素细胞有无调节作用尚有分歧。褪黑激素有抗氧性,能促进细胞的新陈代谢,有利于愈合伤口,改善皮肤状况,与维生素 A 类衍生物配合护理皮肤的效果更好;褪黑激素对脂氧合酶活性有抑制,显示有抗炎性,能减少皮肤过敏作用,一般使用浓度在 0.01% 以上即有效。

脱氢胆甾醇（7-Dehydrocholesterol）

7-脱氢胆甾醇（7-Dehydrocholesterol）即 7-脱氢胆固醇,亦称维生素 D_3 原,是一种固醇类物质。存在于动物皮肤内的皮脂腺及其分泌物中,在人体内可由胆固醇转化而成。可从猪皮中分离提取 7-脱氢胆甾醇。

化学结构

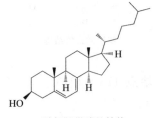

7-脱氢胆甾醇的结构

理化性质

7-脱氢胆甾醇为白色或灰白色结晶状粉末,熔点 148~152℃,不溶于水,可溶于丙酮和酒精,$[\alpha]_D^{22}$：$-114°$（$c=1$,氯仿）。7-脱氢胆甾醇的 CAS 号为 434-16-2。

安全管理情况

CTFA 将脱氢胆甾醇作为化妆品原料,中国香化协会 2010 年版的《国际化妆品原料标准中文名称目录》中列入,国家食品药品监督管理总局 2014 年发布的《关于已使用化妆品原料名称目录的公告》尚未列入,未见它外用不安全的报道。

药理作用

7-脱氢胆甾醇有抗菌性,浓度在 $2\mu g/mL$ 时对金黄色葡萄球菌、痤疮丙酸杆菌有抑制作用。

7-脱氢胆甾醇与化妆品相关的药理研究见下表。

试验项目	浓度	效果说明
细胞培养对成纤维细胞增殖的促进	$1\mu g/mL$	促进率：119（空白 100）
在 $150mJ/cm^2$ UVB 照射下对成纤维细胞凋亡的抑制	$0.25\mu g/mL$	抑制率：30.2%
在 $1200mJ/cm^2$ UVB 照射下对皮肤晒黑程度的促进	1%	晒黑程度提高一个档次

化妆品中应用

在胆甾醇系列中，7-脱氢胆甾醇的生理活性最高，但在自然界中含量低。在日光或紫外线的照射下，7-脱氢胆甾醇可转化维生素 D_3，护肤品中用入可明显改善干性皮肤的外观；可加速皮肤的晒黑，但不致损伤皮肤。

脱氧核糖核酸（DNA）

DNA（脱氧核糖核酸）是动物细胞、植物细胞和微生物细胞共同的组成部分，98%的 DNA 分布在真核细胞的细胞核中，是染色体中的主要化学成分，是个高分子聚合物。水解 DNA（Hydrolyzed DNA）是常用酶或酸碱法对 DNA 的降解处理。小分子 DNA 即寡核苷酸，是由磷酸二酯碱连接而成的少于十个核苷酸的链接片断；而 DNA 彻底的水解产物由磷酸、脱氧核糖、鸟嘌呤、腺嘌呤、胞嘧啶和胸腺嘧啶组成。

化学结构

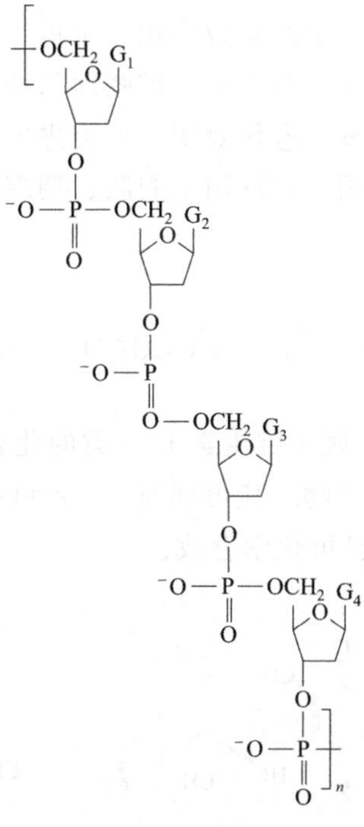

脱氧核糖核酸的部分结构（式中，G_1 为腺嘌呤；G_2 为胸腺嘌呤；G_3 为鸟嘌呤；G_4 为胞嘌呤）

理化性质

已有商品出售的脱氧核糖核酸钠盐是从酵母中提取的白色软毛状物质,溶于水,溶液为透明高黏度黏液,不溶于醇,相对分子质量在 $(6\sim120)\times10^6$ 之间。较高温度、有机溶剂、酸碱试剂、尿素、酰胺等都可以引起 DNA 分子的变性。

安全管理情况

国家食品药品监督管理总局 2014 年发布的《关于已使用化妆品原料名称目录的公告》、CTFA 和中国香化协会 2010 年版的《国际化妆品原料标准中文名称目录》都将 DNA 和水解 DNA 作为化妆品原料,未见它们外用不安全的报道。

药理作用

DNA 与化妆品相关的药理研究见下表。

试验项目	浓度	效果说明
对羟基自由基的消除	1mg/mL	消除率:41%
对自由基 DPPH 的消除	1mg/mL	消除率:43%
细胞培养对人角质层细胞增殖的促进	0.01%	促进率:365(空白 100)
涂覆对皮肤末梢血管血流量的促进	2.5%	促进率:122(空白 100)
UVB 照射下对细胞凋亡的抑制	1mg/mL	抑制率:65.3%
对皮肤角质层含水量提高的促进	3%	是涂覆甘油(10%)的 3.76 倍

化妆品中应用

核糖核酸是最基本的生命物质,在肤用品中能对人体的角化细胞(合成角蛋白的一种特殊表皮细胞)有一定的刺激作用,可再生和更新皮肤细胞;相对分子量较小的脱氧核糖核酸(如 6 万左右)可扩张面部的微血管,使脸色红润,改善皮肤功能,对坏损皮肤有修复、愈伤效用;可促进生发和预防落发;有抗氧、抗紫外线光、辐射、放射性作用,广泛用于润肤、调理、增白、抗衰老化妆品的添加剂。

托可醌(Tocoquinone)

托可醌(Tocoquinone)属于维生素 E 一类的化合物,在生物体内与维生素 E 伴存,是维生素 E 的代谢产物。托可醌有 α、γ 和 δ 三种构型,以 α-托可醌最重要,含量最高。α-托可醌已可化学合成。

化学结构

α-托可醌的结构

理化性质

α-托可醌为透明淡琥珀色黏稠液体,不溶于水,可溶于己烷和油脂。α-托可醌的CAS号为7559-04-8。

安全管理情况

CTFA将托可醌作为化妆品原料,中国香化协会2010年版的《国际化妆品原料标准中文名称目录》中列入,国家食品药品监督管理总局2014年发布的《关于已使用化妆品原料名称目录的公告》尚未列入,未见它外用不安全的报道。

药理作用

托可醌与化妆品相关的药理研究见下表。

试验项目	浓度	效果说明
对脂质过氧化的抑制	1μmol/L	抑制率:34.9%

化妆品中应用

托可醌可用作抗氧性和营养性助剂,有维生素E样作用,有明显的刺激细胞活性功能。

唾液乳糖(Sialyllactose)

唾液乳糖(Sialyllactose)是一寡糖,由唾液酸和乳糖结合而成。唾液乳糖有两种结构,唾液酸可与乳糖的3位和6位结合,两者同等重要。唾液乳糖在哺乳动物的乳汁中存在,是乳汁中的关键成分。唾液乳糖可从牛乳中提取分离。

化学结构

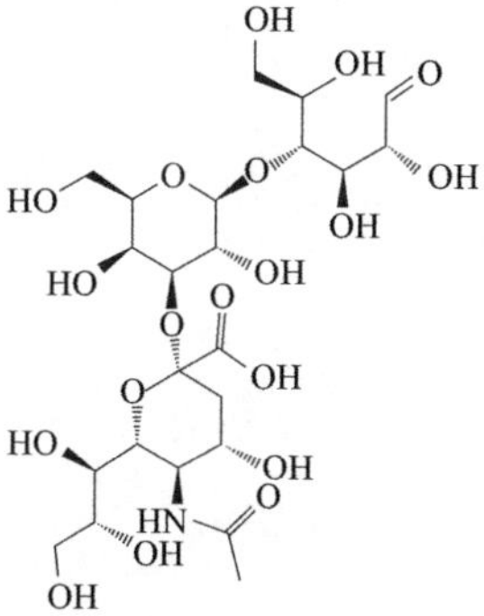

3-唾液乳糖的结构

理化性质

唾液乳糖为白色冻干状粉末,可溶于水,不溶于乙醇。唾液乳糖的CAS号为35890-38-1。

安全管理情况

CTFA将唾液乳糖作为化妆品原料,中国香化协会2010年版的《国际化妆品原料标准中文名称目录》中列入,国家食品药品监督管理总局 2014 年发布的《关于已使用化妆品原料名称目录的公告》尚未列入,未见它外用不安全的报道。

药理作用

唾液乳糖与化妆品相关的药理研究见下表。

试验项目	浓度	效果说明
对荧光素酶活性的促进	30μg/mL	促进率:288.9(空白 100)

化妆品中应用

唾液乳糖易为皮肤吸收,是高效的营养物质;唾液乳糖有抗炎性,唾液乳糖对荧光素酶的活性有促进,荧光素酶活性的降低与特异性皮肤炎相关,唾液乳糖可防治幼年和孩童的慢性皮炎。

W

豌豆蛋白（Pea protein）

豌豆蛋白（Pea protein）来自豌豆，豌豆中含蛋白质 18%～30%。与其他豆类蛋白不同的是，豌豆蛋白富含碱性氨基酸如精氨酸、组氨酸和赖氨酸。水解豌豆蛋白（Hydrolyzed pea protein）是将豌豆蛋白质经酶水解得到的多肽。

豌豆蛋白的氨基酸分布

豌豆蛋白中各重要氨基酸的含量见下表。

单位：%

氨基酸名	摩尔分数	氨基酸名	摩尔分数
天冬氨酸	11.5	谷氨酸	22.1
丝氨酸	5.0	半胱氨酸	0.3
缬氨酸	4.8	蛋氨酸	0.7
组氨酸	2.3	苯丙氨酸	5.1
甘氨酸	3.6	异亮氨酸	4.6
苏氨酸	2.9	亮氨酸	8.6
丙氨酸	3.5	赖氨酸	7.1
精氨酸	9.8	脯氨酸	5.2
酪氨酸	2.9		

理化性质

豌豆蛋白水解物为一类白色粉末，可溶于水，等电点约为 5.0。水解豌豆蛋白的 CAS 号为 222400-29-5。

安全管理情况

国家食品药品监督管理总局 2014 年发布的《关于已使用化妆品原料名称目录的公告》、CTFA、欧盟和中国香化协会 2010 年版的《国际化妆品原料标准中文名称目录》都将水解豌豆蛋白作为化妆品原料，未见它外用不安全的报道。

药理作用

水解豌豆蛋白与化妆品相关的药理研究见下表。

试验项目	浓度	效果说明
对自由基 DPPH 的消除	5mg/mL	消除率：44%
对羟基自由基的消除	1mg/mL	消除率：10.3%
对超氧自由基的消除	1mg/mL	消除率：44.2%

化妆品中应用

水解豌豆蛋白有表面活性，起泡能力是同等质量的水解大豆蛋白的一倍，泡沫稳定性几乎是水解大豆蛋白的 3 倍；水解豌豆蛋白最高能吸附自身重量 3.3 倍的水，有与水解大豆蛋白相似的吸油性；水解豌豆蛋白能迅速被皮肤吸收，适合用作化妆品的保湿抗衰的活肤原料。

网膜类脂质（Omental lipids）

网膜是动物体内较大表面积的生物膜，这种膜状物质大多分布在脏器周围，对脏器有支持固定的作用外，正常情况下网膜可分泌少量浆液，以润滑脏器表面，减少它们运动时的摩擦，还具有分泌和吸收功能。网膜的主要构成成分是蛋白质和类脂质。网膜类脂质（Omental lipids）是许多脂质化合物的混合物，各自的结构也非常复杂，如神经节苷脂。网膜类脂质大多从哺乳动物（如牛）的网膜或腹膜中提取。

化学结构

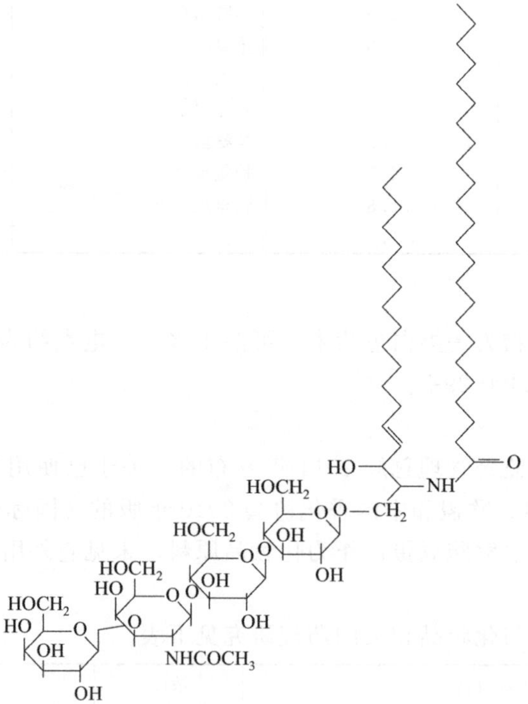

神经节苷脂的结构

理化性质

网膜类脂质为类白色膏状物，不溶于水和乙醇，可溶于己烷和油脂。

安全管理情况

CTFA 将网膜类脂质作为化妆品原料,中国香化协会 2010 年版的《国际化妆品原料标准中文名称目录》中列入,国家食品药品监督管理总局 2014 年发布的《关于已使用化妆品原料名称目录的公告》尚未列入,未见它外用不安全的报道。

药理作用

网膜类脂质与化妆品相关的药理研究见下表。

试验项目	浓度	效果说明
动物试验网膜类脂质对皮肤伤口愈合的促进	10mg/kg	促进率:395.3(空白 100)
动物辐射试验神经节苷脂对 DNA 损伤的抑制	10mg/kg	抑制率:57.1%

化妆品中应用

网膜类脂质常用作营养性高效调理剂和保湿剂。

维甲酸(Retinoic acid)

维甲酸(Retinoic acid)也称维生素 A 酸,是人体内维生素 A 醛的氧化代谢产物。维甲酸在生物体内含量不大,无提取价值,现都以合成品为主。

化学结构

维甲酸的结构

理化性质

维甲酸有两种构型,全顺式和 9,10 反式,两者的紫外吸收特征波长(吸光系数)为:351nm(45000)和 343nm(36500),都是黄色结晶,不溶于水,可溶于乙醇。维甲酸的 CAS 号为 302-79-4。

安全管理情况

CTFA 将作为化妆品原料,中国香化协会 2010 年版的《国际化妆品原料标准中文名称目录》中列入,国家食品药品监督管理总局 2014 年发布的《关于已使用化妆品原料名称目录的公告》尚未列入。在肤用品中的用量一般在 0.025% 以下,因为它对皮肤有相当的刺激。

药理作用

维甲酸与化妆品相关的药理研究见下表。

试验项目	浓度	效果说明
细胞培养对 I 型胶原蛋白生成的促进	$5\mu g/mL$	促进率:180(空白 100)
成纤维细胞培养对 III 型胶原蛋白生成的促进	0.1×10^{-6}	促进率:104(空白 100)
细胞培养对弹性蛋白生成的促进	$0.5\mu mol/L$	促进率:140(空白 100)

试验项目	浓度	效果说明
细胞培养对表皮角化细胞的增殖促进	5μmol/L	促进率:215(空白 100)
细胞培养对透明质酸生成的促进	0.03%	促进率:198.5(空白 100)
紫外 A 照射下对皮肤损伤的防护	0.03%	防护率:82%

化妆品中应用

维甲酸属维生素 A 类物质,但它并不像维生素 A 那样参与视觉作用。但在皮肤上渗透性强,对皮肤角质层有溶解作用,与果酸等配合,可增加换皮的效果;维甲酸能影响和改善皮肤深层的细胞生长,能促进皮肤细胞再生,促进伤口愈合,也可用于治疗粉刺;有刺激生发作用,在指甲油中用入也可加速指甲的生长,改善指甲的质地和柔韧性;维甲酸可用作防晒剂,预防光老化;维甲酸对透明质酸生成有促进作用,有保湿功能。

维生素 K-1 (Phytonadione)

维生素 K-1 (Phytonadione) 属甲萘醌结构的维生素 K。人体内的维生素 K-1 主要由食用油如大豆油、橄榄油等提供,维生素 K-1 在人体内与血液凝固相关。现维生素 K-1 可由化学法合成。

化学结构

维生素 K-1 的结构

理化性质

维生素 K-1 为黄色至橙黄色透明黏稠的液体,在水中不溶,在乙醇中略溶,看溶于氯仿、乙醚和植物油。维生素 K-1 的 CAS 号为 84-80-0。

安全管理情况

CTFA 将维生素 K-1 作为化妆品原料,中国香化协会 2010 年版的《国际化妆品原料标准中文名称目录》中列入,国家食品药品监督管理总局 2014 年发布的《关于已使用化妆品原料名称目录的公告》尚未列入。维生素 K-1 外用偶尔会引起皮肤过敏,欧盟因此禁止在化妆品中使用维生素 K-1。

药理作用

维生素 K-1 与化妆品相关的药理研究见下表。

试验项目	浓度	效果说明
对白介素 IL-4 生成的抑制	0.5mg/kg	抑制率:11.9%
对细胞间黏附分子-1(ICAM-1)水平的抑制	0.5mg/kg	抑制率:26.5%

化妆品中应用

维生素 K-1 对皮肤光老化抑制的研究已经多年，但至今仍没有令人信服的数据；维生素 K-1 对白血球细胞接着（细胞间黏附分子-1）等有抑制，显示有抗炎性。

维斯那定（Visnadine）

维斯那定（Visnadine）属香豆精类化合物，存在于阿米芹（Ammivisnaga）的种子内。阿米芹为中国的特有植物，维斯那定只能从阿米芹籽中提取。

化学结构

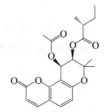

维斯那定的结构

理化性质

维斯那定为白色结晶，熔点 86~88℃，不溶于水，可溶于乙醇，$[\alpha]_D$：$+10°\pm1°$（$c=1\%$，乙醇）；$[\alpha]_D$：$+38°\pm1°$（$c=1\%$，二氧六环）；特征紫外吸收波长及 lgε 是 264nm（3.29）和 323nm（4.14）。维斯那定的 CAS 号为 477-32-7。

安全管理情况

CTFA 将维斯那定作为化妆品原料，中国香化协会 2010 年版的《国际化妆品原料标准中文名称目录》中列入，国家食品药品监督管理总局 2014 年发布的《关于已使用化妆品原料名称目录的公告》尚未列入，未见它外用不安全的报道。

化妆品中应用

维斯那定是阿米芹的主要要效成分，涂敷可促进皮肤毛细血管的微循环，有护肤消肿作用。

胃蛋白酶（Pepsin）

胃蛋白酶（Pepsin）是胃中唯一的一种蛋白水解酶，此酶由胃腺的主细胞合成。胃蛋白酶作用的主要部位是芳香族氨基酸或酸性氨基酸的氨基所组成的肽键，将蛋白质分解为胨，而且一部分被分解为酪氨酸、苯丙氨酸等氨基酸。胃蛋白酶可以从猪胃中提取。

理化性质

胃蛋白酶为白色或淡黄色的粉末；有引湿性；水溶液显酸性反应，其最适

pH 为 1~2。胃蛋白酶的 CAS 号为 9001-75-6。

安全管理情况

CTFA 将胃蛋白酶作为化妆品原料，中国香化协会 2010 年版的《国际化妆品原料标准中文名称目录》中列入，国家食品药品监督管理总局 2014 年发布的《关于已使用化妆品原料名称目录的公告》尚未列入，未见它外用不安全的报道。

化妆品中应用

胃蛋白酶更多的应用于对化妆品原料蛋白质的水解。小浓度用于洗面奶、洗手液，以辅助去除蛋白类污垢，浓度在 45000 单位/100g 左右。

五氢角鲨烯（Pentahydrosqualene）

五氢角鲨烯（Pentahydrosqualene）为三萜类化合物，存在于海洋鱼类油脂中。五氢角鲨烯的结构有多种，可从海洋鱼油中提取分离。

化学结构

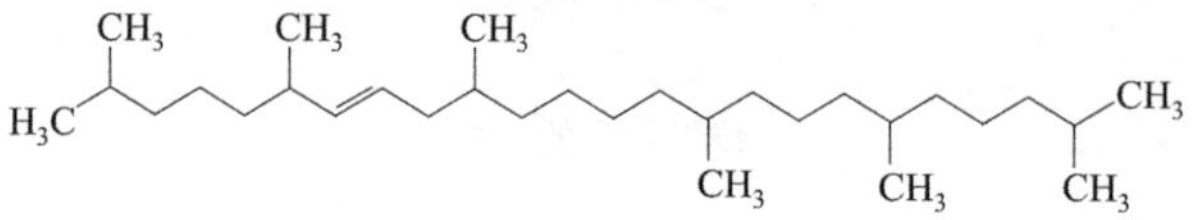

五氢角鲨烯的结构

理化性质

五氢角鲨烯为淡黄色油状物，不溶于水和乙醇，可与油脂混溶。五氢角鲨烯的不饱和度远低于角鲨烯，稳定性好。五氢角鲨烯的 CAS 号为 68629-07-2。

安全管理情况

CTFA、欧盟将五氢角鲨烯作为化妆品原料，中国香化协会 2010 年版的《国际化妆品原料标准中文名称目录》中列入，国家食品药品监督管理总局 2014 年发布的《关于已使用化妆品原料名称目录的公告》尚未列入，未见它外用不安全的报道。

化妆品中应用

五氢角鲨烯的应用性能介于角鲨烯和角鲨烷之间，对皮肤的亲和性好，无刺激，常用作基础化妆品的油性原料。

五肽（Pentapeptide）

五肽（Pentapeptide）是由五个氨基酸组成的寡肽。有游离存在的五肽，但更多的活性五肽以蛋白质片段存在于各生物体内，如五肽-3 是胶原蛋白的片段。五肽可通过蛋白质的水解提取、酶解提取、也可用化学合成法合成。

部分五肽的氨基酸结构

胶原蛋白五肽-3：Lys-Thr-Thr-Lys-Ser。
豌豆蛋白五肽：Arg-Glu-Met-Asn-Trp。
酪蛋白五肽：Phe-Tyr-Pro-Glu-Leu。
似弹性蛋白五肽：Val-Pro-Gly-Val-Gly。
鳕鱼蛋白五肽：Tyr-Leu-Pro-Arg-Pro。
海藻蛋白五肽：Val-Glu-Cys-Tyr-Gly。

安全管理情况

CTFA 将五肽作为化妆品原料，中国香化协会 2010 年版的《国际化妆品原料标准中文名称目录》中列入，国家食品药品监督管理总局 2014 年发布的《关于已使用化妆品原料名称目录的公告》尚未列入上述五肽品种，未见它们外用不安全的报道。

药理作用

五肽与化妆品相关的药理研究见下表。

试验项目	浓度	效果说明
酪蛋白五肽对自由基 DPPH 的消除		半消除量 EC_{50}：$127.5\mu mol/L$
海藻蛋白五肽对超氧自由基的消除		半消除量 EC_{50}：$394.72\mu mol/L$
细胞培养豌豆蛋白五肽对胶原蛋白生成的促进	$0.5\mu g/mL$	促进率：147（空白 100）
原发性人角质化细胞培养鳕鱼蛋白五肽对 DNA 生成的促进	$30\mu g/mL$	促进率：146 ± 24（空白 100）
UV 照射下豌豆蛋白五肽对细胞凋亡的抑制	$1\mu g/mL$	抑制率：24.34%

化妆品中应用

上述五肽的生物活性非常显著，使用要非常小心，并且各有各自的作用范围，请参考它们的药理作用。

无花果蛋白酶（Ficain）

无花果蛋白酶（Ficain）是一种巯基蛋白酶，可从无花果（*Ficus carica*）树的胶乳和不成熟的果实乳汁中提取。

化学结构

无花果蛋白酶的相对分子质量约为 26000，活性点附近的氨基酸序列是：
Pro-Val-Lys-Asn-Gln-Gly-Ser-Cys-Trp
和 Thr-Gly-Pro-Cys-Gly-Thr-Ser-Leu-Asp-His-Ala-Val-Ala-Leu

理化性质

无花果蛋白酶为白色至淡黄或奶油色的粉末，有一定吸湿性。可完全溶解于水，呈浅棕至深棕色。不溶于一般有机溶剂。水溶液的等电点 9.0，2% 水溶液的 pH 为 4.1。无花果蛋白酶的稳定性极大，如常温密闭保藏 1~3 年，其效力仅下降 10%~20%；水溶液在 100℃下方才失活，而粉末在 100℃下则需数小时才会失活；水溶液在 pH 为 4~8.5 时活力稳定，其活性可受铁、铜、铅的抑制。无花果蛋白酶的 CAS 号为 9001-33-6。

安全管理情况

CTFA 将无花果蛋白酶作为化妆品原料，中国香化协会 2010 年版的《国际化妆品原料标准中文名称目录》中列入，国家食品药品监督管理总局 2014 年发布的《关于已使用化妆品原料名称目录的公告》尚未列入。无花果蛋白酶在食品加工工业中应用广泛，未见它外用不安全的报道。

化妆品中应用

无花果蛋白酶的主要作用原理是对蛋白质的水解，使多肽水解为低分子的肽，可在清洁类护肤品中使用。无花果蛋白酶对纯蛋白的水解能力和顺序基本与胰蛋白酶一致，由于无花果蛋白酶的耐高温、活性高、稳定性好、对 pH 的变化不敏感等，比木瓜蛋白酶的应用适用面更广。

西门木炔酸（Xymenic acid）

西门木炔酸（Xymenic acid）为一不饱和脂肪酸，存在于海檀香（*Ximenia americana*）的种子中。西门木炔酸现在只能从海檀香的种子中提取。

化学结构　free encyclopedia

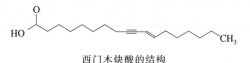

西门木炔酸的结构

理化性质

西门木炔酸为无色粉状物，熔点 40～41℃，易溶于醚、无水乙醇和石油醚，不溶于甘油和水。西门木炔酸的 CAS 号为 557-58-4。

安全管理情况

国家食品药品监督管理总局 2014 年发布的《关于已使用化妆品原料名称目录的公告》、CTFA 和中国香化协会 2010 年版的《国际化妆品原料标准中文名称目录》都将西门木炔酸作为化妆品原料，未见它外用不安全的报道。

药理作用

西门木炔酸与化妆品相关的药理研究见下表。

试验项目	浓度	效果说明
涂覆对皮下毛细血管血流量的促进	0.5%	促进率:116.3(空白 100)

化妆品中应用

西门木炔酸有活血作用，在护发素中用入，可调节头皮油脂分泌的组成，防止脱发和刺激生发。

细胞色素 C（Cytochrome C）

细胞色素 C（Cytochrome C）又名血红素蛋白，是由 104 个氨基酸组成的多聚肽，分子量为 15kD。细胞色素 C 在所有的动物细胞中都有存在，是线粒体电子传递链的重要组成部分。细胞色素 C 可从马的心肌中提取，现可从野生型酵母中提取。

理化性质

细胞色素 C 为类白色冻干状粉末，可溶于水，溶解度约为 10%。细胞色素 C 的 CAS 号为 9007-43-6。

安全管理情况

CTFA 将细胞色素 C 作为化妆品原料，中国香化协会 2010 年版的《国际化妆品原料标准中文名称目录》中列入，国家食品药品监督管理总局 2014 年发布的《关于已使用化妆品原料名称目录的公告》尚未列入。皮下注射皮试有过敏的纪录，未见它外用不安全的报道。

药理作用

细胞色素 C 与化妆品相关的药理研究见下表。

试验项目	浓度	效果说明
对过氧化氢的消除	5μmol/L	消除率：59.4%

化妆品中应用

线粒体是细胞产生氧自由基的主要场所，细胞色素 C 参与人体辅酶 Q 的生化活动，能消除多种氧自由基，加强皮肤的新陈代谢，提高免疫力。

细小裸藻多糖（Euglena gracilis polysaccharide）

细小裸藻（Euglena gracilis）又名眼虫藻，属单细胞鞭毛虫原生生物。细小裸藻的种类很多，在世界各地的淡水和海水中均有发现。细小裸藻多糖（Euglena gracilis polysaccharide）是这些原生生物细胞壁的组成成分，至今发现有葡聚糖和甘露聚糖。葡聚糖的连接方式是 1-3β，与常见的葡聚糖结构相同。细小裸藻多糖可从培养的细小裸藻中提取。

化学结构

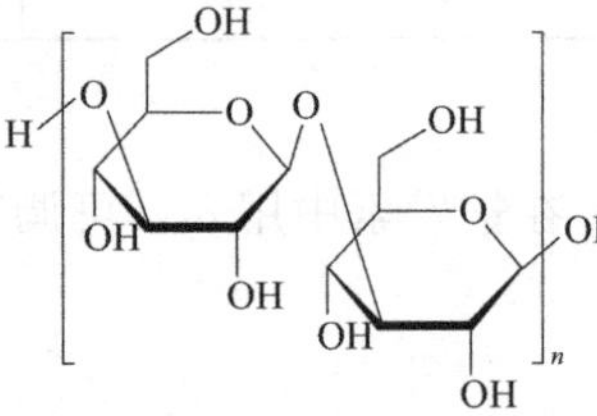

细小裸藻多糖（葡聚糖）的结构

理化性质

细小裸藻多糖为类白色粉末，可溶于水和 60% 的酒精水溶液，不溶于二氯甲烷。

安全管理情况

CTFA、欧盟和日本都将细小裸藻多糖作为化妆品原料，中国香化协会 2010

年版的《国际化妆品原料标准中文名称目录》中列入，国家食品药品监督管理总局 2014 年发布的《关于已使用化妆品原料名称目录的公告》尚未列入，未见它外用不安全的报道。

药理作用

细小裸藻多糖与化妆品相关的药理研究见下表。

试验项目	浓度	效果说明
小鼠试验对溃疡肿胀的抑制	8mg/kg	抑制率:80%（与空白比较）

化妆品中应用

细小裸藻多糖有抗炎性，可提高免疫功能。细小裸藻多糖的保湿、抗氧、活肤等作用可参考葡聚糖和甘露聚糖条。

虾青素（Astaxanthine）

虾青素（Astaxanthine）在虾壳、海藻中存在，可从虾壳、藻类、酵母菌和细菌等为原料提取虾青素。

化学结构

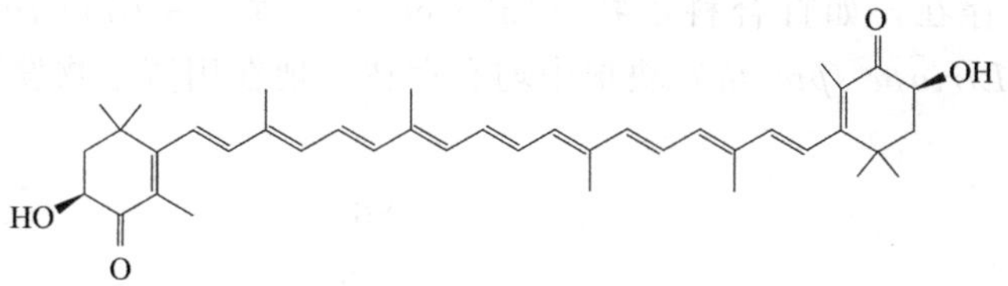

虾青素结构

理化性质

虾青素为油溶性的红色天然色素，熔点 216℃，能溶于二硫化碳和氯仿，略溶于碱液、乙醚、石油醚和油类，极难溶于乙醇和甲醇，几乎不溶于水，紫外最大吸收特征波长为 507nm。虾青素的 CAS 号为 472-61-7。

安全管理情况

国家食品药品监督管理总局 2014 年发布的《关于已使用化妆品原料名称目录的公告》、CTFA 和中国香化协会 2010 年版的《国际化妆品原料标准中文名称目录》都将虾青素作为化妆品原料，未见它外用不安全的报道。

药理作用

虾青素与化妆品相关的药理研究见下表。

试验项目	浓度	效果说明
对自由基 DPPH 的消除	90μg/mL	消除率:95.0%
对羟基自由基的消除	40μg/mL	消除率:75.6%

续表

试验项目	浓度	效果说明
对超氧自由基的消除	5μg/mL	消除率:70.5%
对单线态自由基的消除	0.03%	消除率:34%
对脂质过氧化的抑制	1mmol/L	抑制率:33%±2.1%
对紫外线损伤蛋白质的抑制	1mmol/L	抑制率:77.5%
细胞培养对NO生成的抑制	5μmol/L	抑制率:47.5%
细胞培养对PGE2生成的抑制	10μmol/L	抑制率:31.4%

化妆品中应用

虾青素为肉食食品中的着色剂,不为光降解,因此耐光性好,适用于彩妆制品的色素;与多烯维生素的功能一样,有维生素样营养皮肤的作用,是细胞的活化剂;有广谱的消除自由基的性能,能预防皮肤的老化。

腺苷(Adenosine)

腺苷(Adenosine)为嘌呤类物质,在动物体内是重要的生化代谢物质,在植物中也广泛存在,如百合科植物(Liliaceae)韭菜(*Allium tuberosum*)叶、湖北山麦冬(*Liriope spicata*)块根中均有存在。现在用微生物发酵法制取。

化学结构

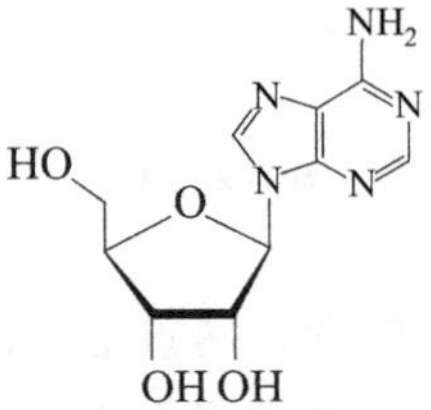

腺苷的结构

理化性质

腺苷为白色绢丝状结晶(甲醇),熔点235~236℃,易溶于水,几乎不溶于有机溶剂,比旋光度$[\alpha]_D^{24}$:−60.2°($c=0.49$,水溶液),紫外最大吸收波长为261nm。腺苷的CAS号为58-61-7。

安全管理情况

国家食品药品监督管理总局2014年发布的《关于已使用化妆品原料名称目录的公告》、CTFA和中国香化协会2010年版的《国际化妆品原料标准中文名称目录》都将腺苷作为化妆品原料,未见它外用不安全的报道。

药理作用

腺苷与化妆品相关的药理研究见下表。

试验项目	浓度	效果说明
对 B-16 黑色素细胞活性的抑制	20μmol/L	抑制率:61%
毛发根鞘细胞培养对毛发质地的提高	100μmol/L	促进率:121(空白 100)
对羟基自由基的消除	8mmol/L	消除率:5%

化妆品中应用

腺苷是一营养性助剂,广泛配伍用于调理皮肤、抗衰老、防皱、增白等护肤乳液;有刺激毛发生长作用,也可抑制头皮屑的生成;能够干扰病毒核酸的合成,是中药抗病毒的活性成分,具有抗菌和抗炎作用;有促进冠状血管血量的药理作用,是临床上的血管舒张剂,并对神经系统有广泛的活性。

纤连蛋白 (Fibronectin)

纤连蛋白(Fibronectin)也称纤维连接蛋白,是一种广泛存在动物细胞表面(纤维芽细胞和间叶细胞)、基底膜和血浆中的糖蛋白,血浆中纤连蛋白的含量为 0.3mg/mL。其相对分子量随来源不同变化很大,血浆中纤连蛋白相对分子量在 20 万~25 万,其中含糖 5%,有的纤连蛋白相对分子质量约为 45 万。与一般糖蛋白不同的是,纤连蛋白中还含有核糖核酸,具有多种生物活性。纤连蛋白可以胎盘(牛羊除外)为原料制取。水解纤连蛋白即以酶法将其降解为较小分子。

化学结构

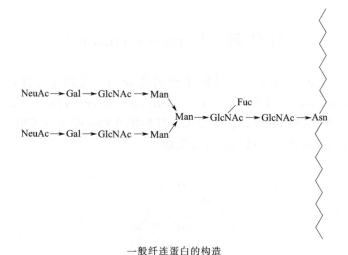

一般纤连蛋白的构造

Fuc—岩藻糖;GlcNAc—N-乙酰葡萄糖胺;Man—甘露糖;NeuAc—乙酰核糖;Gal—半乳糖

理化性质

一般纤连蛋白不溶于冷水,但可溶于稀碱液(pH 为 11),从血浆中提取的纤连蛋白则能溶于冷水和稀碱液,等电点 pH 为 5.0。水解纤连蛋白则溶于水。纤连蛋白的 CAS 号为 100085-35-6。

安全管理情况

国家食品药品监督管理总局 2014 年发布的《关于已使用化妆品原料名称目录的公告》、CTFA 和中国香化协会 2010 年版的《国际化妆品原料标准中文名称目录》都将纤连蛋白和水解纤连蛋白作为化妆品原料,未见它们外用不安全的报道。

药理作用

纤连蛋白与化妆品相关的药理研究见下表。

试验项目	浓度	效果说明
细胞培养对成纤维细胞增殖的促进	200μg/mL	促进率:113.6(空白 100)
大鼠试验对伤口愈合速度的促进	200μg/mL	速度加快 41%
对毛细血管生成的促进	200μg/mL	促进率:136.7(空白 100)
对血管内皮生长因子生成的促进	200μg/mL	促进率:122.0(空白 100)
细胞培养对羟脯氨酸生成的促进	200μg/mL	促进率:270.2(空白 100)
涂覆对小鼠毛发生长的促进	0.1%	平均增长 63%

化妆品中应用

纤连蛋白对细胞表面,尤其是成纤维细胞表面具高度的亲和性,它也与胶原纤维结合在一起形成网,把成纤维细胞围在胶原蛋白的网中。因此,粘连蛋白可促进细胞与细胞间的粘连,细胞与器官之间的粘连,调节细胞间的关系,同时能恢复细胞的正常功能,促进细胞的分裂。纤连蛋白可用作治疗皮肤严重失调的药物和化妆品的调理剂,同时具有促进皮肤再生、愈合伤口、滋润皮肤、刺激生发等功能。

纤精酮 (Leptospermone)

纤精酮 (Leptospermone) 属倍半萜类化合物,在扫帚叶澳洲茶 (*Leptospermum scoparium*)、互生叶白千层 (*Melaleuca alternifolia*) 等的澳洲植物的精油中存在,与异纤精酮伴存。在夏天,纤精酮在扫帚叶澳洲茶精油中的含量达 7.5%。纤精酮可从澳洲茶精油中分离提取。

化学结构

纤精酮的结构

理化性质

纤精酮为无色液体,微溶于水,可溶于乙醇、丙酮和氯仿。纤精酮的 CAS 号为 567-75-9。

安全管理情况

CTFA 将纤精酮作为化妆品原料,中国香化协会 2010 年版的《国际化妆品原料标准中文名称目录》中列入，国家食品药品监督管理总局 2014 年发布的《关于已使用化妆品原料名称目录的公告》尚未列入，未见它外用不安全的报道。

药理作用

纤精酮有抗菌性，对金黄色葡萄球菌、大肠杆菌、绿脓杆菌和白色念珠菌的 MBC 分别为 0.0065％、0.20％、0.20％和 0.051％。对螨虫等有杀灭作用，在 —60cm³ 的测试箱中加入 0.1mg，杀灭率超过 90％。

化妆品中应用

纤精酮可用作抗菌剂和驱虫剂。

香茅酸（Citronellic acid）

香茅酸（Citronellic acid）有两种光学异构体，d-体存在于爪哇香茅、香叶、苦橙子叶、柠檬草；l-体存在白霜卡里松、日扁柏，罗汉柏油；dl-体可从樟脑油中单离得到。香茅酸现一般由香茅醛或香茅醇经化学氧化而得。

化学结构

香茅酸的结构

理化性质

香茅酸为无色液体，微溶于水，可溶于乙醇、丙酮和石油醚，沸点：257℃（常压）。香茅酸的 CAS 号为 502-47-6。

安全管理情况

CTFA 将香茅酸作为化妆品原料，中国香化协会 2010 年版的《国际化妆品原料标准中文名称目录》中列入，国家食品药品监督管理总局 2014 年发布的《关于已使用化妆品原料名称目录的公告》尚未列入，未见它外用不安全的报道。香茅酸大鼠经口 LD_{50}：2610mg/kg，兔子经皮肤 LD_{50}：450mg/kg，毒性很低；用 2％该物质的凡士林制剂在人体进行封闭性皮肤接触试验经 2 日未发现产生刺激作用；同样以上制剂在人体上进行最高限度试验也没有发生致敏反应。

药理作用

香茅酸有抗菌性，对金黄色葡萄球菌、枯草杆菌和大肠杆菌的 MIC 为 500×10^{-6}，对绿脓杆菌和黑色弗状菌的 MIC 为 1000×10^{-6}。

香茅酸与化妆品相关的药理研究见下表。

试验项目	浓度	效果说明
对蚊子的驱除	2％	驱除率：100.0％（0.5h 内测定）
对屋尘螨的杀死	0.1％	杀死率：92％

化妆品中应用

香茅酸早就用于食品，食品中的软饮料冰制食品、胶冻布丁、糖果烘烤食品等一般用量为 0.5mg/mL。可作为驱虫剂、抗菌剂用于香皂、洗涤剂、膏霜等产品。

香紫苏内酯（Sclareolide）

香紫苏内酯（Sclareolide）是一内酯类化合物，来自鼠尾草属唇形科香料植物香紫苏（Salvia Sclare），该植物在我国已开始引种。香紫苏内酯只能从此植物中提取。

化学结构

香紫苏内酯的结构

理化性质

香紫苏内酯为类白色或白色结晶状粉末，熔点 120～124℃，难溶于水，可溶于乙醇、甲醇、邻苯二甲酸二乙酯等有机溶剂。香紫苏内酯的 CAS 号为 564-20-5。

安全管理情况

国家食品药品监督管理总局 2014 年发布的《关于已使用化妆品原料名称目录的公告》、CTFA 和中国香化协会 2010 年版的《国际化妆品原料标准中文名称目录》都将香紫苏内酯作为化妆品原料，未见它外用不安全的报道。

药理作用

香紫苏内酯有广谱的抗菌性，对金黄色葡萄球菌、大肠杆菌、绿脓杆菌、枯草杆菌、白色念珠菌、痤疮丙酸杆菌、黄色弗状菌和青霉菌的 MIC 分别为 50μg/mL、500μg/mL、500μg/mL、10μg/mL、400μg/mL、40μg/mL、1000μg/mL 和 1000μg/mL。

香紫苏内酯与化妆品相关的药理研究见下表。

试验项目	浓度	效果说明
细胞培养对黑色素细胞的增殖促进	0.25μg/mL	促进率:116±7(空白 100)
脂肪细胞培养对脂肪分解的促进	5μg/mL	促进率:176.9(空白 100)
细胞培养对脂肪细胞增肥的抑制	5μg/mL	抑制率:54.1%
细胞培养对肿瘤细胞增殖的抑制	10μmol/L	抑制率:70%

化妆品中应用

香紫苏内酯广泛用作烟草风味剂；脂肪细胞培养中，对脂肪的分解有明显的促进作用，可减少脂肪细胞的体积，可用作减肥剂；香紫苏内酯可预防皮肤癌的发生，还可用作晒黑剂。

小麦蛋白（Wheat protein）

小麦蛋白（Wheat protein）属谷蛋白类物质，是禾本科植物种子所特有的蛋白质。在所有品种的麦蛋白中，以小麦种子中含蛋白质最高，应用也较普遍。小麦谷蛋白（Wheat gluten）是小麦蛋白中可溶于稀酸或稀碱的部分。水解小麦蛋白（Hydrolyzed wheat protein）和水解小麦谷蛋白（Hydrolyzed wheat gluten）是以酶法水解上述二种蛋白质成小分子肽的产物。

氨基酸组成

小麦蛋白的氨基酸组成见下表。

氨基酸名	摩尔分数	氨基酸名	摩尔分数
天冬氨酸	3.34	谷氨酸	36.02
丝氨酸	4.12	胱氨酸	0.64
缬氨酸	4.72	蛋氨酸	2.05
组氨酸	2.12	苯丙氨酸	5.38
甘氨酸	3.56	异亮氨酸	4.21
苏氨酸	2.62	亮氨酸	7.77
丙氨酸	2.95	赖氨酸	1.44
精氨酸	3.44	脯氨酸	10.74
酪氨酸	3.85	色氨酸	0.97

理化性质

水解小麦蛋白和水解小麦谷蛋白均溶于水。水解小麦蛋白的 CAS 号为 70084-87-6。

安全管理情况

国家食品药品监督管理总局 2014 年发布的《关于已使用化妆品原料名称目录的公告》、CTFA、欧盟和中国香化协会 2010 年版的《国际化妆品原料标准中文名称目录》都将水解小麦蛋白、水解小麦氨基酸和水解小麦谷蛋白作为化妆品原料，未见它们外用不安全的报道。

药理作用

水解小麦蛋白和水解小麦谷蛋白与化妆品相关的药理研究见下表。

试验项目	浓度	效果说明
水解小麦蛋白对超氧自由基的消除	5.31mg/mL	消除率：30.63%

续表

试验项目	浓度	效果说明
水解小麦蛋白对羟基自由基的消除	5.31mg/mL	消除率:42.13%
水解小麦蛋白对自由基DPPH的消除	5.31mg/mL	消除率:64.47%
新生儿包皮表皮角化细胞培养水解小麦蛋白对β-防卫素生成的促进	1%	促进率:300(空白100)
护发施用水解小麦谷蛋白对人头发破断的抑制	5%	抑制率:6.6%

化妆品中应用

水解小麦蛋白和水解小麦谷蛋白均有表面活性,有稳定乳化和促进泡沫的作用;水解小麦蛋白和水解小麦谷蛋白能迅速被皮肤或毛发吸收,无油腻感,有抗氧活性,有助于提高皮肤的屏障功能。

缬氨酸（Valine）

缬氨酸（Valine）是自然界中分布很广的氨基酸,也是人体八种必需氨基酸之一,它的天然食物来源包括谷物、奶制品、香菇、蘑菇、花生、大豆蛋白和肉类。缬氨酸现由微生物发酵法生产。

化学结构

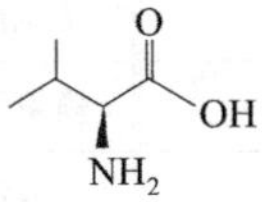

缬氨酸的结构

理化性质

缬氨酸为白色叶片状晶体（乙醇的水溶液）,熔点315℃（封闭毛细管）,可溶于水,在0℃时在一升水中可溶解83.4g,不溶于常见的中性有机溶剂,$[\alpha]_D^{23}$：+22.9°（$c=0.8$,在20%的盐酸水溶液中）。缬氨酸的CAS号为72-18-4。

安全管理情况

国家食品药品监督管理总局2014年发布的《关于已使用化妆品原料名称目录的公告》、CTFA和中国香化协会2010年版的《国际化妆品原料标准中文名称目录》都将缬氨酸作为化妆品原料,未见它外用不安全的报道。

药理作用

缬氨酸与化妆品相关的药理研究见下表。

试验项目	浓度	效果说明
涂覆对皮下毛细血管血流量的促进	0.5%	促进率:172(空白100)

续表

试验项目	浓度	效果说明
涂覆对皮肤水分含量的促进(电导率测定)	0.5%	促进率:137(空白100)
涂覆对青年男性毛发生长的促进	0.05μmol/L	促进率:102.9(空白100)
涂覆对老年男性毛发生长的促进	0.05μmol/L	促进率:102.6(空白100)

化妆品中应用

缬氨酸是一种必需氨基酸,当缬氨酸不足时,影响涉及到方方面面,最严重的神经系统功能会发生紊乱。因此与其他氨基酸相仿,有营养和调理皮肤的功能,同时可保湿、活血和加快创伤愈合。

泻根醇酸（Bryonolic acid）

泻根醇酸（Bryonolic acid）为三萜类化合物,在泻根属植物异株泻根（*Bryoniadioica*）、葫芦科植物（Luffa）如丝瓜中多量存在,也是中药白蔹、栝楼中的主要药效成分之一。可以泻根为原料提取。

化学结构

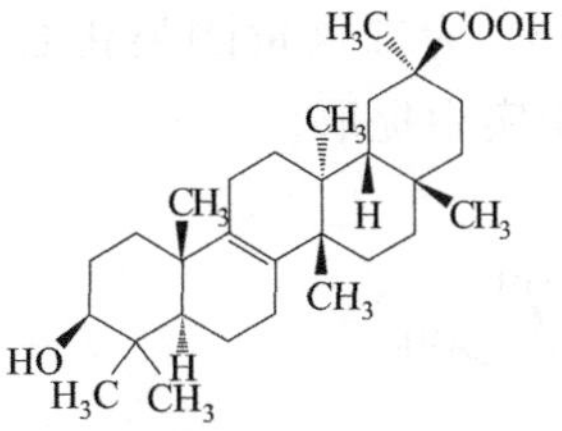

泻根醇酸的结构

理化性质

泻根醇酸为无色针状结晶（甲醇）,熔点 299~302℃,$[\alpha]_D^{20}$: +25.0°（$c=1.0$,吡啶）。泻根醇酸的 CAS 号为 24480-45-3。

安全管理情况

CTFA 将泻根醇酸作为化妆品原料,中国香化协会 2010 年版的《国际化妆品原料标准中文名称目录》中列入,国家食品药品监督管理总局 2014 年发布的《关于已使用化妆品原料名称目录的公告》尚未列入。泻根醇酸也是一种口服的抗炎药,未见毒性报道,也未见它外用不安全的报道。

药理作用

泻根醇酸与化妆品相关的药理研究见下表。

试验项目	浓度	效果说明
细胞培养对角质层细胞增殖的促进	4μg/mL	促进率:160(空白100)

试验项目	浓度	效果说明
对皮脂分泌的促进	1%	促进率:176.0(空白 100)
对 1 型皮肤过敏的抑制	300mg/kg	抑制率:32.4%
对由组胺引起小鼠耳朵浮肿的抑制	30mg/kg	抑制率:29.3%
对由 LPS 诱发 NO 生成的抑制		半抑制量 IC_{50}:(53.3±3.0)μmol/L
对 5α-还原酶活性的抑制	300mg/kg	抑制率:77.0%

化妆品中应用

泻根醇酸外用可刺激皮脂分泌,能改善皮脂的化学组成,增加皮脂中角鲨烷的含量,可从空白试验中角鲨烷含量的 10.4% 增加至 27.6%,因而能显著改善皮肤状况,适用于因皮脂过少分泌而引起的干性皮肤、老年皮肤和皮肤粗糙。泻根醇酸有抗过敏和抗炎性,能刺激细胞增生,用于油膏可生肌愈伤止痛,有很强的抑菌活性,抑菌能力与丝瓜皂苷相仿,可用于口腔卫生品。

新橙皮苷(Neohesperidin)

新橙皮苷(Neohesperidin)为二氢黄酮类化合物,存在于芸香科植物酸橙的果实。新橙皮苷可从中药枳实中提取。

化学结构

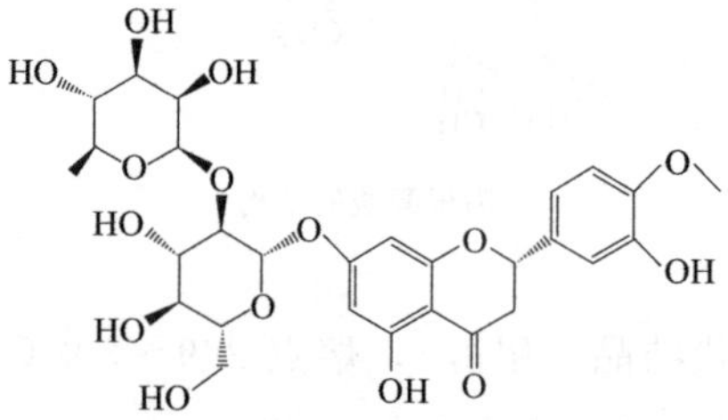

新橙皮苷的结构

理化性质

新橙皮苷为白色结晶性粉末(由稀乙醇或稀醋酸重结晶),熔点 236~237℃。易溶于热水,溶于热乙醇,不溶于乙醚;遇三氯化铁呈棕色;加 2% 盐酸或硫酸进行水解时,产生橘皮素、葡萄糖、鼠李糖各 1 分子。新橙皮苷的 CAS 号为 13241-33-3。

安全管理情况

CTFA 将新橙皮苷作为化妆品原料,中国香化协会 2010 年版的《国际化妆品原料标准中文名称目录》中列入,国家食品药品监督管理总局 2014 年发布的《关于已使用化妆品原料名称目录的公告》尚未列入,未见它外用不安全的报道。

药理作用

新橙皮苷与化妆品相关的药理研究见下表。

试验项目	浓度	效果说明
对脂质过氧化的抑制	13.3μg/mL	抑制率:58.2%
涂覆对皮下血管血流量增加的促进	2%	促进率:130.0(空白 100)
对金属蛋白酶 MMP-1 活性的抑制	100μmol/L	抑制率:100%
对 IgE 介导的小鼠皮肤过敏浮肿速发相的抑制	20mg/kg	抑制率:28.2%
对 IgE 介导的小鼠皮肤过敏浮肿迟发相的抑制	20mg/kg	抑制率:11.7%
对 IgE 介导的小鼠皮肤过敏浮肿超迟发相的抑制	20mg/kg	抑制率:21.9%

化妆品中应用

新橙皮苷有治愈毛细血管的脆性和血浆中蛋白质通透性过高的作用,曾被称为维持毛细血管通透性维生素或维生素 P,有活血作用;皮肤过敏有三个阶段,即速发相、迟发相和超迟发相,新橙皮苷均有抑制作用,显示具抗过敏功能;新橙皮苷还可用作防晒剂、抗氧剂和抗菌剂。

新橙皮苷二氢查尔酮(Neohesperidin dihydrochalcone)

新橙皮苷二氢查尔酮(Neohesperidin dihydrochalcone)为二氢黄酮类化合物,又名为 NHDC,少量存在于芸香科酸橙(Citrus Aurantium)的幼果,现以新橙皮苷为原料还原制取。

化学结构

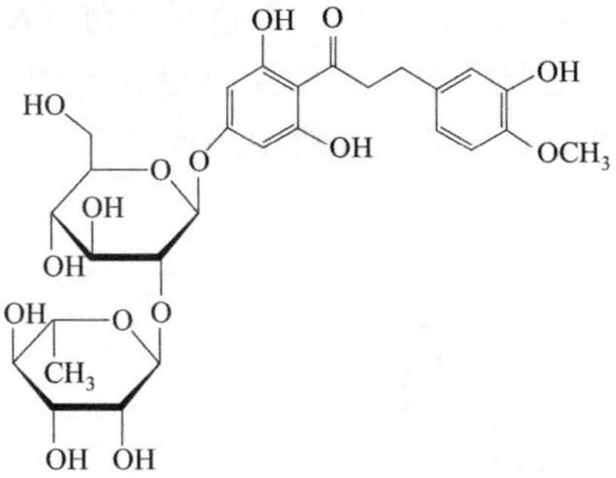

新橙皮苷二氢查尔酮的结构

理化性质

新橙皮苷二氢查尔酮为白色或类白色结晶性粉末,熔点 156~158℃,常温下极微溶于水(0.45g/L),易溶于热水(650g/L),溶于乙醇、甘油,不溶于乙醚和苯。在 270nm、310nm 左右有强烈的紫外吸收峰。新橙皮苷二氢查尔酮的 CAS 号为 20701-77-6。

安全管理情况

新橙皮苷二氢查尔酮是一食品添加剂。国家食品药品监督管理总局 2014 年发布的《关于已使用化妆品原料名称目录的公告》、CTFA 和中国香化协会 2010 年版的《国际化妆品原料标准中文名称目录》都将新橙皮苷二氢查尔酮作为化妆品原料，未见它外用不安全的报道。

药理作用

新橙皮苷二氢查尔酮与化妆品相关的药理研究见下表。

试验项目	浓度	效果说明
对超氧自由基的消除	0.1mmol/L	消除率：31.53%±0.82%
对羟基自由基的消除	5 mmol/L	消除率：23.49%±0.66%
对脂质过氧化的抑制	0.5mmol/L	抑制率：77.87%±3.22%
对紫外 UVB 照射下对细胞凋亡的抑制	500μg/mL	抑制率：50.3%
对金属蛋白酶 MMP-1 活性的抑制	0.006%	抑制率：100%
对白介素 L-4 生成的抑制		半抑制量 IC_{50}：>30μmol/L

化妆品中应用

新橙皮苷二氢查尔酮有甜味，甜度是蔗糖的 1500～1800 倍，可用作牙膏的甜味剂；新橙皮苷二氢查尔酮有抗氧性，有防晒功能，也有抗炎作用。

新鲁斯可皂苷元（Neoruscogenin）

新鲁斯可皂苷元（Neoruscogenin）属甾体皂苷，以其皂苷的形式存在于假叶树属植物假叶树（*Ruscus aculeatus*）、舌苞假叶树（*Ruscus hypoglossum*）的树皮和根茎，常与鲁斯可皂苷伴存。新鲁斯可皂苷元和鲁斯可皂苷元结构相似，只多一个双键。新鲁斯可皂苷元从假叶树中提取分离。

化学结构

新鲁斯可皂苷元的结构（R＝H）

理化性质

新鲁斯可皂苷元为类白色粉状物，不溶于水，能溶于丙酮、石油醚、氯仿等溶剂。新鲁斯可皂苷元的 CAS 号为 17676-33-4。

安全管理情况

国家食品药品监督管理总局 2014 年发布的《关于已使用化妆品原料名称目

录的公告》、CTFA 和中国香化协会 2010 年版的《国际化妆品原料标准中文名称目录》都将新鲁斯可皂苷元作为化妆品原料，未见它外用不安全的报道。

化妆品中应用

新鲁斯可皂苷元和鲁斯可皂苷性能相似，可参考鲁斯可皂苷的介绍。

杏仁蛋白（Almond protein）

甜杏仁蛋白水解物（Hydrolyzed sweet almond protein）和甜杏仁氨基酸（Sweet almond amino acids）来源于蔷薇科植物杏树（*Prunus armeniaca*）的果仁。杏仁有苦甜之分，甜杏仁形略大，左右对称，种皮淡棕色至暗棕色，微甜而不苦，在中国主要分布于华中、华北、西南各地。甜杏仁蛋白水解物（Hydrolyzed sweet almond protein）和甜杏仁氨基酸（Sweet almond amino acids）是将甜杏仁蛋白部分水解或完全水解的产物。

组成

甜杏仁（山西）蛋白中各重要氨基酸的含量见下表。

单位：%

氨基酸名	摩尔分数	氨基酸名	摩尔分数
天冬氨酸	11.00	谷氨酸	27.45
丝氨酸	4.29	半胱氨酸	0.64
缬氨酸	4.50	蛋氨酸	0.38
组氨酸	2.41	苯丙氨酸	5.53
甘氨酸	4.81	异亮氨酸	4.03
苏氨酸	2.28	亮氨酸	7.04
丙氨酸	10.16	赖氨酸	2.40
精氨酸	4.74	脯氨酸	5.15
酪氨酸	3.18		

理化性质

甜杏仁蛋白水解物和甜杏仁氨基酸均溶于水，甜杏仁蛋白的等电点为 4.5。

安全管理情况

国家食品药品监督管理总局 2014 年发布的《关于已使用化妆品原料名称目录的公告》、CTFA 和中国香化协会 2010 年版的《国际化妆品原料标准中文名称目录》都将杏仁蛋白水解物和甜杏仁氨基酸类作为化妆品原料，未见它外用不安全的报道。

药理作用

甜杏仁蛋白水解物与化妆品相关的药理研究见下表。

试验项目	浓度	效果说明
对自由基 DPPH 的消除	10mg/mL	消除率：69.8%
对超氧自由基的消除	30mg/mL	消除率：71.1%
对羟基自由基的消除	30mg/mL	消除率：57.9%

化妆品中应用

对甜杏仁蛋白功能性质的测定表明，甜杏仁蛋白的吸水和吸油能力均优于大豆分离蛋白；当乳化温度由20℃上升至50℃时，其乳化能力逐渐上升，60℃后乳化能力逐渐下降，乳化稳定性在40℃后显著下降；其起泡性不如大豆分离蛋白，而泡沫稳定性与大豆分离蛋白相似。甜杏仁蛋白水解物和甜杏仁氨基酸，能迅速被皮肤吸收，无油腻感，适合用作化妆品的护肤原料。

胸苷（Thymidine）

胸苷（Thymidine）由一分子的胸腺嘧啶和一分子的脱氧核糖组成，为DNA所含有的成分。胸苷在所有的生命体中均存在，但以化学合成为主。

化学结构

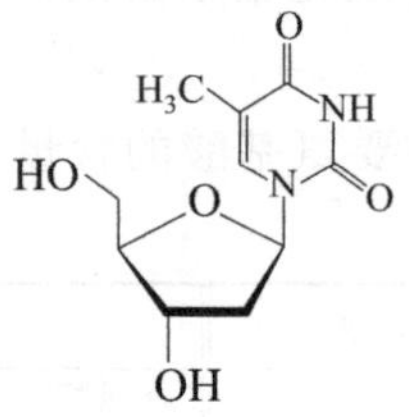

胸苷的结构

理化性质

胸苷为白色针状结晶性粉末，熔点187～189℃，可溶于水、甲醇、热乙醇、热丙酮、热乙酸乙酯、吡啶和冰乙酸，微溶于热氯仿。比旋光度 $[\alpha]_D^{25}$：+30.6°（$c=1.029$，水）。胸苷的CAS号为50-89-5。

安全管理情况

CTFA将胸苷作为化妆品原料，中国香化协会2010年版的《国际化妆品原料标准中文名称目录》中列入，国家食品药品监督管理总局2014年发布的《关于已使用化妆品原料名称目录的公告》尚未列入，未见它外用不安全的报道。

化妆品中应用

胸苷为DNA的组成成分，可用作营养性助剂，协同调理皮肤功能、刺激头发的生长和抑制毛发的脱落。

胸腺嘧啶（Thymine）

胸腺嘧啶（Thymine）是一种嘧啶碱，可从哺乳动物的胸腺中分离得到。胸腺嘧啶现可化学法合成。

化学结构

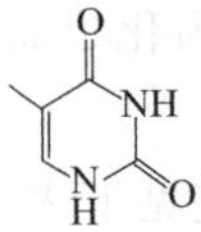

胸腺嘧啶的结构

理化性质

胸腺嘧啶为白色结晶粉末,熔点 335~337℃(分解),常温难溶于水,易溶于热水,微溶于醇,溶于碱液、酸、甲酰胺、DMF 及吡啶。胸腺嘧啶的 CAS 号为 65-71-4。

安全管理情况

国家食品药品监督管理总局 2014 年发布的《关于已使用化妆品原料名称目录的公告》、CTFA 和中国香化协会 2010 年版的《国际化妆品原料标准中文名称目录》都将胸腺嘧啶作为化妆品原料,未见它外用不安全的报道。

化妆品中应用

胸腺嘧啶有协助皮肤晒黑的作用,与二羟基丙酮等原料配合使用。

熊果苷(Arbutin)

β-熊果苷(Arbutin)属氢醌糖苷化合物,是杜鹃花科植物熊果(*Arotostaphylos uva-ursi L. spreng*)叶中的主要有效成分。其余含量较多的植物有长春花(*Catharanthus roseus*)、曼陀罗(*Datura innoxia*)、日本黄连(*Coptis japonica*)等,均有提取价值。它的 α-熊果苷是生化制品,但 β-熊果苷基本由化学合成。

化学结构

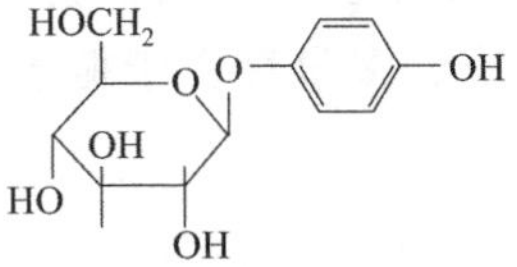

β-熊果苷

物化性质

β-熊果苷为白色针状结晶(乙酸乙酯),熔点 199.5℃,具强吸湿性,可溶于水和乙醇,在稀酸中易水解,不溶于氯仿、醚和石油醚,紫外吸收特征和吸光系数为 286nm(2190),比旋光度,化妆品用 β-熊果苷的纯度为 99%。α-熊果苷为白色针状结晶熔点 203~(207±1)℃,其余理化性质与 β-熊果苷。α-熊果苷和 β-熊果苷的 CAS 号分别为 84380-01-8 和 497-76-7。

安全管理情况

国家食品药品监督管理总局 2014 年发布的《关于已使用化妆品原料名称目

录的公告》、CTFA 和中国香化协会 2010 年版的《国际化妆品原料标准中文名称目录》都将 α-熊果苷和 β-熊果苷作为化妆品原料，未见它外用不安全的报道。

药理作用

熊果苷与化妆品相关的药理研究见下表。

试验项目	浓度	效果说明
在紫外照射下 β-熊果苷对成纤维细胞活性的促进	$0.1\mu mol/L$	促进率：135.5%（空白为 100）
细胞培养 β-熊果苷对弹性蛋白生成的促进	$1\mu mol/L$	促进率：107%（空白为 100）
β-熊果苷对酪氨酸酶活性的抑制	0.05%	抑制率：93%
β-熊果苷对 B-16 细胞活性的抑制	$300\mu g/mL$	抑制率：36%

化妆品中应用

熊果苷能显著抑制酪氨酸酶在皮层中的积累，对皮肤有漂白样作用，可用于防止皮肤色斑和雀斑，作用强于曲酸和抗坏血酸。α 型对酪氨酸酶活性的抑制力比 β 型强约 10 倍。有研究认为熊果苷的作用机理与氢醌相同，因为熊果苷在适当酸、酶存在下能释放游离的氢醌，因此熊果苷与氢醌一样在膏霜类化妆品中不够稳定。虽然熊果苷有美白功效，但用量不当反而可能促进黑色素的生成。熊果苷体外实验时能抑制蛋白质如胰岛素等的降解，能缓和和减少表面活性剂或染发剂对皮肤和毛发的刺激，同样也能促进皮肤细胞生长和帮助愈合伤口。人的皮肤细胞体外培养实验表明，熊果苷微量存在时（10^{-3} mmol/L），细胞生长速度有明显提高，对皮肤有护理功能。

熊果酸（Ursolic acid）

熊果酸（Ursolic acid）为三萜皂苷类化合物，最早见于杜鹃花科熊果的叶和果实，在植物草药中分布较广。多量存在于栀子果实和鼠尾草，批量生产一般以此为原料提取。

化学结构

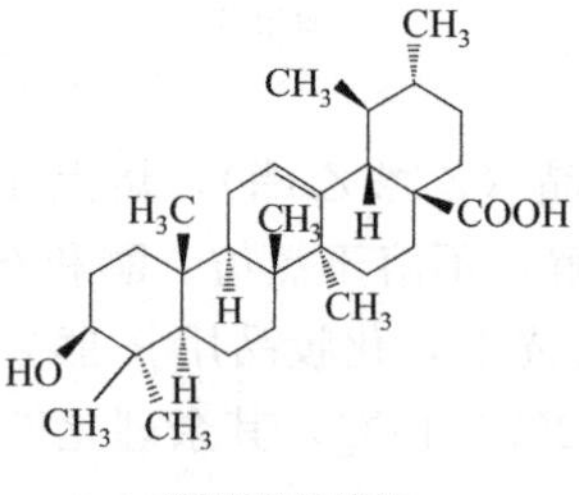

熊果酸的结构

理化性质

熊果酸为白色针状结晶（乙醇）易溶于二氧六环、吡啶、甲醇、乙醇、丁醇和丁酮，略溶于丙酮，微溶于苯、氯仿、乙醚、不溶于水和石油醚。比旋光度 $[\alpha]_D^{31}$：+65.3°（$c=0.45$，甲醇）。熊果酸的 CAS 号为 77-52-1。

安全管理情况

国家食品药品监督管理总局 2014 年发布的《关于已使用化妆品原料名称目录的公告》、CTFA 和中国香化协会 2010 年版的《国际化妆品原料标准中文名称目录》都将熊果酸作为化妆品原料，未见它外用不安全的报道。

药理作用

熊果酸体外对革兰阳性菌、阴性菌和酵母菌有抑制活性，对葡萄球菌、革兰阳性菌、革兰阴性菌和酵母菌的最低抑菌浓度分别为 300μg/mL、50～400μg/mL、200～800μg/mL 和 100～700μg/mL。

熊果酸与化妆品相关的药理研究见下表。

试验项目	浓度	效果说明
细胞培养对成纤维细胞增殖的促进	0.1μmol/L	促进率：187.1（空白 100）
UVA 照射下细胞培养对弹性蛋白生成的促进	1μmol/L	促进率：102.2（空白 100）
皱纹仪测定涂覆皮肤对皱纹减少的促进	0.05%	皱纹减少值：69.6%（与空白比较）
涂覆皮肤对经皮水分挥发的抑制	0.05%	抑制率：21.8%（与空白比较）
对脂肪酶活性的抑制	50μg/mL	抑制率：97%

化妆品中应用

熊果酸有抗菌性，在口腔卫生用品中应用可防止牙病和龋齿，用量为 0.5% 左右；可配合香波抗头屑剂，能调理头皮和抑制头屑；熊果酸具有明显的安定和降温作用，动物试验表明能明显降低大鼠的正常体温，外用也有抑汗效应，抑汗酊剂中可用入 5%；熊果酸可缓解皮肤紧张状态，松弛肌肉，能刺激真皮胶原蛋白的合成，在肤用品中用入起活肤保湿调理作用；熊果酸还可用作减肥剂。

雪松醇（Cedrol）

雪松醇（Cedrol）是松科植物中广泛存在的倍半萜化合物，也见于春黄菊、茶叶、柠檬、胡椒、生姜等的挥发油中，为其中的一个香气成分，可从香柏油中蒸馏分离。

化学结构

雪松醇的结构

理化性质

雪松醇为针状结晶（稀甲醇），熔点 86～87℃，沸点 277℃，$[\alpha]_D^{28}$：+9.9°

($c=5$,氯仿)。雪松醇的 CAS 号为 77-53-2。

安全管理情况

国家食品药品监督管理总局 2014 年发布的《关于已使用化妆品原料名称目录的公告》、CTFA 和中国香化协会 2010 年版的《国际化妆品原料标准中文名称目录》都将雪松醇作为化妆品原料,未见它外用不安全的报道。

药理作用

雪松醇有抗菌性,对大肠杆菌、枯草杆菌等有抑菌效果,但对酵母菌效率不大。

雪松醇与化妆品相关的药理研究见下表。

试验项目	浓度	效果说明
对 B-16 黑色素细胞活性的抑制	$20\mu mol/L$	抑制率:66.2%
对白介素 IL-4 生成的抑制		半抑制量 $IC_{50}:3.0\mu g/mL$

化妆品中应用

雪松醇经皮渗透性强,有使皮肤增湿作用,与其他活性成分配合如神经酰胺等用于老年化干性皮肤的护理和保湿;从对 IL-4 生成的抑制数据看,雪松醇有舒缓皮肤过敏功能,特别对高过敏性皮肤的作用更明显;雪松醇对黑色素细胞有抑制,可用于皮肤美白类制品。

鳕科鱼皮蛋白 (Gadidae protien)

鳕鱼为海洋深水鱼类,在我国有产。鳕鱼鱼皮富含蛋白质,约占鳕鱼鱼皮干物质的 50% 以上,其中主要是胶原蛋白。鳕鱼鱼皮可经酸碱或酶水解,得水解鳕科鱼皮蛋白 (Hydrolyzed gadidae protien),以低分子量的寡肽为主。水解的工艺对水解鳕科鱼皮蛋白的性质影响很大。

鳕科鱼皮蛋白的氨基酸组成

见下表。

单位:%

氨基酸名	摩尔分数	氨基酸名	摩尔分数
天冬氨酸	6.16	苏氨酸	2.45
丝氨酸	5.61	谷酰胺	8.58
甘氨酸	25.9	丙氨酸	11.07
半胱氨酸	0.27	缬氨酸	2.06
蛋氨酸	1.54	异亮氨酸	1.93
亮氨酸	2.44	酪氨酸	0.52
苯丙氨酸	2.08	赖氨酸	3.32
组氨酸	1.07	精氨酸	8.04
脯氨酸	7.63	羟脯氨酸	5.30

理化性质

水解鳕科鱼皮蛋白为一多肽的水溶液，有的有些腥味。

安全管理情况

国家食品药品监督管理总局 2014 年发布的《关于已使用化妆品原料名称目录的公告》、CTFA 和中国香化协会 2010 年版的《国际化妆品原料标准中文名称目录》都将水解鳕科鱼皮蛋白作为化妆品原料，未见它外用不安全的报道。

药理作用

水解鳕科鱼皮蛋白与化妆品相关的药理研究见下表。

试验项目	浓度	效果说明
对自由基 DPPH 的消除	10mg/mL	消除率：49.9%
对超氧自由基的消除	10mg/mL	消除率：41.5%
对羟基自由基的消除	1mg/mL	消除率：50.0%
恒温恒湿箱中进行称重法吸湿测定		1.0g 水解鳕科鱼皮蛋白吸湿至 1.19g

化妆品中应用

水解鳕科鱼皮蛋白有一定的表面活性，能稳定泡沫；能迅速被皮肤吸收，有抗氧和保湿功能，适合用作化妆品的护肤原料。

血红蛋白（Hemoglobin）

血红蛋白（Hemoglobin）是高等生物体内负责运载氧、使血液呈红色的一种蛋白质。血红蛋白分布最为广泛，存在于脊椎动物和部分无脊椎动物中。生物体不同，血红蛋白的结构也不同，即使都是脊椎动物，它们之间的血红蛋白也有很大差别，人血红蛋白也有 3 种类型。水解血红蛋白（Hydrolyzed hemoglobin）是以酶水解法水解血红蛋白后的产物，由肽和氨基酸组成。

血红蛋白的氨基酸组成

见下表。

单位：%

氨基酸名	摩尔分数	氨基酸名	摩尔分数
天冬氨酸	15.0	苏氨酸	3.2
丝氨酸	3.0	谷酰胺	13.4
脯氨酸	10.4	谷氨酸	7.6
丙氨酸	3.7	缬氨酸	4.1
半胱氨酸	1.2	蛋氨酸	痕量
异亮氨酸	3.0	亮氨酸	9.0
苯丙氨酸	4.3	组氨酸	9.2
赖氨酸	8.3	精氨酸	4.4

理化性质

水解血红蛋白为冷冻干燥粉末，有吸湿性，可溶于水。血红蛋白的 CAS 号为 9008-02-0。

安全管理情况

CTFA 将血红蛋白和解血红蛋白作为化妆品原料，中国香化协会 2010 年版的《国际化妆品原料标准中文名称目录》中列入，国家食品药品监督管理总局 2014 年发布的《关于已使用化妆品原料名称目录的公告》尚未列入，未见它们外用不安全的报道。

药理作用

人血红蛋白有选择性抗菌性，对大肠杆菌和白色念珠菌的 MIC 为 $2\mu g/mL$ 和 $50\mu g/mL$，而对金黄色葡萄球菌的 MIC 为 $20mg/mL$。人血红蛋白水解物中一 Hba 的肽（相对分子质量约 8000）对金黄色葡萄球菌、大肠杆菌、白色念珠菌 MIC 为 $14.2\mu mol/L$、$14.2\mu mol/L$ 和 $4.3\mu mol/L$。人血红蛋白有 SOD 样功能，对超氧自由基、羟基自由基、DPPH 都有一定程度的消除作用。血红蛋白浓度在 $0.25mg/mL$ 时，对超氧自由基的消除率为 42.1%。人血红蛋白有抗炎性，对白介素 IL-6、IL-8 和 IL-10 的水平有明显的降低作用。

化妆品中应用

血红蛋白有运载氧气、储存能量、抗菌、类酚氧化酶等功能，能参与细胞内的生化反应，其结合电子和传递电子的能力与辅酶相似，所以具有辅酶 Q10 样防皱和抗老的作用；因具结合氧的性质，可提供皮肤细胞"呼吸"的机会，可促进成纤维细胞的增殖和活性。

血清蛋白（Serum protein）

血清蛋白（Serum protein）是动物血浆中含量最多的蛋白质，占总蛋白的 55%。在结构上，血清蛋白基本以亮氨酸作末端基团，N 末端为天冬氨酸，因此亮氨酸在血清蛋白分子中的含量也较多。水解血清蛋白（Hydrolyzed serum protein）是用酶将血清蛋白水解为小分子肽的产物。

组成

血清蛋白中各重要氨基酸的含量见下表。

单位：%

氨基酸名	摩尔分数	氨基酸名	摩尔分数
天冬氨酸	6.58	谷氨酸	12.78
丝氨酸	0.10	胱氨酸	3.09
缬氨酸	7.25	蛋氨酸	2.49
组氨酸	2.65	苯丙氨酸	2.63
甘氨酸	5.31	异亮氨酸	4.83
苏氨酸	6.99	亮氨酸	12.79
丙氨酸	5.94	赖氨酸	11.78
精氨酸	5.43	脯氨酸	6.17
酪氨酸	3.28		

理化性质

血清蛋白可溶于水，对酸较稳定，受热可聚合变性，在浓度大时热稳定性小，在溶液中加入一些氯化钠或脂肪酸盐能提高它的稳定性；水解血清蛋白可溶于水，无变性行为。

安全管理情况

国家食品药品监督管理总局 2014 年发布的《关于已使用化妆品原料名称目录的公告》、CTFA 和中国香化协会 2010 年版的《国际化妆品原料标准中文名称目录》都将血清蛋白和水解血清蛋白作为化妆品原料，未见它外用不安全的报道。

药理作用

水解血清蛋白与化妆品相关的药理研究见下表。

试验项目	浓度	效果说明
对自由基 DPPH 的消除	1mg/mL	消除率：40.55%
对自由基 ABTS 的消除	1mg/mL	消除率：32%

化妆品中应用

在动物体内，血清蛋白可和许多活性物质可逆结合，起运载作用，因此血清蛋白是皮肤能够吸收的营养蛋白，经常与其他活性物质共用，提高它们的功效，适用敷施于枯泽、干皱型皮肤；血清蛋白有表面活性，可用作乳化剂和泡沫稳定剂。水解血清蛋白能迅速被皮肤吸收，无油腻感，有抗氧性，适合用作化妆品的护肤原料。

Y

亚精胺（Spermidine）

亚精胺（Spermidine）是聚胺的一种，在植物界广泛存在，以游离形式或以与脂肪酸、肉桂酸生成结合物的形式存在。如禾本科植物燕麦（*Avenasativa*），茄科植物番茄（*Lycopersion esculentum*），烟草（*Nicotiana tabacum*），豆科植物大豆（*Glycine max*）和许多其他植物中；动物中在心脏、精子和卵子中存在较多。亚精胺现可以化学法合成，商品是其盐酸盐的形式。

化学结构

亚精胺的结构

理化性质

亚精胺常温下以液态存在，无色化合物，沸点：128～130℃/14mmHg，在水、乙醚和乙醇中均可溶。亚精胺的 CAS 号为 334-50-9。

安全管理情况

CTFA 将亚精胺作为化妆品原料，中国香化协会 2010 年版的《国际化妆品原料标准中文名称目录》中列入，国家食品药品监督管理总局 2014 年发布的《关于已使用化妆品原料名称目录的公告》尚未列入，未见它外用不安全的报道。

药理作用

亚精胺盐酸盐与化妆品相关的药理研究见下表。

试验项目	浓度	效果说明
对含氧自由基的消除	$1\mu mol/L$	消除率：39.1%
对脂质过氧化的抑制	200×10^{-6}	抑制率：91.0%
细胞培养对人成纤维细胞增殖的促进	$1\mu mol/L$	促进率：113.01（空白 100）
对黑色素细胞活性的抑制	$0.1mol/L$	抑制率：10.6%
对白介素 IL-1β 生成的抑制	$5\mu mol/L$	抑制率：36.3%
对肿瘤坏死因子 TNF-α 生成的抑制	$10\mu mol/L$	抑制率：49.0%

化妆品中应用

亚精胺在植物中有调节生长的能力，有显著的抗氧性，特别在不饱和酸体系中，抗氧能力是 BHA 和 BHT 的 1.5 倍和 3 倍；亚精胺对皮肤成纤维细胞有增活作用，对生发有促进效果；亚精胺与脂肪酸配合能增加乳状液的稳定性，在高水的油包水体系中，用量在 0.01%～0.5%；亚精胺可提高抗炎和免疫能力。

亚麻酸（Linolenic acid）

亚麻酸（Linolenic acid）是十八碳三烯不饱和酸，主要有 α-亚麻酸和 γ-亚麻酸两种结构，烯烃均为顺式，两者都为人体必需脂肪酸。α-亚麻酸在植物的种子油脂中普遍存在，在菜籽油中占 10%，在豆油中占 8%；γ-亚麻酸存在于人乳及某些种子植物、孢子植物的油中，如柳叶科月见草（*Oenothera biennis*）其种子油中含 γ-亚麻酸 7%～10%。亚麻酸从上述提到的油脂中提取。

化学结构

α-亚麻酸的结构

γ-亚麻酸的结构

理化性质

α-亚麻酸和 γ-亚麻酸为无色或淡黄色油状液体，可与油脂混溶，不溶于水和乙醇，易被氧化，遇空气可自动氧化生成坚硬膜壁，紫外吸收特征波长是 210nm。γ-亚麻酸的 CAS 号为 463-40-1。

安全管理情况

国家食品药品监督管理总局 2014 年发布的《关于已使用化妆品原料名称目录的公告》、CTFA、欧盟和中国香化协会 2010 年版的《国际化妆品原料标准中文名称目录》都将亚麻酸作为化妆品原料，未见它外用不安全的报道。

药理作用

亚麻酸有抗菌性，γ-亚麻酸对金黄色葡萄球菌和痤疮丙酸杆菌的 MIC 分别为 $512\mu g/mL$ 和 $64\mu g/mL$，对口腔致病菌变异链球菌、白色念珠菌、牙龈卟啉单胞菌、具核梭杆菌和中间普氏菌的 MIC 分别为 $19.53\mu g/mL$、$625\mu g/mL$、$9.76\mu g/mL$、$9.76\mu g/mL$ 和 $19.53\mu g/mL$。

亚麻酸与化妆品相关的药理研究见下表。

试验项目	浓度	效果说明
对脂质过氧化的抑制	60×10^{-6}	是同浓度的 BHT 的 86.4%
细胞培养 γ-亚麻酸对细胞增殖的促进作用	$100\mu mol/L$	促进率：202.3（空白 100）
涂覆 γ-亚麻酸对皮肤刺激的抑制	2.0%	抑制率：53%

续表

试验项目	浓度	效果说明
γ-亚麻酸对活性物渗透的促进	0.1μmol/L	促进率：176.2(空白 100)
α-亚麻酸对活性物渗透的促进	0.1μmol/L	促进率：166.0(空白 100)
γ-亚麻酸对环氧合酶-1 活性的抑制	100×10^{-6}	抑制率：92.4%
γ-亚麻酸对 LPS 诱发的环氧合酶-2 活性的抑制	25μmol/L	抑制率：43.0%(与空白比较)

化妆品中应用

γ-亚麻酸属于维生素 F 样物质，外用是优秀的调理剂和营养补充剂，能增进血液流通和细胞的新陈代谢，与硫辛酸、氨基酸等物质配合时对皮肤的护理效果更好；在发水中用入（0.1%），与烟酸衍生物配合可补充发根毛囊的营养，刺激生发；亚麻酸助渗作用强，与磷脂制成的脂质体，可和顺表皮血脉；γ-亚麻酸因其抗炎性和抗菌性可用于开放性粉刺（黑头粉刺）的防治，牙膏中用入可防止牙病。

亚油酸（Linoleic acid）

亚油酸（Linoleic acid）为二烯全顺式不饱和十八碳酸，常以甘油酯的形式存在于动植物油脂中，在若干种植物籽油中含量较高，如花生油为亚油酸 26%，豆油为 57.5%，菜油为 15.8%，亚油酸在人的皮脂中也有存在。通常将油脂酶法水解，然后分离是制取亚油酸的常用方法。

化学结构

$$CH_3(CH_2)_4\underset{H}{\overset{}{\diagdown}}=\underset{H}{\overset{}{\diagup}}(CH_2)_7COOH$$

亚油酸的结构

理化性质

亚油酸是无色油状物，沸点 229～230℃（2.13kPa），在空气中易氧化，但亚油酸的酯类较稳定，易溶于醚、无水乙醇和石油醚，不溶于甘油和水，在空气中易发生自氧化。亚油酸的 CAS 号为 60-33-3。

安全管理情况

国家食品药品监督管理总局 2014 年发布的《关于已使用化妆品原料名称目录的公告》、CTFA、欧盟和中国香化协会 2010 年版的《国际化妆品原料标准中文名称目录》都将亚油酸作为化妆品原料，未见它外用不安全的报道。

药理作用

亚油酸有抗菌性，对口腔致病菌变异链球菌、白色念珠菌、牙龈卟啉单胞菌、具核梭杆菌和中间普氏菌的 MIC 分别为 19.53μg/mL、156.25μg/mL、

9.76μg/mL、312.50μg/mL 和 39.06μg/mL。

亚油酸与化妆品相关的药理研究见下表。

试验项目	浓度	效果说明
细胞培养对细胞增殖的促进作用	100μmol/L	促进率:140.5(空白 100)
对脂质过氧化的抑制	60×10^{-6}	是同浓度的 BHT 的 88%
涂覆对皮肤刺激的抑制	2.0%	抑制率:50%
对环氧合酶-1 活性的抑制	100×10^{-6}	抑制率:86.7%
对环氧合酶-2 活性的抑制	100×10^{-6}	抑制率:94.7%

化妆品中应用

亚油酸是人和动物营养中必需的脂肪酸,有维生素 F 功能,主要用作化妆品的营养性助剂。研究发现,如亚油酸缺少,会引起皮肤脂质合成障碍,皮脂腺开口处表皮分化异常,易致痤疮、粉刺,因此可添加亚油酸用于防治;有抗炎和抗菌性,牙膏中用入可防止牙病。

烟酸 (Nicotinic acid)

烟酸(Nicotinic acid)又名尼克酸,是人体必需的 13 种维生素之一,是一种水溶性维生素,属于维生素 B 族。现以合成法制取。

化学结构

烟酸的结构

理化性质

烟酸为无色针状结晶,熔点 234~238℃,微酸味,在空气中稳定,对酸、碱、热等都稳定,1g 烟酸可溶于 60mL 水,易溶于沸水和热醇、丙二醇、氯仿、氢氧化钠和碳酸钠水溶液,不溶于醚和脂类溶剂,紫外特征吸收波长为 263nm。烟酸的 CAS 号为 59-67-6。

安全管理情况

国家食品药品监督管理总局 2014 年发布的《关于已使用化妆品原料名称目录的公告》、CTFA、欧盟和中国香化协会 2010 年版的《国际化妆品原料标准中文名称目录》都将烟酸作为化妆品原料,未见它外用不安全的报道。

药理作用

烟酸与化妆品相关的药理研究见下表。

试验项目	浓度	效果说明
对细胞内氧自由基的消除	1mmol/L	消除率:67.1%
表皮细胞培养对脑酰胺生成的促进	1μmol/L	促进率:510(空白 100)
细胞培养对内皮细胞凋亡的抑制	1mmol/L	抑制率:14.6%

化妆品中应用

如果体内缺乏烟酸，皮肤经日光照射后可发生红肿、粗糙等现象，叫做烟酸缺乏症。在皮肤用品中用入有抗溃疡，愈合伤口，治疗粉刺等作用，可显著减轻一些合成化合物对皮肤的刺激感，有活血和增进血液流通的功效，有研究认为烟酸的上述活肤效果与它能促进皮肤的脑酰胺的生物合成有关。

烟酰胺（Niacinamide）

烟酰胺（Niacinamide）广泛存在于动物肉类、肝、肾，花生，米糠和酵母内，属维生素类物质，也称维生素 B_3。现以合成法制取。

化学结构

烟酰胺的结构

理化性质

烟酰胺为白色结晶性粉末，熔点 $129\sim131$℃，无臭或几乎无臭，味苦，在水或乙醇中易溶，在甘油中溶解，1g 溶于 1mL 水、1.5mL 醇及 10mL 甘油。烟酰胺的 CAS 号为 98-92-0。

安全管理情况

国家食品药品监督管理总局 2014 年发布的《关于已使用化妆品原料名称目录的公告》、CTFA、欧盟和中国香化协会 2010 年版的《国际化妆品原料标准中文名称目录》都将烟酰胺作为化妆品原料，未见它外用不安全的报道。

药理作用

烟酰胺与化妆品相关的药理研究见下表。

试验项目	浓度	效果说明
涂覆烟酰胺对皮肤水分蒸发量的抑制	0.1%	抑制率：50.5%
表皮细胞培养烟酰胺对脑酰胺生成的促进	1μmol/L	促进率：580(空白 100)
斑贴试验烟酰胺对角质层代谢速度的促进	1.0%	促进率：9.6%（与空白比较）
烟酰胺对白介素 IL-1α 生成的抑制	2.0%	抑制率：46.4%
小鼠试验烟酰胺对其毛发生长的促进	0.1%	促进率：128(空白 100)

化妆品中应用

烟酰胺是辅酶Ⅰ和辅酶Ⅱ的组成部分，参与体内脂质代谢，组织呼吸的氧化过程和糖类无氧分解的过程。烟酰胺可用作生发剂、保湿剂和营养剂。

岩藻糖（Fucose）

岩藻糖（Fucose）是六碳糖的一种，又称 6-脱氧-L-半乳糖，并可以看做是一种甲基戊糖。常见于各种海藻中。自然界存在的岩藻糖绝大多数为 L-岩藻糖，现从海藻中提取。

化学结构

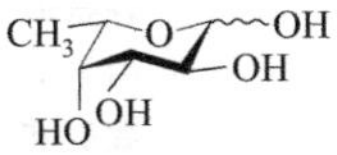

岩藻糖的结构

理化性质

岩藻糖为白色结晶，熔点 150～153℃，易溶于水，在水中的溶解度为 10%，不溶于乙醇。岩藻糖的 CAS 号为 2438-80-4。

安全管理情况

CTFA 将岩藻糖作为化妆品原料，中国香化协会 2010 年版的《国际化妆品原料标准中文名称目录》中列入，国家食品药品监督管理总局 2014 年发布的《关于已使用化妆品原料名称目录的公告》尚未列入，未见它外用不安全的报道。

药理作用

岩藻糖与化妆品相关的药理研究见下表。

试验项目	浓度	效果说明
成纤维细胞培养对弹性蛋白原生成的促进	10μg/mL	促进率:144.8(空白 100)
细胞培养对胶原蛋白生成的促进	10μg/mL	促进率:161.6(空白 100)
对金属蛋白酶 MMP-9 活性的抑制	10μg/mL	抑制率:57%
对金属蛋白酶 MMP-2 活性的抑制	10μg/mL	抑制率:6%
动物试验对大鼠生发的促进	1%	生发面积增加率:21.3%

化妆品中应用

岩藻糖对人体成纤维细胞的活性有很好的促进，有利于弹性纤维的维护和生成，可用于抗皱抗衰化妆品；从其对金属蛋白酶活性的抑制来看，岩藻糖有一定的免疫调节和抗炎作用。

燕麦蛋白（Oat protein）

燕麦是我国西部和北方常见的粮食作物。燕麦中蛋白质的含量是小麦的 1.6 倍、是大米的 3 倍。将燕麦蛋白（Oat protein）用酶或酸碱水解，得水解燕麦蛋白（Hydrolyzed oat protein）。水解燕麦蛋白由小分子的肽组成。

燕麦的氨基酸组成

见下表。

单位：%

氨基酸名	摩尔分数	氨基酸名	摩尔分数
天冬氨酸	11.4	苏氨酸	3.8
丝氨酸	5.4	谷氨酸	16.1
甘氨酸	6.2	丙氨酸	5.5
胱氨酸	1.5	缬氨酸	5.6
蛋氨酸	0.7	异亮氨酸	4.76
亮氨酸	7.8	酪氨酸	3.4
苯丙氨酸	5.8	赖氨酸	4.4
组氨酸	2.3	色氨酸	1.1
精氨酸	8.5	脯氨酸	5.1

理化性质

水解燕麦蛋白的小分子肽相对分子质量在 200～15000 之间，可溶于水。

安全管理情况

国家食品药品监督管理总局 2014 年发布的《关于已使用化妆品原料名称目录的公告》、CTFA、欧盟和中国香化协会 2010 年版的《国际化妆品原料标准中文名称目录》都将水解燕麦蛋白和水解燕麦氨基酸作为化妆品原料，未见它们外用不安全的报道。

药理作用

水解燕麦蛋白与化妆品相关的药理研究见下表。

试验项目	浓度	效果说明
细胞培养对转化生长因子-β 生成的促进	5%	促进率：398.6（空白 100）

化妆品中应用

水解燕麦蛋白能迅速被皮肤和毛发吸收，无油腻感，适合用作化妆品的营养护肤原料；转化生长因子-β 也称为多功能增殖因子，存在于皮肤真皮层内，它的增加即等同于纤维芽细胞的增殖、胶原蛋白生成的促进，因此水解燕麦蛋白可增加皮层胶原蛋白的含量，维护皮肤构质完整，保持皮肤弹性，有抗衰抗皱功能；水解燕麦蛋白有一定的表面活性，有助乳化、起泡和稳泡作用。

叶黄素（Xanthophyll）

叶黄素（Xanthophyll 或 Lutein）属于类胡萝卜素，也为光合色素，普遍存在于绿叶的蔬菜。叶黄素由若干结构十分近似异构体组成，它们之间的差别是个别不饱和键的顺反不同，全反式叶黄素的比例最大。叶黄素在万寿菊鲜花中含量丰富，叶黄素也只能来源于万寿菊鲜花提取物的深加工。

化学结构

全反式叶黄素的结构

理化性质

叶黄素是一种亲油性的物质,通常不溶于水,易溶于油脂和脂肪性溶剂,在乙醇中的溶解度为 0.3g/L,在丙酮中的溶解度为 0.8/L。纯的叶黄素为棱格状黄色晶体,有金属光泽,对光和氧不稳定,需贮存于阴凉干燥处,避光密封。叶黄素的 CAS 号为 127-40-2。

安全管理情况

国家食品药品监督管理总局 2014 年发布的《关于已使用化妆品原料名称目录的公告》、CTFA、欧盟和中国香化协会 2010 年版的《国际化妆品原料标准中文名称目录》都将作为化妆品原料,未见它外用不安全的报道。

药理作用

叶黄素与化妆品相关的药理研究见下表。

试验项目	浓度	效果说明
对脂质过氧化的抑制	1mmol/L	抑制率:33%±2.1%
对超氧自由基的消除	50μg/mL	消除率:64.39%
对自由基 DPPH 的消除		半消除率:14.09μg/mL
对羟基自由基的消除		半消除率:44.79μg/mL
黑色素细胞培养对黑色素生成的抑制	10μmol/L	抑制率:38.5%
对前列腺素 PGE$_2$ 生成的抑制	0.01%	抑制率:21%
细胞培养对脂肪细胞增殖的抑制	1.0μmol/L	抑制率:14.4%

化妆品中应用

叶黄素可用作食用和化妆品色素,也是营养性助剂和调理剂;叶黄素有抗氧性,作用与类胡萝卜素相当;能显著吸收紫外线,在护肤品中用入能避免阳光灼射下的日照性红斑,是理想的防晒剂,也有美白皮肤的作用;叶黄素有抗炎性,效果优于类胡萝卜素;叶黄素对脂肪细胞的增殖有抑制作用,可用作减肥剂。

叶绿酸 (Chlorophyllin)

叶绿酸 (Chlorophyllin) 广泛存在于绿色叶菜类中,其中以菠菜居多,含量可到 5.7%。现主要从蚕沙中提取。化妆品中采用的是叶绿酸的盐类衍生物,如叶绿酸铜、叶绿酸铜配合物和叶绿酸铁配合物。

化学结构

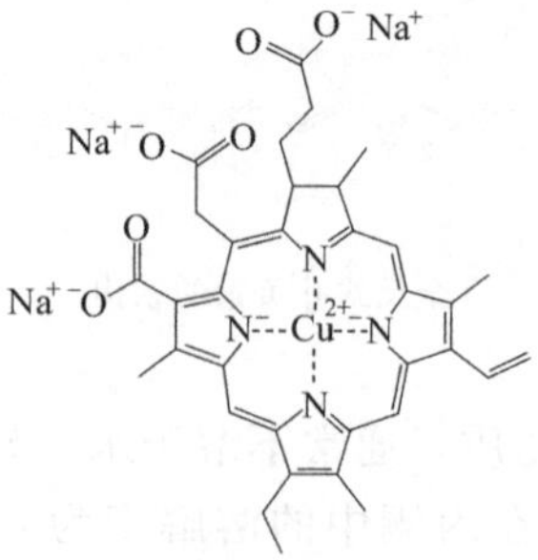

叶绿酸铜配合物的结构

理化性质

叶绿酸铜络合物为绿色粉末，叶绿酸铁络合物都为墨绿色粉末，这两者是水溶性色素。叶绿酸铜则是脂溶性绿色色素。它们的含量要求在90%以上。叶绿酸铜的CAS号为11006-34-1。

安全管理情况

国家食品药品监督管理总局2014年发布的《关于已使用化妆品原料名称目录的公告》、CTFA、欧盟和中国香化协会2010年版的《国际化妆品原料标准中文名称目录》都将叶绿酸铜、叶绿酸铜配合物和叶绿酸铁配合物作为化妆品原料，未见它们外用不安全的报道。

药理作用

叶绿酸铜浓度在0.01%时对大肠杆菌、金黄色葡萄球菌、绿脓杆菌、白色念珠菌和黑色弗状菌均有抑制作用，对金黄色葡萄球菌、大肠杆菌的MIC分别为0.125%和1%；浓度在0.1%时可完全抑制痤疮丙酸杆菌的生长。

叶绿酸衍生物与化妆品相关的药理研究见下表。

试验项目	浓度	效果说明
叶绿酸铜对自由基DPPH的消除	1.0%	消除率:25.7%
叶绿酸铜配合物对超氧自由基的消除	0.5mg/mL	消除率:52.0%
叶绿酸铜配合物对羟基自由基的消除	250μg/mL	消除率:39.8%
对甲醛致大鼠足趾肿胀的抑制	1%	抑制率:56.0%
叶绿酸铜配合物对环氧合酶-2活性的抑制	1.28mg/mL	抑制率:90%
叶绿酸铜配合物对γ射线辐射伤害的抑制	50μmol/L	抑制率:48.3%

化妆品中应用

叶绿酸衍生物有较强的杀菌功能，可用于口腔卫生用品，也是许多除臭剂中的活性成分；叶绿酸衍生物有抗氧性和抗炎性，医疗上具有促进胃肠溃疡面的愈合等功能，可用于粉刺的防治。

叶酸（Folic Acid）

叶酸（Folic Acid）又名维生素 BC，广泛存在于各种水果、茶叶和蔬菜中，在芒果（*Mangifera indicaL.*）的果实、荔枝（*Litchi chinensis Sonn*）的果肉、东当归根（*Angelica acutiloba*）中的含量较高。提取天然叶酸，可以酵母或植物的绿叶组织为原料。

化学结构

叶酸的结构

理化性质

叶酸为苍柠檬黄至浅橙色针状结晶（pH=3 的水溶液），在 250℃以上碳化，$[\alpha]_D^{25}$：+23.0°（$c=0.5$，0.1mol/L 氢氧化钠），尚易溶于热水、乙醇、乙酸、苯酚和吡啶，微溶于冷水，不溶于丙酮和氯仿，紫外最大吸收波长和摩尔吸光系数是 259nm（32360）和 368nm（7400）。叶酸的 CAS 号为 59-30-3。

安全管理情况

国家食品药品监督管理总局 2014 年发布的《关于已使用化妆品原料名称目录的公告》、CTFA、欧盟和中国香化协会 2010 年版的《国际化妆品原料标准中文名称目录》都将叶酸作为化妆品原料，未见它外用不安全的报道。

药理作用

叶酸与化妆品相关的药理研究见下表。

试验项目	浓度	效果说明
对羟基自由基的消除	31μg/mL	消除率：73.68%
对超氧自由基的消除	62μg/mL	消除率：66.54%
对脂质过氧化的抑制	0.5mmol/L	抑制率：37.3%
纤维细胞培养对其增殖的促进	40μg/mL	促进率：104.1（空白 100）
毛发根鞘细胞培养对其增殖的促进	10×10^{-6}	促进率：116（空白 100）
对由 SDS 引发白介素 IL-1α 释放的抑制	0.1%	抑制率：45.1%

化妆品中应用

叶酸是制造红血球不可缺少的物质，可帮助蛋白质代谢，为十分重要的辅酶。外用中叶酸可以活化皮肤表皮细胞，促进水分的保养和营养成分的吸收，可减轻皮肤的角化速度，从而达到美容养肤和嫩化皮肤的目的；在发乳中用入，有利于生发,使毛发的发径增粗。

胰蛋白酶(Trypsin)

胰蛋白酶(Trypsin)属水解蛋白酶,存在于所有哺乳动物的胰脏,可从牛、猪的胰脏中提取。胰蛋白酶是分解蛋白质中由 L-精氨酸或 L-赖氨酸的羧基所构成的肽链、酰胺键、酯键等的酶。

理化性质

胰蛋白酶为白色或类白色结晶粉末,能溶于水,不溶于乙醇、甘油、氯仿、乙醚。水溶液对热不稳定,在室温中经过 3h 其效力损失 75%,60℃以上变性失效。故贮藏温度不应超过 20℃。溶液最好新鲜配制使用,以防失效和变性。胰蛋白酶的 CAS 号为 9002-07-7。

安全管理情况

CTFA 将胰蛋白酶作为化妆品原料,中国香化协会 2010 年版的《国际化妆品原料标准中文名称目录》中列入,国家食品药品监督管理总局 2014 年发布的《关于已使用化妆品原料名称目录的公告》尚未列入,未见它外用不安全的报道。

药理作用

胰蛋白酶与化妆品相关的药理研究见下表。

试验项目	浓度	效果说明
涂覆对毛发脱除的促进	0.001%	促进率:650(空白 100)
小鼠剃毛后涂覆三周,对毛发生长的抑制	1%	抑制率:25.6%

化妆品中应用

除非保存在冰箱中,胰蛋白酶在常温下会逐渐失活直至完全没有活性,因此在化妆品、洗粉、浴盐中使用的胰蛋白酶都应加入酶稳定剂并且制成微胶囊形式。可将胰蛋白酶粉末与氯化钠先混匀后制成细球状,外面覆盖一层由樟脑 50 份、PVP 0.7 份、乙二醇 0.2 份、酒精 7.0 份组成的溶液,低温真空抽干即成。樟脑或薄荷脑是胰蛋白酶的稳定剂。胰蛋白酶可在洗粉等非水制品中应用,分解和清除体表排泄物或表面角质层因新陈代谢而脱落的鳞屑、疤痂等;可用作脱毛剂,也能对毛发的生长有抑制作用。

胰酶(Pancreatin)

胰酶(Pancreatin)是自猪胰中提取的多种酶的混合物,主要由胰蛋白酶、胰淀粉酶与胰脂肪酶组成。胰蛋白酶能使蛋白质转化为蛋白胨,胰淀粉酶能使淀粉转化为糖,胰脂肪酶则能使脂肪分解为甘油及脂肪酸,这后二者与普通的淀粉酶和脂肪酶差别不大。

理化性质

　　胰酶为类白色至微带黄色的粉末；微臭，但无霉败的臭气；有引湿性；水溶液煮沸或遇酸即失去酶活力。胰酶的 CAS 号为 8049-47-6。

安全管理情况

　　国家食品药品监督管理总局 2014 年发布的《关于已使用化妆品原料名称目录的公告》、CTFA 和中国香化协会 2010 年版的《国际化妆品原料标准中文名称目录》都将胰酶作为化妆品原料，未见它外用不安全的报道。

化妆品中应用

　　胰酶主要用于皮革工业、酶法脱毛，也可用于纺织印染工业。在化妆品中的应用可分别参考胰蛋白酶、淀粉酶和脂肪酶条。

异阿魏酸（Isoferulic acid）

　　异阿魏酸（Isoferulic acid）为肉桂酸衍生物，可见于毛茛科植物升麻（*Cimicifuga foetida*）根茎。异阿魏酸经氢氧化钠简单中和得异阿魏酸钠。异阿魏酸现可以化学法合成。

化学结构

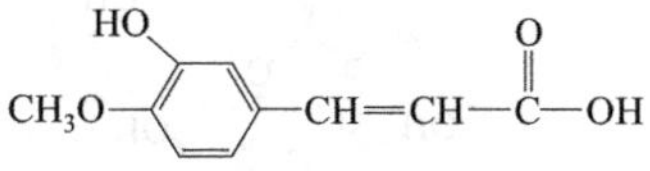

异阿魏酸的结构

理化性质

　　异阿魏酸为白色针状结晶，熔点 230～236℃，可溶于乙醇。异阿魏酸钠的 CAS 号为 110993-57-2。

安全管理情况

　　CTFA 将异阿魏酸作为化妆品原料，中国香化协会 2010 年版的《国际化妆品原料标准中文名称目录》中列入，国家食品药品监督管理总局 2014 年发布的《关于已使用化妆品原料名称目录的公告》尚未列入，未见它外用不安全的报道。

药理作用

　　异阿魏酸和异阿魏酸钠与化妆品相关的药理研究见下表。

试验项目	浓度	效果说明
异阿魏酸对自由基 DPPH 的消除		半抑制量 EC_{50}:1.393mg/mL
异阿魏酸对脂质过氧化的抑制	12.5mmol/L	抑制率:49.3%
人的表皮角质化细胞培养异阿魏酸对谷胱甘肽还原酶活性的促进	1μg/mL	促进率:128(空白 100)

续表

试验项目	浓度	效果说明
异阿魏酸钠对 B-16 黑色素细胞活性的抑制	0.1%	抑制率:60%
细胞培养异阿魏酸对巨噬细胞炎性蛋白-2活性的抑制	5μmol/L	抑制率:36.2%

化妆品中应用

异阿魏酸对谷胱甘肽还原酶活性有促进,谷胱甘肽还原酶可将氧化型谷胱甘肽转化至还原型谷胱甘肽,有抗衰抗老作用;异阿魏酸还可用作抗氧剂、增白剂和抗炎剂。

异栎素(Isoquercitrin)

异栎素(Isoquercitrin)应名异槲皮苷,属黄酮醇类化合物,在茶叶、葵花油中多量存在,是其中的有效成分之一,柿树(*Diospyros kaki*)的叶、柴胡(*Bupleurum rotundifolium*)的叶茎中也有存在。可从新鲜的桑树树叶中提取。

化学结构

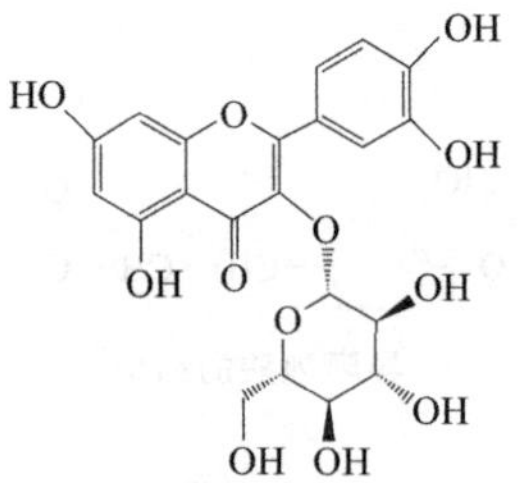

异栎素的结构

理化性质

异栎素为黄色针状结晶(水),熔点 225~227℃,几乎不溶于冷水,略溶于沸水,溶于碱溶液显深黄色,可溶于乙醇、氯仿。它的紫外吸收特征峰波长(nm)和吸光系数为:366(25390)和 258(26300)。异栎素的 CAS 号为 21637-25-2。

安全管理情况

国家食品药品监督管理总局 2014 年发布的《关于已使用化妆品原料名称目录的公告》、CTFA 和中国香化协会 2010 年版的《国际化妆品原料标准中文名称目录》都将异栎素作为化妆品原料,未见它外用不安全的报道。

药理作用

异栎素与化妆品相关的药理研究见下表。

试验项目	浓度	效果说明
对羟基自由基的消除		半消除量 EC_{50}:53.2μmol/L
对超氧自由基的消除		半消除量 EC_{50}:172.7μmol/L

续表

试验项目	浓度	效果说明
对脂质过氧化的抑制		半抑制量 IC_{50}：$8.03\mu mol/L$
对表皮角化细胞的增殖促进	$10\mu g/mL$	促进率：230.8(空白 100)
对白介素 IL-4 生成的抑制		半抑制量 IC_{50}：$>30\mu mol/L$
对脂肪酶活性的抑制	$100\mu g/mL$	抑制率：95%
对 5α-还原酶活性的抑制	$0.1mmol/L$	抑制率：48%

化妆品中应用

异栎素在化妆品中的应用与槲皮素相似，是 UVA 区的光防护剂；可用于皮肤粗糙、老化严重的护肤品以防止肌肤的进一步受到伤害，或增强皮肤成纤维细胞的活性，修复和再生蛋白质 DNA 链；经白介素、毛细血管渗透性等试验，表明具有抗炎作用；对 5α-还原酶的活性有抑制，说明异栎素对因雄性激素偏高而引起的脱发有很好的防治作用，可用于生发、粉刺制品。

异亮氨酸（Isoleucine）

L-异亮氨酸（Isoleucine）都属于必需氨基酸，在所有生物体内都有存在，在人的毛发中含量丰富。与亮氨酸在结构上不同的是其甲基的位置，因此异亮氨酸比亮氨酸多一个手性。异亮氨酸可从动物毛发的水解液中提取。

化学结构

L-异亮氨酸的结构

理化性质

L-异亮氨酸菱形叶片状或片状晶体，味有点儿苦，熔点 284℃，易溶于水，微溶于乙醇。L-异亮氨酸的 CAS 号为 73-32-5。

安全管理情况

国家食品药品监督管理总局 2014 年发布的《关于已使用化妆品原料名称目录的公告》、CTFA、欧盟和中国香化协会 2010 年版的《国际化妆品原料标准中文名称目录》都将异亮氨酸作为化妆品原料，未见它外用不安全的报道。

药理作用

异亮氨酸与化妆品相关的药理研究见下表。

试验项目	浓度	效果说明
细胞培养对上皮细胞增殖的促进	$1.5mmol/L$	促进率：375.1(空白 100)

续表

试验项目	浓度	效果说明
角质层细胞培养对 AMP 生成的促进	2%	促进率:200(空白 100)
涂覆对皮下毛细血管血流量增加的促进	0.5%	促进率:177(空白 100)
涂覆对皮肤水分含量的促进	0.5%	促进率:142(空白 100)
对 Rad 蛋白抗体活性提高的促进	3.3μg/mL	促进率:108(空白 100)

化妆品中应用

异亮氨酸是具有特殊生理活性的营养剂;异亮氨酸在头发中含量较高,另外,亮氨酸侧面的带有分支的碳链显示一定的亲脂性,所以易为毛发吸收,因此较多用于护发、生发、防脱发制品;异亮氨酸还有保湿和抗炎功能。

异纤精酮(Isoleptospermone)

异纤精酮(Isoleptospermone)属倍半萜类化合物,在扫帚叶澳洲茶(*Leptospermum scoparium*)、互生叶白千层(*Melaleuca alternifolia*)等的澳洲植物的精油中存在,在夏天,异纤精酮在扫帚叶澳洲茶精油中的含量达 9.6%。异纤精酮可从澳洲茶精油中分离提取。

化学结构

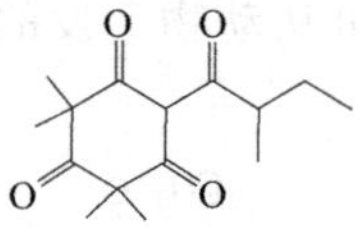

异纤精酮的结构

理化性质

异纤精酮为无色液体,微溶于水,可溶于乙醇、丙酮和氯仿。异纤精酮的 CAS 号为 5009-05-2。

安全管理情况

CTFA 将异纤精酮作为化妆品原料,中国香化协会 2010 年版的《国际化妆品原料标准中文名称目录》中列入,国家食品药品监督管理总局 2014 年发布的《关于已使用化妆品原料名称目录的公告》尚未列入,未见它外用不安全的报道。

药理作用

异纤精酮有抗菌性,对金黄色葡萄球菌、大肠杆菌、绿脓杆菌和白色念珠菌的 MBC 分别为 0.0067%、0.21%、0.21% 和 0.053%。对螨虫等有杀灭作用,在一 60cm^3 的测试箱中加入 0.1mg,杀灭率超过 95%。

化妆品中应用

异纤精酮可用作抗菌剂和驱虫剂。

银杏双黄酮（Ginkgo biflavones）

双黄酮是黄酮的二聚物，银杏双黄酮（Ginkgo biflavones）存在银杏叶，以秋天未黄时的叶中含量最高，双黄酮含 1.7%～1.9%，为银杏叶总黄酮中的主要药效成分。银杏双黄酮由若干双黄酮化合物如银杏黄素（Ginkgetin）、白果素（Bilobetin）、阿曼托黄酮（Amentoflavon）和异银杏双黄酮（Isoginkgetin）等组成，上述四者是银杏双黄酮中的主要成分。银杏双黄酮可从银杏叶中提取。

化学结构

银杏双黄酮——银杏黄素的结构

理化性质

银杏黄素为黄色针状结晶，不溶于水，可溶于乙醇和甲醇，在乙醇中的紫外吸收特种封波长（吸光系数）为：212nm（76000）、271.5nm（42200）和335nm（40000）。

安全管理情况

CTFA 将银杏双黄酮作为化妆品原料，中国香化协会 2010 年版的《国际化妆品原料标准中文名称目录》中列入，国家食品药品监督管理总局 2014 年发布的《关于已使用化妆品原料名称目录的公告》尚未列入，未见它外用不安全的报道。

药理作用

银杏双黄酮有抗菌性，阿曼托黄酮对大肠杆菌的 MIC 为 $8\mu g/mL$，银杏黄素和白果素对霉菌黑斑病菌的 IC_{50} 分别为 $14.1\mu mol/L$ 和 $23.0\ \mu mol/L$。

银杏双黄酮与化妆品相关的药理研究见下表。

试验项目	浓度	效果说明
小鼠试验异银杏双黄酮对 SOD 活性的促进	3mg/kg	促进率:1.8%
白果素对人表皮角化细胞增殖的促进	$0.1\mu mol/L$	促进率:121.9±0.4(空白 100)
银杏黄素对环氧合酶-2 活性的抑制		半抑制量 IC_{50}:0.75 $\mu mol/L$
异银杏双黄酮对黑色素细胞增殖的促进	$5\mu mol/L$	与空白比较促进增殖 11.5 倍
白果素对老鼠毛发生长的促进	$0.1\mu mol/L$	促进率:125.6(空白 100)

化妆品中应用

银杏双黄酮能增进血液循环，肤用品中用入也有活血调理活肤功能，与维生素 E 协同效果明显；银杏双黄酮可用作抗菌剂、晒黑剂、抗炎剂和生发剂。

银杏叶萜类（Ginkgo leaf terpenoids）

银杏叶萜类（Ginkgo leaf terpenoids）来源于银杏科银杏（*Ginkgo biloba*）的叶，是若干二萜类化合物如银杏内酯类、白果内酯类的混合物，其中以银杏内酯为主。银杏内酯类化合物中，含量上银杏内酯 A 含量最大，而银杏内酯 B 的活性最好。银杏内酯 B 的含量在 0.1%～0.25%。银杏叶萜类只能从银杏叶中提取。

化学结构

银杏内酯 A 的结构

理化性质

银杏内酯 A 为白色针晶，熔点 330～332℃，溶解于乙酸乙酯、甲醇、乙醇、二甲亚砜等溶剂。银杏叶萜类的 CAS 号为 15291-75-5。

安全管理情况

CTFA 将银杏叶萜类作为化妆品原料，中国香化协会 2010 年版的《国际化妆品原料标准中文名称目录》中列入，国家食品药品监督管理总局 2014 年发布的《关于已使用化妆品原料名称目录的公告》尚未列入，未见它外用不安全的报道。

药理作用

银杏内酯有抗菌性，对金黄色葡萄球菌、粪肠杆菌的 MIC 分别是 $25\mu g/mL$ 和 $56\mu g/mL$。对皮屑芽孢菌也有很好的抑制作用。

银杏叶萜类化合物与化妆品相关的药理研究见下表。

试验项目	浓度	效果说明
银杏内酯 A 对雌激素样性能的促进	6.25×10^{-6}	促进率:119.5±2.1(空白 100)
银杏内酯 B 对雌激素样性能的促进	6.25×10^{-6}	促进率:121.6±2.2(空白 100)
小鼠试验银杏内酯 B 对 IL-1β 生成的抑制	20mg/kg	抑制率 26.4%
小鼠试验银杏内酯 B 对 IL-5 生成的抑制	40mg/kg	抑制率 50.6%
小鼠试验银杏内酯 B 对 IL-13 生成的抑制	40mg/kg	抑制率 51.5%
小鼠试验银杏内酯 B 对前列腺素 E2 生成的抑制	40mg/kg	抑制率 37.0%

化妆品中应用

银杏叶萜类的抗菌性，在香波中使用可抑制头屑；银杏叶萜类有雌激素样作用，对睾丸激素偏高的脂溢性脱发有抑制；银杏叶萜类还可用作抗炎剂。

吲哚乙酸（Indole acetic acid）

吲哚乙酸（Indole acetic acid）是一种植物体内普遍存在的内源生长素，属吲哚类化合物，又名茁长素、生长素、异生长素，现在采用化学法合成。

化学结构

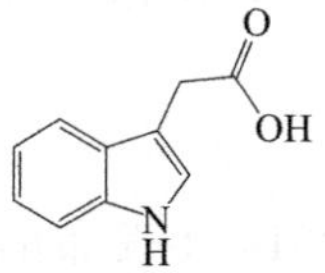

吲哚乙酸的结构

理化性质

吲哚乙酸是无色叶状晶体或结晶性粉末，遇光后变成玫瑰色。熔点165～166℃。易溶于水，易溶于无水乙醇、醋酸乙酯、二氯乙烷，可溶于乙醚和丙酮，不溶于苯、甲苯、汽油及氯仿。其水溶液能被紫外光分解，但对可见光稳定。其钠盐、钾盐比酸本身稳定，易脱羧成3-甲基吲哚。吲哚乙酸的CAS号为87-54-1。

安全管理情况

国家食品药品监督管理总局2014年发布的《关于已使用化妆品原料名称目录的公告》、CTFA和中国香化协会2010年版的《国际化妆品原料标准中文名称目录》都将吲哚乙酸作为化妆品原料，未见它外用不安全的报道。

药理作用

吲哚乙酸与化妆品相关的药理研究见下表。

试验项目	浓度	效果说明
在UVB下对人称纤维细胞凋亡的抑制	1mmol/L	抑制率:12.7%
涂覆对皮肤伤口愈合的促进	2%	促进率:25.2%
涂覆对皮肤红斑发生的抑制	2%	抑制率8.8%
对5α-还原酶活性的抑制	0.1mmol/L	抑制率:72%
小鼠试验对其毛发再生面积的促进	1%	促进率:155.0(空白100)

化妆品中应用

吲哚乙酸有抗炎性，对皮肤伤口愈合有促进作用，可用于痤疮的防治；可刺激生发，对因睾丸激素偏高而引起的脱发有抑制作用。

硬脂酮（Stearone）

硬脂酮（Stearone）又名18-三十五烷基酮，为长碳链的羰基化合物，可见于木鳖子（Momordica cochinchinensis）的油脂提取物中。硬脂酮可用化学法合成。

化学结构

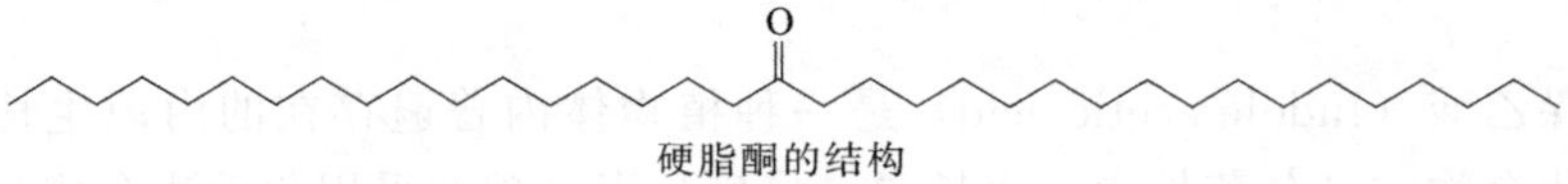

硬脂酮的结构

理化性质

硬脂酮为白色晶体，熔点 89℃，不溶于水和乙醇，可溶于乙醚和石油醚。硬脂酮的 CAS 号为 504-53-0。

安全管理情况

国家食品药品监督管理总局 2014 年发布的《关于已使用化妆品原料名称目录的公告》、CTFA 和中国香化协会 2010 年版的《国际化妆品原料标准中文名称目录》都将硬脂酮作为化妆品原料，未见它外用不安全的报道。

化妆品中应用

硬脂酮可用作肤用和发用的油脂性原料，在皮肤或头发上施用有优异的润滑感。

右旋糖酐（Dextran）

右旋糖酐又称葡聚糖（Dextran），存在于某些微生物如乳酸菌在生长过程中分泌的黏液中。葡聚糖具有较高的分子量，相对分子质量 5000～2000000，主要由 D-葡萄吡喃糖以 α，1→6 键连接，支链点有 1→2、1→3、1→4 连接的。随着微生物种类和生长条件的不同，其结构也有差别。

化学结构

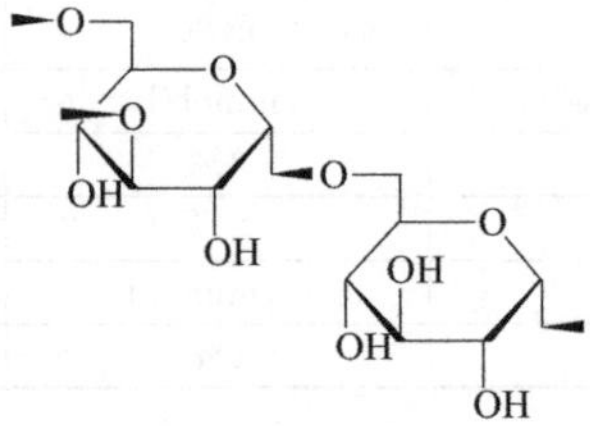

葡聚糖的结构

理化性质

葡聚糖为白色无臭无味粉末，溶于水，在乙醇中不溶，它具有高的比旋光度，$[\alpha]_D: +199°$（水）。葡聚糖的 CAS 号为 9004-54-0。

安全管理情况

国家食品药品监督管理总局 2014 年发布的《关于已使用化妆品原料名称目录的公告》、CTFA、欧盟和中国香化协会 2010 年版的《国际化妆品原料标准中

文名称目录》都将葡聚糖作为化妆品原料，未见它外用不安全的报道。
药理作用
葡聚糖与化妆品相关的药理研究见下表。

试验项目	浓度	效果说明
纤维母细胞培养对胶原蛋白生成的促进	0.001%	促进率:120(空白 100)
细胞培养对角质细胞增殖的促进	0.1%	促进率:114.1±5.5(空白 100)
涂覆对皮肤角质层含水量提高的促进	500×10^{-6}	促进率:111.7(空白 100)
老鼠试验对其毛发脱落的抑制	0.1%	抑制率:69.0%

化妆品中应用
葡聚糖对皮层细胞的活性有很好的促进作用，有活肤功能，兼之其保湿能力，可用于抗衰化妆品；葡聚糖对小分子酸如α-羟基酸有结合作用，使其不易渗透而留在皮层表面发挥效用，因此能减缓α-羟基酸对皮肤更深的渗透而引起的刺激。

柚皮苷（Naringin）

柚皮苷（Naringin）为二氢黄酮化合物，来源于芸香科植物柚子（*Citrus grandis*）类植物的果实，在枸橘（*Poncirus trifoliate*）的果实也有存在。柚皮苷可以柚子皮为原料提取。

化学结构

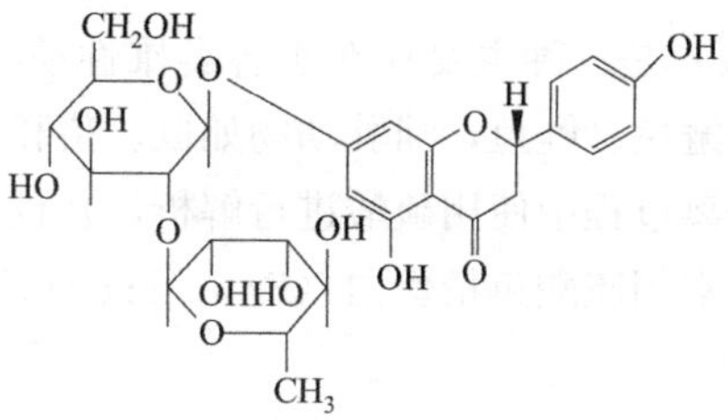

柚皮苷的结构

理化性质
柚皮苷为无色粉状物，常带六到八个结晶水，熔点 171℃，柚皮苷在一升水中可溶解 1g，可溶于丙酮、乙醇、热醋酸和热水，不溶于乙醚、己烷和氯仿。紫外最大吸收波长和摩尔吸光系数为 283nm（14700）和 326nm（3110），$[\alpha]_D^{19}$：−82°（乙醇）。柚皮苷的 CAS 号为 10236-47-2。

安全管理情况
国家食品药品监督管理总局 2014 年发布的《关于已使用化妆品原料名称目录的公告》、CTFA 和中国香化协会 2010 年版的《国际化妆品原料标准中文名称目录》都将柚皮苷作为化妆品原料，未见它外用不安全的报道。

药理作用

柚皮苷与化妆品相关的药理研究见下表。

试验项目	浓度	效果说明
对超氧自由基的消除	50μmol/L	消除率:22.5%
对自由基 DPPH 的消除	6μmol/L	消除率:38.4%
对黄嘌呤氧化酶活性的消除	200μmol/L	消除率:40.3%
对脂质过氧化的抑制	50μmol/L	消除率:17.5%
5J/cm² UVA 照射对光毒性的抑制		半抑制量 IC_{50}:0.02%
对经皮水分散失的抑制(TEWL)	50μmol/L	抑制率:80.9%
对脂肪酶活性的抑制	100μg/mL	抑制率:96%
对白介素 IL-4 生成的抑制	200μmol/L	抑制率:51.2%
对细胞间接着的抑制	0.001%	抑制率:25%
对过氧化物酶激活受体(PPAR)的活化促进	50μmol/L	活化倍数:114.12

化妆品中应用

柚皮苷具甜味,可用作食品甜味剂;在皮肤护理应用中,有较广谱的抗氧能力和对光毒性的抑制,在化妆品中使用可防止皮肤的老化,增白皮肤,抑制老年色斑的产生,虽然效力不如其他的黄酮化合物,但来源较方便;柚皮苷有很好的抗炎活性,可活化角朊细胞来参与伤口表皮的重新形成和迁移,在皮肤损伤愈合过程中起着重要作用;柚皮苷还可用作保湿剂。

鱼精蛋白 (Protamine)

鱼精蛋白 (Protamine) 是一种主要存在于各类雄性动物成熟精巢组织中的多聚阳离子肽。在多种鱼类如鲢鱼、鲑鱼,哺乳动物如鼠、猪和人的成熟精巢组织中均提取到鱼精蛋白。由于在分离过程中使用硫酸进行解析,并且鱼精蛋白与硫酸结合后产品稳定,所以市售的产品常用硫酸鱼精蛋白 (Protamine sulfate) 这一形式。

鱼精蛋白的氨基酸组成

鱼精蛋白(鲢鱼)中各重要氨基酸的含量见下表。

单位:%

氨基酸名	摩尔分数	氨基酸名	摩尔分数
天冬氨酸	5.5	谷氨酸	10.70
丝氨酸	4.94	半胱氨酸	0
缬氨酸	4.98	蛋氨酸	0.98
组氨酸	2.75	苯丙氨酸	1.67
甘氨酸	5.33	异亮氨酸	3.51
苏氨酸	5.43	亮氨酸	7.36
丙氨酸	8.47	赖氨酸	19.08
精氨酸	11.54	脯氨酸	3.79
酪氨酸	3.96		

理化性质

鱼精蛋白为碱性蛋白质,分子量在一万以下,加热不凝固,等电点 pH 为 10~12 之间。硫酸鱼精蛋白可溶于水。硫酸鱼精蛋白的 CAS 号为 9009-65-8。

安全管理情况

CTFA 将鱼精蛋白作为化妆品原料,中国香化协会 2010 年版的《国际化妆品原料标准中文名称目录》中列入,国家食品药品监督管理总局 2014 年发布的《关于已使用化妆品原料名称目录的公告》尚未列入,未见它外用不安全的报道。

药理作用

硫酸鱼精蛋白有抗菌性,对绿脓杆菌、大肠杆菌、金黄色葡萄球菌、枯草杆菌的 MIC 分别为 200μg/mL、100μg/mL、200μg/mL 和 200μg/mL。对牙齿致病菌如变异链球菌和远缘链球菌的 MIC 均为 200μg/mL。

鱼精蛋白与化妆品相关的药理研究见下表。

试验项目	浓度	效果说明
对羟基自由基的消除		半消除量 EC_{50}:0.418g/L
细胞培养对平滑肌细胞增殖的促进	5μg/mL	促进率:129.8(空白 100)

化妆品中应用

硫酸鱼精蛋白已经在食品中应用以防腐,也可用作化妆品的防腐剂,也可用于口腔卫生用品来预防蛀牙;鱼精蛋白有活肤作用,是一营养剂。

鱼血浆蛋白 (Fish plasma protein)

鱼血浆蛋白 (Fish plasma protein) 应名为鱼原生质蛋白。化妆品可采用的是鱼原生质蛋白水解物。原生质是鱼细胞内生命物质的总称,它的主要成分是蛋白质、核酸和脂质。在原生质的干物质中,以蛋白质的含量为最多,约占 60% 以上,有的可达 80%,不同种类的鱼原生质蛋白相差有 20% 左右。鱼原生质蛋白水解物一般以酶法如胃蛋白酶、胰蛋白酶等水解而成,主要为氨基酸和寡肽,最后喷雾干燥成型。

鱼血浆蛋白氨基酸的组成

见下表。

单位:%

氨基酸名	摩尔分数	氨基酸名	摩尔分数
天冬氨酸	8.24	缬氨酸	4.99
丝氨酸	3.46	牛磺酸	6.06
赖氨酸	7.97	精氨酸	4.58

续表

氨基酸名	摩尔分数	氨基酸名	摩尔分数
异亮氨酸	3.54	脯氨酸	5.45
酪氨酸	2.37	甘氨酸	8.36
组氨酸	4.65	蛋氨酸	2.28
胱氨酸	1.02	亮氨酸	7.68
苏氨酸	4.00	苯丙氨酸	3.51
谷氨酸	12.53	色氨酸	0.48
丙氨酸	8.82		

理化性质

鱼血浆蛋白为无定形粉状物,主要是水溶性蛋白,可溶于水。

安全管理情况

CTFA 将鱼血浆蛋白作为化妆品原料,中国香化协会 2010 年版的《国际化妆品原料标准中文名称目录》中列入,国家食品药品监督管理总局 2014 年发布的《关于已使用化妆品原料名称目录的公告》尚未列入,未见它外用不安全的报道。

药理作用

鲷鱼鱼血浆蛋白与化妆品相关的药理研究见下表。

试验项目	效果说明
对自由基 DPPH 的消除	半消除量 $IC_{50}:75\ \mu g/mL$
对羟基自由基的消除	半消除量 $IC_{50}:32\mu g/mL$
对超氧自由基的消除	半消除量 $IC_{50}:310\mu g/mL$
对脂质过氧化的抑制	半消除量 $IC_{50}:34\mu g/mL$

化妆品中应用

鱼血浆蛋白可用作调理剂和皮肤营养剂,有润肤和抗衰作用。

羽扇豆蛋白(Lupine protein)

羽扇豆蛋白(Lupine protein)来源于羽扇豆,羽扇豆属豆科羽扇豆属植物,有白羽扇豆、黄羽扇豆等,我国有栽培。水解羽扇豆蛋白即将羽扇豆蛋白经酶、酸或碱水解后的产物。

化学结构

羽扇豆蛋白的重要氨基酸组成见下表。

单位:%

氨基酸名	摩尔分数	氨基酸名	摩尔分数
赖氨酸	19.17	组氨酸	3.04
缬氨酸	2.35	苏氨酸	2.69
半胱氨酸	1.73	蛋氨酸	1.73
亮氨酸	4.43	异亮氨酸	5.83
酪氨酸	2.90	苯丙氨酸	2.91

理化性质

水解羽扇豆蛋白为淡黄色粉末，可溶于水，不溶于酒精。

安全管理情况

国家食品药品监督管理总局 2014 年发布的《关于已使用化妆品原料名称目录的公告》、CTFA 和中国香化协会 2010 年版的《国际化妆品原料标准中文名称目录》都将水解羽扇豆蛋白作为化妆品原料，未见它外用不安全的报道。

药理作用

羽扇豆蛋白水解多肽与化妆品相关的药理研究见下表。

试验项目	浓度	效果说明
对胶原蛋白酶活性的抑制	1.0%	抑制率:65%
对胰蛋白酶活性的抑制	6.25mg/mL	抑制率:89.5%
对脲酶活性的抑制	6.25mg/mL	抑制率:96.1%
对金属蛋白酶 MMP-2 活性的抑制	1%	抑制率:57%
对金属蛋白酶 MMP-9 活性的抑制	1%	抑制率:39%

化妆品中应用

水解羽扇豆蛋白有表面活性，可稳定乳状液体系；对胰蛋白酶活性的抑制显示其有增白皮肤的作用；水解羽扇豆蛋白还可用作抗衰剂、抑臭剂和抗炎剂。

玉米醇溶蛋白（Zein）

玉米醇溶蛋白（Zein）有时也称为玉米蛋白，但这两者是不能等同的。玉米醇溶蛋白存在于玉米种子中，是玉米蛋白的一部分，占玉米总蛋白质的 45%～50%。玉米醇溶蛋白根据其在乙醇水溶液中溶解度的不同，有 α、β、γ 等类型，以 α 为主，占玉米醇溶蛋白的 80% 以上。

氨基酸组成

玉米醇溶蛋白各重要氨基酸的含量见下表。

单位:%

氨基酸名	摩尔分数	氨基酸名	摩尔分数
天冬氨酸	4.5	谷氨酸	1.5
丝氨酸	5.7	半胱氨酸	0.8
缬氨酸	3.1	蛋氨酸	2.0
组氨酸	1.1	苯丙氨酸	6.8
甘氨酸	0.7	异亮氨酸	6.2
苏氨酸	2.7	亮氨酸	19.3
丙氨酸	8.3	赖氨酸	—
精氨酸	1.8	脯氨酸	9.0
酪氨酸	5.1	谷酰胺	21.4

理化性质

玉米醇溶蛋白为类白色乳状物,微溶于水,可溶于乙醇的水溶液,相对分子质量范围在 9600~44000,平均相对分子质量 35000 左右,等电点 6.2。玉米醇溶蛋白的 CAS 号为 9010-66-6。

安全管理情况

国家食品药品监督管理总局 2014 年发布的《关于已使用化妆品原料名称目录的公告》、CTFA 和中国香化协会 2010 年版的《国际化妆品原料标准中文名称目录》都将玉米醇溶蛋白作为化妆品原料,未见它外用不安全的报道。

药理作用

玉米醇溶蛋白与化妆品相关的药理研究见下表。

试验项目	浓度	效果说明
对自由基 DPPH 的消除	0.1mg/mL	消除率:40.6%
对羟基自由基的消除	5.0mg/mL	消除率:36.9%

化妆品中应用

玉米醇溶蛋白有表面活性,可稳定乳状液体系;玉米醇溶蛋白可用于面膜的制作,可形成一坚韧、柔滑和抗水的薄膜,能抵御微生物,并有保湿、抗氧和护理皮肤的作用。

玉米蛋白(Corn protein)

普通玉米中蛋白质(Corn protein)的平均含量为 12% 左右,其中约 75% 分布在胚乳中。水解玉米蛋白(Hydrolyzed corn protein)是对玉米蛋白进行酶水解、酸或碱水解后、滤除水不溶物、脱水干燥的产物。

氨基酸组成

中国东北产玉米蛋白水解物中氨基酸的组成见下表。

单位:%

氨基酸名	摩尔分数	氨基酸名	摩尔分数
谷氨酸	23.03	亮氨酸	21.92
丙氨酸	10.99	组氨酸	9.24
苯丙氨酸	8.16	脯氨酸	6.87
天冬氨酸	4.32	缬氨酸	3.49
异亮氨酸	3.19	赖氨酸	1.46
苏氨酸	1.25	甘氨酸	1.20
精氨酸	0.58	蛋氨酸	0.08
丝氨酸	0.05		

理化性质

玉米蛋白水解物为淡黄色粉末,可溶于水,等电点在 pH 为 6 左右。

安全管理情况

CTFA 将玉米蛋白水解物作为化妆品原料，中国香化协会 2010 年版的《国际化妆品原料标准中文名称目录》中列入，国家食品药品监督管理总局 2014 年发布的《关于已使用化妆品原料名称目录的公告》尚未列入，未见它外用不安全的报道。

药理作用

水解玉米蛋白与化妆品相关的药理研究见下表。

试验项目	浓度	效果说明
对自由基 DPPH 的消除		半抑制量 IC_{50}：1.16mg/mL
对超氧自由基的消除	10mg/mL	消除率：40.1%
对亚油酸酯质过氧化的抑制	1.0mg/mL	抑制率相当于同浓度的 α-生育酚 13%

化妆品中应用

水解玉米蛋白有一定的表面活性，能稳定泡沫，pH 为 6 偏高一些时稳定能力更强；水解玉米蛋白能迅速被皮肤吸收，无油腻感，适合用作化妆品的护肤原料。

玉米素（Zeatin）

玉米素（Zeatin）属细胞分裂素类或细胞分裂激素，微量存在于玉米种子的胚胎中。玉米素有顺反两种构型，以反式的结构为主。玉米素现已能化学合成生产，也可发酵制取。

化学结构

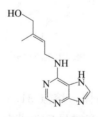

反式玉米素的结构

理化性质

反式玉米素为白色片状结晶（无水乙醇），熔点 210℃，易溶于稀酸和稀碱，难溶于水、醇、醚和丙酮，紫外最大吸收波长为 270nm。玉米素的 CAS 号为 1637-39-4。

安全管理情况

CTFA 将玉米素作为化妆品原料，中国香化协会 2010 年版的《国际化妆品原料标准中文名称目录》中列入，国家食品药品监督管理总局 2014 年发布的

《关于已使用化妆品原料名称目录的公告》尚未列入，未见它外用不安全的报道。

药理作用

玉米素与化妆品相关的药理研究见下表。

试验项目	浓度	效果说明
成纤维细胞培养对细胞增殖的促进	1μmol/L	促进率:126.1(空白 100)
小鼠涂覆试验在 UVB 照射下对皮肤发红程度的抑制	0.1%	抑制率:33.3%
细胞培养在 UVB 照射下对 AQP3 表达下调的抑制		浓度在 80μmol/L 时有明显的抑制效果

化妆品中应用

玉米素在皮肤上使用，可促进皮层细胞的正常增值，有抗皱作用；玉米素对 AQP3（水通道蛋白 3）的维持有促进作用，有利于皮肤水分的保持；玉米素有防晒功能。

愈创木薁（Guaiazulene）

愈创木薁（Guaiazulene）属倍半萜类化合物，可见于老鹳草油（Geranium oil）、蒿草油（Artemisa pontica）和许多植物的挥发油。常用蓝樟油（馏程220~300℃）为原料提取愈创木薁，蓝樟油是制取樟脑的副产物，蓝樟油中愈创木薁的含量为8%。

化学结构

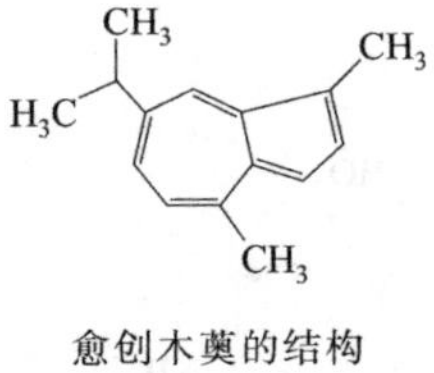

愈创木薁的结构

理化性质

愈创木薁室温为蓝色针状晶体，熔点 31.5℃，易溶于液体石蜡、热的乙醇和醚，极难溶于水，见光后由蓝变绿最后为黄色，对热、弱碱、弱酸均稳定。愈创木薁的 CAS 号为 489-84-9。

安全管理情况

国家食品药品监督管理总局 2014 年发布的《关于已使用化妆品原料名称目录的公告》、CTFA、欧盟和中国香化协会 2010 年版的《国际化妆品原料标准中文名称目录》都将愈创木薁作为化妆品原料，未见它外用不安全的报道。

药理作用

愈创木薁与化妆品相关的药理研究见下表。

试验项目	浓度	效果说明
对超氧自由基的消除	0.1%	消除率:17.4%
对羟基自由基的消除	5mmol/L	消除率:30.0%
对脂质过氧化的抑制	10μmol/L	抑制率:60.0%
对 B-16 黑色素细胞活性的抑制	0.2mmol/L	抑制率:57%
小鼠 UVB 试验对皮肤红斑产生的抑制	0.5%	抑制率:26.7%

化妆品中应用

愈创木奠在防晒制品中用入可预防或治疗阳光灼伤；与增白剂如曲酸等配合可提高它们的活性，并有一定润滑皮肤的能力；有抗菌作用，在牙膏及漱口水中用入0.1%可防止龋齿（应采用塑壳包装，因铝壁对愈创木奠有吸附，并加抑制剂）；也可用为化妆品色素；和腺苷、ZPT 等配伍，可用于抗头屑香波；愈创木奠外用可作抗过敏剂，可以缓解其他物质对皮肤的刺激和过敏反应，并有抗炎作用，适合用于过敏性皮肤和儿童的卫生用品。

原花青素 （Proanthocyanidin）

原花青素 （Proanthocyanidin） 是一多聚的多元酚化合物，属于黄酮类化合物，在各种水果中均有不同含量的原花青素存在。市场出售的原花青素许多是从葡萄籽中提取的。原花青素一般的聚合度 n 为 $0 \sim 7$，水解原花青素 （Hydrolyzed proanthocyanidin） 是将原花青素经水解后得到的分子量较小的产品。原花青素也没有一统一的化学结构，随来源的不同也有变化。

化学结构

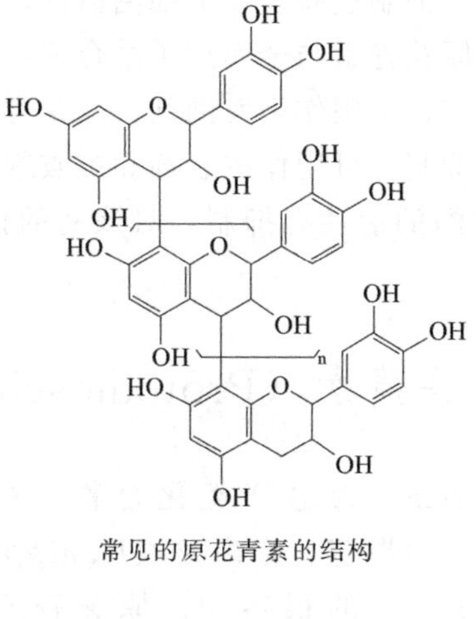

常见的原花青素的结构

理化性质

原花青素为类白色粉末，可溶于水、乙醇、丙酮和乙酸乙酯。

安全管理情况

国家食品药品监督管理总局 2014 年发布的《关于已使用化妆品原料名称目录的公告》、CTFA 和中国香化协会 2010 年版的《国际化妆品原料标准中文名称目录》都将水解原花青素作为化妆品原料,未见它外用不安全的报道。

药理作用

葡萄籽原花青素有抗菌性,浓度在 80mg/mL 时对李斯特菌的抑菌圈直径为 13.06mm。

原花青素与化妆品相关的药理研究见下表。

试验项目	浓度	效果说明
茶叶原花青素对自由基 DPPH 的消除		半消除量 EC_{50}:$9\mu g/mL$
荔枝原花青素对羟基自由基的消除	0.03%	消除率:18%±3%
葡萄籽原花青素对黄嘌呤氧化酶活性的抑制		半抑制量 IC_{50}:$49\mu g/mL$
松树皮原花青素对胶原蛋白酶活性的抑制	0.03%	抑制率:50%±1%
UVA($3-15J/cm^2$)下葡萄籽原花青素对细胞凋亡的抑制	0.001%	抑制率:53%
UVB($50J/cm^2$)下茶原花青素对细胞凋亡的抑制	2ppm	抑制率:13%
葡萄籽原花青素对小鼠耳朵肿胀的抑制	10mg/kg	抑制率:51.7%
葡萄籽原花青素对角叉菜致小鼠足趾肿胀的抑制	20 mg/kg	抑制率:54.0%
葡萄籽原花青素对白介素 IL-1β 生成的抑制	10mg/kg	抑制率:82.2%
葡萄籽原花青素对环氧合酶 COX-2 活性的抑制	20mg/kg	抑制率:50.0%
葡萄籽原花青素对 β-氨基己糖苷酶活性的抑制	$100\mu g/mL$	抑制率:90.9%

化妆品中应用

原花青素有抗菌性,可抑制皮肤表皮上细菌活性,可用于祛臭型化妆水,与收敛剂合用,效果更好;原花青素与金属离子结合可生成不同颜色,在氧化型染发剂中,作用的多元醇相似,可用作染发助剂;原花青素有广谱的抗氧活性,结合其对胶原蛋白酶活性的抑制,可用作抗衰剂和抗皱剂;原花青素有强烈的抗炎作用,并对 β-氨基己糖苷酶的活性有抑制,对该酶的抑制显示有抗皮肤过敏的作用。

原薯蓣素(Protodioscin)

原薯蓣素(Protodioscin)为皂苷类化合物,在薯蓣科植物盾叶薯蓣(*Dioscorea zingiberensis*)的根茎、穿山龙(*D. nipponica*)的根茎、姜科植物闭鞘姜(*Costus speciosus*)的根茎中。原薯蓣素可从盾叶薯蓣的根中提取。

化学结构

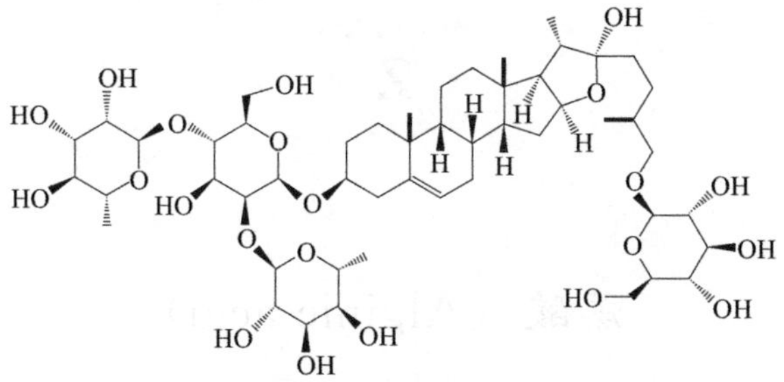

原薯蓣素的结构

理化性质

原薯蓣素为类白色粉末，熔点 190～196℃（分解），微溶于水和乙醇，$[\alpha]_D^{20}$：$-79.8°$（$c=0.99$，吡啶）。

安全管理情况

CTFA 将原薯蓣素作为化妆品原料，中国香化协会 2010 年版的《国际化妆品原料标准中文名称目录》中列入，国家食品药品监督管理总局 2014 年发布的《关于已使用化妆品原料名称目录的公告》尚未列入，未见它外用不安全的报道。

药理作用

原薯蓣素有抗菌性，100×10^{-6} 可抑制微生物大部分的活性。

化妆品中应用

原薯蓣素可用作抗菌剂和防腐剂。

藻酸 (Alginic acid)

藻酸 (Alginic acid) 在许多种类的海藻中都有存在,其分子结构依海藻的种类而略有不同,但以 D-甘露糖醛酸和 L-葡萄糖醛酸的 β-1,4 结合为主体。藻酸可从海藻中提取。

化学结构

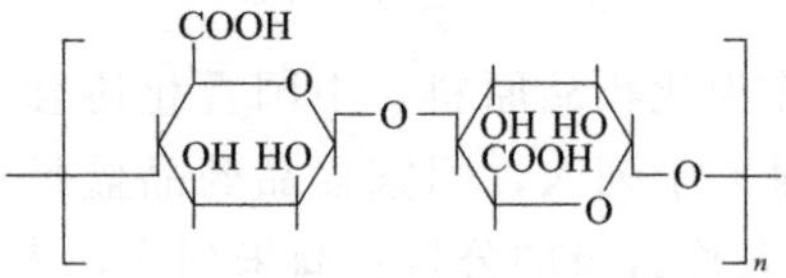

藻酸的结构

理化性质

藻酸的平均相对分子质量为 $(2.0 \sim 4.0) \times 10^5$,白色或淡黄色粉末,无气味,不溶于冷水和有机溶剂,微溶于热水,缓慢地溶于碱性溶液,形成藻酸钠。海藻酸钠的水溶液对钙离子敏感,可形成凝胶甚至沉淀的藻酸钙。藻酸的 CAS 号为 9005-32-7。

安全管理情况

CTFA、欧盟将藻酸、藻酸钠、藻酸钾和藻酸钙都作为化妆品原料,中国香化协会 2010 年版的《国际化妆品原料标准中文名称目录》中也都列入,国家食品药品监督管理总局 2014 年发布的《关于已使用化妆品原料名称目录的公告》仅列入藻酸钾。但低浓度的藻酸钠也会偶尔的皮肤致敏,未见它们外用严重不安全的报道。

药理作用

藻酸及其衍生物与化妆品相关的药理研究见下表。

试验项目	浓度	效果说明
藻酸钠对超氧自由基的消除	2mg/mL	消除率:40.0%
藻酸钠对羟基自由基的消除	5mg/mL	消除率:46.1%
藻酸钠在湿度 50% 时的吸湿作用	1.0%	吸水能力等于 1.1 倍的透明质酸
藻酸钠对透明质酸酶活性的抑制	22.3μg/mL	抑制率:33%
藻酸对小鼠脚趾肿胀的抑制(7 日后测定)	100mg/kg	抑制率:58.0%
藻酸对环氧合酶-2 活性的抑制	100mg/kg	抑制率:34.0%

化妆品中应用

藻酸及其钠盐是常用的增稠剂和乳化剂，在烫发剂中用入藻酸钠，再加入适量的钙离子，则可将钙固定在毛发上，使卷发容易，烫发不伤发质，并可保湿；海藻酸是天然的黏结剂，在粉饼中用入，可改善肤感，也易于卸妆；海藻酸及其衍生物均易凝胶化，可稳定乳状液，同时还有抗氧、抗炎和保湿功能。

皂苷（Saponins）

皂苷（Saponins）是广泛存在于植物界的一类特殊的苷类，在单子叶植物和双子叶植物中均有分布，常见于百合科、薯芋科、龙舌兰科、蔷薇科、石竹科、远志科、五加科、葫芦科等，许多中草药如人参、远志、桔梗、甘草、知母、柴胡、七叶一枝花等的主要有效成分都是皂苷。人参皂苷、甘草皂苷等有专条介绍，其余的皂苷在此介绍。

皂苷由皂苷元和糖组成。组成皂苷的糖常见的有葡萄糖、半乳糖、鼠李糖、阿拉伯糖及葡萄糖醛酸、半乳糖醛酸等。皂苷元根据其结构不同，分三萜皂苷和甾体皂苷两大类，其中三萜皂苷的分布比甾体皂苷广泛，种类也多。因此皂苷的性质也有不同。

理化性质

皂苷的分子比较大，大多为白色或乳白色无定型粉末，仅少数为结晶。皂苷的溶解度随其分子中连接糖的数目而有所不同，一般可溶于水，易溶于热水、热甲醇和热乙醇，不溶于乙醚、苯等极性小的有机溶剂。皂苷在丁醇及戊醇中也有一定的溶解度，尤以含水丁醇更好，皂苷的 CAS 号为 8047-15-2。

安全管理情况

国家食品药品监督管理总局 2014 年发布的《关于已使用化妆品原料名称目录的公告》、CTFA 和中国香化协会 2010 年版的《国际化妆品原料标准中文名称目录》都将皂苷作为化妆品原料。有些皂苷有溶血作用，不可用于伤损皮肤。

药理作用

皂苷与化妆品相关的药理研究见下表。

试验项目	浓度	效果说明
竹叶皂苷对羟基自由基的消除		半消除量 EC_{50}：$(39.6\pm10.5)\mu g/mL$
竹叶皂苷对自由基 DPPH 的消除		半消除量 EC_{50}：$(300.4\pm50.6)\mu g/mL$
细胞培养大豆皂苷对Ⅳ型胶原蛋白增殖的促进	$10\mu g/mL$	促进率：127（空白 100）
细胞培养苜蓿皂苷对Ⅳ型胶原蛋白增殖的促进	$25\mu g/mL$	促进率：149（空白 100）
细胞培养柴胡皂苷对人皮肤纤维芽细胞增殖的促进	0.01%	促进率：112.6（空白 100）
龙舌兰皂苷对刺激皮层脂肪细胞分泌皮质的促进	$0.1\mu mol/L$	促进率：105（空白 100）
洋菝葜皂苷对脂肪细胞增殖的促进	5%	促进率：113（空白 100）

化妆品中应用

皂苷一般具有表面活性，特别与非离子型表面活性剂有协同效应；有的皂苷有良好的发泡能力，泡沫丰富且手感好；有的皂苷可长时间的稳定乳状液体系，适合于配制多重乳液和脂质体。皂苷的其他应用见上表。

真蛸胺（Octopamine）

真蛸胺（Octopamine）又名章鱼胺、章胺，是一种与去甲肾上腺素相关的内源生物胺，多见于多种动物组织中，是某些无脊椎动物的主要神经递质，但含量不高。现主要由化学合成，商品为真蛸胺的盐酸盐。

化学结构

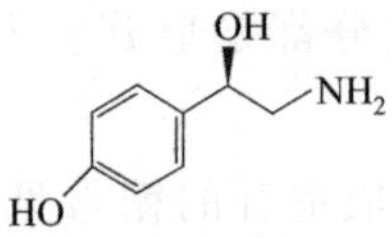

真蛸胺的结构

理化性质

真蛸胺为微黄色粉末，熔点160℃，可溶于乙醇、丙酮，$[\alpha]_D^{25}$：$-37.4°$（$c=1$、水）。真蛸胺的CAS号为104-14-3。

安全管理情况

CTFA将真蛸胺作为化妆品原料，中国香化协会2010年版的《国际化妆品原料标准中文名称目录》中列入，国家食品药品监督管理总局2014年发布的《关于已使用化妆品原料名称目录的公告》尚未列入，未见它外用不安全的报道。真蛸胺的小鼠腹腔注射LD_{50}：600mg/kg，小鼠静脉注射LD_{50}：75mg/kg。

化妆品中应用

真蛸胺的分布及含量变化对于昆虫和一些软体动物、螨类等的生长、取食、代谢等多种生理和生物效应具有重要的作用，因此主要用作驱虫剂；真蛸胺对人体无害，属于无害驱虫剂之一。

榛子蛋白（Hazelnut protein）

榛子蛋白（Hazelnut protein）取自榛子的果仁。榛子干果仁中含15%~20%的蛋白质，榛子蛋白质以清蛋白为主，约占67%，其次是球蛋白，占17.6%。将榛子蛋白以酶法水解得水解榛子蛋白（Hydrolyzed hazelnut protein），以小分子肽为主。

氨基酸组成

榛子蛋白氨基酸的组成见下表。

单位：%

氨基酸名	摩尔分数	氨基酸名	摩尔分数
天冬氨酸	11.8	谷氨酸	20.2
丝氨酸	4.4	半胱氨酸	—
缬氨酸	4.8	蛋氨酸	1.0
组氨酸	3.8	苯丙氨酸	4.1
甘氨酸	4.5	异亮氨酸	4.0
苏氨酸	3.1	亮氨酸	7.9
丙氨酸	5.0	赖氨酸	3.0
精氨酸	15.0	脯氨酸	4.4
酪氨酸	2.9		

理化性质

榛子蛋白水解物溶于水，等电点约为4.5。

安全管理情况

国家食品药品监督管理总局2014年发布的《关于已使用化妆品原料名称目录的公告》、CTFA和中国香化协会2010年版的《国际化妆品原料标准中文名称目录》都将榛子蛋白水解物作为化妆品原料，未见它外用不安全的报道。

药理作用

榛子蛋白水解物与化妆品相关的药理研究见下表。

试验项目	效果说明
对含氧自由基的消除	每克相当于309.5μmol的Trolox
对自由基DPPH的消除	半消除量 EC_{50}:2.91mg/mL

化妆品中应用

榛子蛋白水解物由于其精氨酸含量很高，是一质优的蛋白质，可用作皮肤营养剂；其起泡性、泡沫稳定性、乳化性和吸油性均与大豆分离蛋白相似。

脂肪酶（Lipase）

脂肪酶（Lipase）又称甘油酯水解酶。脂肪酶广泛的存在于动植物和微生物中，植物中含脂肪酶较多的是油料作物的种子，如蓖麻籽、油菜籽。脂肪酶是分解由高碳脂肪酸和甘油形成的甘油三酸酯键的酶。脂肪酶可来源于动物的胰脏、蓖麻的种子和微生物。目前供应市场的脂肪酶均为微生物（如毛霉）所生成。大多数微生物脂肪酶是中性或碱性脂肪酶，它们各自最水解适宜的pH值、水解率、水解产物等略有不同。

理化性质

脂肪酶 M-AP（毛酶）是淡黄褐色粉末，溶于水，不溶于乙醇。酶作用最适宜 pH 为 8.0，温度 37℃，十二烷基磺酸钠对其有抑制作用，氯化钙、氯化镁、抗坏血酸及胆酸钠等则可激活。温度过高将逐渐失活。脂肪酶的 CAS 号为 9001-62-1。

安全管理情况

CTFA 将脂肪酶作为化妆品原料，中国香化协会 2010 年版的《国际化妆品原料标准中文名称目录》中列入，国家食品药品监督管理总局 2014 年发布的《关于已使用化妆品原料名称目录的公告》尚未列入，未见它外用不安全的报道。

化妆品中应用

脂肪酶的主要功能是分解油脂，可在洗面剂、浴剂、洗发香波中应用，有清洁功能，如与其他酶配合，除垢的效果更好，即所谓的深层洁肤。

芝麻蛋白（Sesame protein）

芝麻蛋白（Sesame protein）取自油料作物芝麻。采用合适的蛋白酶处理芝麻蛋白得水解芝麻蛋白（Hydrolyzed sesame protein），是一些小分子肽的混合物。一般认为水解物中肽的相对分子质量在 2500～3000 之间为好。

芝麻蛋白中各重要氨基酸的含量

见下表。

单位：%

氨基酸名	摩尔分数	氨基酸名	摩尔分数
天冬氨酸	7.03	谷酰胺	14.0
丝氨酸	4.0	胱氨酸	2.2
缬氨酸	4.7	蛋氨酸	3.7
组氨酸	2.3	苯丙氨酸	6.0
甘氨酸	7.3	异亮氨酸	4.1
苏氨酸	4.0	亮氨酸	7.1
丙氨酸	5.1	赖氨酸	3.8
精氨酸	9.3	酪氨酸	5.1

理化性质

水解芝麻蛋白可溶于水，等电点在 pH 为 4.5 左右。

安全管理情况

国家食品药品监督管理总局 2014 年发布的《关于已使用化妆品原料名称目录的公告》、CTFA 和中国香化协会 2010 年版的《国际化妆品原料标准中文名称

目录》都将水解芝麻蛋白作为化妆品原料,未见它外用不安全的报道。
药理作用
水解芝麻蛋白与化妆品相关的药理研究见下表。

试验项目	浓度	效果说明
对自由基 DPPH 的消除	0.02%	消除率:78.5%
对超氧自由基的消除	20mg/mL	消除率:42.6%
对羟基自由基的消除	20mg/mL	消除率:32.0%
对脂质过氧化的抑制	0.02%	抑制率:74.68%

化妆品中应用
水解芝麻蛋白易为皮肤和毛发吸收,赋予皮肤和毛发柔滑的感觉;有较广谱的抗氧活性,可用作化妆品的营养剂、抗衰抗氧剂。

植醇 (Phytol)

植醇(Phytol)又名叶绿醇,为一链形二萜类含氧化合物,是一个不饱和的一级醇。植醇广泛分布于植物中,是组成叶绿素的一个部分,叶绿素水解可以得到植醇。植醇有 E 和 Z 两种构型的异构体,均有天然存在。E-植醇可从蚕沙中提取。

化学结构

E-植醇的结构

理化性质
E-植醇为无色透明油状液体,沸点 202~204℃ (10mmHg),几乎不溶于水,溶于乙醇、丙酮等有机溶剂,$[\alpha]_D^{18}$:+0.2°。植醇的 CAS 号为 150-86-7。

安全管理情况
国家食品药品监督管理总局 2014 年发布的《关于已使用化妆品原料名称目录的公告》、CTFA 和中国香化协会 2010 年版的《国际化妆品原料标准中文名称目录》都将植醇作为化妆品原料,未见它外用不安全的报道。

药理作用
植醇与化妆品相关的药理研究见下表。

试验项目	浓度	效果说明
纤维芽细胞培养对透明质酸生成的促进	10μmol/L	促进率:117.6(空白 100)
对过氧化物酶激活受体(PPAR-α)的活化促进		是相同摩尔浓度的植烷酸的约 32 倍
对过氧化物酶激活受体(PPAR-γ)的活化促进	100μmol/L	促进率:200(空白 100)

化妆品中应用

植醇可用作护肤品的油性原料，能赋予皮肤、毛发、指甲等光泽感并有保湿功能；过氧化物酶激活受体（PPAR）活性上调是皮肤损伤愈合中的重要因素，植醇对其二个指标有很大的促进，显示有较好的抗炎性。

植酸（Phytic acid）

植酸（Phytic acid）又名环己六醇六磷酸酯，是以及钙盐、镁盐或钾盐形式（即非庭，Phytin）广泛存在于植物体中，在麦麸中含 4.8%，大豆中含 1.4%，其中以种子胚体层和谷皮中含量居多。米糠是生产植酸的主要原料。

化学结构

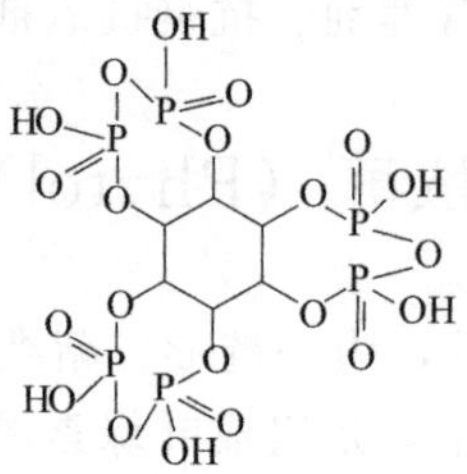

植酸的结构

理化性质

植酸为淡黄色或淡褐色浆状液体，易溶于水、乙醇和丙酮，水溶液呈酸性，几乎不溶于苯等非极性溶剂。加热易分解，在 120℃以下基本稳定。植酸的 CAS 号为 83-86-3。

安全管理情况

国家食品药品监督管理总局 2014 年发布的《关于已使用化妆品原料名称目录的公告》、CTFA、欧盟和中国香化协会 2010 年版的《国际化妆品原料标准中文名称目录》都将作为化妆品原料，未见它外用不安全的报道。

药理作用

植酸有防腐性，1‰浓度可抑制细菌、霉菌和酵母菌的活性。

植酸与化妆品相关的药理研究见下表。

试验项目	浓度	效果说明
对自由基 DPPH 的消除	1mmol/L	消除率:18.7%
对羟基自由基的消除	1.456mg/mL	消除率:39.16%
对超氧自由基的消除	20.2mg/mL	消除率:96.71
成纤维细胞培养对胶原蛋白生成的促进	0.005%	促进率:168.0(空白 100)
在 $0.105J/cm^2$ UVB 照射下对细胞凋亡的抑制	0.5%	抑制率:20%
小鼠试验涂覆对毛发生长的促进	0.5%	促进率:123.8(空白 100)

化妆品中应用

植酸在 pH 很宽的范围的范围内对金属离子都有很强的螯合能力,对铁、铜离子螯合常数很大,在白色皂体和洗涤剂中用入可避免金属离子尤其是铜离子的变色作用;可用作防腐剂,牙膏或其他膏状化妆品中用入均可防止气胀,有助于抑制齿石的生成;有良好的助乳化性,在香波中用入有助于珠光分散性和稳定性;植酸易为皮肤和黏膜吸收,为滋补性营养剂,有助于皮肤机能的亢进,并提供良好的肤感;植酸尚有抗氧、防晒、刺激生发等作用。

植物鞘氨醇 (Phytosphingosine)

植物鞘氨醇 (Phytosphingosine) 为结构独特的长链三羟基脂肪胺类化合物,广泛存在于菌类、植物、动物的脑、肾、肝、皮肤等部位。天然提取的植物鞘氨醇是一混合物,碳链从 12~22 都可能存在。

化学结构

$CH_3(CH_2)_{13}$ —— OH —— OH
　　　　　　　OH　NH$_2$

最常见的一种植物鞘氨醇的结构

理化性质

植物鞘氨醇为白色粉末,微溶于水,可溶于丙酮和油脂。植物鞘氨醇的 CAS 号为 554-62-1。

安全管理情况

国家食品药品监督管理总局 2014 年发布的《关于已使用化妆品原料名称目录的公告》、CTFA、欧盟和中国香化协会 2010 年版的《国际化妆品原料标准中文名称目录》都将植物鞘氨醇作为化妆品原料,未见它外用不安全的报道。

药理作用

植物鞘氨醇有抗菌性,对绿脓杆菌、黑色弗状菌抑制的 MIC 分别为 1mg/mL 和 0.5mg/mL。浓度为 0.5μg/mL 的水溶液对痤疮丙酸杆菌的抑制率为 87.4%,对金黄色葡萄球菌的抑制率为 70.5%。

植物鞘氨醇与化妆品相关的药理研究见下表。

试验项目	浓度	效果说明
对 B-16 黑色素细胞活性的抑制	10μg/mL	抑制率:27.4%
在 UVB 照射下对细胞凋亡的抑制	100μg/mL	抑制率:31.8%
对金属蛋白酶 MMP-1 活性的抑制	5μmol/L	抑制率:24.8%
对过氧化物酶激活受体(PPAR)生成的促进	1μmol/L	促进率:77.2%
对核因子 NF-κB 细胞活性的抑制	5μmol/L	抑制率:42.3%

化妆品中应用

植物鞘氨醇是人体表皮中重要的油脂成分之一，随着年龄加大和进入老年期，人体皮肤中的植物鞘氨醇会渐渐减少，导致干性皮肤和粗糙皮肤，外用植物鞘氨醇有高效保持皮肤柔润、并有保护皮层的作用；植物鞘氨醇有抗菌性，也有抗炎作用，可用于痤疮等皮肤疾患的防治。

植物甾醇（Phytosterol）

植物甾醇（Phytosterol）是一种多环醇的结构，广泛分布在植物界。从植物（大豆、菜籽等油料作物）油脂中提取得到的甾醇如不加分离，就统称为植物甾醇。植物甾醇中的成分很多，主要为 β-谷甾醇、豆甾醇、菜油甾醇、菜籽甾醇、燕麦甾醇等，但它们的化学结构基本类似，都有一特征性的甾醇核。植物甾醇的性质与其来源和加工方法等有关。重要的植物甾醇如 β-谷甾醇等则见专条。

植物甾醇主要从植物油脂精炼的脱臭馏出物中提取。

化学结构

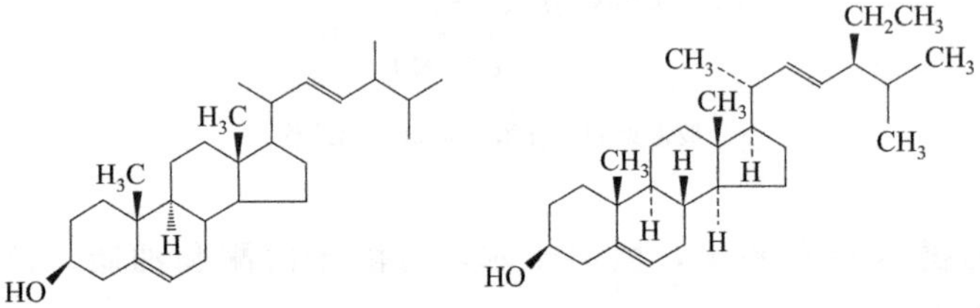

菜油甾醇（左）、豆甾醇（右）的结构

理化性质

植物甾醇不溶于水、碱和酸，常温下微溶于丙酮和乙醇，可溶于乙醚、苯、氯仿、乙酸乙酯和石油醚等。熔点 136～143℃，比旋光 $[\alpha]_D^{20}$：$-25°\sim-38°$。

安全管理情况

CTFA、欧盟将植物甾醇作为化妆品原料，中国香化协会 2010 年版的《国际化妆品原料标准中文名称目录》中列入，国家食品药品监督管理总局 2014 年发布的《关于已使用化妆品原料名称目录的公告》尚未列入，未见它外用不安全的报道。

药理作用

植物甾醇与化妆品相关的药理研究见下表。

试验项目	浓度	效果说明
大豆植物甾醇对羟基自由基的消除		半消除量 EC_{50}：$100\mu g/mL$
大豆植物甾醇对超氧自由基的消除	$80\mu g/mL$	消除率：68.6%
南瓜子植物甾醇对自由基 DPPH 的消除	$2.0mg/mL$	消除率：53.9%

续表

试验项目	浓度	效果说明
细胞培养燕麦甾醇对胶原蛋白生成的促进	10μg/mL	促进率:135(空白 100)
大豆植物甾醇涂覆对 TEWL 值的抑制	2%	抑制率:34.6%
大豆植物甾醇涂覆对小鼠毛发生长的促进	0.5%	促进率:183.4(空白 100)
大豆植物甾醇对二甲苯致小鼠耳朵肿胀的抑制	0.5%	抑制率:25.9%

化妆品中应用

植物甾醇有表面活性剂样性能，适用于配方多重乳液，能稳定乳状液；对皮肤头发有护理作用，在赋予光泽的同时，能保持一定的湿度；植物甾醇有抗氧化性，同时也是营养剂，在肤用品中用入，对角蛋白和成纤维细胞有增生作用，可促进胶原蛋白的合成，可作抗衰剂和抗皱剂。

转谷氨酰酶 （Transglutaminase）

转谷氨酰酶（Transglutaminase）属转移酶（Transferase），是转移酶中较常见的酶种，主要存在于动物的肝脏，在钙离子的协助下能催化多种官能团转移的反应，包括酰胺基的烷基化和水解等。转谷氨酰酶可以猪肝为原料提取，也有为发酵法制取。

理化性质

转谷氨酰酶在常温下也会失活，所以必须进行改性以提高其稳定性，虽然多元醇如甘油有稳定转谷氨酰酶的作用，但并不令人满意。有报道称在磷酸盐的缓冲体系内，在室温下将转谷氨酰酶与聚乙二醇和对硝基苯甲酰氯反应 24h 以改性，这样的转谷氨酰酶可在 45℃下保持活性 3 个月。转谷氨酰酶的 CAS 号为 300711-04-0。

安全管理情况

CTFA 将转谷氨酰酶作为化妆品原料，中国香化协会 2010 年版的《国际化妆品原料标准中文名称目录》中列入，国家食品药品监督管理总局 2014 年发布的《关于已使用化妆品原料名称目录的公告》尚未列入，未见它外用不安全的报道。

药理作用

转谷氨酰酶与化妆品相关的药理研究见下表。

试验项目	浓度	效果说明
对皮肤伤口愈合的促进	0.1mg/mL	促进率:156(空白 100)

化妆品中应用

转谷氨酰酶可调理毛发或皮肤表面的结构，增加它们的保湿能力，从而改善毛发和皮肤的弹性和柔软性，有抗皱防老的作用；转谷氨酰酶可以将 1 型胶原蛋白转化为 3 型胶原蛋白，从而促进皮肤伤口的愈合，并改善和减少疤痕的形态和面积。

紫花前胡醇（Decursinol）

紫花前胡醇（Decursinol）又名日本前胡醇，为一香豆素结构类型。紫花前胡醇存在于紫花前胡（Angelica decursiva）、朝鲜当归（Angelica gigas）、木橘（Aegle marmelos）和大条纹邪蒿（Seseli grandivittatum）中，是紫花前胡的主要药效成分。现紫花前胡醇可从紫花前胡和朝鲜当归的根茎中提取。

化学结构

紫花前胡醇的结构

理化性质

紫花前胡醇为白色结晶，熔点 176～177℃，微溶于水，可溶于乙醇和丙酮。紫花前胡醇的 CAS 号为 23458-02-8。

安全管理情况

CTFA 将紫花前胡醇作为化妆品原料，中国香化协会 2010 年版的《国际化妆品原料标准中文名称目录》中列入，国家食品药品监督管理总局 2014 年发布的《关于已使用化妆品原料名称目录的公告》尚未列入，未见它外用不安全的报道。

药理作用

紫花前胡醇具抗菌性，对金黄色葡萄球菌、枯草杆菌、蜡状芽胞杆菌都有抑制作用。

紫花前胡醇与化妆品相关的药理研究见下表。

试验项目	浓度	效果说明
对人角质层成纤维细胞增殖的促进	40×10^{-6}	促进率:115.6(空白 100)
LDH 测定细胞培养对神经元细胞的保护	$10\mu mol/L$	保护率:30%
对 B-16 黑色素细胞活性的抑制	$100\mu mol/L$	抑制率:12.2%
对白介素 IL-6 生成的抑制	$10\mu g/mL$	抑制率:64.6%
对白介素 IL-8 生成的抑制	$10\mu g/mL$	抑制率:44.7%

化妆品中应用

紫花前胡醇可用作化妆品的抗衰活肤剂、皮肤美白剂和抗炎剂；紫花前胡醇对神经元细胞具保护作用，有助于减少皮肤的过敏和刺激。

紫胶色酸（Laccaic acid）

紫胶色酸（Laccaic acid）也称紫胶酸，从豆科或桑科植物上紫胶虫（*Laccife lacca*）的雌虫所分泌的树脂状物质紫胶，用稀碳酸钠水溶液萃取、精制而得。紫胶色酸有若干个构型，属蒽醌类化合物。

化学结构

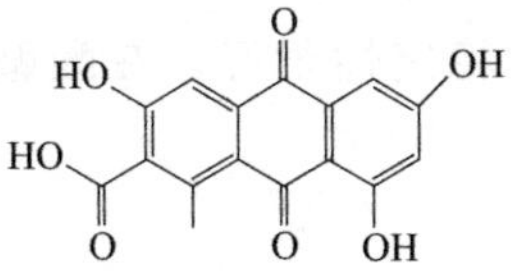

紫胶色酸 D 型的结构

理化性质

紫胶色酸为鲜红色或紫红色粉末或液体。溶于乙醇或丙二醇（约 3%），微溶于水，不溶于棉籽油。20℃时的溶解度为 0.0335%（水）、0.916%（95%乙醇），纯度越高，水中的溶解度越低。色调随 pH 值变化而变化，pH 值小于 4.0 时呈橙黄色；pH 值为 4.0~5.0 时呈橙红色；pH 值大于 6.0 时呈紫红色。紫胶色酸的 CAS 号为 60687-93-6。

安全管理情况

国家食品药品监督管理总局 2014 年发布的《关于已使用化妆品原料名称目录的公告》、CTFA 和中国香化协会 2010 年版的《国际化妆品原料标准中文名称目录》都将紫胶色酸作为化妆品原料，未见它外用不安全的报道。

药理作用

紫胶色酸与化妆品相关的药理研究见下表。

试验项目	浓度	效果说明
对白介素 IL-8 分泌的抑制	25μg/mL	抑制率：22.5%

化妆品中应用

紫胶色酸可用于食品作为红色着色剂，同样可用作发用染料，并有一定的抗炎性。

紫胶酮酸（Aleuritic acid）

紫胶酮酸（Aleuritic acid）是虫胶（Shella）中的主要成分，是一多羟基饱和脂肪酸，在脱蜡虫胶中含量为 43% 左右。紫胶酮酸可从虫胶中提取。

化学结构

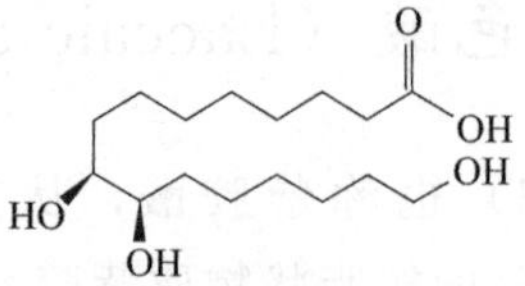

紫胶酮酸的结构

理化性质

紫胶酮酸的熔点 100～101℃，可溶于甲醇和氯仿，紫胶酮酸虽然有两个连有手性碳的羟基，但它的化学稳定性很好，在酸碱中不会发生变化。CAS 号为 533-87-9。

安全管理情况

国家食品药品监督管理总局 2014 年发布的《关于已使用化妆品原料名称目录的公告》、CTFA 和中国香化协会 2010 年版的《国际化妆品原料标准中文名称目录》都将紫胶酮酸作为化妆品原料，未见它外用不安全的报道。

化妆品中应用

对皮肤有柔润作用，对敏感型皮肤、干性皮肤有护理作用；能稳定乳状液体系和粉剂体系，可用作多种化妆品助剂。对唇膏用色素有良好的溶解性。

紫苏醇（Perillyl alcohol）

紫苏醇（Perillyl alcohol）为单萜类化合物，存在于薰衣草、留兰香、紫苏、柠檬草等植物的挥发油中。紫苏醇可从紫苏叶中提取，也可化学合成，合成品为消旋体，天然提取的紫苏醇为 S 构型。

化学结构

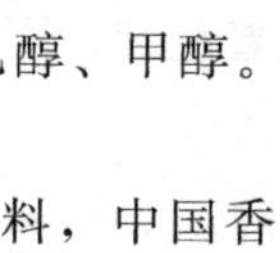

S-紫苏醇的结构

理化性质

S-紫苏醇为无色油状物，沸点 106～112℃/1.33kPa。S-紫苏醇微溶于水，室温每升水溶解 0.115g，可溶于乙醇、甲醇。S-紫苏醇的 CAS 号为 536-59-4。

安全管理情况

CTFA 将紫苏醇作为化妆品原料，中国香化协会 2010 年版的《国际化妆品原料标准中文名称目录》中列入，国家食品药品监督管理总局 2014 年发布的《关于已使用化妆品原料名称目录的公告》尚未列入，未见它外用不安全的报道。

药理作用

S-紫苏醇与化妆品相关的药理研究见下表。

试验项目	浓度	效果说明
对自由基 DPPH 的消除	200mg/mL	消除率：23.1%
对总氧自由基的消除	1μmol/L	相当于 0.68μmol/L 的 Trolox
对白介素 IL-1β 生成的抑制	100mg/kg	抑制率：30.2%
对白介素 IL-6 生成的抑制	100mg/kg	抑制率：34.7%
对环氧合酶 COX-2 活性的抑制	100mg/kg	抑制率：43.4%

化妆品中应用

S-紫苏醇有一定的抗氧能力；有很好的抗炎性，但最重要的是对由于 UVB 照射而引起的皮肤癌有广谱、高效和低毒的抑制作用。

组氨酸（Histidine）

组氨酸（Histidine）为碱性氨基酸，分子中含有弱碱性的咪唑环，所以其碱性大大的小于 L-精氨酸。在生物体中，组氨酸大多位于重要酶的活性中心，因为组氨酸在酶催化过程中能起质子供体或质子受体的作用。组氨酸可从蛋白质水解物中提取。

化学结构

组氨酸的结构

理化性质

组氨酸为无色针状或片状结晶，易溶于水，25℃时在水中溶解度为 4.19g/100mL，极微溶于醇，不溶于醚，比旋光度 $[\alpha]$：$-39.74°$（$c=1.13\%$，水）。组氨酸的 CAS 号为 71-00-1。

安全管理情况

国家食品药品监督管理总局 2014 年发布的《关于已使用化妆品原料名称目录的公告》、CTFA、欧盟和中国香化协会 2010 年版的《国际化妆品原料标准中文名称目录》都将组氨酸作为化妆品原料，未见它外用不安全的报道。

药理作用

组氨酸与化妆品相关的药理研究见下表。

试验项目	浓度	效果说明
对自由基 DPPH 的消除	20mmol/L	消除率：8.1%
对不饱和油脂过氧化的抑制	0.02%	抑制率：49.0%
细胞培养对 cAMP 生成的促进	1mmol/L	促进率：154.7±10.2(空白 100)

续表

试验项目	浓度	效果说明
对核因子 NF-κB 细胞活性的抑制	0.2mmol/L	抑制率：42.5%
对白介素 IL-6 释放的抑制	2mmol/L	抑制率：28.1%

化妆品中应用

　　组氨酸在生物体内的作用十分重要，是人体必需氨基酸之一。外用常作为营养性助剂，以增强其他调理剂的效能；组氨酸有抗炎性，对口腔牙龈炎症有疗效性作用；L-组氨酸在人体中会转化为尿刊酸，而尿刊酸具防晒性能，因此化妆品中用入 L-组氨酸，即有防晒功能。

附录

一、化妆品天然成分英文索引

A

Abietic acid 枞酸	53
Acefylline 茶碱乙酸	43
Actin 肌动蛋白	150
Adenine 6-氨基嘌呤	5
Adenosine cyclicp hosphate 环磷酸腺苷	140
Adenosine phosphate 磷酸腺苷	207
Adenosine triphosphate 三磷酸腺苷	296
Adenosine 腺苷	354
Agarose 琼脂糖	272
Alanine 丙氨酸	33
Albumen 蛋清	67
Alcaligenes polysaccharides 产碱杆菌多糖	44
Aleuritic acid 紫胶酮酸	415
Alginic acid 藻酸	404
Alkaline phosphatase 碱性磷酸酯酶	163
Allantoin 尿囊素	248
Almond protein 杏仁蛋白	365
Aloesin 芦荟苦素	212
γ-Aminobutyric acid γ-氨基丁酸	4
Aminopeptidase 氨基肽酶	6
Andrographolide 穿心莲内酯	51
Androstadienone 费洛蒙酮	90
Angoroside 安格洛苷	3
Anserine 胺肌肽	7
Anthocyanins 花色素苷	137
Apigenin 芹菜（苷）配基	270
Arachidic acid 花生四烯酸	138
Arbutin 熊果苷	367
Arginine 精氨酸	174

419

Artemisinin 青蒿素	271
Asiatic acid 积雪草酸	155
Asiaticoside 积雪草苷	155
Asparagine 天冬酰胺	331
Astaxanthine 虾青素	353
Astragalosides 黄芪皂苷	145
Avocado sterols 鳄梨甾醇	78
Azelaic acid 杜鹃花酸	76
Azulene 薁	8

B

Baicalein 黄芩素	144
Bakuchiol 补骨脂酚	36
Barley protein 大麦蛋白	58
Batyl alcohol 鲨肝醇	301
Beeswax acid 蜂蜡酸	91
Beetroot red 甜菜根红	332
Bergenin 虎耳草素	135
Betaine 甜菜碱	333
Betulinic acid 白桦脂酸	13
Betulin 白桦酯醇	12
Bioflavonoids 生物类黄酮	303
Bioresmethrin 除虫菊酯	50
Biosaccharide gum 生物糖胶	305
Biotin 生物素	304
Bisabolol 红没药醇	131
Brazil nut protein 巴西胡桃蛋白	11
Bromelain 菠萝蛋白酶	35
Brucine 番木鳖碱	83
Bryonolic acid 泻根醇酸	361

C

Caffeic acid 咖啡酸	185
Caffeine 咖啡因	186
Camellia sinensis catechins 茶儿茶素类	41
Camellia sinensis polyphenols 茶多酚	40
Camphanediol 莰烷二醇	190
Canola sterols 芥花油甾醇	171
Capsaicine 辣椒碱	198
Capsanthin 辣椒红素	197
Capsorubin 辣椒玉红素	197

Carnosic acid 鼠尾草酸	315
Carnosine 肌肽	154
Carotene 胡萝卜素	133
Carotenoids 类胡萝卜素	203
Carrageenan 角叉胶	167
Caseinic acid 酪蛋白酸	202
Casein 酪蛋白	201
Catalase 过氧化氢酶	120
CCytochrome C 细胞色素	351
Cedrol 雪松醇	369
Cephalins 脑磷脂	240
Ceramides 神经酰胺	313
Cerebrosides 脑苷脂类	239
Chamazulene 母菊薁	230
Chimyl alcohol 鲛肝醇	166
Chitin 壳多糖	191
Chitosan 脱乙酰壳多糖	191
Chlorogenic acid 氯原酸	216
Chlorophyllin 叶绿酸	381
Cholesterol 胆甾醇	61
Choline 胆碱	60
Chondrotin sulfate	209
Chrysin 白杨素	15
Citronellic acid 香茅酸	357
Citrulline 瓜氨酸	115
Coenzyme A 辅酶 A	93
Collagen 胶原蛋白	165
Conchiolin protein 贝壳硬蛋白	23
Corn protein 玉米蛋白	398
Cotton seed protein 棉籽蛋白	228
Creatine 肌酸	153
Crystallins 眼晶体蛋白	176
Curcumin 姜黄素	163
Cyclotetraglucose 环四葡萄糖	141
Cymen-5-ol 伞花烃醇	299
Cystein 半胱氨酸	16
Cytidine 胞苷	21
Cytosine 胞嘧啶	22

D

Darutoside 吡喃葡糖苷	27

Decapeptide 十肽	308
Decursinol 紫花前胡醇	414
7-Dehydrocholesterol 脱氢胆甾醇	338
Demethoxycurcumin 脱甲氧基姜黄素	163
Dextran 右旋糖酐	392
Dihydrocholesterol 二氢胆甾醇	61
Diosgenin 薯蓣皂苷元	316
Diosmetin 地奥亭	70
Diosmine 地奥司明	70
Dipeptide 二肽	81
DNA 脱氧核糖核酸	339
Docosahexanoic acid 二十二碳六烯酸	79

E

Echinacin 海胆碱	122
Ectoine 四氢甲基嘧啶羧酸	322
Egg protein 蛋蛋白	66
Eicosapentaenoic acid 二十碳五烯酸	80
Elastin 弹性蛋白	326
Ellagic acid 并没食子酸	34
Epigallocatechin gallate glucoside 表棓儿茶素棓酸葡糖苷	29
Epigallocatechin gallate 表棓儿茶素棓酸酯	30
Ergosterol 麦角甾醇	222
Ergothioneine 麦角硫因	221
Erucic acid 芥酸	172
Erythritol 赤藓醇	48
Erythrulose 赤藓酮糖	49
Escin 七叶皂苷	261
Esculin 马栗树皮苷	218
Estradiol 雌二醇	52
Estratetraenol 雌甾四烯醇	53
Eugenyl glucoside 丁香酚葡糖苷	74
Euglena gracilis polysaccharide 细小裸藻多糖	352

F

Extensin 伸展蛋白	311
Ferulic acid 阿魏酸	2
Fibroin 丝心蛋白	320
Fibronectin 纤连蛋白	355
Ficain 无花果蛋白酶	349
Fish plasma protein 鱼血浆蛋白	395

Folic Acid　叶酸	383
Fructan，大分子　果聚糖	117
Fructooligosaccharides　低聚果糖	69
Fucose　岩藻糖	378

G

Gadidae protien　鳕科鱼皮蛋白	370
Galactaric acid　半乳糖二酸	18
Galactoarabinan　阿拉伯半乳聚糖	1
Galactose dehydrogenase　半乳糖脱氢酶	21
Galactosyl fructose　半乳糖基果糖	19
Galacturonic acid　半乳糖醛酸	20
Gallic acid　棓酸	24
Genistein glucoside　染料木黄酮葡糖苷	275
Genistein　染料木黄酮	275
Gerotine　精胺	175
Ginkgo biflavones　银杏双黄酮	389
Ginkgo leaf terpenoids　银杏叶萜类	390
Ginsenoside　人参皂苷	278
Glaucine　海罂粟碱	124
Gliadins　麦醇溶蛋白	220
Glucamine　葡糖胺	254
Glucan　葡聚糖	253
Glucaric acid　葡萄糖二酸	257
Glucomannan　葡甘露聚糖	253
Glucosamine　氨基葡萄糖	5
Glucose oxidase　葡糖氧化酶	257
Glucosylglycerol　甘油葡萄糖苷	104
Glucuronic acid　葡糖醛酸	256
Glutamic acid　谷氨酸	110
Glutathione　谷胱甘肽	111
Glycine maxsoybean polypeptide　大豆多肽	55
Glycine　甘氨酸	97
Glycolic acid　羟基乙酸	267
Glycongen　肝糖	105
Glycoprotein　糖蛋白	327
Glycosaminoglycans　葡糖氨基葡聚糖	255
Glycosphingolipids　鞘糖脂	268
Glycosyl trehalose　糖基海藻糖	328
Glycyl glycine　甘氨酰甘氨酸	97

Glycyrrhetinic acid 甘草亭酸	99
Glycyrrhizic acid 甘草酸	99
Guaiazulene 愈创木薁	400
Guanine 鸟嘌呤	245
Guanosine cyclic phosphate 鸟苷环磷酸	243
Guanosine 鸟苷	242
Guanylic acid 鸟苷酸	244

H

Hazelnut protein 榛子蛋白	406
Hematin 羟高铁血红素	264
Hemoglobin 血红蛋白	371
Hemp seed protien 大麻籽蛋白	57
Heparin 肝素	104
Heptadecadienyl furan 十七碳二烯基呋喃	307
Heptapeptide 七肽	261
Hesperetin 橙皮素	46
Hesperidin 橙皮苷	46
Hexapeptide 六肽	48
Hinokitiol 扁柏酚	31
Hippuric acid 马尿酸	220
Histidine 组氨酸	417
Holothurin 海参素	123
Homarine 肌碱	152
Honey protein 蜂蜜蛋白	91
Honokiol 和厚朴酚	127
Human oligopeptide 人寡肽	276
Human placental enzymes 人胎盘酶	279
Hyaluronic acid 透明质酸	334
Hyaluronidase 透明质酸酶	336
Hydrolyzed sericin 水解丝胶蛋白	38
Hydroxyl praline 羟脯氨酸	263
Hydroxytryptophan 羟基色氨酸	266

I

Indole acetic acid 吲哚乙酸	391
Inosine 肌苷	151
Inositol 肌醇	149
Inulin 菊粉	178
Isatin 靛红	73
Isoferulic acid 异阿魏酸	385

Isoflavones of soy 大豆异黄酮	56
Isoleptospermone 异纤精酮	388
Isoleucine 异亮氨酸	387
Isoquercitrin 异栎素	386

J

Jojoba alcohol 霍霍巴醇	148

K

Kaempferol 茨非醇	188
Kallikrein 激肽释放酶	157
Kanzou furabonoide 甘草类黄酮	98
Kefiran 开菲尔多糖	187
Keratin 角蛋白	168
Kinetin 激动素	156
Kojic acid 曲酸	272
K-1Phytonadione 维生素	346

L

Laccaic acid 紫胶色酸	415
Laccase 漆酶	263
Lactalbumin 乳清蛋白	290
Lactate dehydrogenase 乳酸脱氢酶	293
Lactis proteinum 乳蛋白	285
Lactobionic acid 乳糖酸	293
Lactoferrin 乳铁蛋白	294
Lactoflavin 乳黄素	288
Lactoglobulin 乳球蛋白	292
Lactoperoxidase 乳过氧化物酶	287
Lactulose 乳果糖	286
L-Aspartic acid 天冬氨酸	330
Laudanosine 半日花素	18
L-Carnitine L-肉碱	284
Lecithin 卵磷脂	214
Leptospermone 纤精酮	356
Leucine 亮氨酸	205
Levan，小分子 果聚糖	119
Linoleic acid 亚油酸	376
Linolenic acid 亚麻酸	375
Lipase 脂肪酶	407
Lupine protein 羽扇豆蛋白	396
Luteolin 木犀草素	237

Lycopene 番茄红素	84
Lysine 赖氨酸	199
Lysolecithin 溶血卵磷脂	282
Lysophosphatidic acid 溶血磷脂酸	281
Lysozyme 溶菌酶	280

M

Madecassic acid 羟基积雪草酸	265
Madecassoside 羟基积雪草苷	265
Magnolol 厚朴酚	132
Maltitol 麦芽糖醇	223
Mandelic acid 扁桃酸	32
Mangiferin 芒果苷	224
Mangostin 楝子素	204
Mannan 甘露聚糖	101
Mannitol 甘露糖醇	103
Mannose 甘露糖	102
Matrine 苦参碱	195
Meadowfoam δ-lactone 白池花内酯	11
Melanins 黑色素	128
Melatonin 褪黑激素	337
Melibiose 蜜二糖	227
Menadione 甲萘醌	161
Menthanediol 孟二醇	225
Methionine 蛋氨酸	62
Methyl hesperidin 甲基橙皮苷	158
Methylthioadenosine 甲硫腺苷	160
Mevalonic acid 甲瓦龙酸	162
Myricyl alcohol 蜂花醇	90

N

Naringin 柚皮苷	393
Neohesperidin dihydrochalcone 新橙皮苷二氢查尔酮	363
Neohesperidin 新橙皮苷	362
Neoruscogenin 新鲁斯可皂苷元	364
Niacinamide 烟酰胺	378
Nicotinic acid 烟酸	377
Nictoflorin 荻菲醇芸香糖苷	189
Nisin 乳链菌肽	289
N-Methylserine N-甲基丝氨酸	159
Nonapeptide 九肽	177

Nordihydroguairetic acid　去甲二氢愈创木酯酸　273

O

Oat protein　燕麦蛋白　379
Octapeptide　八肽　10
Octopamine　真蛸胺　406
Oleanolic acid　石竹素　309
Oligopeptide　寡肽　115
Omental lipids　网膜类脂质　344
Ornithine　鸟氨酸　241
Orotic acid　乳清酸　291
Oryazanol　谷维醇　112
Oyster glycoprotein　牡蛎糖蛋白　231
Oyster sterols　牡蛎甾醇　232

P

Paeoniflorin　芍药基葡糖苷　302
Paeonol　丹皮酚　59
Palmatine　黄藤素　146
Panax notoginsenosides　三七总皂苷　297
Pancreatin　胰酶　384
Pantethine　泛硫乙胺　87
Panthenol　泛醇　85
Pantolactone　泛内酯　88
Pantothenic acid　泛酸　89
Papain　木瓜蛋白酶　233
Pea protein　豌豆蛋白　343
Pectin　果胶　116
Pentahydrosqualene　五氢角鲨烯　348
Pentapeptide　五肽　348
Pepsin　胃蛋白酶　347
Perillyl alcohol　紫苏醇　416
Phenylalanine　楛酸　25
Phloretin　根皮素　109
Phlorizin　根皮苷　109
Phytic acid　植酸　410
Phytol　植醇　409
Phytosphingosine　植物鞘氨醇　411
Phytosterol　植物甾醇　412
Piceatannol　四羟基芪　321
Piperlonguminine　荜茇明宁碱　28

Polyaspartic acid　聚天冬氨酸　182
Polydextrose　聚右旋糖　183
Polyglucuronic acid　聚葡糖醛酸　181
Polyglutamic acid　聚谷氨酸　179
Polylysine　聚赖氨酸　180
Polyxylose　聚木糖　181
Pongamol　水黄皮籽素　318
Potato protein　马铃薯蛋白　219
Prasterone　普拉睾酮　258
Pristane　姥鲛烷　199
Proanthocyanidin　原花青素　401
Progesterone　黄体酮　147
Proline　脯氨酸　252
Protamine　鱼精蛋白　394
Proteinase　蛋白酶　64
Proteoglycan　蛋白多糖　63
Protodioscin　原薯蓣素　402
Puerarin　葛根素　107
Pullulan　普鲁兰多糖　259
Pyridoxine　吡多素　27

Q

Quassin　苦木素　194
Quercetin　槲皮素　134
Quinic acid　金鸡纳酸　173
Quinine　金鸡纳霜碱　173

R

Raffinose　棉子糖　229
Raspberryketone glucoside　覆盆子酮葡萄糖苷　95
Resveratrol　白藜芦醇　14
Retinoic acid　维甲酸　345
Retinol　视黄醇　310
Rhamnose　鼠李糖　314
Ribose　核糖　128
Rice bran sterols　米糠甾醇　227
Riceprotein　稻米蛋白　68
Rosmarinic acid　迷迭香酸　225
Royal jelly protein　蜂王浆蛋白　92
Ruscogenin　鲁斯可皂苷　214
Rutin　芦丁　211

S

Safflower glucoside	红花葡萄糖苷	129
Saponins	皂苷	405
Sarcosine	肌氨酸	149
Schizophyllan	裂裥菌素	206
Sclareolide	香紫苏内酯	358
Sericin	蚕丝胶蛋白	38
Serine	丝氨酸	319
Serum protein	血清蛋白	372
Sesame protein	芝麻蛋白	408
Sialyllactose	唾液乳糖	341
Silymarin	水飞蓟素	317
β-Sitosterol	β-谷甾醇	113
Spermidine	亚精胺	374
Sphinganine	二氢神经鞘氨醇	78
Sphingolipids	鞘脂	269
Sphingomyelin	神经鞘磷脂	312
Spinal protein	脊髓蛋白	158
Spirulina amino acid	螺旋藻氨基酸	215
Squalane	角鲨烷	169
Squalene	角鲨烯	170
Stearone	硬脂酮	391
Stevioside	甜叶菊苷	333
Stigmastanol maltoside	豆甾烷醇麦芽糖苷	75
Subtilisin	舒替兰酶	314
Superoxide dismatases	超氧歧化酶	45
Surfactin	枯草菌脂肽	193

T

Tamarindus indica seed polysaccharide	酸豆子多糖	325
Tangeritin	红桔素	130
Tannic acid	鞣酸	283
Taurine	牛磺酸	250
Terrein	土曲霉酮	336
Testosterone	睾酮	107
Tetrandrine	汉防己碱	126
Tetrapeptide	四肽	323
Theanine	茶氨酸	39
Theobromine	可可碱	192
Theophylline	茶碱	42

Thiamine 硫胺素		208
Thioctic acid 硫辛酸		210
Thiolactic acid 硫羟乳酸		208
Threonine 苏氨酸		324
Thujic acid 苧酸		250
Thymidine 胸苷		366
Thymine 胸腺嘧啶		366
Tocopherol 生育酚		306
Tocoquinone 托可醌		340
Totarol 桃柁酚		329
Transglutaminase 转谷氨酰酶		413
Trehalose 海藻糖		125
Tridecapeptide 十三肽		308
Tripeptide 三肽		298
Tropolone 环庚三烯酚酮		139
Trypsin 胰蛋白酶		384
Tryptophan 色氨酸		300
Tyrosine 酪氨酸		200
Tyrosyl histidine 酪氨酰组氨酸		201

U

Ubiquinol 辅酶泛醇		94
Ubiquinone 泛醌		86
Uracil 尿嘧啶		247
Uric acid 尿酸		249
Uridine 尿苷		245
Urocanic acid 尿刊酸		246
Ursolic acid 熊果酸		368
Usnic acid 地衣酸		71

V

Valine 缬氨酸		360
Veratryl alcohol 藜芦醇		204
Visnadine 维斯那定		347

W

Wheat protein 小麦蛋白		359
Whey protein 乳清蛋白质		290

X

Xanthine 黄嘌呤		143
Xanthohumol 黄腐酚		141

Xanthophyll 叶黄素	380
Xanthorrhizol 黄根醇	142
Xylitol 木糖醇	236
Xylitylglucoside 木糖基葡糖苷	237
Xylobiose 木二糖	233
Xyloglucan 木葡聚糖	234
Xylose 木糖	235
Xymenic acid 西门木炔酸	351

Y

Yeast protein 酵母蛋白	171

Z

Zeatin 玉米素	399
Zein 玉米醇溶蛋白	397
Zinc pyrithione 吡啶硫酮锌	26
Ziyuglycoside 地榆苷	73

二、化妆品天然成分分类功能索引
（只以代表性的选入）

增殖脂肪细胞（Adipocyte proliferation）：增加脂肪细胞数量

海罂粟碱（Glaucine）

抗痤疮（Anti-acne）：预防和控制痤疮

花生四烯酸（Arachidic acid）、补骨脂酚（Bakuchiol）、染料木黄酮（Genistein）、和厚朴酚（Honokiol）、吲哚乙酸（Indole acetic acid）、亚油酸（Linoleic acid）、甲萘醌（Menadione）、烟酸（Nicotinic acid）、去甲二氢愈创木酯酸（Nordihydroguairetic acid）、植物鞘氨醇（Phytosphingosine）、奎尼酸（Quinic acid）、维甲酸（Retinoic acid）、甜叶菊苷（Stevioside）、黄腐酚（Xanthohumol）

抗衰老（Anti-aging）：用于减少老化的特征，如皱纹

腺嘌呤（Adenine）、环磷酸腺苷（Adenosine cyclic phosphate）、三磷酸腺苷（Adenosine triphosphate）、尿囊素（Allantoin）、肌肽（Carnosine）、辅酶A（Coenzyme A）、胶原蛋白（Collagen）、吡喃葡糖苷（Darutoside）、四氢甲基嘧啶羧酸（Ectoine）、弹性蛋白（Elastin）、雌二醇（Estradiol）、伸展蛋白（Extensin）、岩藻糖（Fucose）、半乳糖醛酸（Galacturonic acid）、精胺（Gerotine）、人参皂苷（Ginsenoside）、鞘糖脂（Glycosphingolipids）、鸟嘌呤（Guanine）、血红蛋白（Hemoglobin）、六肽（Hexapeptide）、肌碱（Homarine）、蜂蜜蛋白（Honey protein）、人寡肽（Human oligopeptide）、乳铁蛋白（Lactoferrin）、芒果苷（Mangiferin）、甲基丝氨酸（N-Methylserine）、莰菲醇芸香糖苷（Nictoflorin）、石竹素（Oleanolic acid）、五肽（Pentapeptide）、视黄醇（Retinol）、核糖（Ribose）、茶氨酸（Theanine）、硫辛酸（Thioctic acid）、泛醌（Ubiquinone）、黄根醇（Xanthorrhizol）、玉米素（Zeatin）、地榆苷（Ziyuglycoside）

抑制过敏（Anti-allergy）：减少缓解皮肤过敏

咖啡因羧酸（Caffeine carboxylic acid）、雪松醇（Cedrol）、贝壳硬蛋白（Conchiolin）、紫花前胡醇（Decursinol）、七叶皂苷（Escin）、激肽释放酶（Kallikrein）、褪黑激素（Melatonin）、牛磺酸（Taurine）、

抗菌（Anti-bacterial）：破坏和抑制细菌的生长和繁殖

泻根醇酸（Bryonolic acid）、茶多酚（Camellia sinensis polyphenols）、氯原酸（Chlorogenic Acid）、伞花烃醇（Cymen-5-ol）、十肽（Decapeptide）、地奥亭（Diosmetin）、异纤精酮（Isoleptospermone）、溶菌酶（Lysozyme）、黄藤素（Palmatine）、原薯蓣素（Protodioscin）、白藜芦醇（Resveratrol）、芗酸

(Thujic acid)、环庚三烯酚酮（Tropolone）、地衣酸（Usnic acid）、

去死皮（Anti-cellulite）：帮助减少橙皮样皮肤的症状外观

菠萝蛋白酶（Bromelain）、无花果蛋白酶（Ficain）、葡糖醛酸（Glucuronic acid）、羟基乙酸（Glycolic acid）、乳糖酸（Lactobionic acid）、扁桃酸（Mandelic acid）、

去头屑去头屑剂（Anti-dandruff）：抑制或除去头皮屑

银杏叶萜类（Ginkgo leaf terpenoids）、扁柏酚（Hinokitiol）、劳丹素（Laudanosine）、聚赖氨酸（Polylysine）、特船君（Tetrandrine）、吡啶硫酮锌（Zinc pyrithione）

消炎（Anti-inflammatory）：减少、治疗和阻止发炎

枞酸（Abietic acid）、氨基肽酶（Aminopeptidase）、穿心莲内酯（Andrographolide）、安格洛苷（Angoroside）、青蒿素（Artemisinin）、黄芪皂苷（Astragalosides）、番木鳖碱（Brucine）、甘草酸（Glycyrrhizic acid）、甘草类黄酮（Kanzou furabonoide）、乳黄素（Lactoflavin）、苦参碱（Matrine）、八肽（Octapeptide）、丹皮酚（Paeonol）、芍药基葡糖苷（Paeoniflorin）、维生素 K_1（Phytonadione）、普拉睾酮（Prasterone）、红花葡萄糖苷（Safflower glucoside）、唾液乳糖（Sialyllactose）、辅酶泛醇（Ubiquinol）

抑制刺激（Anti-irritant）：减少、缓解和阻止刺激

氨基丁酸（γ-Aminobutyric acid）、白桦脂酸（Betulinic acid）、红没药醇（Bisabolol）、辣椒碱（Capsaicine）、愈创木薁（Guaiazulene）、蜜二糖（Melibiose）、泛内酯（Pantolactone）、聚木糖（Polyxylose）、角鲨烯（Squalene）

抗氧（Anti-oxidant）：抑制氧化和腐败

花色素苷（Anthocyanins）、茶儿茶素类（Camellia sinensis catechins）、鼠尾草酸（Carnosic acid）、细胞色素 C（Cytochrome C）、表棓儿茶素桔酸葡糖苷（Epigallocatechin gallate glucoside）、半乳糖脱氢酶（β-Galactose dehydrogenase）、葡萄糖二酸（Glucaric acid）、七肽（Heptapeptide）、异阿魏酸（Isoferulic acid）、番茄红素（Lycopene）、新橙皮苷二氢查尔酮（Neohesperidin dihydrochalcone）、九肽（Nonapeptide）、四羟基芪（Piceatannol）、原花青素（Proanthocyanidin）、超氧歧化酶（Superoxide dismatase，SOD）、生育酚（Tocopherol）、藜芦醇（Veratryl alcohol）

抑汗（Anti-perspirant）：减少或抑制出汗

胞嘧啶（Cytosine）、马栗树皮苷（Esculin）

止痒（Anti-pruritic）：减少或防止痒感

薁（Azulene）、瓜氨酸（Citrulline）

抗辐射（Anti-radiation）：减少辐射伤损

鹅肌肽（Anserine）

抗静电（Antistat）：通过中和表面的电荷来减少静电

天冬氨酸（Aspartic acid）、聚天冬氨酸（Polyaspartic acid）、海藻糖（Trehalose）

抑制齿垢（Anti-tartar）：帮助防止齿垢的生成

丁香酚葡糖苷（Eugenyl glucoside）、低聚果糖（Fructooligosaccharides）、乳过氧化物酶（Lactoperoxidase）、乳果糖（Lactulose）、麦芽糖醇（Maltitol）、水黄皮籽素（Pongamol）、木糖醇（Xylitol）

收敛紧肤（Astringent）：使收敛有机组织如毛孔

表棓儿茶素棓酸酯（Epigallocatechin gallate）、木犀草素（Luteolin）、鞣酸（Tannic acid）

活血（Blood circle stimulating）：促进皮下毛细血管循环

DNA（脱氧核糖核酸）、二肽（Dipeptide）、二十二碳六烯酸（Docosahexanoic acid）、二十碳五烯酸（Eicosapentaenoic acid）、银杏双黄酮（Ginkgo biflavones）、肝素（Heparin）、橙皮素（Hesperetin）、甲基橙皮苷（Methyl hesperidin）、新橙皮苷（Neohesperidin）、三七总皂苷（Panax notoginsenosides）、神经鞘磷脂（Sphingomyelin）、睾酮（Testosterone）、缬氨酸（Valine）、维斯那定（Visnadine）、西门木炔酸（Xymenic Acid）

助乳化（Co-emulsifier）：增加乳化剂的某些性质

紫胶酮酸（Aleuritic acid）、蜂蜡酸（Beeswax acid）、酪蛋白酸（Caseinic acid）、麦醇溶蛋白（Gliadins）、水解大豆蛋白（Hydrolyzed Soybean protein）、乳球蛋白（Lactoglobulin）、卵磷脂（Lecithin）、羽扇豆蛋白（Lupine protein）、蜂花醇（Myricyl alcohol）、牡蛎甾醇（Oyster sterols）、聚右旋糖（Polydextrose）、米糠甾醇（Rice bran sterols）、皂苷（Saponins）、鞘脂（Sphingolipids）、豆甾烷醇麦芽糖苷（Stigmastanol maltoside）、枯草菌脂肽（Surfactin）

着色（Colorant）：增加色泽

虾青素（Astaxanthine）、甜菜根红（Beetroot red）、辣椒红素（Capsanthin）、胡萝卜素（Carotene）、类胡萝卜素（Carotenoids）、姜黄素（Curcumin）、叶黄素（Xanthophyll）

调理（Conditioner）：把皮肤修复到天然状态

肌动蛋白（Actin）、丙氨酸（Alanine）、蛋清（Albumen）、甜杏仁蛋白水解物（Hydrolyzed sweet almond protein）、费洛蒙酮（Androstadienone）、精氨酸（Arginine）、鳄梨甾醇（Avocado sterols）、水解大麦蛋白（Hydrolyzed barley protein）、酪蛋白（Casein）、水解玉米蛋白（Hydrolyzed corn protein）、水解棉籽蛋白（Hydrolyzed cottonseed protein）、蛋蛋白（Egg protein）、麦角甾醇（Ergosterol）、雌甾四烯醇（Estratetraenol）、鱼血浆蛋白（Fish plasma protein)、水解鳕科鱼皮蛋白（Hydrolyzed gadidae protien）、半乳糖基果糖（Galactosyl fructose）、葡糖胺（Glucamine）、鸟苷酸（Guanylic acid）、榛子蛋白（Hazelnut protein）、水解大麻籽蛋白（Hydrolyzed hemp seed protien）、肌苷（Inosine）、水解乳清蛋白（Hydrolyzed lactalbumin）、乳酸脱氢酶（Lactate dehydrogenas）、乳蛋白（Lactis proteinum）、赖氨酸（Lysine）、甘露糖（Mannose）、蛋氨酸（Methionine）、水解燕麦蛋白（Hydrolyzed oat protein）、寡肽（Oligopeptide）、水解牡蛎糖蛋白（Hydrolyzed oyster glycoprotein）、泛酸（Pantothenic acid）、豌豆蛋白（Pea protein）、苯丙氨酸（Phenylalanine）、聚葡糖醛酸（Polyglucuronic acid）、马铃薯蛋白（Potato protein）、孕甾酮（Progesterone）、蛋白多糖（Proteoglycan）、鼠李糖（Rhamnose）、稻米蛋白（Rice protein）、肌氨酸（Sarcosine）、血清蛋白（serum protein）、脊髓蛋白质（Spinal protein）、螺旋藻氨基酸（Spirulina amino acid）、四肽（Tetrapeptide）、硫胺素（Thiamine）、托可醌（Tocoquinone）、十三肽（Tridecapeptide）、尿酸（Uric acid）、尿苷（Uridine）、小麦蛋白（Wheat protein）、乳清蛋白质（Whey protein）、黄嘌呤（Xanthine）、木糖（Xylose）、酵母蛋白（Yeast protein）

清凉（Cooling agent）：使皮肤或嘴产生清凉的感觉

母菊奠（Chamazulene）、赤藓醇（Erythritol）、木糖醇（Xylitol）

除臭（Deodorant）：破坏、掩盖或抑制不愉快气味的形成

乳链菌肽（Nisin）、植酸（Phytic acid）

润滑（Emollient）：使皮肤柔软和光滑

鲨肝醇（Batyl alcohol）、芥花油甾醇（Canola sterols）、神经酰胺（Ceramides）、脑苷脂类（Cerebrosides）、胆甾醇（Cholesterol）、硫酸软骨素（Chondrotin sulfate）、糖蛋白（Glycoprotein）、霍霍巴醇（Jojoba alcohol）、五氢角鲨烯（Pentahydrosqualene）、植醇（Phytol）、姥鲛烷（Pristane）、β-谷甾醇（β-Sitosterol）、角鲨烷（Squalane）

头发调理（Hair conditioner）：改善头发的状况

藻酸（Alginic acid）、桦木脑（Betulin）、巴西胡桃蛋白水解物（Hydrolyzed brazil nut protein）、角叉胶（Carrageenan）、壳多糖（Chitin）、肌酸（Creatine）、芥酸（Erucic acid）、丝心蛋白（Fibroin）、谷胱甘肽（Glutathione）、异亮氨酸（Isoleucine）、角蛋白（Keratin）、亮氨酸（Leucine）、白池花内酯（Meadowfoam δ-lactone）、植物甾醇（Phytosterol）、聚谷氨酸（Polyglutamic acid）、蚕丝胶蛋白（Sericin）、芝麻蛋白（Sesame protein）、硬脂酮（Stearone）、苏氨酸（Threonine）、木葡聚糖（Xyloglucan）

染发剂（Hair dye）：辅助或使头发染色

过氧化氢酶（Catalase）、羟高铁血红素（Hematin）、马尿酸（Hippuric acid）、靛红（Isatin）、紫胶色酸（Laccaicacid）、漆酶（Laccase）、黑色素

（Melanins）、槲皮素（Quercetin）、硫羟乳酸（Thiolactic acid）

脱毛（Hair-removal）：帮助除去不必要的毛发或抑制毛发生长

木瓜蛋白酶（Papain）、胰蛋白酶（Trypsin）

保湿（Moisturize）：帮助皮肤增加水分

琼脂糖（Agarose）、甜菜碱（Betaine）、生物糖胶-1（Biosaccharide gum-1）、环四葡萄糖（Cyclotetraglucose）、葡聚糖（Dextran）、细小裸藻多糖（Euglena gracilis polysaccharide）、半乳糖二酸（Galactaric acid）、葡甘露聚糖（Glucomannan）、糖原（Glycongen）、甘油葡萄糖苷（Glucosylglycerol）、糖基海藻糖（Glycosyl trehalose）、透明质酸（Hyaluronic acid）、肌醇（Inositol）、葡萄半乳二糖（Kefiran）、果聚糖（Levan）、网膜类脂质（Omental lipids）、泛醇（Panthenol）、蜂王浆蛋白（Royal jelly protein）、裂褶菌素（Schizophyllan）、丝氨酸（Serine）、木糖基葡糖苷（Xylitylglucoside）、木二糖（Xylobiose）、玉米醇溶蛋白（Zein）

指甲保护剂（Nail-protectant）：强化指甲

鸟苷（Guanosine）、乳清酸（Orotic acid）、谷维醇（Oryazanol）

助渗剂（Penetrating agent）：帮助外加成分渗入皮下

壬二酸（Azelaic acid）、生物素（Biotin）、脑磷脂（Cephalins）、葡聚糖（Glucan）、溶血卵磷脂（Lysolecithin）、甲瓦龙酸（Mevalonic acid）、鲁斯可皂苷（Ruscogenin）

驱虫（Removal insect）：杀灭螨虫类

除虫菊酯（Bioresmethrin）、香茅酸（Citronellic acid）、十七碳二烯基呋喃（Heptadecadienyl furan）、纤精酮（Leptospermone）、孟二醇（Menthanediol）、真蛸胺（Octopamine）、苦木素（Quassin）

疤痕去除剂（Scar-removal）：消褪或减少疤痕

碱性磷酸酯酶（Alkaline phosphatase）、积雪草酸（Asiatic acid）、眼晶体蛋白（Crystallins）、纤连蛋白（Fibronectin）、人寡肽（Human oligopeptide）、人胎盘酶（Human placental enzymes）、溶血磷脂酸（Lysophosphatidic acid）、羟基积雪草苷（Madecassoside）、蛋白酶（Proteinase）、转谷氨酰胺酶（Transglutaminase）、三肽（Tripeptide）

皮脂分泌抑制（Serum secret inhibition）：减少皮脂分泌，改善油性皮肤

根皮素（Phloretin）、吡多素（Pyridoxine）、棉子糖（Raffinose）、芦丁（Rutin）、水飞蓟素（Silymarin）、二氢（神经）鞘氨醇（Sphinganine）

洁肤（Skin cleaning）：清洁皮肤

脂肪酶（Lipase）、胰酶（Pancreatin）、胃蛋白酶（Pepsin）、舒替兰酶（Subtilisin）

减肥剂（Slimming agent）：帮助减少皮下脂肪的体积

咖啡因（Caffeine）、肉碱（L-Carnitine）、海胆碱（Echinacin）、谷氨酸（Glutamic acid）、海参素（Holothurin）、透明质酸酶（Hyaluronidase）、香紫苏内酯（Sclareolide）、可可碱（Theobromine）

防晒（Sunscreen）：用来保护皮肤或化妆品不被紫外线降解

岩白菜宁（Bergenin）、咖啡酸（Caffeic acid）、莰烷二醇（Camphanediol）、5,7-二羟基黄酮（Chrysin）、麦角硫因（Ergothioneine）、阿魏酸（Ferulic acid）、组氨酸（Histidine）、羟脯氨酸（Hydroxyl praline）、大豆异黄酮（Soy isoflavones）、异栎素（Isoquercitrin）、楝子素（Mangostin）、甘露糖醇（Mannitol）、柚皮苷（Naringin）、紫苏醇（Perillyl alcohol）、荜茇明宁碱（Piperlonguminine）、茶碱（Theophylline）、色氨酸（L-Tryptophan）、尿嘧啶（Uracil）、尿刊酸（Urocanic acid）

晒黑剂（Tanning）：加速使皮肤晒黑

芹菜（苷）配基（Apigenin）、脱氢胆甾醇（7-Dehydrocholesterol）、赤藓酮糖（Erythrulose）、鸟苷环磷酸（Guanosine cyclic phosphate）、莰非醇（Kaempferol）、鸟氨酸（L-Ornithine）、脯氨酸（Proline）、胸腺嘧啶（Thymine）、酪氨酸（Tyrosine）、**红血丝抑制（Telangiectasis inhibition）：抑制皮肤红血丝的形成**

七叶皂苷（Escin）、人寡肽（Human oligopeptide）、酪氨酰组氨酸（Tyrosyl histidine）

增稠剂（Thickener）：增加黏度

产碱杆菌多糖（Alcaligenes polysaccharides）、果聚糖（Fructan）、半乳糖阿拉伯聚糖（Galactoarabinan）、葡糖氨基葡聚糖（Glycosaminoglycans）、菊粉（Inulin）、甘露聚糖（Mannan）、果胶（Pectin）、茁芽短梗酶多糖（Pullulan）、酸豆子多糖（Tamarindus indica seed polysaccharide）

生发剂（Tonic）：刺激头发生长和强壮

腺苷（Adenosine）、磷酸腺苷（Adenosine phosphate）、天冬酰胺（Asparagine）、黄芩素（Baicalein）、鲛肝醇（Chimyl alcohol）、胆碱（Choline）、半胱氨酸（Cystein）、胞苷（Cytidine）、薯蓣皂苷元（Diosgenin）、叶酸（Folic Acid）、甘氨酸（Glycine）、甘氨酰甘氨酸（Glycyl glycine）、烟酰胺（Niacinamide）、泛硫乙胺（Pantethine）、奎宁（Quinine）、亚精胺（spermidine）、胸苷（Thymidine）

护齿剂（Tooth-protectant）：帮助减少或控制牙病

叶绿酸（Chlorophyllin）、桔酸（Gallic acid）、葡糖氧化酶（Glucose oxidase）、亚麻酸（Linolenic acid）、木兰醇（Magnolol）、甲硫腺苷（Methylthioadenosine）、鱼精蛋白（Protamine）、迷迭香酸（Rosmarinic acid）、桃柁酚（Totarol）、熊果酸（Ursolic acid）

皮肤增白（Whitening agent）：使肤色变亮，常常是通过抑制黑色素的形成实现

芦荟苦素（Aloesin）、熊果苷（Arbutin）、生物类黄酮（BiofLavonoids）、鞣花酸（Ellagic acid）、曲酸（Kojic acid）、葛根素（Puerarin）、覆盆子酮葡糖苷（Raspberryketone glucoside）、红桔素（Tangeritin）、土曲霉酮（Terrein）

三、常见氨基酸英文缩写

氨基酸名	英文缩写	单字母编号	氨基酸名	英文缩写	单字母编号
丙氨酸	Ala	A	异亮氨酸	Ile	I
精氨酸	Arg	R	亮氨酸	Leu	L
天冬酰胺	Asn	N	赖氨酸	Lys	K
天冬氨酸	Asp	D	蛋氨酸	Met	M
天冬酰胺	Asx	B	苯丙氨酸	Phe	F
半胱氨酸	Cys	C	脯氨酸	Pro	P
谷氨酸	Gln	Q	丝氨酸	Ser	S
谷酰胺	Glu	E	苏氨酸	Thr	T
谷酰胺	Glx	Z	色氨酸	Trp	W
甘氨酸	Gly	G	酪氨酸	Tyr	Y
组氨酸	His	H	缬氨酸	Val	V

四、常见单糖英文缩写

单糖中文名	英文缩写	单糖中文名	英文缩写
阿拉伯糖	Ara	半乳糖	Gal
葡萄糖	Glu	果糖	Fru
甘露糖	Man	木糖	Xyl
鼠李糖	Rha		